Teleologische Reflexion in Kants Philosophie

Paula Órdenes · Anna Pickhan
(Hrsg.)

Teleologische Reflexion
in Kants Philosophie

 Springer VS

Hrsg.
Paula Órdenes
Universität Heidelberg
Heidelberg, Deutschland

Anna Pickhan
Universität Jena
Jena, Deutschland

ISBN 978-3-658-23693-9   ISBN 978-3-658-23694-6   (eBook)
https://doi.org/10.1007/978-3-658-23694-6

Die Deutsche Nationalbibliothek verzeichnet diese Publikation in der Deutschen National-
bibliografie; detaillierte bibliografische Daten sind im Internet über http://dnb.d-nb.de abrufbar.

Springer VS
© Springer Fachmedien Wiesbaden GmbH, ein Teil von Springer Nature 2019

Springer VS ist ein Imprint der eingetragenen Gesellschaft Springer Fachmedien Wiesbaden GmbH
und ist ein Teil von Springer Nature
Die Anschrift der Gesellschaft ist: Abraham-Lincoln-Str. 46, 65189 Wiesbaden, Germany

Danksagung

Wir sind glücklich die Vielfältigkeit in der Forschung zu Kants Teleologie abbilden und den aktuellen Stand mit diesem Band besser festhalten zu können.

So gilt unser Dank für die Entstehung dieses Sammelbandes in erster Linie den einzelnen Autoren sowie den Gutachtern des Peer-Review-Prozesses. Weiterhin möchten wir uns beim Springer Verlag bedanken, insbesondere bei Herrn Frank Schindler und Herrn Daniel Hawig, die eine einfache Zusammenarbeit ermöglicht haben. Zuletzt möchten wir auch unseren Freunden Danke sagen und uns bei unseren Familien bedanken, die als Partner, Eltern und Großeltern die Entstehung dieses Sammelbandes allererst ermöglicht haben.

Paula Órdenes & Anna Pickhan

Inhalt

Einleitung

Zum Kontext

Teleologie,[1] die Lehre der Zwecke, ist zweifellos ein zentrales Thema in der Philosophie und ihrer Geschichte. Von den alten griechischsprachigen Philosophen (Heraklit, Empedokles, Anaxagoras,[2] Platon und Aristoteles) bis zu den zeitgenössischen Denkern in der Philosophie der Biologie spielte und spielt die teleologische Reflexion immer noch eine wichtige Rolle bei dem Verständnis der Natur wie auch der Moral.[3] Allerdings wäre ihre Geschichte und weitere Entwicklung jedoch unvorstellbar ohne Immanuel Kant.

---

1 Etymologisch gesehen ist das Wort Teleologie aus den beiden altgriechischen Worten „τέλος" (Zweck, Ziel, Absicht) und „-λογία" (Lehre, Erklärung, Wissenschaft) zusammengesetzt.

2 Aus der sogenannten Lehre des „Alles in Allem", welche nach der aristotelischen und platonischen Auslegung sowohl Heraklit und Anaxagoras als auch Empedokles zugeschrieben wurde, ergibt sich ein Problem mit dem Charakter dieser Totalität und zwar dieses, ob ihr Zweck ein immanenter oder einen transzendenter ist. Wenn „Alles in Allem" als wechselseitige Verbindung zwischen Ganzem und Teilen aufgrund eines inneren Zwecks gedacht wird, dann spricht man von einer immanenten Teleologie. Wenn der Zweck wiederum einen äußerlichen Grund enthält, bezeichnet man das als transzendente Teleologie. Obwohl es immer noch kontrovers bleibt, welche spezifische Position die drei erwähnten Vorsokratiker vertreten, so muss man doch in jedem Falle feststellen, dass die Frage des „telos" von Anfang an in der Geschichte der Philosophie präsent war. Vgl. dazu z. B. Gamelli Marciano (2013).

3 Zum Beispiel etwa H. Driesch (*Die Biologie als selbständige Grundwissenschaft und das System der Biologie* (1911)), C. Pittendrigh (siehe zum Begriff der Teleonomie in „Behavior and Evolution" (1958), A. Roe und G. Simpson), H. Maturana y F. Varela (*Autopoiesis and Cognition. The Realization of the Living* (1980)), u. a.

© Springer Fachmedien Wiesbaden GmbH, ein Teil von Springer Nature 2019
P. Órdenes und A. Pickhan (Hrsg.), *Teleologische Reflexion in Kants Philosophie*,
https://doi.org/10.1007/978-3-658-23694-6_1

Kant bezieht sich in verschiedenen Werken auf die Teleologie, besonders aber in der *Kritik der Urteilskraft* (1790). In ihrem zweiten Teil, der „Kritik der teleologischen Urteilskraft", beschäftigt er sich gründlich mit dem Prinzip der objektiven Zweckmäßigkeit und seiner Anwendung auf die Natur. Für Kant gibt es einige Wesen, deren Konstitution mit einer mechanischen Erklärungsweise (*causa efficiens*) nicht komplett erfasst werden kann, nämlich: die organisierten Wesen, welche er als Naturzwecke bezeichnet. Die Organismen benötigen also eine funktionale Erklärungsweise, die nach Zwecken oder übertragenen Absichten (*causa finalis*) in einer wechselseitigen Beziehung vom Teil zum Ganzen verläuft. Obwohl Kant sehr vorsichtig mit der Bezeichnung „lebendig" umgeht,[4] was er in der Analytik der teleologischen Urteilskraft zeigt, sind dies doch die Grundlagen zu einer neuen Wissenschaft des Lebens:[5] der Biologie.[6] Darüber hinaus weist Kant in der *Kritik der reinen Vernunft* (1781/1787) und im Text *Über den Gebrauch der teleologischen Prinzipien in der Philosophie* (1788) sowie in der *Kritik der praktischen Vernunft* (1788) darauf hin, dass das Prinzip der Zweckmäßigkeit in der Philosophie angesichts einer architektonischen Perspektive für den Aufbau eines Systems der Vernunft (in ihrer theoretischen und moralischen Dimension) entscheidend ist.

Programmatisch gesehen sollte durch das Prinzip der Zweckmäßigkeit in der *dritten Kritik* u. a. die Verbindung zwischen der Naturkausalität und der Freiheit (die zwei Gesetzgebungen der kritischen Philosophie) hergestellt werden. Die

---

4 Höchstwahrscheinlich meidet er das Wort „lebendig", um nicht in die metaphysischen Schwierigkeiten des Hylozoismus (und dessen nach Kant widersprüchliche metaphysische Annahme einer lebendigen Materie, wenn die Materie als die leblose Substanz schlechthin verstanden wird) zu geraten. Deswegen spricht er von den Naturzwecken als einem „Analogon zum Leben" und stellt ein Analogie- statt einem Identitätsverhältnis zwischen den Naturzwecken und dem Leben fest. Zu diesem spezifischen Problem siehe: P. McLaughlin (2005).

5 Leben ist für Kant, sich nach Vorstellungen des Begehrungsvermögens zu bewegen. Demzufolge schränkt er den Begriff des Lebens auf Tiere ein. Pflanzen wären aus dieser Sicht davon ausgeschlossen, da sie keine Vorstellungskraft und kein Begehrungsvermögen besitzen. Von daher ist die Rede vom Leben gleich organsiertes Wesen nicht eindeutig. Obwohl alle Lebewesen zumindest Naturzwecke (der Mensch ist mehr als das) sein sollten, dürften alle Naturzwecke nicht als Lebewesen bezeichnet werden. (Vgl. mit: KpV AA 5:9-10)

6 Heutzutage gibt es neue Annährungen an die Biologie, nichtsdestotrotz bleibt der kantische teleologische Ansatz präsent: „It reveals biology's uniqueness in much the same way as several current theorists do. It brings to the fore the unique purposive characteristics of living phenomena (i. e. two-way causality, program, and function), which are encapsulated in Kant's concept of ‚natural end' and which must be explicated in natural terms in order for biology to become a science." (Shimony 2017, S. 160). Siehe dazu auch A. Breitenbach/M. Massimi (2017), I. Goy (2017), J. Mensch (2013), u. v. a.

daraus entstehenden Konsequenzen sowohl für die theoretische als auch für die praktische Philosophie und das gesamte kritische System sind gravierend. Deshalb bleibt die Betrachtung der kantischen Teleologie nicht bei einem Werk von Kant stehen, sondern betrifft seine komplette Philosophie. Innerhalb seines Gesamtwerks können viele Vereinigungspunkte aber auch Brüche aufgezeigt werden. Nicht zuletzt ist es eines unserer Ziele mit diesem Sammelband auf viele solcher Themen aufmerksam zu machen.

Die im Band enthaltenen Schriften zeigen die Aktualität der Debatte der kantischen Konzeptionen zur Teleologie neben einer Renaissance der Beschäftigung mit der *Kritik der Urteilskraft*. Aufgrund der Vielzahl an neuen theoretischen Ansätzen über die teleologische Reflexion innerhalb der kantischen Philosophie bietet sich dieser Sammelband zur gegenwärtigen Diskussion an. Die Anthologie enthält nach einem *Peer-Review*-Prozess 14 Beiträge, die zusammen ein vielfältiges Spektrum von teleologischen Auslegungen zur Debatte stellen. Der an Kants internationaler Forschung interessierte Leser wird in diesem Band nicht zuletzt unterschiedliche wissenschaftliche Perspektiven und Arbeitsstile finden.

Zum Sammelband

Das Buch besteht aus zwei Teilen zu je drei Kapiteln. Der erste Teil beleuchtet die Systematik und die Teleologie der Vernunft im kritischen Geschäft, der zweite Teil die teleologische Urteilskraft.

Die Struktur des ersten Teiles ist wie folgt: Das erste Kapitel behandelt das Problem des Systems der Vernunft und seine Teleologie, das zweite befasst sich mit der theoretischen Vernunft und den Naturwissenschaften und das dritte mit der praktischen Vernunft und der Ethik. Die Gestaltung des zweiten Teils ist folgendermaßen: das erste Kapitel (das vierte des Buches) beschäftigt sich mit dem Prinzip der Zweckmäßigkeit, das zweite mit den Organismen als Naturzwecke und das dritte mit dem Streit zwischen Finalismus und Mechanismus.

Im Folgenden werden die Themen aller Beiträge einmal kapitelweise dargestellt, damit man sich als Leser besser orientieren kann.

Erster Teil: Systematik und Teleologie der Vernunft

Kapitel I

Das erste Kapitel „Das Problem des Systems der Vernunft und seine Teleologie" wird mit einem Beitrag von Courtney Fugate (Amerikanische Universität Beirut) eröffnet, der mit *The Fundamental Ambiguity of Kant's Teleology of Reason* betitelt ist. In diesem zeigt er eine Zweideutigkeit bei der Auffassung der einheitlichen und teleologischen Struktur der Vernunft bei Kant auf. Einerseits ist diese Struktur der Vernunft aufgrund ihrer eigenen Leere so gedacht, dass sie wegen ihrer Bedürfnisse („Hobbesian Model") für die eigene Selbsterhaltung nach Zwecken ausgerichtet ist; andererseits zeigt sich die innere Struktur der endlichen Vernunft („Platonic Model") an der Tatsache, dass sie sich notwendig nach Zwecken richtet. Beide Auffassungen wären nach Fugate innerhalb der kritischen Philosophie schließlich doch miteinander vereinbar.

Im zweiten Beitrag, *Bedingungen materialer Wahrheit. Zur systematischen Stellung von Kants Kritik der Urteilskraft*, schlägt Peter König (Universität Heidelberg) vor, dass die kritische Trilogie des Kantischen Systems mit den aus der Scholastik erworben Transzendentalien (*unum, verum, bonun*) zusammenhängt. Daraus schließt er, dass die Stellung der *Kritik der Urteilskraft* innerhalb des kritischen Systems mit dem Bereich der „materiellen Wahrheit" (*verum*) korrespondiert. Denn sie stellt die Bedingungen a priori für die materielle Wahrheit mittels zwei Ideen des Erkenntnissubjekts bereit, nämlich mit der Idee des Gemeinsinns (dank des Schönen) und der des Systems der Natur nach empirischen Gesetzen (dank der Organismen).

Der letzte Artikel dieses Kapitels, *Die Systematik der Vernunft. Eine teleologische Einheit?*, von Paula Órdenes Azúa (Universität Heidelberg) fragt nach dem Charakter der Systematik der Vernunft und wie die zwei Gebräuche der Vernunft (theoretischer und praktischer) verbunden werden können. Die Autorin schließt aus drei verschiedenen Anwendungen der Prinzipien der Vernunft (den regulativen Ideen des hypothetischen Gebrauchs der Vernunft, dem Postulat des Daseins Gottes im praktischen Gebrauch der Vernunft und dem Prinzip der Zweckmäßigkeit), dass die Idee einer systematischen Einheit im Rahmen der kritischen Philosophie notwendigerweise dem teleologischen Charakter unserer Vernunft entspricht.

Kapitel II

Das zweite Kapitel „Theoretische Vernunft und Naturwissenschaften" beginnt mit einem Text von Brigitte Falkenburg (Technische Universität Dortmund), *The Function of Natural Science for the Ends of Reason*. Darin schlägt sie vor, dass

Kants kritische Betrachtungen über den physikalisch-theologischen Beweis für die Existenz Gottes der Schlüssel zum Verständnis der am Ende der ersten Kritik vertretenen Theorie der Teleologie der Vernunft in Opposition der Naturwissenschaften zur Metaphysik sind. Um Kants Behauptung, die Naturwissenschaften seien den wesentlichen Zwecken der Menschheit letztlich untergeordnet, genau zu beleuchten, betrachtet sie zusätzlich seinen Text *Der Streit der Fakultäten* (1798).

Der zweite Beitrag, *Der Körper im Opus postumum. Ein neues Fundament für Kants Teleologie*, von Anna Pickhan (Universität Jena) betont die Relevanz der Konzeption des Körpers in Kants *Opus Postumum* als einen begrifflichen Übergang zwischen Metaphysik und Physik. Sie plädiert für eine neue Betrachtungsweise des Körpers, der aufgrund seiner doppelten Seinsweise („nicht rein apriorisch" und „nicht rein empirisch") zum Vereinigungsprojekt des gesamten Systems beitragen kann.

Im letzten Artikel des Kapitels, *Intellektuelle Anschauung, intuitiver Verstand und spekulatives Denken*, gelangt Anton Koch (Universität Heidelberg) in einem Zweischritt zu seiner These. Zuerst macht er die Beziehung von Sinnlichkeit, Verstand und Selbstbewusstsein zum Gegenstand deutlich, um im zweiten Teil das Verhältnis zwischen Sinnlichkeit und Synthesis zu thematisieren und schließlich zur These zu gelangen, dass die Vorstellung eines intuitiven Verstandes die Naturzwecke verständlich machen kann, aber nur als eine investigative Haltung und nicht als eine Hypothese angenommen werden darf.

Kapitel III

Das dritte Kapitel „Praktische Vernunft und Ethik" enthält zwei Artikel. Der erste *Freiheit und technisch-praktische Vernunft bei Kant,* von Peter McLaughlin (Universität Heidelberg) beschäftigt sich hauptsächlich mit Kants Position zur Freiheit der instrumentellen Vernunft und untersucht, inwiefern bloß zweckrationale Handlungen frei genannt werden können. McLaughlin führt Argumente an, die belegen, dass Kant solche Handlungen als frei betrachten kann, nicht weil sie die empirisch erlebte Freiheit des *Kanons* besitzen, sondern weil sie mindestens hypothetisch eine moralische Dimension haben.

Der zweite Text, *Die kantische Auffassung des Menschen als Zweck der Schöpfung,* wurde von Fernando Moledo (Fernuniversität Hagen) verfasst und erklärt mittels eines Durchgangs durch die vernünftige Natur des Menschen, die Freiheit seines Willens und des Sittengesetzes, warum der Mensch als moralisches Wesen der Zweck der Schöpfung ist.

In diesen drei Kapiteln wird also die Thematik des Systems der Vernunft und ihrer Struktur nach der Unterscheidung theoretisch-praktisch aufgegriffen.

Zweiter Teil: Teleologische Urteilskraft

Kapitel IV

Das vierte Kapitel „Das Prinzip der Zweckmäßigkeit" enthält zwei Artikel. Im ersten Artikel, *Darstellungen der Zweckmäßigkeit in Kants Kritik der Urteilskraft* thematisiert Johannes Haag (Universität Potsdam) die Aufgabe der Einheit der zwei Teile (ästhetisch und teleologisch) innerhalb der KU auf eine neue Weise. Mittels der „Darstellbarkeit der Zweckmäßigkeit" seitens der Einbildungskraft gelingt es ihm zu zeigen, dass die subjektiv-formale Zweckmäßigkeit mit der objektiv-realen Zweckmäßigkeit zusammenhängt und dies wiederum bedeutende Folgen für die Lösung des Kluft-Problems zwischen den Naturbegriffen und den Freiheitsbegriffen hat.

Der Begriff der Zweckmäßigkeit in Kants Philosophie als kritisch-immanente Transformation des leibnizschen Prinzips der Harmonie von Manuel Sanchez (Universidad de Granada) ist der letzte Beitrag dieses Kapitels. In diesem arbeitet der Autor heraus, dass die Idee der prästabilierten Harmonie in der Theorie der reflektierenden Urteilskraft mit dem Prinzip der Zweckmäßigkeit kritisch aufgehoben wird. Um dies zu beweisen, ist es laut Sanchez unerlässlich den Begriff des Transzendentalen zu betrachten.

Kapitel V

Das fünfte Kapitel „Organismen als Naturzwecke" besteht aus zwei Artikeln. *Why must Organized Beings be thought in Teleological Terms? On Kant's Justification of Teleological Judgment* ist von Natalia Lerussi (Universidad de Buenos Aires) verfasst. Sie setzt sich mit Kants Begründung zur teleologischen Beurteilung der Organismen auseinander, so wie sie in der Rezeption zu finden ist, und argumentiert gegen die gängigen Interpretationen, die davon ausgehen, dass die organisierten Wesen entweder aufgrund ihrer eigenen Form (objektiv) oder angesichts des eigentümlichen Charakters unseres diskursiven Verstandes (subjektiv) nach Zwecken beurteilt werden müssen. Sie schlägt hingegen eine „refined subjective position" vor.

Der zweite, von Georg Toepfer (ZFL, Berlin) verfasste Artikel dieses Kapitels, *Kants Teleologie heute,* befasst sich mit vier aktuellen Anwendungen der Teleologie innerhalb der kantischen Philosophie und analysiert sie durch zwei Modelle: „zyklische" und „lineare". Jedes Modell bezieht sich entweder auf individuelle oder auf kollektive Gegenstände. Toepfer nennt folgende vier Fälle, die in Bezug zu ihren heutigen Disziplinen stehen: (1) Organismen als besondere Klasse von Gegenständen im Bereich der Natur in der Biologie, (2) überindividuelle Gefüge der Natur als ganzheitliche Einheiten in der Ökologie, (3) den Menschen als einziges zwecksetzendes Wesen der Natur in der Anthropologie und (4) die Geschichtsschreibung in der Geschichtsphilosophie.

Kapitel VI

Das sechste Kapitel „Finalismus versus Mechanismus" hat die Antinomie der teleologischen Urteilskraft zum Gegenstand. Im ersten Beitrag, *Versuch einer Auslegung der kantischen teleologischen Dialektik*, nimmt Jacinto Rivera de Rosales (UNED, Madrid) eine neue praktische Perspektive für die Naturzweckmäßigkeit an, um die Antinomie der teleologischen Urteilskraft in einem anderen Licht zu betrachten. In dieser Auslegung spielt der „vorreflexive synthetische Akt" (ein zweckmäßiges Zusammentreffen von Subjektivität als philosophisches Selbst und Objektivität als lebendiger Leib) eine wesentliche Rolle für das Verständnis und die Lösung der Antinomie.

Im Text *Der Hang zur Bestimmung – Ein Versuch zur Interpretation der Dialektik der teleologischen Urteilskraft* behauptet Daniel Schwab (Universität Heidelberg), dass es laut Kant keine echte Antinomie zwischen den zwei Maximen der Naturkausalität und Zweckkausalität gibt, sondern dass die Dialektik der teleologischen Urteilskraft die Aufgabe hat, den Schein einer in uns angelegten Antinomie aufzudecken.

Mit diesem Kapitel endet der Sammelband und wir können den Leser nur dazu einladen, über die Ideen zur Teleologie in Kants Philosophie selbst nachzudenken, sie zu beurteilen und zu kritisieren.

Literatur

Driesch, Hans. 1911. *Die Biologie als selbständige Grundwissenschaft und das System der Biologie*. Leipzig: Leipzig Wilhelm Engelmann

Gemelli Marciano, M. Laura. 2013. *Die Vorsokratiker*. Bände 1–3. Auswahl der Fragmente und Zeugnisse. Übersetzung und Erläuterung von Gammelli Marciano. Düsseldorf: Artemis & Winkler.

Goy, Ina. 2017. *Kants Theorie der Biologie. Ein Kommentar. Eine Lesart. Eine historische Einordnung*. Berlin/New York: De Gruyter.

Kant, Immanuel. 1900ff. *Gesammelte Schriften* Hrsg.: Bd. 1–22 Preußische Akademie der Wissenschaften, Bd. 23 Deutsche Akademie der Wissenschaften zu Berlin, ab Bd. 24 Akademie der Wissenschaften zu Göttingen. Berlin.

Massimi, Michella; Breitenbach, Angela (Eds.). 2017. *Kant and The Laws of Nature*. Cambridge: Cambridge University Press.

Maturana, Humberto; Varela, Francisco. 1980. *Autopoiesis and Cognition. The Realization of the Living*. Berlin: Springer.

McLaughlin, Peter. 2005. „Der Organismus als Analogon des Lebens" In *Hegel und das mechanistische Weltbild. Vom Wissenschaftsprinzip Mechanismus zum Organismus als Vernunftbegriff,* hrsg. Renate Wahsner, 66–76. Frankfurt: Peter Lang.

Mensch, Jennifer. 2013. *Kant's Organicism. Epigenesis and the Development of Critical Philosophy.* Chicago: University of Chicago Press

Roe, Anne; Gaylord Simpson, George (1958): "Behavior and Evolution". New Heaven: Yale University Press.

Shimony, Idan. 2017. "What Was Kant's Contribution to the Understanding of Biology?". In *Kant Yearbook,* 9 (1), pp. 159-178. Berlin/New York: De Gruyter

Teil I
Systematik und Teleologie der Vernunft

Kapitel 1
Das Problem des Systems der Vernunft und seine Teleologie

The Fundamental Ambiguity of Kant's Teleology of Reason

Courtney D. Fugate

Abstract

In a previous study, I argued that Kant was guided throughout his intellectual career by a few fundamental insights regarding what, broadly, has been called "teleology." In particular, I argued that Kant's Critical and utterly original conception of the structure and unity of reason as teleological evolved out of his pre-Critical attempts to perfect the theocentric teleology typical of – to take just two relevant examples – Christian Wolff and Alexander Pope. In this process, Kant came to the general view that the previous picture of the cosmos as unified into an inexhaustibly productive and infinitely dense nexus of ends has its source in the intrinsic "needs" of finite human reason. In this paper, I will argue, through the analysis of a few key examples, that Kant's teleology of reason shifts unsteadily between two competing models for understanding this link between reason's needs and reason's ends. On one model, which I will call the "Hobbesian Model," the ends of reason are the inevitable response of human reason to the threat of its own emptiness; they are, in a sense, the necessary illusions that finite reason alone must entertain for the sake of its self-preservation. On the other model, which I will call the "Platonic Model," reason's ends are fundamentally real and the "emptiness" of reason is nothing other than the negative moment that is necessary for their discovery.

© Springer Fachmedien Wiesbaden GmbH, ein Teil von Springer Nature 2019
P. Órdenes und A. Pickhan (Hrsg.), *Teleologische Reflexion in Kants Philosophie*,
https://doi.org/10.1007/978-3-658-23694-6_2

In a previous study, I argued that Kant was guided throughout his career by a few fundamental insights regarding what, broadly speaking, has been referred to as "teleology" (see Fugate 2014b).[1] In particular, I argued that Kant's Critical and utterly original conception of the structure and unity of reason as teleological evolved out of his pre-Critical attempts to revise and perfect the theocentric teleology typical of Christian Wolff and Alexander Pope, to name just two relevant examples. Due to the failure of these attempts, I believe, Kant came to the view that this earlier picture of the cosmos as unified into an inexhaustibly productive and infinitely dense nexus of ends has its true source and justification in the intrinsic "needs" of finite human reason.

Yet, already in the pre-Critical period there emerged a deep and ambiguous tension between Kant's stated aims with respect to teleology and the method by which he attempted to justify his theory. In such works as the *Universal Natural History and Theory of the Heavens* (1755), *New Elucidation* (1755) and *The Only Possible Argument* (1763), Kant ostensibly sought to articulate an alternative teleological scheme in which the very essence of nature itself is understood to be constituted so as to bringing about – simply by natural means – the greatest dynamic perfection and harmony of all possible, and so also all actual, things. He was keenly aware, however, that this theory dispensed with traditional teleology and that it would indicate to some that "nature is sufficient in itself, divine government is superfluous, Epicure lives again in the middle of Christendom, and an unholy philosophy tramples faith under foot" (NTH, AA 1:222). Despite the risk, Kant insisted that this was not the case, and indeed that his new conception of teleology was alone sufficient to express the true all-sufficiency of God and the dynamic perfection of his creation. To make all of this plausible, Kant sought to develop two further ideas, which in turn drove a wedge between his emerging metaphysics and that of Christian Wolff: namely, (1) that essences are subject to an inner contingency (for otherwise it would make no sense to speak of individual essences and necessary laws as somehow directed towards a common goal of perfection), and (2) that genuine

---

1   All translations in this chapter are from the Cambridge Edition of the Works of Immanuel Kant. The importance of teleology for understanding the unity of Kant's philosophy has been underscored by many scholars, among which the most notable are: Dörflinger (1995), Dörflinger (2000), Düsing (1990), McLaughlin (1989), Velkley (1989), Zöller (2001). A teleological interpretation of the Transcendental Logic of the *Critique of Pure Reason* has been discussed particularly by Dörflinger, but also in Longuenesse (1998) and especially Longuenesse (2000). The teleological structure of reason is discussed in Kleingeld (1998). Recent works highlighting teleological dimensions of Kant's work include Mensch (2013), which focuses on the natural scientific background, and Ferrarin (2013).

teleology consists not in some or a few things being directed to a particular end, but rather in the universal and unlimited fitness of things to the production of a system in which each and every thing serves as both means and end with respect to everything else.[2]

The ambiguity of Kant's position here can be seen from two points of view. First, although he does at least nominally replace the old teleology with a new one, he also seeks to dispense with what was perhaps the central function of the old teleology, namely, the edifying interpretation of nature as in intimate harmony with the specific religious vocation of humanity, as this was traditionally conceived.[3] For traditionalists, then, Kant's innovations, which require us to radically generalize our conception of perfection beyond subservience to human ends, could reasonably be regarded as a clever but ultimately subversive attempt to create a counterfeit of traditional teleological thought.

Second, as quickly becomes clear, the subjection of all essences to a principle of unity, on the one hand, and the conviction that this principle of unity is at the same time the principle of an unlimited and reciprocal *harmony* of things as means and ends, on the other, turn out to stand on quite distinct and apparently unequal foundations in Kant's early works. In the *The Only Possible Argument*, for example, he justifies the former *a priori* by appeal to God as the demonstrated single ground of all real possibility, the non-existence of which is itself impossible, whereas he justifies the latter only *a posteriori* by appeal to certain rather unorthodox attempts to interpret geometrical theorems and the mechanical laws of nature teleologically. For Kant, these *a priori* and *a posteriori* parts of his system are supposed to complement one another, but in actual fact the *a priori* part appears more to undercut than to support the *a posteriori* teleology. This is because it requires us to reject any teleology with respect to limited or particular ends – and hence also any anthropocentric ones – as an insufficient expression of the unlimited status of the divine ground. But once we do this, it becomes very unclear whether we have arrived at a more refined teleology or rather have simply divested teleology of any real significance. These features of Kant's pre-Critical position have understandably led to disputes over how we should understand its true relation to teleology.[4]

---

2   Both of these ideas, as well as their relation to Kant's view of the perfection of space, are discussed in Fugate (2014a).

3   Of course, on a deeper level, Kant's aim – whether explicitly in his mind at this time or not – was to articulate in this way a new conception of that religious vocation as well.

4   See Schönfeld (2000, p. 126) for a defense of Kant's teleological intentions. He cites Tonelli (1959), Schneider (1966), and Shea (1983) as holding the opposite view.

In this chapter, I will argue, through the analysis of two key examples, that basically the same ambiguity survives, though in an altered form, in Kant's Critical understanding of the nature of reason. Like its pre-Critical predecessor, Kant's Critical philosophy seems to shift unsteadily between two competing models for understanding the link between reason's essential needs and reason's essential ends, that is, for the origin of its internal teleological structure. On one model, which I will call the "Hobbesian Model," the unity of reason, which is conceived of as the most universal "end" of all, is interpreted and justified as the absolutely necessary response of human reason to the "threat" of its own emptiness or neediness; this principle of unity in its cognitions is interpreted in this case as the necessary condition that finite reason alone must satisfy for the sake of its own self-preservation. Just as in the pre-Critical period, the status of the ground that makes this end necessary, as the unconditioned principle of all other cognitions, precludes its limitation to any particular ends, and thus naturally displaces more traditional teleological accounts of reason as directed to some given end or set of ends. On the other model, which I will call the "Platonic Model," reason's ends are interpreted as fundamentally real, as expressing the genuine core of all traditional teleologies, and as given through its own nature as pure reason. Here the "emptiness" of reason is consequently interpreted as nothing other than the negative and purifying moment that is necessary for the proper recognition of the positive ends legislated by reason in its autonomy. In this respect, the Hobbesian Model appears from the Platonic perspective to be a kind of basic and general corollary of the reason's infinitely richer and indeed unlimited relation to the possibility of a system of ends.

I will suggest that Kant finds himself caught between these two models in part for strategic reasons and in part for philosophical ones. Strategically, the Hobbesian Model is rooted in a naturalistic conception of reason and is therefore relatively easier to justify, since it does not require one to accept a robust metaphysical account of reason's ends. Consequently, the Hobbesian Model often plays a dominant role in Kant's key arguments, particularly in his more popular writings. Yet the justification it provides also breaks off right at the very moment that the naturalistic threat of finitude is resolved by rational means, and consequently this model would seem to be insufficient for supporting a conception of reason as truly autonomous, i. e. as completely sufficient of itself to set its own ends beyond those given by nature or generated strictly in response to nature. The reason for this is itself philosophical: The strength of the Hobbesian Model stems precisely from its reduction of true ends to those required as a necessary response of reason to the limited character of its very existence. Hence, what from a traditional perspective was interpreted as a positive impulse of reason towards ends, is understood now merely negatively, as the basic activity without which there would be no person and hence no reason at all. By the same logic, this apparently positive impulse, which traditionally was thought to require some sort of metaphysical explanation, receives in the Hobbesian Model a deflationary and retrospective interpretation: There is no need for an explanation of reason's impulse in this direction; for if there were no such impulse, then reason simply would not exist. Furthermore, reason's existence is itself contingent and does not serve any essential purpose beyond itself.

The Platonic Model, by contrast, invests reason with the intrinsic ability to represent (or in Kant's case, to legislate) such a system of ends beyond the natural or rational response to finitude. But to this same extent it seems evidently to go beyond anything that reason itself can justify using an appeal to the absolutely necessary conditions of the possibility of the subject. Moreover, if the strength of the Hobbesian Model lies in its ability to reduce reason's end to a partly or wholly passive and hence heteronomous response to instinct and circumstance, the strength of the Platonic Model lies in its consonance with a vision of reason as spontaneous and autonomous with respect to its essential ends. The passage from the former model to the latter – and hence from the type of justification appropriate to the former to one appropriate to the latter – requires transitioning from a heteronomous and "mechanical" conception of reason to one that is autonomous and organic. It is the perceived difficulty or even impossibility of such a transition that, in my view, continues to present challenges for interpreting Kant's relation to the teleological tradition.

I   The Hobbesian and Platonic Models

The historian of the early modern period must learn to recognize and navigate certain fundamental ambiguities of the age, chief among which is the role played by teleological concepts. Though once dominant, the approach that characterizes the modern tradition as essentially anti-teleological has proven to be just as one-sided as that which fails to recognize traditional teleological schemes as among its central targets of attack. With respect to Kant, in particular, it has proven necessary to critically evaluate views such as MacIntyre's, according to which Kant "reject[s] any teleological view of human nature, any view of man as having an essence which defines his true end" (MacIntyre 1981, p. 52), while also recognizing that one cannot simply take what happens to the concept of purpose in the wake of the Critical philosophy as sufficient basis for claiming, like Hegel, that Kant restored teleological thought to the depth it once enjoyed among the ancients, but had since lost in the modern tradition.[5] Ultimately, there can be no question that a central tendency of the modern philosophical tradition was to undermine the teleological worldview that sustained scholastic philosophy and political authority in the seventeenth century and that Kant, to some extent, shared this aspiration. However, it is also impossible to ignore the fact that this turn away from traditional teleology did not primarily assume the form of a rejection of purpose in general, but rather that of an attempt to introduce a new conception of purpose, one consistent with, and even justified by, the newly discovered methodology of modern science.[6]

Still, it is unclear how one is to understand the underlying thrust of this transformation in teleological thought. In particular, Kant's specific role in it remains a locus of very deep disagreement. As I suggested in my introduction, I believe the reason for this lies in a genuine ambiguity that comes to light when we recognize that Kant employs two distinct models for understanding reason's relation to ends, one of which draws on the strength of the most radically anti-teleological strands of early modern thought, and another of which attempts a recovery and a deepening of the teleological tradition itself. I have no doubt that Kant believed himself to have successfully fused these two models into a single consistent theory, but whether he was correct in this is still open to serious doubt.

Before turning to Kant's philosophy proper, it will be helpful to further sketch the basic features of the two models I have in mind, while indicating why I have chosen to associate them with the names of Hobbes and Plato. The first or "Hobbesian Model," as I shall call it, expresses a certain general argumentative strategy that is found in the writings of many other philosophers of the early modern period. As I understand it, the central goal of this strategy is to provide a deflationary account of ends by reducing them to the necessary conditions for the maintenance or preservation of the subject itself. In his *Leviathan,* Hobbes sets out to determine the purpose and constitution of a properly formed civil government, but in doing so he also provides the inspiration for a new and quite general model for the understanding and justification of purposes as such. The central premise of the work is that any true account of the end of human action must be founded upon a properly scientific account of the nature of man. A basic principle of the account

<hr>

5   See, e. g. the comment to §204 of *The Encyclopedia Logic* (Hegel 1991, p. 280); cf. also, the introduction to the chapter on teleology in the *Science of Logic* (Hegel 1994, pp. 185-6). A more expansive explanation of Hegel's views on the ancient understanding of teleology, and in particular its treatment in Anaxagoras, Plato and Aristotle can be found in Hegel (1986, pp. 392-8). Of course, Hegel's praise for Kant's "resuscitation" of the idea of life in particular is tempered by his contention that we must go beyond even the limited conception of systematicity it entails.

6   A key text here, from which Kant also drew inspiration, is Maupertuis (1751).

actually championed by Hobbes is that man is a specific type of physical machine, driven by certain basic needs, desires and fears, and equipped with a calculative faculty of reason that allows him to develop policies for more efficiently fulfilling these directives. On this view, the voluntary motions of men are distinct from the motions of inanimate bodies, and from those vital motions found in other living beings, merely in that they gain their first impulse from the specific motion of the imagination (see Hobbes 2004, Part I, Chapter VI); in all other respects, they are entirely subject to the principle of inertia, which governs all motions in nature without exception (see Hobbes 2004, Part I, Chapter II). With little more than these premises and a description of the fabric of the human mind, Hobbes proceeds to the conclusion that the essential purpose or end of the human being can only be the self-preservation of its own individual existence, i.e. the continuance of its own distinctive motion according to the law of inertia, and moreover that the purpose of civil government can be nothing other than the same within certain specified circumstances. Self-preservation here is nothing but the specific way in which Hobbes understands the universal principle of inertia to operate in the "mechanism" of human nature.

The state of nature and the state of society therefore differ for Hobbes only in that they describe the policies that are required in different circumstances to achieve the very same end, namely self-preservation, in the most effective way. Although Hobbes often uses normative language, he is therefore careful to formulate each policy (which, collectively, he calls the "laws of nature") so that it requires no more from us – and so justifies no further ends – than what can be expected to promote our own self-preservation within the context of the existing social structure.[7] The laws of nature are hence better understood as descriptions of the optimal or most rational course of action, i.e. of what we would necessarily do if our practical reasoning were perfectly well-ordered, than as rules of what any particular person ought or ought not to do regardless of circumstance. Reason, of course, is the source of these policies, but, as accords with its essentially "mechanical" nature, its role lies not in the proposal or justification of ends, but only in the "reckoning" of the most effective policy by addition and subtraction from the first practical principles, among which are our appetites (see Hobbes 2004, Part I, Chapter V).

If we abstract from the political context of Hobbes' argument, we get the following general model:

By employing a naturalistic methodology, Hobbes is able to dismiss at the start any justification of particular ends that would be fully imposed on human nature from outside. The essential and universal end of the human being, as a natural and

---

7   For a defense of the traditional non-normative reading of Hobbes see Herbert (2009).

hence mechanical being, is and can be nothing other than the continuation of its own vital and voluntary motions, which is to say, its existence as a human being. Hence, every genuine end of human action must be derivable from the universal conditions defined by this internal principle of human nature. Externally imposed and particular ends, therefore, can at most constitute additional circumstances to be taken into account in reason's calculation of the optimal policy for reaching its essential end of self-preservation. Correlatively, Hobbes argues that the suspension of the liberty to pursue one's own arbitrary ends at the expense of others – at least as long as this is still consistent also with pursuing one's own preservation (for nothing, of course, can be necessary that contravenes this most basic principle of our being) – is a necessary precondition for our adopting the more general end of preserving ourselves through the preservation of civil society. Hence, in both the state of nature and in the civil state, no end can precede the universal end made possible through reason.[8]

Hence, the end of human action arises for Hobbes not purely from vital motions, but instead as a product of human nature that would be impossible without an original contribution from reason. Nevertheless, this contribution is still understood by Hobbes to be derivative in two other important respects; first, it is not necessary in itself, but only as a condition of the continued motion of the subject in response to appetite and circumstance (something which itself is necessary *only for the subject itself*, not objectively); second, since it is only in relation to the conditions of such continued existence that ends are justified in the Hobbesian scheme, the legitimate end of reason is also *entirely limited* to the satisfaction of these same conditions. Consequently, the sole end of this arrangement, if it is still proper to call it an "end," is to avoid the degradation and eventual dissolution of the human being's own individual existence.

This Hobbesian Model therefore has three further characteristic features, all of which stem from this derivative character of reason. First, according to this model, the end introduced by reason is prompted by, and thus also ultimately justified by, a threat to the very existence of the agent. Hence, continuing to be such an agent is *eo ipso* to pursue the end presented by reason. Second, reason is at all justified in introducing this particular end only because it has no other end set for it either by its own nature or by a higher authority; reason by itself is without a particular end, although it is capable of composing and sifting the forces given to it from elsewhere into a system under the general end made necessary by the principle of self-preservation. Third, as a corollary of the former two features, the general end that reason introduces in this case can extend no further than said principle; it

---

8   This key point is highlighted in Blumenberg (1983).

thus introduces no genuinely original end that could outweigh the original force of self-preservation that reason assumes as a basis and which governs even its own operations.

Another example of roughly same general model is found in the writings of Spinoza, where it is broadened into an account not only of the structure of human action, but of teleological thought in its most general form.[9] Since Kant too works with a completely general account of ends, of which practical and theoretical forms constitute for him merely special cases, it will be helpful to briefly examine Spinoza's extension of the Hobbesian Model.

Much like Hobbes, Spinoza traces the very conception of ends to the human being's persistence in its own being (*conatus*), which he similarly claims is nothing but its essence (see Spinoza 1992, Part III, Prop. 7), insofar as this being is faced with its own limitation or finitude. In the famous appendix to Part I of the *Ethics*, and further in the Introduction to Part IV, he explains that teleological concepts arise from this principle according to the following logic: It belongs to our specific kind of *conatus*, as a finite mode with both body and mind, to have and to be conscious of having appetites for certain objects required for the preservation of this *conatus* itself, but also lack an adequate conception of the true causes of these appetites, which are always efficient, not final. This ignorance of the true necessitating causes, which is something purely negative, is then imagined by us to be something positive and given the name of "freedom." From this arises the further imagination that the actions are caused in an original way by the consciousness of appetite as by a first or final cause, and hence that actions are undertaken *in order to* fulfill appetite, although in truth, appetite is merely the last in an infinite chain of determining efficient causes leading to the action, a chain that ultimately turns on the inertial principle of *conatus*. As Spinoza explains,

> What is termed a 'final cause' is nothing but human appetite in so far as it is considered as the starting-point or primary cause of some thing. For example, when we say that being a place of habitation was the final cause of this or that house, we surely mean no more than this, that a man, from thinking of the advantages of domestic life, had an urge to build a house. Therefore, the need for a habitation in so far as it is considered a final cause is nothing but this particular urge, which is in reality an efficient cause,

---

9   This claim is not uncontroversial, of course. It has been defended famously in Bennett (1983), and more moderately in McDonough (2011). The main critics are Curley (1990), Garrett (1999) and Della Rocca (2006). Although I remain unconvinced by the attempt to rehabilitate Spinoza as a teleological thinker, this is not the place to litigate the issue. However, even if I am wrong, the model I propose still remains effective for the analysis of Kant's writings, both because I am proposing it simply as a possible model in general, and because it reflects an understanding of Spinoza that Kant would have recognized.

and is considered the primary cause because men are commonly ignorant of the causes of their own urges; for, as I have repeatedly said, they are conscious of their own actions and appetites but unaware of the causes by which they are determined to seek something. (Spinoza 1991, Introduction to Part IV)

The key point here, which seems to have been missed by recent commentators, is that the teleological conception of human action upon which the teleological conception of nature is based is itself rooted in an error that is natural to us as finite beings.[10] For a representation to be a genuine "final cause" is not only for it to be a link in a chain of efficient causes – whether by virtue of its representational content or not – but rather for it to be the "first" or "primary" cause. Final causes are indeed called "final" not because they are thought to be last in the order of time, but because they are thought to be the last in the *regress* towards the first causes of an event or action. So the notion that human beings act for ends, Spinoza here informs us, is made possible by the false belief that our urges are first or primary causes of our actions, that is, that they have no prior efficient causes. When we regard human action as teleological, we mistake our own ignorance of the causes of our urges for the uncaused or "first" causality of the urges themselves, and it is in this way that they are transformed from efficient into final causes. On Spinoza's account, the error of the imagination that thus generates the teleological conception of human action, like all errors of the imagination, has no positive reality apart from the reality which it inadequately expresses, and which if adequately expressed – and so conceived as it is rather than imagined as it is not – would reveal the falsity of indeterminacy and freedom, and therefore also of human teleology.

Now, when the human being then turns from itself to nature in pursuit of what is required to persevere in her being, as her essence necessitates her to do, the inadequacy of knowledge with regard her own operations leads to an analogical and equally false understanding of the operations of nature. In this way, teleological concepts derived from an inadequate conception of human action are necessarily transferred to the whole of nature, and teleological thought – the universal illusion upon which all inadequate conceptions of the world are based – has finally been born in its full generality. Teleological thought for Spinoza is therefore a kind of absence, which necessarily precedes and is entirely extinguished by the pure light of adequate knowledge.

---

10 See e. g. Della Rocca (2006, p. 252-3), in which this same passage is cited as an endorsement of human teleology. I suspect Della Rocca and others have missed this point because they are working with a far weaker and indeed non-traditional sense of teleology, one which does not require the conception of a representation as playing the role of a first or primary cause. A similar view to mine is defended in McDonough (2011).

What is most remarkable and important about this extension of the Hobbesian Model is that it derives not just the ends of action, but indeed all teleological concepts, from the principle of self-preservation, and in particular from the entirely negative, but nonetheless essential finitude of the human *conatus*. Hence, the abstract recognition of the error involved in teleological thinking is not sufficient, according to Spinoza, to release us from the grip of its illusion. What Spinoza teaches rather is that teleological thinking is the essential form that our *conatus*, with its inadequate ideas of things, must assume until it has reached the virtue and blessedness of the third kind of knowledge. Thus, even though we may abstractly realize (perhaps by reading parts of the *Ethics*), that the highest and truest standpoint consists in an insight through which all teleology, and indeed all general concepts, would vanish for us, before reaching that point we must think of even this insight itself according to an inadequate general concept of "goodness," and so also as the *telos* of all our efforts. Hence, although for Spinoza there can be no ends in nature at all, the only path to the truth is by turning away from all other particular ends set by our emotions or passions, towards the only truly universal end, which is the knowledge of God and of ourselves in and through God. But only when we have achieved this, so to say, will we conceive that state as it truly is, and thus not as an end at all. Paradoxically, then, the only completely valid "end" for Spinoza is the complete turning away from teleological thought itself.

The role that Spinoza assigns specifically to reason in this process is again similar to what is found in Hobbes. Reason turns us away from all particular ends, towards an end that is possible through itself alone, but also towards an end that is not really original or positive as an end; this end does not take us in any way beyond the basic principle of being. Indeed, even more clearly than in the case of Hobbes, we can see that for Spinoza this end cannot be adequately grasped by reason under the concept of an "end" at all, although it very much seems to function like one in our thinking and willing. It is rather just the preservation of what the self necessarily is so long as it exists: "To act from reason," Spinoza explains, "is nothing else but to do what follows from the necessity of our own nature [i.e. our own *conatus*] considered solely in itself" (Spinoza, Part IV, Proposition 59, Proof). Hence, the same illusion contained in teleological thought is found in our conception of reason as providing us with an original end. Reason is teleological, and necessarily so, only in the imagination and hence to the exact extent that its conception of itself is inadequate. Still, it is only through reason, according to Spinoza, that one can eventually overcome this very illusion.

Naturally, I will not argue that Kant embraces these views of Hobbes or Spinoza. What is so characteristic of Kant, and what poses such serious challenges to the interpretation of his work in this respect, is that he embraces certain aspects and argumentative strategies drawn from these and similar "naturalizing" accounts of teleology, while attempting to combine them with an account that tends to the extreme opposite. This opposite account I broadly refer to as the "Platonic Model," not because it exactly corresponds to anything found in Plato's writings (although something generally like it is to be found there), but because it persists mainly in thinkers who draw their inspiration from him, of which Kant is a case in point.

To get a grasp on this model, it is important to recognize that Plato – much like Hobbes and Spinoza – sought to undermine the conception of ends that was pervasive in the culture of his own time. He did this, however, not by championing a naturalizing account aimed at deflating or even eliminating teleology, but rather by introducing a completely new kind of teleology, one that would no longer be guided by opinion or by myth, or even by the sensible perception of nature, but rather by an original and purely intellectual insight into the end of all things, namely, the good itself. Like Hobbes and Spinoza, Plato also thought of this good as the principle of being, and hence as something without which nothing would be at all. But rather than modeling its action on a principle of inertia, he famously models it on that of the sun; a thing which illuminates and generates all things in their true character, and which, although unseen, can still be detected in the striving of visible things to resemble the invisible ideas that they only imperfectly instantiate.[11]

Of course, the thought of Plato and Kant are vastly different, but it still makes sense to speak of the model of ends that Kant sometimes employs as Platonic for the following reasons. First, although all four thinkers I have mentioned reject the authority of any ends supposedly given to reason from outside, only Plato and Kant interpret this rejection as the necessary opening for a positive and superior teleological account, one that recognizes the intrinsic teleological structure of the intellect (or reason) itself. Hobbes would deny such a positive account because all ends must be justified through his naturalistic science of human nature and the passive and calculative view of reason it entails. Spinoza, on the other hand, would insist that true wisdom requires not only the rejection of inadequate teleological accounts, but

---

11 Plato's identification of the form of the good with a principle of being and participation is found, of course, in *The Republic*, 509b. His famous discussion of Anaxagoras' teleology and how it inspired his own theory of forms is found in the *Phaedo*, 97c-101e. Hegel discusses this passage in detail and provides a teleological reading of the forms in Hegel (1986, p. 392ff). Plato's theory of ends was indeed so radical with respect to the earlier tradition that, as is the case with Kant's, it continues even now to be characterized alternatively as both radically anti-teleological and as constituting a higher form of teleology. The anti-teleological account has been championed by, among others, Benardete, in his unpublished lecture course, and Vlastos (1971). The teleological reading is found in, among others, Dancy (2004), Dorter (1982) and Mueller (1998).

indeed of teleological thought in general. For him, the teleological conception of the intellect resembles true wisdom only with respect to those elements within it that are not teleological. Plato, by contrast, borrows and revises essential elements from traditional teleology (e. g. the theory of Anaxagoras) precisely in order to articulate, by analogy, the positive features of his own higher account. The Platonic Model, therefore, has both a negative and a positive relation to the teleological tradition; negatively, it provides a principle for the criticism of all ends that would precede the insight of reason (and so of all traditional teleological theories); but positively, it also strives towards an account of this insight as one into the genuine and ultimate "end" of reason (where this concept is also understood as signifying something positive), and hence into the source of all other subordinate ends.

II   The Ambiguity of Kant's Account of Theoretical Ends

There are several places in which Kant's account of theoretical cognition invokes teleological concepts. However, I will focus here only on the discussions relating to his analysis of the relationship between sensibility and understanding. I believe this is permissible, since Kant himself gives the most attention to this case and since it seems to provide him with a general model for his treatment in other contexts. To understand how teleological concepts can operate in this case, we must first be aware of Kant's most general conception of an end, which is found in the *Critique of the Power of Judgment:* "an end is the object of a concept insofar as the latter is regarded as the cause of the former (the real ground of its possibility)" (KU, AA 5:220). Put differently, a thing is considered an "end" when it is regarded as caused originally by a preceding representation of what it was to be. Now, in order to regard my own mental representations as representations of an empirical object, I must, at the very least, think of their arrangement as depending on the arrangement in the object itself apart from my consciousness. For example, to regard my own subjective mental representation of the sun warming a rock as potentially a true or objective representation of the sun warming a rock, I must think that my mental representation is thus and so because of a connection that exists between the sun and the rock apart from my particular representation of it.[12] But from an empir-

---

12   Of course, I am here borrowing Kant's favorite example from the *Prolegomena* of a judgment of perception that is converted into a judgment of experience through the application of the category of causality. See Prol, AA 4:297-306 and especially the note to 305. This passage is key in that it explains how "empirical judgments, insofar as

ical point of view this agreement between my mind and these empirical objects, and indeed between my mind and objects generally, appears to be a completely contingent one. On what basis, then, can I justifiably regard such a representation in my consciousness as representing anything beyond itself? More generally, on what basis can I justifiably regard even the general concepts I employ with regard to not just this sun and this rock, but with regard to any object in general, as even *possibly* representing something outside of my mind? As Kant demonstrates so well, the question of the empirical truth of my representation of the sun-rock relation presupposes and hence is secondary to the question of the objective validity of certain general concepts, namely those of an object in general (e.g. CPR, A109), among which is that of causality. And the justification of this objective validity requires in turn, on the transcendental level, that we hold that "the representation alone makes the object possible" (CPR, A92/B125). On the transcendental level, we must therefore regard all empirical objects, as regards their form, as dependent upon a set of concepts of what they were to be; that is, we must regard experience as an "end" according to the definition of this explained above. So the problem of the "fitness" between mind and world, which was traditionally solved by the teleological conception of the mind as created for cognizing the world, is solved in Kant's Crit- ical philosophy by the – at least superficially teleological – conception of the mind as "creating" its own objects *qua* object in general. On both the traditional and on the Kantian theory, the solution depends upon the idea of an object's dependency on a preceding representation of it, i. e., upon a teleological theory in the broadest Kantian sense as this is explained in the third *Critique*.

How then does Kant seek to justify this view of representations as making the object in general possible? He does so precisely by recourse to the generalized Hobbesian Model: The concepts of an object in general are justified since "they must be recognized as *a priori* conditions of the possibility of experiences" (CPR, A94/B126). In other words, without the application of these concepts, there simply would be no thinking at all, hence no object of experience ("the representation would be impossible or else at least would be nothing for me" (CPR, B132)). But consciousness of self is only possible through the representation of the synthetic identity of our consciousness of a manifold in an object in general (see CPR, B133). And since the self is "empty," or since through it "nothing manifold is given" (CPR,

---

they have objective validity, are judgments of experience" and thus, since they contain necessity, are really dependent upon the categories and are ultimately specifications of synthetic *a priori* principles. In this case, the judgment that the sun is causing a rock to warm would be an application of the category of causality and a specification of the principle of the Second Analogy.

B135), it turns out that this unity of the manifold *as given in the object of experience* is a condition *even of the possibility of the cognitive subject*. Thus, it becomes clear that to this extent the possibility of cognition is not an achievement of the subject, but rather a constitutive condition that goes along with its very being; for to be a thinking subject at all is at once to be a subject for which the categories apply.

However, if this were the only aspect in which Kant's account of the cognitive subject invoked teleology, then it would not be particularly remarkable. Indeed, it might well justify the view that Kant's true aim is the abolishment of cognitive teleology. In this case, his response to the question of the remarkable fitness of mind and world would be that it is should not have been regarded as remarkable in the first place, and certainly that it does not require a traditional teleological account, since it is in fact necessary. For traditional teleological accounts of teleology have always relied upon the notion of contingency, of a passage from potency to act, or of a power imparting form to what in itself does not necessarily have such form.[13] Kant's use of the Hobbesian Model thus replaces traditional teleology with something that one could plausibly argue is teleological only analogically or negatively, like Spinoza's use of *conatus* or the early modern conception of inertia as a special kind of force through which a thing persists in its being. In those cases, the point is not really to introduce a new kind of teleological explanation, but to change our explanatory practices by highlighting what really need not be explained at all, since it is necessary. In particular, the point is to show that the kinds of behavior previously thought inexplicable or unjustifiable without reference to the additional concept of an end, result naturally from the necessary constitution of the being in question. The apparent necessity of an end, as we saw above, is understood to be the result of an inadequate conception of this very constitution. In a very similar way, Kant's point is not really to explain why the categories are applicable to the empirical objects we represent, but rather to explain why their applicability to such objects really requires none of the explanations traditionally adduced in its favor. For all such explanations, to the very extent that they presuppose a thinking subject for whom the validity of the categories is in question, also presuppose the validity of those very categories. If properly understood, then, the effect of Kant's argument should be to silence all further attempts to provide a metaphysical – hence *teleological* – explanation of the possibility of human knowledge by showing that the conditions that make it possible are just the conditions without which there could be no cognitive subject at all.

---

13 Kant himself agrees, writing "the concept of a thing whose existence or form we represent under the condition of an end is inseparable from the concept of its contingency" (KU, AA 5:398).

It is no doubt very tempting to see this as the core of Kant's argument, and as sufficient alone to explain the validity of the categories; they must be valid of objects simply because an object (and so also a subject) is impossible without them. But Kant (as is mystifyingly typical) is not at all satisfied with the argument as it stands, and this for two reasons. First, the Hobbesian argument holds no sway if there exist any other justified sources of ends, or, in this case, justified sources of the unity we represent in an object in general. If, for example, it were possible for some different form of unity to be presented in sensibility, or to be derived from an object in itself and outside of the mind, or to be implanted by God, then the Hobbesian argument would not establish that the applicability of the categories and the very existence of a cognitive subject are linked by an essential identity. Kant thus seeks to eliminate this possibility by arguing that objects can be given only through sensible intuition and that this intuition, as receptive, can in principle contain no intellectual synthesis at all, since the latter is always a spontaneous act, and hence can contain no intellectual unity (see, e. g. CPR, B129-30).

The second reason Kant is not satisfied with the argument concerns the specific relation between sensibility and understanding. Proof of the necessity of a certain intellectual synthesis, recognized in a concept, is not the same as complete proof of right for this concept to be applied to an object presented in sensible intuition. What is missing is a demonstration that the intellectual concepts we must employ also *positively agree with* (and so do not overstep or falsify) the objects that the senses present sensibly and from another source. It is in pursuit of justifying such a complete right that Kant then presses the question of the validity of the categories, and hence also the transcendental deduction, yet one step further. The reason for his insistence, however, lies in a corollary of the emptiness of the thinking self, which was used to support the Hobbesian argument: Just insofar as the understanding cannot give itself a manifold, the intuitive form of this manifold must also be supplied from elsewhere. But for knowledge, and hence for a subject, to be possible at all, the form of this sensible manifold must agree with the unity required for thought. Here, suddenly, contingency again reenters the picture in an essential way, apparently making a genuinely teleological account of the relationship between the understanding and sensibility possible. The "empty" understanding *needs* sensibility precisely because it is only through the latter that the understanding can relate to an object at all. However, sensibility is of an entirely distinct origin and nature. Hence, not only can we not explain why we have these forms of sensibility and no others (see CPR, B145-6), but also there is no way to derive the forms of sensible intuition from the structure of thinking. Consequently, that we have sensibility at all, and moreover that this sensibility has precisely such a form that the categories can be validly applied to it, is a fact that is not demonstrable from the nature of the understanding. From this point of view, then, the remarkable fitness between the mind and the world reemerges internally in the subject in the form of the remarkable fitness between sensibility and understanding. Just like the former, the latter appears contingent and even unexpected, which gives ground to the question as to why sensibility agrees with understanding, and indeed agrees so extensively and so perfectly. "For," as Kant explains,

> appearances could after all be so constituted that the understanding would not find in them the accord with the conditions of its unity, and everything would lie in such a confusion that, e. g., in the succession of appearances nothing would offer itself that would furnish a rule of synthesis and thus correspond to the concept of cause and effect [...] (CPR, A90/ B123).

The outcome of all of this is that the justification of the categories with respect to objects requires also a special justification of their applicability to anything represented through our specific forms of sensible intuition, namely space and time. To satisfy this additional demand, Kant must supplement the Hobbesian Model with an account of the agreement of understanding and sensibility *from the side of sensibility itself.* And for this purpose he has recourse to the results of the *independent* science of the Transcendental Aesthetic, where "we ... isolate sensibility by separating off everything that the understanding thinks through its concepts" (CPR, A22/B36). That separate investigation had already established, Kant reminds us in §26 of the B-edition deduction, that as both forms of intuition and as intuitions themselves, space and time possess the very same unity *sensibly* as the understanding now requires *intellectually.* Hence, in view of theoretical cognition, sensibility and understanding harmonize for the purpose of generating experience; the unity of an object in general required for thought is found sensibly in space and time, which itself – as sensible, but not yet intellectual – in turn requires the unity of the understanding's concepts, without which it would be nothing to us.[14]

---

14 Kant strategy is thus not as simple as merely showing that the categories are necessary from the standpoint of thought or for the application of the understanding to an intuition in general. If it were, then the conclusion from this general requirement to the specific case of our particular forms of intuition would be trivial and would not require a retrospective look to the results of the Transcendental Aesthetic. The independence and, so to say, autonomy of the Transcendental Aesthetic, which is itself based upon the heterogeneity of the two stems of cognition, is thus what preserves the contingency even in the transcendental relation of sensibility and understanding, and thus apparently reintroduces the possibility of a teleological account. For this same reason, all Kant's proofs – as he himself openly states (see CPR, A94/B126; also CPR, A156f./B195f.) – are really proofs that we are justified in presupposing the specific fitness between sensibility

Once established, this remarkable fitness between sensibility and understanding plays a central role in the way Kant articulates the unity of experience going forward. Whether rightly or wrongly, he takes it as justifying not only "the possibility of cognizing *a priori through the categories* whatever objects *may come before our senses* […] thus the possibility of as it were prescribing the law to nature and even making the latter possible" (CPR, B159; Italics CF), but ultimately also the representation of all things as systematically combined in the "one experience, in which all perceptions are represented as in thoroughgoing and lawlike connection" (CPR, A110). Such a unity of experience, of course, goes beyond anything one would expect to be justifiable by appeal to the mere threshold unity required for a synthetic unity of apperception, and hence by appeal to the Hobbesian Model.[15] However, Kant clearly thinks that he has in fact proven the necessity of this richer harmony between sensibility and understanding, although neither he nor anyone else can explain its true origin. As he writes in *On a Discovery*:

> As for this harmony between understanding and sensibility, insofar as it makes possible cognitions of universal laws of nature a priori, the *Critique* has definitely shown that without it no experience is possible, and that objects […] would never be taken up into the unity of consciousness and enter into experience, and would therefore be nothing for us. But we could still provide no reason why we have precisely such a mode of sensibility and an understanding of such a nature, that by their combination experience becomes possible; nor yet, why, as otherwise fully heterogeneous sources of cognition, they always conform so well to the possibility of experience in general […]; this we could not further explain (and neither can anyone else). (ÜE, AA 8:249-50)[16]

---

and understanding for the sake of experience, i.e. because without it no experience would be possible. We can say the harmony is necessary *for experience to be possible*, but we cannot explain what makes experience itself possible. I am not denying that Kant regards this last question as unanswerable, and indeed as a trap for uncritical minds.

15 Although Kant evidently takes these two unities to be the same, the discussion of this point in Lu-Adler (2015) has led me to see that Kant's reason for holding this view are far from obvious, and perhaps ultimately stem from his desire to justify a certain systematic conception of experience.

16 To put the matter briefly, the fundamental ambiguity of Kant's position is most apparent in the very unclear way in which he attempts to maintain both (1) that the fitness between sensibility and understanding is necessary, and hence unremarkable, and (2) that in some other sense it is not necessary, and hence is most remarkable, although the explanation for it goes beyond experience, and so beyond anything reason can comprehend. This ambiguity should be clear to anyone who compares the many different passages in which Kant remarks on the matter.

Kant's transition from the bare unity required for a consciousness of self to the thoroughgoing systematic unity of all things in one whole of experience, which then raises the question of the ground of such a harmony between sensibility and understanding, is difficult to justify or to explain. It seems perhaps simply to be a fundamental assumption on Kant's part that the former unity, by virtue of its special harmony with the forms of intuition, can and must expand itself into an unlimited demand for higher and higher forms of unity in nature, the highest form of which Kant says is precisely "purposive" or teleological unity (see CPR, A694-5/ B722-3). If Kant has any justification for this transition, it seems to lie solely in his contention that reason itself, and as a result also experience, is simply and intrinsically systematic and that the highest form of systematicity is a kind of absolute or universalized purposiveness.

The upshot, however, is that while the rudiments of Kant's account strike one as remarkably Hobbesian, minimalist, and indeed anti-teleological in spirit – much as does his constant reminder that "everything in regard to objects of experience is necessary without which the experience of these objects itself would be impossible" (CPR, A213/B259) – the final picture at which he arrives is one that is Platonic in its internal structure and is designed to provide a Critical justification for the kind of superior and universal teleology once described in pre-Critical works like the *Only Possible Argument*. If Kant is correct, then he manages to justify the view that all possible experience, simply by virtue of the conditions of its possibility, will present itself to us as *completely and systematically* suitable for our cognition, as if it were prepared in advance – and thus teleologically – by an unlimited divine intellect. As he explains, this means that "inseparably bound up with the essence of our reason," and hence "legislative for us," is the idea of a "corresponding legislative reason (*intellectus archtypus*) from which all systematic unity of nature, as the object of our reason, is to be derived" (CPR, A695/B723). Of course, we can agree with Kant's claim about the necessity of unity in general, and still be justified in asking why such thoroughgoing unity, indeed *teleological harmony*, should be necessary for the bare unity of consciousness.[17]

Kant is aware that the harmony of sensibility and understanding, which makes application of the Platonic Model feasible, is itself quite remarkable and may seem to raise serious questions. He indicates this in several places, but most clearly in his *Anthropology from Pragmatic Point of View*, writing:

---

17 Perhaps this is what explains Kant's conflicting remarks on the possibility of a transcendental deduction of higher or teleological forms of unity in nature.

Intellectual combination is analogous to an interaction of two specifically different substances intimately acting upon each other and striving for unity, where this union brings about a third entity that has properties which can only be produced by the union of two heterogeneous elements. Despite their dissimilarity, understanding and sensibility by themselves form a closed union for bringing about our cognition, as if one had its origin in the other, or both originated from a common origin; but this cannot be, or at least we cannot conceive how dissimilar things could sprout forth from one and the same root. (Anthr, AA 7:177)

Again, in the *Critique of the Power of Judgment,* he explains that

the compatibility of that form of sensible intuition (which is called space) with the faculty of concepts (the understanding) […] enlarges the mind, allowing it, as it were, to suspect something lying beyond those sensible representations, in which, although unknown to us, the ultimate ground of that accord could be found. (KU, AA 5:365)

Of course, in these and in many other texts, Kant firmly denies that we can ever *explain* the basis of this harmony, as this would take us beyond the limits of human knowledge. But an explanation is not required, if only the necessity and right of assuming it for the sake of possible experience, and thus its transcendental justification, is clearly established.

III   The Ambiguity of Kant's Account of Practical Ends

The ambiguities in Kant's account of practical ends have been discussed so often that it should be unnecessary to do so once again. Unfortunately, this is not the case, since commentators have, for the most part, remained satisfied with taking one of two positions: either simply that of ignoring the apparent role of teleology in Kant's moral philosophy, or else that of embracing it without critically examining its supposed grounds. The former position has almost always relied upon Kant's use of the generalized Hobbesian Model, and for quite good reasons: Kant draws on this model clearly and repeatedly in his moral writings. A case in point is his derivation of the moral principle from common moral experience in *Groundwork* I. The basic idea of this derivation is that our common concepts of duty and moral worth are inconsistent with a rational moral principle that would consist entirely in the piecemeal response to our particular sensible impulses. And since the ordinary practical use of reason consists just in the reflective generation of ends in response to such impulses, our common moral experience is inconsistent with a rational principle grounded in any such end. From this point of view, the rational will itself seems to be threatened with total vacuity; for without any end at all, and hence without an ultimate criterion of goodness, there can be no truly rational willing. But rather than introducing a new end given originally by reason itself, Kant explains:

> That the purposes we may have for our actions, and their effects as ends and incentives of the will, can give actions no unconditioned and moral worth is clear from what has gone before. In what, then, can this worth lie, if it is not to be in the will in relation to the hoped for effect of the action? It can lie nowhere else *than in the principle of the will* without regard for the ends that can be brought about by such an action. For, the will stands between its *a priori* principle, which is formal, and its *a posteriori* incentive, which is material, as at a crossroads; and since it must still be determined by something, it must be determined by the formal principle of volition as such when an action is to be done from duty, where every material principle has been withdrawn from it. (MGS, AA 4:400)

This line of reasoning leads Kant to his famous derivation of the moral principle: "Since I have robbed the will of all impulses that could arise for it from following some particular law [i. e., based upon some particular end], nothing remains but the conformity of actions as such with universal law, which alone is to serve the will as its principle" (GMS, AA 4:402). With this Kant declares that the legitimate law of action is not one dictated to reason directly from our natural instincts or from external authorities; rather, it can only arise from reason itself. In accordance with the Hobbesian Model, this negative moment serves Kant here as the initial step in his refutation of all previous teleological moral theories based upon externally dictated ends. Moreover, Kant also seems to embrace the Hobbesian view that the original contribution of reason must be conceived of purely negatively, thus as constituted entirely by this rejection of external ends. For Kant's derivation evidently presupposes the two other features of the Hobbesian Model, namely, that the contribution of reason is justified only because of its status as the necessary condition without which there would be no reason at all (in this case practical reason, or the will) – this is what is behind the phrase "since it must still be determined by something" – and that this contribution is entirely limited to the fulfillment of this condition. In other words, if there were no law for the will, then there would be no will at all, but the law itself is nothing more specific than the will's being a law to itself (and this is *necessarily* the only alternative to a law based upon given or particular ends); for only this much can be justified by appeal to the necessary condition of willing.

However, Kant also goes beyond Hobbes's own account by asserting that a legitimate law also cannot consist merely in reason's necessary reaction to impulse and circumstance. To truly have a will of one's own, and thus to be an agent at all, is to be determined by something purely internal to oneself and hence originally rational, which can be nothing other than the form of lawfulness itself. But in claiming this does Kant also go beyond the more generalized Hobbesian Model explained above? I would say not, since in *Groundwork* III, Kant makes it clear that even if he is not making appeal (as did Hobbes) to an inertial principle of the preservation of the human being, he is nevertheless appealing to a principle of the preservation of the *free will,* or of rational agency. As he argues, a free will must be a will that is not determined by laws derived from alien influences, but it also cannot be without any law whatsoever. The free will without a law would be a causality without an essence, and hence would be a contradiction in terms. Consequently, the free will "must rather be a causality according to immutable laws, but of a special kind; for otherwise a free will would be an absurdity" (GMS, AA 4:446). A free will cannot exist without a law, but, as free, it can derive no legitimate law from pre-given ends, even negatively. Since, necessarily, the only alternative to this is a law based upon form – the form being the only other positive feature of our maxims that could determine us – the law of the free will can only be the conformity of willing to the form of law as such.

One could easily infer from this line of thought that Kant's true goal is to fundamentally eradicate teleological conceptions from moral philosophy. The traditional conception of morality as concerned with laws derived from ultimate ends, persistent since the ancients, seems obviously to have been replaced by Kant with a kind of "deontological" law conceived in analogy with the physical laws introduced by early modern physicists. Kant himself even often follows out the logic of this analogy by asserting that the free will would *necessarily* operate according to this law, if only the impulses coming from its sensible side did not provide counter-motives (see GMS, AA 4:454). On such a reading, Kant would simply be embracing a moral analogue of the Spinozistic extension of the Hobbesian Model, and would be offering an openly anti-teleological account of morality.

Although many have made this inference, Kant himself asserts time and again that the truth is exactly the opposite. Not only does this law undermine every moral theory based upon empirically grounded ends, it also provides the ground for and introduces "a pure doctrine of ends," "the principle of which contains *a priori* the relation of a reason in general to the whole of all ends" (ÜGTP, AA 8:182-3).[18] Kant thus embraces the key feature of the Platonic Model by asserting that this pure moral law is in fact the only truly teleological principle of the free will.

---

18 Again, the fundamental ambiguity of Kant's account is perhaps responsible for the obscurity in his attempt to derive ends from the categorical imperative. I have chosen to focus here on the passage regarding this from the *Metaphysics of Morals*, but the most obvious instance is no doubt found in the *Groundwork*, at AA 4:428-9, where Kant claims to deduce the existence of ends in themselves from the categorical imperative.

For all ends not based on this principle, according to Kant, fall under the general idea of happiness, which as a mere idea of the imagination founds no true system, and hence is not ultimately consistent, let alone purposive. The system we aim at when imagining happiness only really becomes possible when the moral law, and the system of ends that it establishes, is taken as the supreme condition of all ends whatsoever. Hence, in pursuing ends unconditioned by this law, the free will is in fact acting under no real purpose, but indeed inconsistently and counter to purpose, hence in a way that in fact destroys its own positive freedom. Again, as in the theoretical case discussed above, a central principle of this system of ends is absolute completeness and unlimited extension.

This becomes most clear in Kant's later deduction of ends in the *Metaphysics of Morals*:

> What, in relation to the human being to himself and others, *can* be an end *is* an end for pure practical reason; for, pure practical reason is a faculty of ends generally, and for it to be indifferent to ends, that is, to take no interest in them, would therefore be a contradiction, since then it would not determine maxims for actions either (because every maxim of action contains an end) and so would not be practical reason. (MS, AA 6:395)

According to Kant, the above passage contains the deduction of a pure doctrine of ends from nothing other than the categorical imperative. We are thus to presume that the command to act always such that our maxims can have the form of law-fulness, which itself seems entirely without end, leads paradoxically to a complete and unlimited system of ends, comprising all our duties, all other rational beings, and indeed the highest good of the world. Whatever can *possibly* be an end of the free will, as Kant says, is *actually* an end for it. And since the categorical impera-tive, as we have seen, is justified as a condition of the very possibility of a free will, so also Kant says here that pure practical reason would indeed contradict its own nature, should it not take as an actual end, any end possible through it. By this Kant attempts to transition from the Hobbesian to the Platonic Model, just as he did in the theoretical realm. Moreover, the lever for such a transition is again his quite independent conception of reason as intrinsically systematic, and in this case, intrinsically related to a system of ends.

Kant's appeal to the Platonic Model in the practical realm is particularly striking in his *Lectures on the Philosophical Doctrine of Religion*. Wisdom, according to Kant, is best understood to consist in the knowledge of true ends and the ability to determine the most suitable means from the representation of such ends. In his moral writings, Kant often deploys a basically Hobbesian argument based upon this conception of wisdom in order to undermine traditional teleological moral theories. Namely, he argues that the human being, due to her cognitive finitude, is incapable of possessing a true knowledge of her natural end, i. e., of what will make her happy. Consequently, unless reason is to prove itself useless, and the human being without purpose, a non-natural end must exist for all rational beings. Now, in the lectures in question Kant describes this non-natural end, not as merely a rule for the consistency of all ends given by nature, and hence not in the Hobbesian manner, but rather in the following terms:

> Insofar as our cognition of human actions is derived from the principle of a possible system of all ends, it can be called human wisdom. Hence we are able to give an example *in concreto* of the highest understanding which infers from the whole to the particular, namely our conduct in morals, because here we determine the worth of each end by means of an idea of a whole of all ends. (V-Phil-Th/Poelitz, AA 28:1057)

So although Kant employs the Hobbesian Model for dismissing any natural end of reason and for introducing a new non-natural end, this latter is not restricted to the mere preservation of rationality in the face of its own finitude. Rather, Kant immediately invokes the Platonic Model of a reason that provides from out of itself – in a fashion analogous to the divine intellect – knowledge of the criterion for evaluating all given ends, of a complete system of moral or pure ends, and of the means to these moral ends.

IV   Conclusion

Investigation into the development of Kant's Critical philosophy reveals that it originated in the discovery that human reason possesses a pure intellectual essence all of its own ("pure reason"), an essence of which we are always implicitly aware, but of which we cannot become *explicitly* aware except through the reflective separation of everything empirical from it. I have tried to show that Kant (1) exploited strategies typical of certain anti-teleological modern thinkers, Hobbes and Spinoza in particular, in order to try to turn the negative moment of this purification of reason into a ground for both the rejection of previous teleological theories and for the justification of a certain conception of reason's essential and necessary laws, but that he also (2) followed Plato in conceiving of these laws as constituting a superior and indeed richer form of teleology. In contrast to certain elements of the early modern tradition, which so often argued from the illegitimacy of given ends to a theory without genuine ends at all, Kant argues from the insufficiently systematic and limited (because empirical) character of given ends, that is, from their being *insufficiently* teleological in his terms, to the perfectly systematic and unlimited conception of pure ends supposedly generated by reason *a priori*.

It should be noted that on the surface, at least, there is no intrinsic contradiction between the Hobbesian and Platonic Models of reason that Kant employs; after all, it is always possible that reason is capable of more than can be justified by appeal to the principle of its preservation. However, as is clear from the cases examined above, Kant is not satisfied with such a coalition of independent models. Rather, he believes he must and can show that both models are ultimately equivalent, that is, that the mere condition of the possibility of reason (whether theoretically or practically employed), which initially seems merely formal and empty due to its exclusion of all externally given ends, is equivalent to a complete system of ends made necessary through reason itself (either as a presupposition for possible experience, or for the employment of pure practical reason). But, as I have indicated, the principle of this equivalence seems to be a conception of reason as itself intrinsically systematic and hence teleological, a conception which Kant justifies – if at all – only obscurely and seemingly on different grounds in different contexts. The upshot, then, is that one's view of Kant's position with respect to teleology will depend on the extent to which one recognizes and accepts his conception of the nature of pure reason.

Bibliography

Bennett, Jonathan. 1983. "Teleology and Spinoza's Conatus." *Midwest Studies in Philosophy*, 8: 143–160.

Benardete, Seth. (Unpublished). *The Last Days of Socrates: Euthyphro, Apology, Crito and Phaedo*. Lecture course delivered in New York at the New School beginning in February 1971.

Blumenberg, Hans. 1983. "Self-Preservation and Inertia: On the Constitution of Modern Rationality." In *Contemporary German Philosophy, Volume 3*. ed. Darrel E. Christensen, et. al. University Park: Pennsylvania State University Press, 209–56.

Curley, Edwin. 1990. "On Bennett's Spinoza: The Issue of Teleology." In *Spinoza: Issues and Directions*. ed. Curley, Edwin and Pierre-Francois Moreau. Leiden: Brill, 39–52.

Dancy, R. M. 2004. *Plato's Introduction of Forms*. Cambridge: Cambridge University Press.

Della Rocca, Michael. 2006. "Spinoza's Metaphysical Psychology." In *The Cambridge Companion to Spinoza*. ed. Garrett, Don. Cambridge: Cambridge University Press, 192–266.

Dörflinger, Bernd. 1995. "The Underlying Teleology of the First Critique." In *Proceedings of the Eighth International Kant Congress: Memphis, 1995. ed. Robinson, Hoke. Milwaukee: Marquette University Press, 813–26.

Dörflinger, Bernd. 2000. *Das Leben theoretischer Vernunft*. Berlin: Walter de Gruyter.

Dorter, Kenneth. 1982. *Plato's Phaedo: An Interpretation*. Toronto: University of Toronto Press.

Düsing, Klaus. *Die Teleologie in Kants Weltbegriff.* Kantstudien Ergänzungshefte, 96. Bonn: Bouvier Verlag.

Ferrarin, Alfredo. 2013. *The Powers of Pure Reason.* Chicago: University of Chicago Press.

Fugate, Courtney D. 2014a. "'With a Philosophical Eye': The Role of Mathematical Beauty in Kant's Intellectual Development." *Canadian Journal of Philosophy,* 44: 759–88.

Fugate, Courtney D. 2014b. *The Teleology of Reason.* Berlin: Walter De Gruyter.

Fugate, Courtney D. 2016. "Reply to Huaping Lu-Adler." *Critique,* URL=https://virtualcritique.wordpress.com/2016/10/23/reply-to-lu-adler/.

Garrett, Don. 1999. "Teleology in Spinoza and Early Modern Rationalism." In *New Essays on the Rationalists.* ed. Gennaro, Rocco and Charles Huenemann. Oxford: Oxford University Press, 310–36.

Hegel, G. W. F. 1986. *Vorlesungen über die Geschichte der Philosophie I.* Based on volume 18 of *Werke,* edited by Eva Moldenhauer and Karl Markus Michel. Frankfurt am Main: Suhrkamp.

Hegel, G. W. F. 1991. *The Encyclopaedia Logic.* Translated T. F. Geraets, W. A. Suchting and H. S. Harris. Indianapolis: Hackett.

Hegel, G. W. F. 1994. *Wissenschaft der Logik: Die Lehre vom Begriff (1816).* ed. Hans-Jürgen Gawoll with an introduction by Friedrich Hogemann. Hamburg: Felix Meiner Verlag.

Henrich, Dieter. 1972. "The Basic Structure of Modern Philosophy." *Cultural Hermeneutics,* 2:1-18.

Herbert, Gary B. 2009. "The Non-normative Nature of Hobbesian Natural Law." *Hobbes Studies,* 22: 3–28.

Hobbes, Thomas. 2004. *Leviathan.* With an essay by W. G. Pogson Smith and an introduction by Jennifer J. Popiel. New York: Barnes and Noble.

Kleingeld, Pauline. 1998. "The Conative Character of Reason in Kant's Philosophy. *Journal of the History of Philosophy,* 36: 77–97.

Lin, Martin. 2006. "Teleology and Human Action in Spinoza." *Philosophical Review,* 115: 317–354.

Longuenesse, Béatrice. 1998. *Kant and the Capacity to Judge.* Translated by Charles T. Wolfe. Princeton: Princeton University Press.

Longuenesse, Béatrice. 2000. "Kant's Categories and the Capacity to Judge: Responses to Henry Allison and Sally Sedgwick." *Inquiry,* 42: 91–110.

Lu-Adler, Huaping. 2015. "Huaping Lu-Adler on Courtney Fugate's 'The Teleology of Reason.'" *Critique.* URL=https://virtualcritique.wordpress.com/2016/10/22/huaping-lu-adler-on-courtney-fugates-the-teleology-of-reason/.

Maupertuis, Par. M. de. 1751. *Essai de Cosmologie.* Published in German the same year as *Versuch einer Cosmologie.* Berlin: C. G. Nicolai.

MacIntyre, Alasdair. 1981. *After Virtue: A Study in Moral Theory.* London: Gerald Duckworth.

McDonough, Jeffrey K. 2011. "The Heyday of Teleology and Early Modern Philosophy." *Midwest Studies in Philosophy,* 35:179-204.

McLaughlin, Peter. 1989. *Kants Kritik der teleologischen Urteilskraft.* Bonn: Bouvier Verlag.

Mensch, Jennifer. *Kant's Organicism.* Chicago: University of Chicago Press.

Mueller, Ian. 1998. "Platonism and the Study of Nature (Phaedo 95e ff.)." In *Method in Ancient Philosophy.* ed. Genzler, Jyl. Oxford: Clarendon Press.

Plato. 2007. *The Republic.* Translated by Desmond Lee, with an introduction by Melissa Lane. London/New York: Penguin Books.

Schönfeld, Martin. 2000. *The Philosophy of the Young Kant.* Oxford: Oxford University Press.

Schneider, Friedrich. 1966. „Kant's ,Allgemeine Naturgeschichte' und ihre philosophische Bedeutung." *Kant-Studien,* 57: 167–77.

Shea, William R. 1986. "Filled with Wonder: Kant's Cosmological Essay, the *Universal Natural History and Theory of the Heavens.*" In *Kant's Philosophy of Physical Science.* ed. Butts, Robert E. Dordrecht: Reidel, 95–124.

Spinoza, Baruch. 1992. *Ethics, Treatise on the Emendation of the Intellect and Selected Letters.* Translated by Samuel Shirley, edited and introduced by Seymour Feldman. Indianapolis: Hackett.

Tonelli, Giorgio. 1959. *Elementi methodologici e metaphysici in Kant dal 1747 al 1768. Studi ricerche di storia della filosophia,* 29. Torino: Edizione di "Filosofia."

Velkley, Richard. 1989. *Freedom and the End of Reason: On the Moral Foundations of Kant's Critical Philosophy.* Chicago: University of Chicago Press.

Vlastos, Gregory. 1971. "Reasons as Causes in the *Phaedo.*" In: *Plato: A Collection of Critical Essays.* ed. Gregory Vlastos. 2 vols. New York: Anchor Books.

Zöller, Günter. 2001. „„Die Seele des Systems': Systembegriff und Begriffssystem in Kants Transzendentalphilosophie." In: *Architektonik und System der Philosophie Kants. hrsg. Fulda, H. F. and J. Stolzenberg.* Hamburg: Felix Meiner Verlag, 53–72.

Bedingungen materialer Wahrheit
Zur systematischen Stellung von Kants
Kritik der Urteilskraft

Peter König

Zusammenfassung

Der Aufsatz beschäftigt sich mit der Stellung der *Kritik der Urteilskraft* im System der Kantischen *Kritiken*. Es wird die These vertreten, dass die Dreiteiligkeit des Kantischen Systems mit der Dreizahl der transzendentallogischen Erfordernisse der Erkenntnis zusammenhängt, die Kant mit den Begriffen des *unum*, *verum* und *bonum* verbindet. Daraus wird der Schluss gezogen, dass die *Kritik der Urteilskraft* zum übergreifenden Thema die Bedingungen materialer *Wahrheit* hat, sofern diese sich a priori, in der Form von Ideen, angeben lassen, im Unterschied zur *Kritik der reinen Vernunft*, deren Thema die *Einheit*, und zur *Kritik der praktischen Vernunft*, deren Thema die *Vollkommenheit* bildet. Es werden zwei Bedingungen materialer Wahrheit aufgedeckt, die Idee des Gemeinsinns auf Seiten des Erkenntnissubjekts, die Idee eines Systems der Natur nach empirischen Gesetzen auf Seiten des Erkenntnisobjekts, wobei der Entdeckungszusammenhang im einen Fall das Schöne, in anderen Fall das Organische ist.

Angesichts der sachlichen Probleme, mit denen sich Kant in der *Kritik der Urteilskraft*[1] beschäftigt, erscheint die Frage, welche Stelle das Werk im System der kritischen Philosophie einnimmt, auf den ersten Blick von geringerem Interesse.

---

1 Ich zitiere im Folgenden Kants *Kritik der reinen Vernunft* als: KrV, nach der zweiten Auflage (B), Riga 1787; die *Kritik der Urteilskraft* als: KU, nach der zweiten Auflage (B), Berlin 1793 und *Immanuel Kants Logik. Ein Handbuch zu Vorlesungen* als: Logik Jäsche, nach der ersten Auflage (A), Königsberg 1803. In Klammern findet zusätzlich der Nachweis nach der Ausgabe von Kant's Gesammelte Schriften. (Hg. von der Königlich

© Springer Fachmedien Wiesbaden GmbH, ein Teil von Springer Nature 2019
P. Órdenes und A. Pickhan (Hrsg.), *Teleologische Reflexion in Kants Philosophie*,
https://doi.org/10.1007/978-3-658-23694-6_3

Dennoch versucht Kant in den beiden Einleitungen zur *Kritik der Urteilskraft*, gerade auf diese Frage eine Antwort zu geben und damit dem Anschein nach vor allem eine Rechtfertigung für die Notwendigkeit einer dritten *Kritik* neben der *Kritik der reinen Vernunft* und der *Kritik der praktischen Vernunft* anzubieten, die sich im Vergleich mit diesen am Ende eher durch das auszeichnet, was sie im Unterschied zu ihnen nicht leisten kann: die *Kritik der Urteilskraft* hat kein eigenes Gebiet der Gesetzgebung, keine eigenen Begriffe usw. In seiner Begründung für die notwendige Dreizahl der *Kritiken* beruft sich Kant zum einen auf die Einteilung des menschlichen Seelenvermögens in die Vermögen des Erkennens, des Gefühls der Lust und Unlust und des Begehrens, die er mit Mendelssohn, Sulzer und Tetens teilt, und zum anderen auf die Einteilung des oberen Erkenntnisvermögens, d. h. der Vernunft (im weiten Sinn), in Verstand, Urteilskraft und Vernunft (im engen Sinn).[2] Dass dieser Boden im Hinblick auf das Gewicht der sich darauf stützenden systematischen Herleitungen eher dünn zu sein scheint, war bereits den frühen Kantkritikern, wie etwa Fichte oder Hegel, evident – Hegel sprach bekanntlich vom „Seelensack", aus dem Kant die Formen des Denkens herausgenommen habe.[3] Zudem beinhaltet Kants Konstruktion offensichtliche Merkwürdigkeiten und Ungereimtheiten. Denn wie ist, um nur ein Beispiel zu nennen, das Verhältnis der Urteilskraft zum Gefühl der Lust und Unlust zu bestimmen, wenn auf der einen Seite die Urteilskraft nur sich selbst Gesetze des Gebrauchs gibt (und gerade nicht gesetzgebend im Hinblick auf die Gefühle von Lust und Unlust sein soll) und auf der anderen Seite eine Beziehung der *teleologischen* Urteilskraft zum Gefühl der Lust und Unlust nicht in Betracht kommt? So entstand schon frühzeitig in der Geschichte der Kantrezeption das Bedürfnis, die Dreiheit der *Kritiken* auf eine andere Weise zu interpretieren und zu rechtfertigen, etwa dadurch, dass man sie, wie es Christian Hermann Weisse und Hermann Lotze oder der südwestdeutsche Neukantianismus taten, auf die drei absoluten Wertbereiche des Wahren, Schönen und Guten bezog.

Im Folgenden soll eine andere Deutung der Stellung und Bedeutung der *Kritik der Urteilskraft* im System der *Kritiken* vorgeschlagen werden. Diese Deutung ergibt sich aus der Erweiterung und Fortführung einer These, die den Aufbau

---

Preußischen Akademie der Wissenschaften). Berlin 1902ff. (abgekürzt als: AA), nach der auch für alle anderen Schriften Kants zitiert wird.

2   Vgl. dazu: KU Einleitung Abschnitt III (B XXff.) (AA 5, 176–179).

3   „Es wird im Seelensack herumgesucht, was darin für Vermögen sich befinden; es findet sich zufälligerweise noch Vernunft, – es wäre ebensogut, wenn auch keine: wie Magnetismus bei den Physikern zufällig ist, – es ist gleichgültig, ob er sei oder auch nicht." (Hegel 1971, S. 351)

der *Transzendentalen Deduktion der Kategorien* in der B-Auflage der *Kritik der reinen Vernunft* betrifft. Ihr zufolge besitzt der in der B-Auflage neu eingefügte § 12 der *Kritik der reinen Vernunft* eine wichtige Rolle als Schlüssel zum Verständnis des Arguments der *Deduktion*. Kant legt in diesem Paragraphen dar, warum die Transzendentalien *unum*, *verum* und *bonum* nicht zu den in der Tafel der Kategorien zusammengestellten Elementarbegriffen des Verstandes gehören. Der Ausschluss dieser Begriffe aus der Kategorientafel erfolgt überraschend, werden doch in der Tradition der Metaphysik, bis auf Aristoteles zurückreichend, unter den Transzendentalien diejenigen Eigenschaften verstanden, die alle Dinge aufweisen müssen, sofern sie überhaupt Dinge sind. Da die Idee der kopernikanischen Wende, die der Transzendentalphilosophie zugrunde liegt, auf dem Gedanken beruht, dass die Bedingungen der Erkenntnis zugleich Bedingungen der Gegenstände der Erkenntnis sind, bedarf der Vollzug der Wende einer genaueren Bestimmung des Begriffs von einem Gegenstand überhaupt. Die Transzendentalien beanspruchen, solche universalen Bestimmungen von Gegenständen zu sein, die ihnen zukommen, sofern sie überhaupt Gegenstände sind. Gerade sie verdienten insofern – so würde man erwarten – Kants besondere Aufmerksamkeit. Umso mehr verwundert, dass Kant im § 12 der *Kritik der reinen Vernunft* den Eindruck zu erwecken versucht, dass diese Begriffe in der Transzendentalphilosophie keine wichtige Rolle spielen und gleichsam in die metaphysische Rumpelkammer gehören. Die transzendentale Einheit, Wahrheit und Vollkommenheit seien lediglich, wie er hervorhebt, aufgrund eines Missverständnisses für Eigenschaften von *Dingen* gehalten worden, während sie in Wahrheit zu den *logischen* Eigenschaften der Erkenntnis von Gegenständen zählten. Zu einer Erweiterung der Liste der Kategorien über die in der Tafel enthaltenen Begriffe hinaus bestehe daher keine Veranlassung.

Doch wäre es leichtfertig, wegen dieses scheinbar negativen Resultats die Bedeutung des § 12 und seiner Auseinandersetzung mit einem Kernbestand der ontologischen Tradition gering zu schätzen. Nicht nur liefert der Paragraph bei näherem Zusehen entscheidende Argumente für die Annahme, dass die *Transzendentale Deduktion der Kategorien* in der B-Auflage der *Kritik der reinen Vernunft* einen dreiteiligen Aufbau besitzt. Mithilfe der Unterscheidung der transzendentalen Einheit, Wahrheit und Vollkommenheit lässt sich auch die dreiteilige Systematik der *Kritiken* besser verständlich machen. Eine Konsequenz dieses Interpretationsansatzes wäre, dass im Mittelpunkt von Kants Überlegungen in der *Kritik der Urteilskraft* keineswegs das Schöne und nicht einmal der Gedanke einer teleologisch reflektierenden Urteilskraft stehen, sondern die Frage nach den Bedingungen oder hypothetischen Voraussetzungen einer wahren Erkenntnis des empirisch Gegebenen. Eine Lektüre der *Kritik der Urteilskraft*, die sich von der Annahme führen ließe, dass sich Kant in diesem Werk um die Aufdeckung von (a priori anzugebenden) Bedingungen einer objektiven oder materialen *Wahrheit* der (empirischen) Erkenntnis bemühte, hätte zwei unmittelbare Vorzüge. Zum einen ließe sich leichter nachvollziehen, was für Hegel und die moderne Ästhetik an Kants Leistung auf dem Gebiet einer Theorie des Schönen von wesentlicher Bedeutung war, dass nämlich für Kant das Schöne in einer Beziehung zur Wahrheit steht. Zum anderen erschiene die Einteilung der *Kritik der Urteilskraft* in eine *Kritik der ästhetischen Urteilskraft* und in eine *Kritik der teleologischen Urteilskraft* weniger heterogen und disparat. Denn die Suche nach einer Theorie apriorischer Bedingungen materialer Wahrheit wäre ein beide Teile übergreifendes und sie verbindendes gemeinsames Thema. Darüber hinaus würde aus der These, dass die Einteilung der drei *Kritiken* mit der Unterscheidung von Einheit, Wahrheit und Vollkommenheit zusammenhängt, folgen, dass das Thema der ersten *Kritik* nicht (wie Windelband und andere dachten) durch das *verum* vorgegeben wird, sondern durch das *unum*. Im Vordergrund der *Kritik der reinen Vernunft* steht die Suche nach einer obersten *Einheit* in der Mannigfaltigkeit der empirischen Erkenntnisse der Gegenstände und einer Rechtfertigung der darauf bezogenen Erkenntnisansprüche – es geht in erster Linie nicht um die Wahrheit oder Vollkommenheit solcher Erkenntnisse. Das besagt nicht, dass das *verum* und das *bonum* in der *Kritik der reinen Vernunft* gar keine Berücksichtigung fänden. Dies ist schon deshalb nicht gut möglich, weil die Leitfrage nach der Möglichkeit jener synthetischen Erkenntnisse a priori, durch die diese umfassende Einheit in der Mannigfaltigkeit unserer empirischen Erkenntnisse erst garantiert wird, ebenso auf die Einsicht in die Möglichkeit ihrer objektiven Wahrheit (d. h. ihres Gegenstandsbezuges) wie ihrer Vollkommenheit (d. h. ihrer Vollständigkeit) zielt. Wie Kants Hinweis auf den höchsten Punkt, an dem die Transzendentalphilosophie und mit ihr die Logik aufzuhängen seien, zeigt, besteht die maßgebende Aufgabe der *Kritik der reinen Vernunft* jedoch zweifellos darin, die *Einheit* in der Mannigfaltigkeit unserer empirischen Erkenntnis zu bestimmen und festzusetzen.

Diese Überlegungen erlauben, dem Nachdenken über Kants kritisches Projekt eine neue Richtung zu geben. In dieser Richtung liegt, dass die Frage: Was ist der Mensch?, auf die nach Kant zuletzt alle philosophischen Fragen hinauslaufen, je nachdem, ob man sie in Bezug auf die Einheit, die Wahrheit oder die Vollkommenheit der Erkenntnis stellt, unterschiedlich zu beantworten wäre. Im Hinblick auf die *Einheit* wäre der Mensch wesentlich das, worin alle Menschen übereinstimmen und was der Grund der Einheit ist, die der Welt und unserer Welterkenntnis zukommt: nämlich die Einheit des „Ich denke" bzw. der transzendentalen Apperzeption; im Hinblick auf die *Wahrheit* wäre der Mensch einer unter vielen in einer Pluralität von vielfach sich unterscheidenden Wesen, die auf der einen Seite einen gemeinsame Sinn für die Wahrheit besitzen und auf der anderen Seite in ein teleologisch organisiertes System der Natur eingeordnet sind; schließlich ist der Mensch im

Hinblick auf die *Vollkommenheit* Teil einer nicht grösser zu denkenden Gemein-schaft – der Gemeinschaft der auf der Erde zusammenlebenden Menschheit –, die über eine innerliche wie äußerliche Beziehung des Rechts mit ihm verbunden ist.

II

Um die These, dass das zentrale Thema der *Kritik der Urteilskraft* die Suche bzw. Aufdeckung von a priori angebbaren Bedingungen der (materialen) Wahrheit von Erkenntnissen ist, zu plausibilisieren, bedarf es zunächst eines Blicks auf den § 12 der *Kritik der reinen Vernunft*, in dem Kant erklärt, wie die Begriffe des *unum, verum* und *bonum* ihrer eigentlichen Bedeutung nach aufzufassen sind. Das *unum, verum* und *bonum* sind demnach aus der Sicht Kants nicht Bestimmungen der Gegenstände überhaupt, sondern gehören zu den logischen Erfordernissen in „jedem Erkenntnisse eines Objekts". Sie verlangen die *Einheit* des Begriffs (eines Objekts), seine *Wahrheit* in Ansehung der Folgen und schließlich seine *Vollkom-menheit*, die darin besteht, dass alle Folgen des Begriffs auf die Einheit des Begriffs zurückführen und zu diesem und keinem anderen zusammenstimmen (KrV B 115 (AA 3, 98). Es ist von besonderer Bedeutung, dass Kant in seiner Erläuterung ausdrücklich von der *Erkenntnis eines Objekts* spricht. Bei einer solchen Erkenntnis geht es offenkundig nicht darum, einen (beliebigen) Begriff durch einen anderen Begriff zu bestimmen, sondern solche Begriffe, die sich auf ein Objekt beziehen und die insofern immer schon Begriffe von einem Gegenstand überhaupt sind. Wenn Kant im § 12 von „logischen" Erfordernissen der Erkenntnis spricht, kann es sich also nicht um solche im Sinn der allgemeinen Logik handeln. Die allgemei-ne Logik abstrahiert „von allem Inhalt der Erkenntnis, d. i. von aller Beziehung derselben auf das Objekt, und betrachtet nur die logische Form im Verhältnisse der Erkenntnisse auf einander, d. i. die Form des Denkens überhaupt." (KrV B 79 (AA 3, 77)). Dagegen betreffen die im § 12 angesprochenen Erfordernisse explizit die Erkenntnis von Objekten, so dass vom Gegenstandsbezug der Begriffe, durch die erkannt wird, gerade *nicht* abgesehen wird. Man könnte die Prinzipien der Einheit, der Wahrheit und der Vollkommenheit der Erkenntnis daher genauer als *transzendentallogische* kennzeichnen. Neben die *logischen* Grundsätze der Identität (bzw. des Widerspruchs), des zureichenden Grundes und des ausgeschlossenen Dritten stünden insofern die *transzendentallogischen* Grundsätze der Einheit, der Wahrheit und der Vollkommenheit. Damit wird auch das Gewicht deutlich, welches sie für Kants transzendentalphilosophisches Projekt besitzen, auch wenn Kant selbst dies nicht herausstellt.

Die zweite Beobachtung betrifft Kants systematische Deutung der Begriffe des *unum, verum* und *bonum*. Kant übernimmt diese Begriffe aus der Metaphysik von Wolff und Baumgarten, interpretiert sie allerdings als Begriffe der „qualitativen Einheit", der „qualitativen Vielheit" und der „qualitativen Vollständigkeit (Totalität)". Indem sich diese Begriffe auf die logischen „Kriterien der Möglichkeit der Erkenntnis überhaupt" beziehen, sind in ihnen die Kategorien der Quantität enthalten, jedoch in einer Abwandlung, auf die der Zusatz „qualitativ" hindeuten soll. Kant erläutert dies durch den (etwas dunklen) Hinweis, dass die logischen Kriterien der Möglichkeit der Erkenntnis überhaupt, also ihre qualitative Einheit, Vielheit und Allheit,

> die drei Kategorien der Größe, in denen die Einheit in der Erzeugung des Quantums durchgängig gleichartig angenommen werden muss, hier nur in Absicht auf die Verknüpfung auch *ungleichartiger* Erkenntnisstücke in einem Bewußtsein durch die *Qualität eines Erkenntnisses als Prinzips* verwandeln. (KrV B 115 (AA 3, 98); Herv. PK)

Bei der Anwendung der Größenbegriffe der Einheit, Vielheit und Allheit auf die Erkenntnisse eines Objekts wird die Einheit bei der Erzeugung der Größe (nämlich des Vielen) also nicht als durchgängig gleichartig, sondern als ungleichartig angenommen. Im Hinblick auf die Möglichkeit der Erkenntnisse eines Objekts durch Begriffe besteht die angenommene Ungleichartigkeit darin, dass einer einzelnen, bestimmten Erkenntnis aus einer Mannigfaltigkeit von Erkenntnissen die *Qualität* eines Prinzips und im Verhältnis dazu allen anderen Erkenntnissen die *Qualität* von Folgen zugeschrieben wird. Die Einheit des Begriffs, die zur Möglichkeit der Erkenntnis eines Objekts erforderlich ist, stellt die Einheit eines Begriffs dar, der als Prinzip oder als *Grund* gedacht wird. Die Qualität „Grund" bzw. „Folge" ist diejenige spezifische Qualität, auf der die von Kant hervorgehobene *Ungleichartigkeit* der Erkenntnisstücke beruht.

Für die Richtigkeit dieser Interpretation des Zusatzes „qualitativ" zu den Größenbegriffen der Einheit, Vielheit und Allheit spricht insbesondere Kants Erläuterung des Begriffs der Wahrheit. Im § 12 stellt Kant fest:

> Je mehr wahre Folgen aus einem gegebenen Begriffe, desto mehr Kennzeichen seiner objektiven Realität. Dieses könnte man die *qualitative Vielheit* der Merkmale, die zu einem Begriffe als einem gemeinschaftlichen Grunde gehören (nicht in ihm als Größe gedacht werden), nennen (ebd.).

Die Vielheit, auf die sich das zweite Kriterium der Möglichkeit der Erkenntnis von Gegenständen überhaupt bezieht, ist ausdrücklich eine Vielheit „der wahren *Folgen* aus einem gegebenen Begriff", eine Vielheit der Merkmale, die zu einem Begriff als gemeinschaftlichem *Grund* gehören, die also nicht *in* ihm, sondern *unter* ihm enthalten sind. Das Kriterium der qualitativen Vollständigkeit der Erkenntnis bezieht sich endlich darauf, dass *alle* Folgen zu dem einen und nur zu diesem (als solchen einheitlichen) Begriff „zusammenstimmen" und damit die ganze (vollkommene) Erkenntnis eines Objekts erlangt wird. Es darf daher nicht der Fall eintreten, dass sich eine mit anderen Erkenntnissen übereinstimmende und insofern dem Anspruch nach wahre Erkenntnis auf keinen gemeinsamen Grund der Übereinstimmung beziehen lässt. In diesem Fall würden die Erkenntnisse, die als Folgen bestimmt sind, nicht vollständig zu der *einen* Erkenntnis, die als Grund bestimmt ist, zusammenstimmen, sondern einen weiteren (höheren) Einheitsgrund erforderlich machen. Der bestimmte Begriff von einem Objekt ist daher dann qualitativ vollständig, wenn er im *ganzen Umfang seines Gebrauchs*, d. h. im Hinblick auf alles, was unter ihn fällt, bestimmt ist, und eine bestimmte Hypothese, wenn alle Erkenntnisse einer Sache auf die Einheit des Erklärungsgrundes (die Hypothese) zurückverweisen (und nur auf ihn) und durch ihn erklärt werden können.

Für die drei transzendentallogischen Kriterien der Erkenntnis von Objekten ist somit entscheidend, dass sich Begriffe, die in diesem Fall immer mögliche Begriffe von einem Gegenstand überhaupt sind, zueinander wie Gründe und Folgen verhalten und insofern als ungleichartig betrachtet werden können. Nur durch diese Qualität sind die Begriffe des *unum, verum* und *bonum* Begriffe der Einheit, Vielheit und Allheit von Begriffen, die in einer *objektiven* Erkenntnis gebraucht werden. Aus dem Gesichtspunkt der *allgemeinen* Logik betrachtet stehen Begriffe in einem Verhältnis von Grund und Folge, wenn sie sich zueinander wie Art- und Gattungsbegriffe verhalten. Diesem Verhältnis entspricht die Unterscheidung von Inhalt und Umfang von Begriffen. Die Merkmale, die den Inhalt eines Begriffs bilden, machen die Gattungen aus, unter die er fällt. Im Hinblick auf alles, was unter einen Begriff fällt, ist der Begriff Erkenntnis*grund*, denn mit seiner Hilfe kann alles darunter Fallende als etwas Bestimmtes erkannt werden. Das dadurch Erkannte ist demgegenüber als *Folge* bestimmt.[4] Betrachtet man dagegen die Unterscheidung zwischen Erkenntnisgrund und Erkenntnisfolge aus dem Gesichtspunkt der *Ontologie* und nicht allein der allgemeinen Logik, dann bedarf es einer wichtigen Einschränkung. Sofern es sich nicht lediglich um (willkürliche) Begriffe und deren Verhältnis untereinander handelt, also um bloße Formen des Denkens, sondern

---

4 So heißt es in der *Logik Jäsche*: „So wie man von einem *Grunde* überhaupt sagt, dass er die *Folge* unter sich enthalte: so kann man auch von dem Begriffe sagen, dass er *als Erkenntnisgrund* alle diejenigen Dinge unter sich enthalte, von denen er abstrahiert worden ist, z. B. der Begriff Metall das Gold, Silber, Kupfer usw." (Cf. A 148. Herv. Kant) (AA 9, 96).

Gegenstände ins Spiel kommen, d. h. ein nicht-begriffliches Sein, auf das die Begriffe
bezogen sind, muss zwar unterstellt werden, dass alles „einen obersten logischen
Grund und letzte logische Folge" hat – jener ist „der allgemeinste Begrif, der unter
keinem, dieses der eintzelne, unter dem keiner enthalten ist" (R 4010 (AA 17, 384))
– dass diese letzte logische Folge aber als das unter Begriffe subsumierbare Einzelne
selbst kein Begriff mehr ist, sondern die Anschauung des einzelnen Gegenstandes.
Die menschliche Erkenntnis ist gerade dadurch als endliche bestimmt, dass sie sich
in einem Bereich bewegt, der von einem Obersten und einem Letzten begrenzt wird,
wobei das eine ein Begriff und das andere Anschauung ist. Die *crux argumenti*
der transzendentalen Deduktion der Kategorien in der B-Auflage der *Kritik der
reinen Vernunft* besteht dementsprechend darin, dass gezeigt werden kann – und
deswegen liefert der § 12 den Schlüssel zur Lektüre dieses Textes –, welches dieser
allgemeinste Begriff ist, der sich unter keinen anderen, höheren Begriff subsumiert
lässt, welches die Gesamtheit seiner letzten wahren Folgen sind und inwiefern alle
diese Folgen auf ihn und nur auf ihn zurückverweisen, also das Oberste und das
Letzte sich wechselseitig bestimmen.

Kants Auseinandersetzung mit den transzendentalen Prädikaten des *unum*,
verum und *bonum* reicht indessen wesentlich weiter, als der unscheinbare § 12 der
Kritik der reinen Vernunft suggeriert. In seinen Kommentaren zu Baumgartens
Metaphysik, insbesondere zum § 73 und dem darin bewiesenen Satz: „*omne ens
est unum* transcendentale", unterzieht Kant diese Begriffe in immer erneuten An-
läufen einem Versuch der Deutung. So ordnet er diesen Prädikaten, in der (auf die
Zeit um 1775/76 datierten) Reflexion 4806, verschiedene Formen der Einheit zu:
dem *unum* die „Einheit" (*unitas*), dem *verum* die „Einhelligkeit" (*consensus*) und
dem *bonum* die „Einigkeit" (*unicitas*). Bei der Einheit im Sinn der *unitas* wird ein
Mannigfaltiges aus Einem abgeleitet; bei der Einhelligkeit im Sinn des *consensus* ein
Mannigfaltiges voneinander; bei der Einigkeit im Sinn der *unicitas* schließlich das
Eine aus einem Mannigfaltigen. Eine Zuordnung dieser unterschiedlichen Begriffe
der Einheit zu den oberen Erkenntnisvermögen findet sich in der um dieselbe Zeit
entstandenen Reflexion 4807: „Einheit ist die Form des Verstandes. Verbindung
des Manigfaltigen mit Einem. Einheit: Verstand. Verbindung des Manigfaltigen
unter einander. Wahrheit: Urtheilskraft. Verbindung des Manigfaltigen zu einem
Ganzen. Volkommenheit: Vernunft." Die Relation zwischen dem Einen und dem
Mannigfaltigen begreift Kant auch hier als *Ableitung*: Verbindung des Mannigfaltigen mit Einem „durch Ableitung … aus Einem", Verbindung des Mannigfaltigen
unter einander „durch Ableitung von einander (in Einem)" und Verbindung des
Mannigfaltigen zu einem Ganzen „durch Ableitung des Einen vom Mannigfaltigen".
Auch noch ein Jahrzehnt später beschäftigt Kant die Frage, wie die transzendentalen
Prädikate zu interpretieren sind. In der Reflexion 5739 (etwa 1785–88) notiert er

sich: „*consensus unius ad varia, variorum inter se, variorum ad unum*". Ausgehend von diesen Begriffsbestimmungen kann die Hypothese formuliert werden, dass das *verum* für Kant in einem Zusammenhang mit der Betrachtung von Bedingungen des *consensus variorum inter se*, d. h. der *Einhelligkeit* des vielen Verschiedenen untereinander steht.

In den Reflexionen zu Baumgartens *Metaphysik* finden sich noch andere Überlegungen, die Aufschluss über die drei transzendentallogischen Kriterien der Erkenntnis von Gegenständen, das *unum*, *verum* und *bonum*, geben können. Diese werden auf der einen Seite den logischen *Grundsätzen* der Wahrheit (dem Satz der Identität und des Widerspruchs, dem Satz des zureichenden Grundes, dem Satz des ausgeschlossenen Dritten), auf der anderen Seite den oberen *Erkenntnisvermögen* zugeordnet.[5] Dabei beruht die Zuordnung zu den drei oberen Erkenntnisvermögen des Verstandes (= *unum*), der Urteilskraft (= *verum*) und der Vernunft (= *bonum*) auf der Zuordnung zu den drei logischen Prinzipien der Wahrheit: zu dem Prinzip des Widerspruchs (und der Identität), dem Prinzip des zureichenden (oder bestimmenden) Grundes und dem Prinzip des ausgeschlossenen Dritten. Die drei logischen Prinzipien der Wahrheit stehen ihrerseits in einem Zusammenhang mit den drei basalen Urteilsformen, dem kategorischen, hypothetischen und disjunktiven Urteil. Der Satz der Identität bzw. des Widerspruchs formuliert die Bedingung, die alle Begriffe erfüllen müssen, die in einem kategorischen Urteil in ein Verhältnis von Subjekt und Prädikat gesetzt werden: dass sie nämlich untereinander übereinstimmen müssen bzw. sich nicht widersprechen dürfen. Im Subjektbegriff darf folglich kein Merkmal enthalten sein, das im Prädikatbegriff verneint wird und umgekehrt. Der Satz des zureichenden (oder bestimmenden) Grundes geht über diese Bedingung hinaus, weil er sich nicht bloß auf das problematische Verhältnis zweier Begriffe in einem kategorischen Urteil bezieht, sondern auf deren assertorisches Verhältnis. Die Einheit der Begriffe wird in diesem Fall nicht nur – aufgrund ihrer Übereinstimmung – als möglich behauptet, sondern sie wird als wirklich gesetzt. Die dafür erforderliche Erweiterung ergibt sich, sobald man zwei für sich genommen problematische Urteile in ein hypothetisches Urteil überführt und damit derart in ein Verhältnis setzt, dass das eine den Grund der Wahrheit, also der assertorischen Verknüpfung der Begriffe des anderen enthält. Schließlich verlangt der Satz des ausgeschlossenen Dritten, dass die Einteilung der Sphäre eines

---

5   So etwa in der Reflexion 5734, in der es heißt: „Einheit, Warheit und Vollstandigkeit (transcendentale Vollkommenheit) sind die reqvisita ieder Erkentnis respective auf Verstand, Urtheilskraft und Vernunft (zur letzteren wird apodictische Gewisheit erfodert, d. i. vollstandige Warheit) ..." (AA 18, 340). Und entsprechende Formulierungen finden sich in anderen Reflexionen, z. B. R 5554 (AA 18, 230) oder R 4807 (AA 17, 734).

Begriffs vollständig ist. Kant bringt diesen Grundsatz mit dem apodiktischen Urteil in Verbindung, denn nicht nur wird die (wirkliche) Verknüpfung zweier Begriffe gedacht, wie in einem assertorischen Urteil, sondern diese Verknüpfung ist zugleich so bestimmt, dass das Gegenteil unmöglich, das Prädikat also notwendig gesetzt ist. Während im hypothetischen Urteil die Verknüpfung eines Subjekt- mit einem Prädikatbegriff unter einer Bedingung steht, die nicht notwendig ist, nämlich der Zuschreibung eines davon unterschiedenen Prädikats zum Subjektbegriff, erfolgt diese Zuschreibung in einem disjunktiven Urteil unter Bedingungen, die sicherstellen, dass eine der beiden Verknüpfungen der Begriffe in den beiden disjunktiv verbundenen Urteilen notwendig wahr ist.

Der Zusammenhang, der durch das *unum, verum, bonum* zwischen den drei oberen Erkenntnisvermögen und den drei logischen Grundsätzen hergestellt wird, erlaubt es, den Verstand, die Urteilskraft und die Vernunft auf eine andere Weise denn als bloß psychologische Vermögen zu fassen, die – man weiß nicht wie – unterschieden werden; sie erscheinen vielmehr als Vermögen, die durch die Möglichkeit von bestimmten Handlungen des Denkens (*operationes mentis*) charakterisiert sind, also durch Funktionen, die als jeweils verschiedene, von den einzelnen Subjekten unabhängige „Problemlösungsverfahren" formulierbar sind. Der Verstand ist charakterisiert als das Vermögen, Begriffe miteinander zu *vergleichen*. Die Urteilskraft geht über das Vermögen des Verstandes hinaus, weil sie Begriffe nicht nur (unter verschiedenen Gesichtspunkten) miteinander vergleicht, sondern auch miteinander *verknüpft*. Diese Verknüpfung erfordert, über die Begriffe hinauszugehen und eine dritte Instanz ins Spiel zu bringen, die als Grund der Verknüpfung zu dienen vermag. Schließlich ist die Vernunft als Vermögen charakterisiert, die Verknüpfung zweier Begriffe *abzuleiten*, d. h. auf einen Grund zu beziehen, der vollständig ist. Es lassen sich somit drei logische Handlungen unterscheiden, die jeweils auf einen bestimmten Grundsatz bezogen werden können, der Bedingungen bzw. Normen ihres Vollzugs formuliert: die Handlung der *Vergleichung*, die unter dem Postulat der Einheit, die Handlung der *Verknüpfung*, die unter dem Postulat der Begründetheit, und Handlung der *Ableitung*, die unter dem Postulat der Vollständigkeit steht. Indem Kants Unterscheidung der drei oberen Erkenntnisvermögen auf diesen drei Arten von Denkhandlungen beruht, ergibt sich meines Erachtens die Interpretationsaufgabe, den Zusammenhang deutlich zu machen, der zwischen den drei *Kritiken* und einer Thematisierung dieser Denkhandlungen besteht.

III

In der *Kritik der reinen Vernunft* findet sich eine Reihe von grundsätzlichen Bestimmungen im Hinblick auf den Begriff der Wahrheit und der mit ihm verbundenen Probleme. Wahrheit, so lautet die allgemeinste Feststellung, ist „nur im Urteile, d. i. nur in dem Verhältnisse des Gegenstandes zu unserm Verstande anzutreffen" (KrV B 350 (AA 3, 234)).[6] Weder könnten der Verstand noch die Sinne „für sich alleine" irren, der Verstand nicht, weil keine Kraft, die ihren eigenen Gesetzen folgt, von sich abweichen kann, die Sinne nicht, weil sie gar nicht urteilen. Wahrheit oder Falschheit des Urteils entspringt insofern aus dem Zusammenwirken zweier Erkenntniskräfte, der Sinnlichkeit, durch die der Gegenstand gegeben, und des Verstandes, durch den er gedacht wird. Darüber hinaus legt Kant eine „Namenserklärung der Wahrheit" zugrunde, wonach diese „die Übereinstimmung der Erkenntnis mit ihrem Gegenstande sei". Daran schließen sich aus seiner Sicht zwei Fragen an. Zum einen verlange man zu wissen, „welches das allgemeine und sichere Kriterium der Wahrheit einer jeden Erkenntnis sei". Diese Frage kann jedoch nicht beantwortet werden. Zwar lässt sich als formales Kriterium formulieren, dass Urteile nur dann wahr sein können, wenn sie mit den Gesetzen des Verstandes – d. h. den logischen Grundsätzen – übereinstimmen. Ein „hinreichendes, und doch zugleich allgemeines Kennzeichen der Wahrheit" könne dagegen „unmöglich angegeben werden", weil ein solches Kriterium sowohl die Unterschiede der Gegenstände der Urteile berücksichtigen, wie von diesen Unterschieden absehen müsste.[7] Auf der anderen Seite ergibt sich aus der „Namenserklärung der Wahrheit" die Aufgabe, zu klären, unter welchen Bedingungen Urteile überhaupt auf Gegenstände bezogen sind, im Hinblick auf die eine Übereinstimmung oder Nichtübereinstimmung festgestellt werden könnte. Diese Frage steht im Zentrum der transzendentalen Logik. Sie erfordert die Analyse des Begriffs von einem Gegenstand überhaupt sowie den Nachweis, dass es sich dabei um den obersten Begriff aller Erkenntnis handelt, der unter sich – anders als in der allgemeinen Logik und etwa in der Metaphysik von Wolff angenommen wird – auch die Einteilung in *etwas* und *nichts* enthält. Es handelt sich dann darum, die Bedingungen anzugeben, unter denen dieser Begriff

---

6 Vgl. auch R 2165: „Warheit (sie ist iederzeit nur in Urtheilen)" (AA 16, 206) (Datierung: 1770/1776?).

7 KrV B 83 (AA 3, 79). Vgl. dazu auch etwa R 2133: „Kennzeichen der Warheit überhaupt können nicht angegeben werden, weil diese immer müssen auf obiecte bezogen seyn, sondern nur die Bedingungen eines Erkentnis … überhaupt, d. i. der Urtheile überhaupt, daß sie sich selbst nicht wiedersprechen. (D. i. der Verstand kan nicht selbst allgemein bestimen, ob seinen Gesetzen gemeß geurtheilt worden, sondern das muß *in casu* die Urtheilskraft seyn.)" (AA 16, 248).

etwas und nicht vielmehr nichts ist. Diese Bedingungen sind nach Kants Auffassung nur erfüllt, wenn sich dasjenige, worauf sich der Begriff bezieht, als ein *ens singulare phaenomenon* (nach den Axiomen der Anschauung), ein *ens reale* (nach den Antizipationen der Wahrnehmung), ein *ens determinatum* (nach den Analogien der Erfahrung) und ein *ens possibile* (nach den Postulaten des empirischen Denkens) erweisen lässt (KrV B 346–349 (AA 3, 232f.).

Kants Auseinandersetzung mit dem Problem der Wahrheit erschöpft sich jedoch nicht mit der Aufstellung dieses dürren Bestimmungsgerüsts. Sie konzentriert sich vielmehr auf zwei Anschlussfragen zur Erkenntnispraxis. Zunächst stellt sich die Frage, ob es abgesehen von formalen und materialen Kriterien der Wahrheit andere Kriterien zur Unterscheidung von wahren und irrigen Urteilen gibt. Kant ist der Auffassung, dass zwar keine allgemeinen objektiven „Kennzeichen der Wahrheit" formuliert werden können, aber sehr wohl subjektive bzw. äußere, die sich auf das Fürwahrhalten von Urteilen und dessen Gründe beziehen. In der *Transzendentalen Methodenlehre* der *Kritik der reinen Vernunft* unterscheidet Kant zwischen zwei Weisen des Fürwahrhaltens, als einer „Begebenheit in unserem Verstande, die auf objektiven Gründen beruhen mag, aber auch subjektive Gründe im Gemüt dessen, der da urteilt, erfordert". Die eine Weise ist die *Überzeugung* – wenn das Fürwahrhalten „für jedermann gültig ist, so fern er nur Vernunft hat"; die andere Weise ist die *Überredung* – wenn das Fürwahrhalten „nur in der besonderen Beschaffenheit des Subjekts seinen Grund" hat (KrV B 848 (AA 3 531f.)). Bei der Überredung habe das Urteil nur private Gültigkeit „und das Fürwahrhalten läßt sich nicht mitteilen". Im Anschluss an diese Unterscheidung der zwei Arten des Fürwahrhaltens geht Kant noch einmal auf die Frage ein, was die Wahrheit einer Erkenntnis ausmache: „Wahrheit", so bemerkt er,

> beruht auf der Übereinstimmung mit dem Objekte, in Ansehung dessen folglich die Urteile eines jeden Verstandes einstimmig sein müssen (*consentientia uni tertio, consentiunt inter se*). Der Probierstein des Fürwahrhaltens, ob es Überzeugung oder bloße Überredung sein, ist also, äußerlich, die Möglichkeit, dasselbe mitzuteilen und das Fürwahrhalten für jedes Menschen Vernunft gültig zu befinden; denn alsdenn ist wenigstens eine Vermutung, der Grund der Einstimmung aller Urteile, ungeachtet der Verschiedenheit der Subjekte unter einander, werde auf einem gemeinschaftlichen Grunde, nämlich dem Objekte, beruhen, mit welchem sie daher alle zusammenstimmen und dadurch die Wahrheit des Urteils beweisen werden (KrV B 848 (AA 3, 532)).

Auch in den *Reflexionen zur Logik* und in der *Logik Jäsche* begegnen uns zahlreiche Überlegungen zu der Frage, worin die Quellen des Irrtums bestehen und wie er sich vermeiden lässt. Wie in der *Kritik der reinen Vernunft* lautet dabei Kants Grundthese, dass der Irrtum durch einen unbemerkten Einfluss der Sinnlichkeit auf das Urteil und durch die Verwechslung von subjektiven und objektiven Gründen zustande kommt.

> Dieser Einfluß nämlich macht, daß wir im Urteilen bloß subjektive Gründe für objektive halten und folglich den bloßen Schein der Wahrheit mit der Wahrheit selbst verwechseln. Denn darin besteht eben das Wesen des Scheins, der um deswillen als ein Grund anzusehen ist, eine falsche Erkenntnis für wahr zu halten (Logik Jäsche A 76 (AA 9, 54)).

Daraus folgt, dass es durchaus möglich ist, den Irrtum zu vermeiden, ohne deswegen gleich zur Urteilsenthaltung gezwungen zu sein. Vielmehr muss man auf die Unterscheidung von subjektiven und objektiven Gründen des Urteilens aufmerksam sein und Kriterien bei der Hand haben, um im konkreten Fall prüfen zu können, ob eine Verwechslung zwischen beiden Arten von Gründen vorliegt. In der Reflexion 2271 nennt Kant zwei Prüfungskriterien, nämlich zum einen den Vergleich des Urteils mit den Urteilen anderer und zum anderen den Vergleich mit anderen wahren Urteilen, sofern sich diese mit dem gegebenen entweder als Gründe oder als Folgen verknüpfen lassen.[8] In der *Logik Jäsche* bemerkt Kant über das erste der beiden Kriterien:

> Ein äußeres Merkmal oder ein äußerer Probierstein der Wahrheit ist die Vergleichung unserer eigenen mit anderer Urteilen, weil das Subjektive nicht allen andern auf gleiche Art beiwohnen wird, mithin der Schein dadurch erklärt werden kann. Die Unvereinbarkeit anderer Urteile mit den unsrigen ist daher als ein äußeres Merkmal des Irrtums und als ein Wink anzusehen, unser Verfahren im Urteilen zu untersuchen (Logik Jäsche A 83 (AA 9, 57)).

Sowohl in der *Logik Jäsche* wie auch in den *Reflexionen zur Logik* fasst Kant die verschiedenen Verfahrensweisen zur Irrtumsvermeidung in allgemeine Maximen oder Regeln des Denkens zusammen: „Allgemeine Regeln und Bedingung der Vermeidung des Irrtums überhaupt sind 1) selbst denken, 2) sich in der Stelle eines andern zu denken, und 3) jederzeit mit sich selbst einstimmig denken" (Logik Jäsche A 84 (AA 9, 57)).[9] Ergänzt werden in dieser Liste die beiden schon genannten Kri-

---

8   „Das subjective vom objectiven Bestimmungsgrunde des Urtheils zu unterscheiden dient ausser dem Urtheil anderer auch Vergleichung unseres Urtheils mit anderen Warheiten als Gründen oder Folgen." (R 2271 (AA 16, 295) (Datierung: 1790/1804)).

9   Vgl. auch R 2273 (AA 16, 295) (Datierung: 1790/1804): „Allgemeine Bedingungen der Vermeidung des Irrthums: a) selbst denken. b) sich in der Stelle eines Anderen zu denken; c) jederzeit mit sich selbst einstimig zu denken."

terien durch die Maxime des Selbstdenkens, d. h. der ‚aufgeklärten Denkart' (ebd.).
Diese richtet sich gegen die Vorurteile als einer besonderen Quelle irriger Urteile.[10]
    Es ist kein Zufall, dass Kant diese Maximen auch in der *Kritik der Urteilskraft*
erwähnt. Er bezeichnet sie dort als „Maximen des gemeinen Menschenverstandes"
und merkt dazu an, dass ihre Erörterung in einer „Geschmackkritik" nur episodi-
schen Charakter besitzt, dass sie aber „zur Erläuterung ihrer Grundsätze" dienen
können (KU B 158 ((AA 5, 294)). Diese Erläuterung bezieht sich auf die Vorstellung
des Geschmacks als eines „sensus communis", d. h. als

> eines Beurteilungsvermögens [...] welches in seiner Reflexion auf die Vorstellungsart
> jedes andern in Gedanken (a priori) Rücksicht nimmt, um *gleichsam* an die gesamte
> Menschenvernunft sein Urteil zu halten, und dadurch der Illusion zu entgehen,
> die aus subjektiven Privatbedingungen, welche leicht für objektiv gehalten werden
> könnten, auf das Urteil nachteiligen Einfluß haben würde (KU B 157 (AA 5, 293)).

Wie diese Bemerkung zeigt, handelt es sich beim Gemeinsinn um ein Vermögen,
das die Unterscheidung des bloß Subjektiven vom Objektiven in der Urteilsbegrün-
dung und die Vermeidung ihrer Verwechslung erlaubt. Zu dieser Verbindung des
„Geschmacks" mit dem Problem der Entdeckung des Scheins der Wahrheit und
der Korrektur auf diesen Schein sich stützender Irrtümer passt wiederum, dass
Kant in der *Logik Jäsche* den Begriff der „Abgeschmacktheit" bzw. „Ungereimtheit"
verwendet, um diejenigen Irrtümer zu kennzeichnen, „wo der Schein auch dem
gemeinen Verstande (sensus communis) offenbar ist" (Logik Jäsche A 82 (AA 9, 56)).[11]
    Die zweite Frage, um deren Klärung sich Kant in seiner Auseinandersetzung mit
dem Problem der Wahrheit bemüht, betrifft das Verhältnis (der Übereinstimmung
oder Nicht-Übereinstimmung) von besonderen Erkenntnissen zu besonderen
Gegenständen. Die *Kritik der Urteilskraft* beschäftigt sich weder mit dem Begriff
von einem Gegenstand überhaupt (als dem allgemeinsten und obersten Begriff
der Erkenntnis) noch mit dem Inbegriff oder der Gesamtheit des in der sinnlichen
Anschauung gegebenen Mannigfaltigen der Erfahrung. Vielmehr geht es um das
Verhältnis des Besonderen und des Allgemeinen in einem durch diese Grenzen
festgelegten mittleren Bereich der empirischen Erkenntnis. Kant definiert die
„Urteilskraft überhaupt" als „das Vermögen, das Besondere als enthalten unter
dem Allgemeinen zu denken". Die Unterscheidung zwischen bestimmender und

---

10 Vgl. dazu: Logik Jäsche A 116/117 (AA 9, 75f.).
11 Kant bemerkt dazu: „demjenigen, welcher eine Ungereimtheit behauptet, ist selbst doch
     der Schein, der dieser offenbaren Falschheit zum Grunde liegt, nicht offenbar. Man muß
     ihm diesen Schein erst offenbar machen. Beharrt er auch alsdann noch dabei, so ist er
     freilich abgeschmackt; aber dann ist auch weiter nichts mehr mit ihm anzufangen."

reflektierender Urteilskraft beruht darauf, dass die Möglichkeit besteht, entweder das Besondere unter das gegebene Allgemeine zu subsumieren oder zum gegebenen Besonderen das Allgemeine aufzusuchen (KU B XXV/XXVI (AA 5, 179)). Es ist die reflektierende Urteilskraft, der Kant „die Obliegenheit" zuspricht, „von dem Besonderen in der Natur zum Allgemeinen aufzusteigen" (KU B XXVI/XXVII (AA 5, 180)). Dieses „Aufsteigen" der reflektierenden Urteilskraft vom gegebenen Besonderen zum Allgemeinen erfolgt, wie Kant in der *Logik Jäsche* (und entsprechenden Reflexionen) deutlich macht, mittels besonderer Schlüsse der Urteilskraft:

> Die Schlüsse der Urteilskraft sind gewisse Schlußarten, aus besondern Begriffen zu allgemeinen zu kommen. – Es sind also nicht Funktionen der bestimmenden, sondern der reflektierenden Urteilskraft; mithin bestimmen sie auch nicht das Objekt, sondern nur die Art der Reflexion über dasselbe, um zu seiner Erkenntnis zu gelangen (Logik Jäsche A 206 (AA 9, 132)).

Näher betrachtet handelt es sich bei diesen Schlüssen der reflektierende Urteilskraft um die durch Induktion und Analogie:

> Die Urteilskraft, indem sie vom Besondern zum Allgemeinen fortschreitet, um aus der Erfahrung, mithin nicht a priori (empirisch) allgemeine Urteile zu ziehen, schließt entweder von vielen auf alle Dinge einer Art; oder von vielen Bestimmungen und Eigenschaften, worin Dinge von einerlei Art zusammenstimmen, auf die übrigen, sofern sie zu demselben Prinzip gehören. – Die erstere Schlußart heißt der Schluß durch Induktion; – die andre der Schluß nach der Analogie (Logik Jäsche A 207 (AA 9, 132)).

Induktion und Analogie verhalten sich gegenläufig zueinander, denn die Induktion folgt dem „Prinzip der Allgemeinmachung" (Logik Jäsche A 207 (AA 9, 132)), die Analogie dem „Prinzip der Spezifikation" (ebd.). In beiden Fällen muss die reflektierende Urteilskraft zu ihrem eigenen Gebrauch ein von diesen beiden Prinzipien unterschiedenes höheres Prinzip voraussetzen, dem zufolge die von Fall zu Fall festgestellte Übereinstimmung unter den Dingen (d.i. des Vielen) nicht zufällig ist, sondern auf einem gemeinsamen Grund beruht und den Hinweis auf eine Regelmäßigkeit enthält. Nach der Formulierung der *Logik Jäsche* besteht dieses Prinzip darin, „daß vieles nicht ohne einen gemeinschaftlichen Grund in Einem zusammen stimmen, sondern daß das, was vielem auf diese Art zukommt, aus einem gemeinschaftlichen Grunde notwendig sein werde." (Logik Jäsche A 206 (AA 9, 132)). Dieses Prinzip wertet Kant in der *Kritik der Urteilskraft* zu einem transzendentalen Prinzip der über die Beschaffenheit und den Zusammenhang aller Gegenstände der Natur reflektierenden Urteilskraft auf. Die Urteilskraft muss a priori als Leitfaden ihrer Reflexion über die Natur voraussetzen, dass diese als Ganze eine für den menschlichen Verstand „fassliche Ordnung" besitzt. Die Natur

bildet zwar schon nach allgemeinen Verstandesbegriffen eine zusammenhängende
Einheit, allein

> es sind so mannigfaltige Formen der Natur, gleichsam so viele Modifikationen der
> allgemeinen transzendentalen Naturbegriffe, die durch jene Gesetze, welche der
> reine Verstand a priori gibt, weil dieselben nur auf die Möglichkeit einer Natur (als
> Gegenstandes der Sinne) überhaupt gehen, unbestimmt gelassen werden, daß dafür
> doch Gesetze sein müssen, die zwar, als empirische, nach *unserer* Verstandeseinsicht
> zufällig sein mögen, die aber doch, wenn sie Gesetze heißen sollen (wie es auch der
> Begriff einer Natur erfordert), aus einem, wenn gleich uns unbekannten, Prinzip
> der Einheit des Mannigfaltigen, als notwendig angesehen werden müssen (KU B
> XXVI (AA 5, 180)).

Die reflektierende Urteilskraft unterstellt also, dass sich in der Natur eine bestimmte
Ordnung des Mannigfaltigen entdecken lässt, die nicht zufällig ist, sondern, in
einer bestimmten Weise, den menschlichen Verstand zum Maßstab hat. In der
Kritik der reinen Vernunft ist der Verstand auf der einen Seite als das Vermögen
des Denkens und der Begriffe definiert, auf der anderen Seite stellt er, als der
Inbegriff und das Ganze aller „empirischen Verstandeshandlungen", auch einen
Gegenstand der Vernunft dar: „Der Verstand macht für die Vernunft eben so einen
Gegenstand aus, als die Sinnlichkeit für den Verstand." (KrV B 692 (AA 3, 439)).
Indem die Vernunft die empirischen Verstandeshandlungen in ihrer Totalität zu
erfassen versucht, als das kollektive Ganze der Verstandeserkenntnis, gelangt sie zu
einem Begriff des Verstandes, der im Unterschied zu seinem Begriff als Vermögen
des Denkens *bestimmt* ist:

> Die Einheit aller möglichen empirischen Verstandeshandlungen systematisch zu
> machen, ist ein Geschäft der Vernunft, so wie der Verstand das Mannigfaltige der
> Erscheinungen durch Begriffe verknüpft und unter empirische Gesetze bringt. Die
> Verstandeshandlungen aber, ohne Schemate der Sinnlichkeit, sind *unbestimmt*; eben
> so ist die *Vernunfteinheit* auch in Ansehung der Bedingungen, unter denen, und
> des Grades, wie weit, der Verstand seine Begriffe systematisch machen soll, an sich
> selbst *unbestimmt*. Allein, obgleich für die durchgängige systematische Einheit aller
> Verstandesbegriffe kein Schema in der Anschauung ausfündig gemacht werden kann,
> so kann und muss doch ein *Analogon* eines solchen Schema gegeben werden, welches
> die Idee des *Maximum* der Abteilung und der Vereinigung der Verstandeserkenntnis
> in einem Prinzip ist. Denn das Größeste und Absolutvollständige läßt sich bestimmt
> gedenken, weil alle restringirende Bedingungen, welche unbestimmte Mannigfal-
> tigkeit geben, weggelassen werden. Also ist die Idee der Vernunft ein Analogon von
> einem Schema der Sinnlichkeit, aber mit dem Unterschiede, daß die Anwendung der
> Verstandesbegriffe auf das Schema der Vernunft nicht eben so eine Erkenntnis des
> Gegenstandes selbst ist (wie bei der Anwendung der Kategorien auf ihre sinnliche

Schemata), sondern nur eine Regel oder Prinzip der systematischen Einheit alles Verstandesgebrauchs (KrV B 692/693 (AA 3, 440)).

Diese vernunftbestimmte Kennzeichnung der systematischen Form des Ganzen der Verstandeserkenntnis – als „Schema" größtmöglicher Einheit bei größtmöglicher Verschiedenheit und, in der Verbindung beider, durchgängiger Affinität des Mannigfaltigen der Erkenntnis – greift Kant in der *Kritik der Urteilskraft* wieder auf, wenn er die durch die reflektierende Urteilskraft nach dem Prinzip der Zweckmäßigkeit der Natur zugrunde gelegte „erkennbare Ordnung" unter anderem durch folgende Sätze charakterisiert sieht:

> daß es in ihr eine für uns faßliche Unterordnung von Gattungen und Arten gebe; daß jene sich einander wiederum nach einem gemeinschaftlichen Prinzip nähern, damit ein Übergang von einer zu der anderen, und dadurch zu einer höheren Gattung möglich sei; daß, da für die spezifische Verschiedenheit der Naturwirkungen eben so viel verschiedene Arten der Kausalität annehmen zu müssen unserem Verstande anfänglich unvermeidlich scheint, sie dennoch unter einer geringen Zahl von Prinzipien stehen mögen, mit deren Aufsuchung wir uns zu beschäftigen haben, u.s.w. (KU B XXXV/XXXVI (AA 5, 185)).

Doch wie verhält sich dieses in der Einleitung der *Kritik der Urteilskraft* festgesetzte, sich auf die Natur als den ganzen Gegenstand einer möglichen empirischen Erkenntnis beziehende transzendentale Prinzip der reflektierenden Urteilskraft zu der Unterscheidung zwischen einer subjektiven und einer objektiven, einer formalen und einer materialen Zweckmäßigkeit, die der Einteilung der *Kritik* in eine *Kritik der ästhetischen* und eine *Kritik der teleologischen Urteilskraft* zugrunde liegt? Weder in dem einen noch in dem anderen Fall geht es dem ersten Anschein nach um das Ganze der Natur. Beide Teile verbindet vielmehr, dass sie sich jeweils mit einem *besonderen* Bereich empirisch gegebener Gegenstände beschäftigen, der sich nicht nur als Gegenstand einer Reflexion, sondern als *Entdeckungsbereich* für unterschiedliche und doch zusammengehörige allgemeine Prinzipien der reflektierenden Urteilskraft erweist, nämlich mit dem Schönen auf der einen, dem Organismus auf der anderen Seite.

IV

Wenn sich Kant im ersten Teil der *Kritik der Urteilskraft* mit der ästhetischen Urteilskraft und den Urteilen über das Schöne und das Erhabene beschäftigt, dann scheint es dabei (nicht anders als in den beiden anderen *Kritiken*) in erster Linie um das Problem der Rechtfertigung der besonderen Geltungsansprüche zu gehen, die mit solchen Urteilen verbunden sind. Nach Kants Analyse handelt es sich bei den Urteilen über das Schöne oder Erhabene um reine Geschmacksurteile, in denen ein Wohlgefallen an einzelnen Gegenständen zum Ausdruck kommt. Das ästhetische Geschmacksurteil beruht weder auf Begriffen noch einem allgemeinen und notwendigen Interesse und doch ist mit ihm der Anspruch verknüpft, dass es für jedermann gilt und jedermann in das Wohlgefallen am Gegenstand einstimmen können muss. Die Frage ist, worauf sich dieser Anspruch auf Allgemeingültigkeit des Urteils über das Schöne oder Erhabene gründet und auf welche Weise er sich rechtfertigen lässt.

Im Hinblick auf das Urteil über das Schöne (auf das ich mich im Folgenden beschränken möchte) lautet Kants Antwort bekanntermaßen, dass durch die Gegenwart des schönen Gegenstandes in der Anschauung die Einbildungskraft und der Verstand in ein freies Spiel versetzt werden, in dem sie sich wechselseitig zur Tätigkeit anregen. Diese Anregung zur Tätigkeit kommt einer „Beförderung des Lebens" gleich und wird daher als lustvoll erfahren. Insofern ist der Bestimmungsgrund des Urteils über das Schöne eine Lust, von der vorauszusetzen ist, dass sie von jedermann empfunden werden muss, weil sie auf Bedingungen beruht, die in gleicher Weise von allen erfüllt werden, die zu einer Erkenntnis von gegebenen Gegenständen gelangen wollen. Kant fasst diese Bedingungen in der Idee eines Gemeinsinns zusammen. Dementsprechend besteht das Ziel der Analytik des Schönen darin, „das Geschmacksvermögen in seine Elemente aufzulösen, um sie zuletzt in der Idee eines Gemeinsinns zu vereinigen" (KU B 68 (AA 5, 240)). Hinsichtlich der Gründe für die Annahme eines solchen Gemeinsinns bemerkt Kant:

> Da sich nun diese Stimmung selbst muss allgemein mitteilen lassen, mithin auch das Gefühl derselben (bei einer gegebenen Vorstellung); die allgemeine Mitteilbarkeit eines Gefühls aber einen Gemeinsinn voraussetzt: so wird dieser mit Grunde angenommen werden können, und zwar ohne sich desfalls auf psychologischen Beobachtungen zu fußen, sondern als die notwendige Bedingung der allgemeinen Mitteilbarkeit unserer Erkenntnis, welche in jeder Logik und jedem Prinzip der Erkenntnisse, das nicht skeptisch ist, vorausgesetzt werden (KU, B 66 (AA 5, 239)).

Kant argumentiert insofern ähnlich wie bei der Auflösung des Deduktionsproblems in der zweiten Auflage der *Kritik der reinen Vernunft*. Die Pointe seiner Argumentation besteht in der Annahme, dass eine *objektive* Erkenntnis eine *Objektivität* des erkennenden Subjekts zur Voraussetzung hat – in diesem Fall: das dem Anspruch nach allgemeingültige Geschmacksurteil über die Schönheit eines einzelnen Gegenstandes setzt eine allgemeine Empfänglichkeit aller Subjekte für die Schönheit voraus. Wenn die Frage ist, unter welchen Bedingungen sich ein Urteil über das

Schöne, über das uninteressierte Wohlgefallen an einem Gegenstand, zugleich als eines verstehen lässt, von dem erwartet werden darf, dass es jedermann teilt, dann stellt sich die Frage nach dem Grund dieser Erwartung der *Einhelligkeit* unter den Urteilen. Dieser Grund kann nur darin zu finden sein, dass alle urteilenden Subjekte etwas gemeinsam haben: nämlich dass sie, wenn sie über die Schönheit eines bestimmten, einzelnen Gegenstandes urteilen müssten, zu dem gleichen Urteil kommen müssten wie jeder andere. Da die Grundlage des Urteils die Empfindung einer Lust, eines Wohlgefallens am Gegenstand ist, das auf keinen Gründen beruht, die nur mit Privatinteressen oder „Reiz und Rührung" zusammenhängen, sondern lediglich in der sich wechselseitig förderlichen Stimmung von Einbildungskraft und Verstand ihren Grund hat, muss vorausgesetzt werden, dass alle Menschen gleich empfänglich für eine solche Lust sind, wenn nur vorausgesetzt werden darf, dass Einbildungskraft und Verstand in jedem Fall einer objektiven Erkenntnis zusammenstimmen und einander angemessen sind.[12]

Ganz wie in der *Kritik der reinen Vernunft* führt der Weg von der subjektiven Aufnahme des Urteils zu einer Eigenschaft, die das Subjekt als Objekt erfüllen muss, um die objektiven Gültigkeitsansprüche des Urteils erfüllen zu können. In der *Transzendentalen Deduktion der Kategorien* in der B-Auflage der *Kritik der reinen Vernunft* greift Kant dazu auf den Gedanken einer Selbstaffektion des denkenden Ich zurück. Das Ich, die transzendentale Apperzeption, denkt nicht nur, sondern es besitzt denkend auch eine Realität in der Zeit und im Raum – es ist immer ein: Ich denke jetzt und hier, d. h. ich bin mir als denkend in der Zeit und im Raum gegeben. Um dieses Gegeben-Sein in der Zeit und im Raum erklären zu können, muss Kant annehmen, dass das Subjekt dadurch, dass es denkend tätig wird bzw. denkend seine Spontaneität ausübt, sich selbst zugleich affiziert und in diesem Affiziert-Sein, den Formen der Empfänglichkeit, Raum und Zeit unterworfen ist. Dieses sich selbst zum Gegenstand in Raum und Zeit werden, diese Erscheinung des *Ich denke* als das *Ich bin* einer unbestimmten Wahrnehmung, erlaubt allererst, auch Raum und Zeit als objektive Vorstellungen, nämlich als formale Anschauungen zu erfassen, was wiederum die Voraussetzung für eine Anwendung der Kategorien und den Nachweis ihrer universalen Gültigkeit im Hinblick auf alles in den Formen der Anschauung Raum und Zeit gegebene sinnliche Mannigfaltige darstellt.

Auch in der *Kritik der ästhetischen Urteilskraft* wird das auf wahre empirische Erkenntnis ausgerichtete Subjekt in analoger Weise objektiviert, wenn auch nur in der Idee. Die Besonderheit des Urteils über das Schöne besteht aus der kritischen

---

12 Vgl. dazu die Bemerkung Kants in A A 15, 837: „Über das Schöne muß ein jeder für sich urtheilen, und doch kann niemand etwas schön nennen, ohne daß er für alle Urtheilt. – Subjectiver Grund, der zugleich objectiv ist." (Datierung 1780–84).

Perspektive darin, dass es die Aufmerksamkeit auf eine Voraussetzung lenkt, die bei jeder Wahrheit beanspruchenden empirischen Erkenntnis erfüllt sein muss. Diese Erweiterung gegenüber der Thematisierung des menschlichen Erkenntnissubjekts in der *Kritik der reinen Vernunft* betrifft den Umstand, dass das erkennende Subjekt in der empirischen Erkenntnis nicht nur das (sich selbst affizierende) denkende Ich (die transzendentale Apperzeption) ist, sondern dass es zudem über einen Gemeinsinn verfügen muss. Das Urteil über das Schöne hat daher *entdeckenden* Charakter: es erlaubt die Einsicht in eine subjektive Bedingung, der die Erkenntnis der Natur im Hinblick auf ihren empirischen Gehalt unterworfen ist. Diese Bedingung hängt mit der Beschaffenheit des Erkenntnissubjekts zusammen, für die Zusammenstimmung von anschaulich Gegebenem und begrifflich Gedachtem empfänglich zu sein. Das einzelne Urteil über das (Natur-)Schöne hat insofern, wie Kant hervorhebt, *exemplarische* Bedeutung für die Bestimmung des Verhältnisses, in dem Einbildungskraft und Verstand stehen müssen, wenn die Natur in ihrer empirischen Vielfalt für den Menschen erkennbar sein soll.

Bei näherem Zusehen zeigt sich, dass diese Analyse des ästhetischen Geschmacksurteils durchaus mit dem transzendentalen Prinzip der reflektierenden Urteilskraft zusammenhängt, von dem in der Einleitung der *Kritik der Urteilskraft* die Rede ist. Die Verbindung von beidem ergibt sich durch den Begriff der *Fasslichkeit*. Nach Kant besteht die spezifische Leistung der Einbildungskraft darin, dass sie das in der sinnlichen Anschauung gegebene Mannigfaltige *auffasst*. Dieses Vermögen der „Auffassung" (Apprehension) ist mit dem Vermögen der „Darstellung" (Exhibition) „eines und dasselbe" (KU B 132 (AA 5, 279)). Die Einbildungskraft ist darstellend, wenn sie einem gegebenen Begriff ein ihm korrespondierendes Bild verschafft, durch das er „in concreto" vorgestellt werden kann.[13] Die Einbildungskraft ist auffassend, wenn sie aus der Fülle des in einer sinnlichen Anschauung gegebenen Mannigfaltigen eine Gestalt heraushebt, der „in abstracto" ein Begriff entsprechen könnte. Auffassung und Darstellung sind deshalb „ein und dasselbe", weil die Einbildungskraft in beiden Fällen eine anschauliche Form (Gestalt, Bild) hervorbringt, die sich gegenüber dem Mannigfaltigen einer sinnlichen Anschauung durch Selektion und Einheit und gegenüber der Einheit eines Begriffs durch Einzelheit auszeichnet. In einer um 1789 niedergeschriebene Notiz kennzeichnet Kant die „comprehensio aesthetica" ausdrücklich als einen zentralen Aspekt der Einbildungskraft:

> Die Handlung der Einbildungskraft, einem Begriff eine Anschauung zu geben, ist *exhibitio*. Die Handlung der Einbildungskraft aus einer empirischen Anschauung einen Begrif zu machen ist *comprehensio* Auffassung der Einbildungskraft, *apprehen-*

---

13 Vgl. zu dieser Formulierung: KrV B 120 (AA 3, 101).

sio aesthetica. Zusammenfassung derselben, *comprehensio aesthetica* (ästhetisches Begreifen), ich fasse das Mannigfaltige zusammen in eine ganze Vorstellung und so bekommt sie eine gewisse Form (R 5661 (AA 18, 320) (Datierung: 1788/90)).

In der *Kritik der ästhetischen Urteilskraft* hebt Kant in der Analyse des Urteils über das Schöne diese synthetische Leistung der Einbildungskraft (der ästhetischen „Zusammenfassung") nicht eigens hervor. Aus seiner Analyse des Urteils über das Erhabene wird aber deutlich, dass im Fall des Schönen der Einbildungskraft wesentlich eine solche Zusammenfassung in ein figürliches Ganzes (Form, Gestalt, Bild) gelingt, während sie im Fall des Erhabenen an dieser Aufgabe scheitert. Gerade dadurch, dass die Einbildungskraft im Fall des Schönen imstande ist, aus einer gegebenen empirischen Anschauung ein Mannigfaltiges herauszuheben, das zusammenzugehören und eine Einheit zu bilden scheint, stimmt sie mit dem Vermögen des Verstandes überhaupt zusammen. Denn sie bringt damit etwas hervor, das im Hinblick auf seine Einheit einem Begriff korrespondiert, dem im Unterschied zum Begriff allerdings fehlt, dass es als eines vorgestellt („gedacht") wird, das vielem Verschiedenen gemein ist. Das freie Spiel der beiden Erkenntniskräfte besteht folglich darin, dass die Einbildungskraft in der *apprehensio* und *comprehensio aesthetica* einer gegebenen Anschauung die Vorstellung einer bestimmten Einheit eines Mannigfaltigen (Form, Gestalt, Bild) erzeugt, die den Verstand zum Denken, d. h. zur Tätigkeit der Allgemeinmachung anregt und dass umgekehrt der Verstand im Denken einer (begrifflichen) Einheit, die vielen verschiedenen Gegenständen gemein ist (und auf einem objektiven Grund beruht), die Einbildungskraft anregt, aus der Fülle der Einzelanschauung ein Mannigfaltiges herauszuheben, das sich zu einer (anschaulichen) Einheit zusammenfassen lässt. Da sich in diesem Verhältnis wechselseitiger Anregung von Einbildungskraft und Verstand die Möglichkeit einer *Allgemeinmachung* einer gegebenen einzelnen Vorstellung anzudeuten scheint, ließe sich behaupten, dass die ästhetische Urteilskraft im Fall des Schönen in einer ähnlichen Weise reflektiert wie in der den induktiven Schlüssen zugrundeliegenden Reflexion.

Kant beansprucht, dass er mit seiner Analyse des ästhetischen Geschmacksurteils in der Tat das Ziel erreicht, die mit einem solchen Urteil verbundenen Ansprüche (einer apriorischen Bestimmung der Gefühle der Lust und Unlust) einsichtig zu machen und zu rechtfertigen. Im Mittelpunkt dieser kritischen Rechtfertigung steht die Idee des Gemeinsinns im Sinne eines Postulats, demzufolge sich alle Menschen eine gemeinsame Auffassungsgabe hinsichtlich der in der Natur gegebenen mannigfaltigen Erscheinungen teilen. Dieser „Sinn" für Einheit (der ästhetisch-logischen Komprehension) besteht unabhängig von subjektiven Gründen des Fürwahrhaltens, durch die sich Menschen voneinander unterscheiden und auf denen der Irrtum beruht. Kant geht über diese für die Rechtfertigung des Geltungsanspruchs des ästhetischen Geschmacksurteils vollkommen ausreichende Analyse jedoch insofern hinaus, als er eine weitere Voraussetzung einführt, die mit dem Urteil über das Schöne (in der Natur) verbunden ist. Nicht nur muss unterstellt werden, dass es einen gemeinsamen Sinn der ästhetisch-logischen Zusammenfassung gibt, der es erlaubt, eine besondere Einheit in der Natur erfassen zu können, sondern auch, dass es in der Natur solche erfassbaren Einheiten gibt, oder allgemeiner: dass die Natur für die menschliche Erkenntnis überhaupt fasslich ist. Damit kommt neben der subjektiven Zweckmäßigkeit des Naturschönen eine objektive Zweckmäßigkeit der Natur als Ganze in den Blick. Kant bemerkt dazu:

> Die selbständige Naturschönheit entdeckt uns eine Technik der Natur, welche sie als ein System nach Gesetzen, deren Prinzip wir in unserm ganzen Verstandesvermögen nicht antreffen, vorstellig macht, nämlich dem einer Zweckmäßigkeit, respektiv auf den Gebrauch der Urteilskraft in Ansehung der Erscheinungen, so daß diese nicht bloß als zur Natur in ihrem zwecklosen Mechanism, sondern auch als zur Analogie mit der Kunst gehörig, beurteilt werden müssen. Sie erweitert also wirklich zwar nicht unsere Erkenntnis der Naturobjekte, aber doch unsern Begriff von der Natur, nämlich als bloßem Mechanism, zu dem Begriff von eben derselben als Kunst: welches zu tiefen Untersuchungen über die Möglichkeit einer solchen Form einladet (KU B 77 (AA 5, 246)).

Zur Rechtfertigung der mit den Urteilen über das Schöne verbundenen Ansprüche ist der Begriff einer Technik der Natur bzw. einer Natur als Kunst nicht erforderlich. Es genügt, auf die Idee eines Gemeinsinns zurückzugehen. Mit den Urteilen über das Naturschöne eröffnet sich jedoch ein Feld für „tiefere Untersuchungen", weil weder geklärt ist, aus welchen objektiven Gründen es einen Gemeinsinn geben, noch auch, warum sich die Natur als für einen solchen Gemeinsinn fasslich erweisen sollte.

Meines Erachtens liegt in diesem von der Naturschönheit ausgehenden Anstoß für „tiefere Untersuchungen" einer der Gründe, warum die *Kritik der ästhetischen Urteilskraft* notwendig der Ergänzung durch eine *Kritik der teleologischen Urteilskraft* bedarf. Nur wenn sichergestellt ist, dass teleologische Erkenntnisse in Bezug auf die Natur, zu der auch der Mensch durch die „Anlage" eines Gemeinsinns gehört, erlaubt und gerechtfertigt sind, kann das Vorhaben einer Theorie der Bedingungen materialer Wahrheitserkenntnis Aussicht auf Erfolg haben. Die *Kritik der ästhetischen* und die *Kritik der teleologischen Urteilskraft* würden dann deswegen notwendig zusammengehören, weil die eine die notwendigen Bedingungen der Möglichkeit aufdeckt, unter denen die *Einhelligkeit* empirischer Urteile auf subjektiver Seite steht – in der Idee des Gemeinsinns –, die andere die notwendigen Bedingungen der Möglichkeit, unter denen die Einhelligkeit empirischer Urteile auf objektiver Seite steht – in der Idee eines „System(s) der Natur nach empirischen Gesetzen".

Es hat jedoch zunächst den Anschein, als würde Kant gerade diesem transzendentalen Prinzip der Urteilskraft, wonach sie „ein System der Natur auch nach empirischen Gesetzen" a priori zum Behuf ihres eigenen Gebrauchs voraussetzen muss, im zweiten Teil der *Kritik der Urteilskraft* keine besondere Aufmerksamkeit schenken. Im Zentrum der *Kritik der teleologischen Urteilskraft* steht vielmehr der Begriff des *Organismus*. Dieser Begriff bezieht sich auf eine besondere Klasse von Gegenständen, deren Existenz nur aus der Erfahrung bekannt ist. Im Hinblick auf diese Gegenstände stellt sich die kritisch zu prüfende Frage, ob die Urteilskraft berechtigt ist, in der Reflexion über sie die Annahme einer objektiven Zweckmäßigkeit zugrunde zu legen. Doch Kant möchte in der *Kritik der teleologischen Urteilskraft* offensichtlich nicht nur diese Frage beantworten, sondern er versucht auch zu zeigen, dass mit der Berechtigung, ja Notwendigkeit einer teleologischen Betrachtung organisierter Naturwesen auch die Möglichkeit der Annahme der „Natur überhaupt als System der Zwecke" verknüpft ist. Mit dieser Annahme aber kommt eine übergreifende Einheit der *Kritik der Urteilskraft* in den Blick. Dazu einige knappe abschließende Überlegungen.

V

Es ist unübersehbar, dass Kants Überlegungen zur Anwendbarkeit des Begriffs der objektiven Zweckmäßigkeit auf organisierte und sich organisierende Wesen als Produkte der Natur eine Fortführung seiner Reflexionen über den *Analogieschluss* als besonderer Form eines Schlusses der reflektierenden Urteilskraft darstellen (KU B 292 (AA 5, 367f.)). Organisierte Wesen teleologisch als Naturzwecke zu betrachten heißt zu unterstellen, dass die Natur in ihrem Fall *technisch* verfährt, d. h. gleichsam als würde sie diese Gegenstände absichtlich nach einem vorausgesetzten Zweck hervorbringen. Zwischen der *technica naturalis* und der *technica intentionalis*[14] besteht indessen nur ein Verhältnis der Analogie, das zwar Analogieschlüsse nach dem Prinzip der *Spezifikation* erlaubt, aber nicht den Schluss auf die Gleichheit der produktiven Ursache: „es soll dadurch nur eine Art der Kausalität der Natur, nach einer Analogie mit der unsrigen im technischen Gebrauche der Vernunft, bezeichnet werden, um die Regel, wornach gewissen Produkten der Natur nachgeforscht werden muß, vor Augen zu haben" (KU B 309 (AA 5, 383)). Die reflektierende teleologische Urteilskraft geht lediglich davon aus, dass sich das Viele zum Einen in einem organisierten Naturwesen so verhält wie das Viele zum Einen in einem

---

14 Vgl. KU B 321 (AA 5, 390).

nach der Vorstellung eines Zwecks angefertigten Kunstgebilde, nämlich als Teile
zu einem Ganzem, wobei das Ganze den Teilen vorausgeht und den Grund für sie
und ihre spezifischen Zusammensetzung enthält. Wegen dieser Voraussetzung
ist es möglich, nach der Analogie zu schließen, in der Hoffnung, auf diese Weise
zu einer bestimmteren Erkenntnis der spezifischen Beschaffenheit organisierter
Wesen zu gelangen.

Im § 67 der *Kritik der Urteilskraft* verlässt Kant jedoch den engeren Bereich der
organisierten Naturwesen und betrachtet die „Natur überhaupt als System der
Zwecke". Wie schon bei der Analyse des ästhetischen Geschmacksurteils gibt ein
eingeschränktes Problem der kritischen Untersuchung Anlass zur Entdeckung
eines allgemeineren Prinzips der Naturbetrachtung. Zu diesem Übergang von der
Betrachtung besonderer Naturwesen, von der allein die Erfahrung zu sagen vermag,
ob es sie gibt oder nicht, zu der der Natur überhaupt stellt Kant fest:

> Es ist also nur die Materie, sofern sie organisiert ist, welche den Begriff von ihr als
> einem Naturzwecke notwendig bei sich führt, weil diese ihre spezifische Form zu-
> gleich Produkt der Natur ist. Aber dieser Begriff führt nun notwendig auf die Idee
> der gesamten Natur als eines Systems nach der Regel der Zwecke; welcher Idee nun
> aller Mechanism der Natur nach Prinzipien der Vernunft (wenigstens daran die
> Naturerscheinungen zu versuchen) untergeordnet werden muß. Das Prinzip der Ver-
> nunft ist ihr als nur subjektiv, d. i. als Maxime zuständig: Alles in der Welt ist irgend
> wozu gut; nichts ist in ihr umsonst; und man ist durch das Beispiel, das die Natur an
> ihren organischen Produkten gibt, berechtigt, ja berufen, von ihr und ihren Gesetzen
> nichts, als was im Ganzen zweckmäßig ist, zu erwarten (KU B 300/301 (AA 5, 378f.)).

Die Analogie mit einer *technica intentionalis* erlaubt jedoch weder im Hinblick auf die
organisierten Wesen als empirisch gegebenen Produkte der Natur noch im Hinblick
auf die Natur als Ganze die Annahme eines weisen, nach Zwecken verfahrenden
Urhebers. Dennoch bedarf es der Annahme einer irgendwie verständigen Ursache,
für die das Verhältnis des Besonderen zum Allgemeinen nicht durch Zufälligkeit
bestimmt ist wie für den menschlichen Verstand.[15] Die reflektierende Urteilskraft
gelangt auf diese Weise zur Idee eines Verstandes,

> der, weil er nicht wie der unsrige diskursiv, sondern intuitiv ist, vom Synthetisch-All-
> gemeinen (der Anschauung eines Ganzen, als eines solchen) zum Besondern geht,

---

15 „Diese Zufälligkeit findet sich ganz natürlich in dem *Besondern*, welches die Urteilskraft
     unter das *Allgemeine* der Verstandesbegriffe bringen soll; denn durch das Allgemeine
     unseres (menschlichen) Verstandes ist das Besondere nicht bestimmt; und es ist zufällig,
     auf wie vielerlei Art unterschiedene Dinge, die doch in einem gemeinsamen Merkmal
     übereinkommen, unserer Wahrnehmung vorkommen können" (KU B 346/347 (AA 5,
     406)).

d. h. vom Ganzen zu den Teilen; der also und dessen Vorstellung des Ganzen die Zufälligkeit der Verbindung der Teile nicht in sich enthält, um eine bestimmte Form des Ganzen möglich zu machen, die unser Verstand bedarf, welcher von den Teilen, als allgemein gedachten Gründen, zu verschiedenen darunter zu subsumierenden möglichen Formen, als Folgen, fortgehen muß (KU B 349 (AA 5, 407)).

Es wäre eigens zu zeigen, dass erst mit diesem Schritt das transzendentale Prinzip der reflektierenden Urteilskraft, von dem die Einleitung in die *Kritik der Urteilskraft* handelt, vollständig exponiert ist. Nicht nur schließt dieses Prinzip ein, dass eine allen Menschen gemeinsame, natürliche Gabe der ästhetisch-logischen Auffassung vorausgesetzt werden muss, die in der Erfahrung des Schönen zu kultivieren ist; sondern es muss auch vorausgesetzt werden, dass sich die Natur insgesamt als für die menschliche Erkenntnis fasslich erweist, indem sie in der Idee auf eine jenseits aller Menschen wirkende verständige Ursache bezogen werden kann, die zwar nicht von der Art ist wie der menschliche Verstand, aber doch mit ihm verwandt ist. Den Übergang vom diskursiven menschlichen Verstand zum intuitiven Verstand der ersten Naturursache bildet die Idee des Verstandes bzw. Erkenntnisvermögens überhaupt, auf die sich auf der einen Seite die Idee des Gemeinsinns und auf der anderen Seite die (hier unerörtert gebliebene) Idee des Genies beziehen. Subjektive und objektive Zweckmäßigkeit stellen daher nur zwei Seiten einer Medaille dar.

Literatur

Hegel, G. W. F. (1971). *Vorlesungen über die Geschichte der Philosophie III.* Ed. von Eva Moldenhauer, Karl Markus Michel. Bd. 20. Frankfurt am Main: Suhrkamp Verlag
Kant, Immanuel. (1900ff). *Gesammelte Schriften* Hrsg.: Bd. 1–22 Preußische Akademie der Wissenschaften, Bd. 23 Deutsche Akademie der Wissenschaften zu Berlin, ab Bd. 24 Akademie der Wissenschaften zu Göttingen. Berlin

Kants System der Vernunft
Eine teleologische Einheit?

Paula Órdenes Azúa

Zusammenfassung

In diesem Artikel möchte ich mich mit der Systematik der Vernunft in Kants kritischer Philosophie befassen und der Frage nachgehen, ob sie eine teleologische Einheit bildet. Die Struktur meiner Arbeit ist wie folgt: Zuerst beschreibe ich kurz und allgemein einige Ansätze, die die systematische Einheit der Vernunft bei Kant bezweifeln, um die unterschiedlichen Annäherungen an das Problem zu zeigen. Danach schildere ich konzis die von Kant selbst thematisierte Kluft zwischen dem theoretischen und dem praktischen Gebrauch der Vernunft. Daraufhin stelle ich einige Probleme innerhalb und außerhalb dieser Kluft dar. Dann analysiere ich die folgenden drei Anwendungen der Vernunft im Zusammenhang mit Kants Notion der Philosophie: (1) die regulativen Ideen des hypothetischen Gebrauchs der Vernunft, (2) das Postulat des Daseins Gottes im praktischen Gebrauch der Vernunft und (3) das Prinzip der objektiven Zweckmäßigkeit der „teleologischen Urteilskraft". Diese drei Instanzen betrachte ich als drei von Kants Versuchen, das System der Vernunft mittels der Idee einer teleologischen Einheit darzustellen. Abschließend werde ich dafür argumentieren, dass die Idee einer systematischen Einheit im Rahmen der kritischen Philosophie notwendigerweise dem zweckmäßigen Charakter unserer Vernunft entspricht.

© Springer Fachmedien Wiesbaden GmbH, ein Teil von Springer Nature 2019   65
P. Órdenes und A. Pickhan (Hrsg.), *Teleologische Reflexion in Kants Philosophie*,
https://doi.org/10.1007/978-3-658-23694-6_4

> *Die größte systematische, folglich auch die zweckmäßi-*
> *ge Einheit ist die Schule und selbst die Grundlage der*
> *Möglichkeit des größten Gebrauchs der Menschenver-*
> *nunft. Die Idee derselben ist also mit dem Wesen unserer*
> *Vernunft unzertrennlich verbunden.*
>
> (KrV, A695/B723)[1]

Einheit oder Dualität der Vernunft. Diverse Probleme mit der kritischen Systematik der Vernunft

Kants kritische Philosophie wird von verschiedenen Seiten aufgrund ihres Mangels an systematischer Einheit kritisiert. Kurz nach der Erscheinung der *Kritik der reinen Vernunft* wurde von K. Reinhold das kantische Projekt kritisiert, weil ein allgemeingültiges und notwendiges Prinzip fehlt, worauf sich das ganze Systemstützen kann,[2] jedoch sei es Zeit, dass er „die Bedingungen näher beleuchte die dieser Grundsatz zu erfüllen hat" (Reinhold 2003, S. 98). In seiner *Elementarphilosophie* versucht er, dieses erste Prinzip mittels des Faktums des Bewusstseins (oder des Vorstellungsvermögens) anzugeben, damit die kritische Philosophie einerseits fundiert und anderseits vervollständigt werden kann:[3] „Das *Bewusstsein* ist also die Quelle *aller* Grundsätze der Elementarphilosophie, und diese Grundsätze sind Sätze, welche nichts als ein Bewußtsein ausdrücken." (ebd. S. 110; Herv. im Original).[4]

Darüber hinaus gibt es andere mögliche Betrachtungsweisen, welche die Einheit des Systems der Vernunft in Frage stellen und sogar eine dualistische Interpretation der kantischen Philosophie zur Auslegung erlauben, z. B. die ontologische Problema-

---

1   Im Folgenden werde ich Kants Werke nach der Akademie-Ausgabe angeben, außer im Fall der *Kritik der reinen Vernunft*, welche ich, wie üblich, nach der A und B Auflage zitieren werde. Im vorliegenden Text werde ich mich der gängigen Abkürzungen bedienen: für die *Kritik der reinen Vernunft*: KrV; für die *Kritik der praktischen Vernunft*: KpV; und für die *Kritik der Urteilskraft*: KU.

2   „Diese Idee des *Systemes* als der wesentlichen Form jeder philosophischen Wissenschaft ist nichts weniger als neu. Allein bis jetzt hat noch kein Versuch sie auch nur in *Einem* Teile der Philosophie zu realisieren, gelungen." (Reinhold 2003, S. 84)

3   „Eine Erörterung, welche die eigentlichen Prämissen der Kritik der Vernunft aufstellt, schiene mir daher schlechterdings notwendig, wenn das Schicksal der kritischen Philosophie eine andere Wendung nehmen sollte. Diese Prämissen, müssen, wenn sie nicht selbst wieder anderer Prämissen bedürfen sollen, allgemeingeltende Sätze sein; und ich glaube dieselbe an denjenigen Sätzen gefunden zu haben, welche das Bewußtsein überhaupt, und seine drei Arten ausdrücken." (ebd. S. 227)

4   Reinholds Komplettierungsprogramm der Kritik wird bekanntlich auch von Fichte in seiner *Wissenschaftslehre* übernommen.

tik der Trennung einerseits des Dings an sich und der Erscheinung und anderseits des Objekts und Subjekts, eins von den Gemeinplätzen des deutschen Skeptizismus (Jacobi, Schulze) und Idealismus (Fichte, Schelling, Hegel). Aus der Doktrin der zwei Erkenntnisstämme (Sinnlichkeit und Verstand) entsteht auch eine dualistische Perspektive der kantischen Philosophie, welche z. B. M. Heidegger (1929) mit der These der gemeinsamen Wurzel (transzendentalen Einbildungskraft) versucht zu vereinigen.[5] Nichtsdestoweniger ist zu beachten, dass Heideggers Wurzelthese schon längst sowohl von E. Cassirer (1931)[6] als auch von D. Henrich (1955)[7] treffend als eine *unkritische* Umdeutung der *KrV* beschrieben wurde. Ob die Antwort auf die Frage nach der Systematik der kantischen Philosophie als ein erster Grundsatz oder eine gemeinschaftliche Quelle der verschiedenen Gemütskräfte zu betrachten ist, bleibt ungeklärt. Trotzdem bilden diese beiden Antwortvorschläge einen Kontrapunkt zu der in dieser Arbeit vorgenommenen Annäherung an das Problem. Im vorletzten Abschnitt des Artikels wird dies wieder aufgegriffen.

Man kann sich auch die Vernunft als eine Dualität vorstellen, wenn man sie angesichts ihres Gebrauchs (theoretischer und praktischer) und ihres Geltungs-

---

5   Siehe Heidegger 1929, S. 138-195.

6   „Und hier liegt denn auch der eigentliche und wesentliche Einwand, den ich gegen Heideggers Kant-Interpretation zu erheben habe. Indem Heidegger alle »Vermögen« der Erkenntnis auf die „transzendentale Einbildungskraft zu beziehen, ja auf sie zu-rückzuführen versucht, bleibt ihm damit nur eine einzige Bezugsebene, die Ebene des zeitlichen Daseins zurück. -Der Unterschied zwischen »Phänomena« und »Noumena« verwischt und nivelliert sich: denn alles Sein gehört nunmehr der Dimension der Zeit, und damit der Endlichkeit, an. Damit aber ist einer der Grundpfeiler beseitigt, auf dem Kants gesamtes Gedankengebäude beruht, und ohne den es zusammenstürzen muß. Kant vertritt nirgends einen derartigen »Monismus« der Einbildungskraft, sondern er beharrt auf einem entschlossenen und radikalen Dualismus, auf dem Dualismus der sinnlichen und der intelligiblen Welt. Denn sein Problem ist nicht das Problem von »Sein« und »Zeit«, sondern das Problem von »Sein« und »Sollen«, von »Erfahrung« und »Idee«.“ (Cassirer 1931, S. 16)

7   „Die Andeutung, die „gemeinschaftliche Wurzel" betreffend, weist also wirklich nicht voraus in einen auch für Kant etwa noch dunklen Zusammenhang, sondern sie formu-liert entschieden eine Einsicht, die zwar kritische Bezüge besitzt, aber nicht durchaus im transzendentalen Sinne kritisch ist. Aus ihr wird manches zu verstehen sein, was im Aufbau der Kritik befremdlich geblieben ist, wie z. B. der indifferente Ausdruck „Gemüt", der synthetische Aufbau und die unsystematisch scheinende Gliederung der Deduktion, die Trennung der theoretischen von der praktischen Philosophie u. a. m. Alle Versuche, welche Kants Nachfolger anstrengten, um diese anstößigen „Vorläufigkeiten" zu beseitigen, müßten ihn, hätte er sie verfolgen wollen und können, als ein Wiederholen seiner eigenen überwundenen Positionen erschienen sein. Die Einheit der Subjektivität, deren Konstruktion sein letztes Wort ist, ist teleologisch gedacht." (Henrich 1955, S. 46)

bereichs (Natur und Freiheit) als zwei ontologische Instanzen betrachtet, als ob es eine sinnliche und eine intelligible Welt gäbe (radikale dualistische Interpretation),[8] oder aus zwei legislativen Instanzen, als ob das Subjekt sich in einer theoretischen und praktischen Welt zugleich (moderate dualistische Interpretation) befände.[9] Das Problem der Dualität theoretisch-praktischer Vernunft in der kantischen Philosophie und der damit einhergehende, scheinbare Widerspruch der Ableitung einer Einheit aus einer Dualität bestimmt die an Kant geübte Kritik zahlreicher Philosophenund es bleibt immer noch rätselhaft,[10] wie diese zwei Gebräuche vereinigt werden können.[11] In der Kant-Literatur lassen sich verschiedene Interpretationen dazu finden, die auf unterschiedlicher Ebene versuchen an diese Problematik heranzugehen. In den letzten Jahrzehnten wird der Versuch von O. O'Neill (1989) als ein paradigmatischer

---

8   Gegen eine à la Cassirer radikale dualistische Interpretation Kants Philosophie (Siehe FN 6): „Kants Transzendentalphilosophie ist also nicht, wie häufig vermutet wird, eine Erneuerung, sondern eine tiefgreifende Kritik der traditionellen Zweiweltenlehre. Denn es ist bei Kant *ein und dieselbe „Welt"*, die von Verstand und Vernunft *auf grundsätzlich verschiedene Weise* erkannt wird, wohingegen das „bisherige Verfahren" der Metaphysik darin bestand, die „Art" des Erkennens undifferenziert für „einerlei" zu halten, so dass die Differenz zwischen Bedingtem und Unbedingtem zwangsläufig zum Seinsunterschied zwischen zwei „Welten" hypostasiert werden musste." (Hutter 2009, S. 11; Herv. im Original)

9   „Ob nun zwar eine unübersehbare Kluft zwischen dem Gebiete des Naturbegriffs, als dem Sinnlichen, und dem Gebiet des Freiheitsbegriffs als dem Übersinnlichen, befestigt ist, so daß vom ersteren zum anderen (also vermittelst des theoretischen Gebrauchs der Vernunft) kein Übergang möglich ist, gleich als ob soviel verschiedene Welten wären, deren erste auf die zweite keinen Einfluß haben; so soll diese auf jene einen Einfluß haben; nämlich der Freiheitsbegriff soll den durch seine Gesetze aufgegebenen Zweck in der Sinnenwelt wirklich machen, und die Natur muß folglich so gedacht werden können, daß die Gesetzmäßigkeit ihrer Form wenigstens zur Möglichkeit der in ihr zu bewirkenden Zwecke nach Freiheitsgesetzen zusammenstimmt." (KU, AA 5:176)

10 Jacobi, Schulze, Schopenhauer, Fichte, Hegel, u. a.

11 "Practically before the ink was dry on Kant's Critical work, the suspicion arose that for all his talk of a system, his philosophy was not a systematic in any satisfactory sense, and this for at least two reasons: (i) that it only exacerbated rather than alleviated the challenge of skepticism, and (ii) that it lacked basic unity because it divided the world, the self, and philosophy into untenable strict dualism such as the phenomenal and the noumenal, the sensible and the rational, the theoretical and the practical. These problems dominated the worries Kant's first influential critics -G.E. Schulze, F.H. Jacobi, and Fichte – and even of his first advocate, K. L. Reinhold, who soon insisted that Kant's system must be revised radically, so that it can be brought into an adequately "firm" and "broad" shape." (Ameriks 2001, S. 77)

erachtet.[12] Sie interpretiert den kategorischen Imperativ als Vereinigungsprinzip der praktischen mit der theoretischen Vernunft.[13] A. Breitenbach folgt O'Neill in ihrer Interpretation und stellt Folgendes fest:

> Denn erst die Idee der Einheit aller Handlungen nach dem kategorischen Imperativ bedingt auch das Ziel der Einheit aller Erfahrungen als Erkenntnisse einer einzigen Natur [...] Die gesamte Leistung der einzelnen Vernunftvermögen ist daher nur mit Blick auf den höchsten *praktischen* Zweck zu verstehen [...] Die Gesamtheit der intellektuellen Vermögen des Menschen kann folglich betrachtet werden, als sei sie auf die Einheit aller Handlungen nach dem Prinzip der Selbstbestimmung ausgerichtet. (Breitenbach 2009, S. 97-98)

Der selbstbestimmende Charakter der Vernunft wird auch von anderen Autoren, etwa R. Hiltscher (1987) und K. Konhardt (1979), als Angelpunkt für die Kompatibilität zwischen der praktischen und der theoretischen Vernunft betrachtet. Hiltscher interpretiert das Vermögen des Verstandes als einen bloßen Terminus für die selbstkonstitutive endliche Vernunft und setzt endliche Vernunft mit Verstand gleich.[14] Etwas Ähnliches schlägt Konhardt vor, indem er die reflektierende Urteilskraft mit der Vernunft durch das Prinzip der Zweckmäßigkeit gleichsetzt.[15] C. Fugate geht in eine ähnliche Richtung: „The true unity of these two realms [the theoretical and practical], I have argued, is secured *transcendentally* through the act of moral postulation" (Fugate 2014, S. 374). Jedenfalls scheint die Selbsttätigkeit,

---

12 „Onora O'Neill kommt daher zu dem überzeugenden Schluss, dass der kategorische Imperativ das höchste Prinzip nicht nur der praktischen, sondern auch der theoretischen Vernunft ist." (Breitenbach 2009, S. 95)

13 "The *Grundlegung* is clear enough that the supreme principle of practical reason ist he Categorical Imperative. Could the Categorical Imperative be the supreme principle of all reason? Does this thought even make sense? I shall propose a reading of the *Grundlegung* III that presents the Categorical Imperative as the supreme principle of all reason. It has the corollary that freedom and autonomy are the heart not just of morality but of all reasoning. This reading will, I hope, help to show what can and what cannot be done to vindicate reason, and how reason and autonomy are connected. The claim that the Categorical Imperative is the supreme principle of human reason, I shall argue, both offers a coherent view of Kant's larger enterprise." (O'Neill 1989, S. 51-52)

14 „Es sei jedoch schon soviel angedeutet, daß der Terminus Verstand gerade die Endlichkeit der Vernunft zum Ausdruck bringen soll." (Hiltscher 1987, S. 11)

15 „Der Einheitspunkt, auf den die Vernunft als reflektierende Urteilskraft gerichtet ist, das ‚übersinnliche Substrat' der Natur und Freiheit bleibt für endliche Vernunftwesen ein niemals dingfest zu machender *focus imaginarius*. Diesen zu denken, d.h. einen ‚Übergang' zwischen den ‚Gebieten' Natur und Freiheit vorzustellen, ist jedoch eine Forderung der reinen praktischen Vernunft, die ein Interesse in der Realisierung sittlicher Zwecke in der Welt der Natur nimmt." (Konhardt 1979, S. 320)

Autonomie und Selbstsetzung von Prinzipien der Vernunft (sogar namens Verstand oder Urteilskraft) der Schlüssel für die Vereinbarkeit beider Gebräuche zu sein.

Unabhängig von den erwähnten Interpretationen sagt Kant ausdrücklich, dass die praktische und die theoretische Vernunft jeweils einen eigenen Geltungsbereich besitzen, den der Freiheit und den der Natur: „Unser gesamtes Erkenntnisvermögen hat zwei Gebiete, das der Naturbegriffe und das des Freiheitsbegriffs; denn durch beide ist es a priori gesetzgebend"(KU, AA 5:174). Zusätzlich beschreibt er, welches Vermögen wodurch agiert: „Die Gesetzgebung durch Naturbegriffe geschieht durch den Verstand und ist theoretisch. Die Gesetzgebung durch den Freiheitsbegriff geschieht von der Vernunft und ist bloß praktisch" (ebd.).

> Das Gebiet des Naturbergriffs unter der einen, und das des Freiheitsbegriffs unter der anderen Gesetzgebung sind gegen allen wechselseitigen Einfluß, den sie für sich (ein jedes nach seinen Grundgesetzen) aufeinander haben könnten, durch die große Kluft, welche das Übersinnliche von den Erscheinungen trennt, gänzlich abgesondert. (KU, AA 5:195)

Zudem behauptet Kant, dass noch ein Übergang fehlt, der den theoretischen mit dem praktischen Gebrauch der Vernunft verbindet. Das lässt darauf schließen, dass es eine Lücke im kritischen System gibt, die es irgendwie zu füllen gilt. Nun schließt sich die Frage an, was genau verbunden werden soll und was genau diese Verbindung ausmacht.

Bis zur dritten Kritik „schienen" sich diese zwei Gebiete gegenseitig auszuschließen. Ich setze „schienen" hier in Anführungszeichen, weil sich in den ersten zwei Kritiken Anzeichen finden lassen, die eine potentielle Vereinbarkeit andeuten. Ausdrücklich wird die Aufgabe des Findens eines Übergangs zwischen der theoretischen und der praktischen Vernunft jedenfalls erst von der *Kritik der Urteilskraft* übernommen.[16] In ihrer Einleitung stellt Kant die folgende trianguläre Struktur des Gemüts dar: Auf der Ebene der Seelenvermögen ist es das des Gefühls der Lust und Unlust, welches ein Bindeglied zwischen dem Erkenntnisvermögen und Begehrungsvermögen ausmacht; auf der Ebene der oberen Erkenntniskräfte ist die Urteilskraft die mittlere kognitive Kraft zwischen Verstand und Vernunft; und letztlich ist das Prinzip der Zweckmäßigkeit das Vermittlungsprinzip zwischen den Naturgesetzen und dem Freiheitsgesetz. Nun lässt sich fragen, inwiefern eine neue Einteilung bei dem Problem der Einheit hilft.

Um das Problem anzugehen, soll zuerst beschrieben werden, woraus diese zwei verschiedenen Gebiete bestehen. Im Folgenden werden die Gebiete der Natur und

---

16 Kant hatte vor der dritten *Kritik* jedoch durchaus im Blick, dass eine Vermittlungsintanz für die zwei Gesetzgebungen der Vernunft nötig wäre.

der Freiheit kurz beschrieben. Danach wird versucht, zu erläutern, worin genau das Problem der Trennung der Gebiete der Vernunft besteht und was seine möglichen Folgen sind.

a. Das Gebiet der Natur und der Verstand als ihr Gesetzgeber

Die *Kritik der reinen Vernunft* versucht meines Erachtens mindestens vier Fragen zu beantworten, die folgendermaßen formuliert werden können: (1) Wie ist die Metaphysik als Wissenschaft möglich? (2) Welche sind die Bedingungen der Möglichkeit der menschlichen Erkenntnis der Natur? (3) Kann die Vernunft Erkenntnis verschaffen, ohne eine faktische (gegebene) Vorstellung ihrer transzendenten Objekte (Gott, Welt als Ganzes oder Freiheit und Unsterblichkeit) zu haben? Und (4), was ist der positive Beitrag der Vernunft zur Erkenntnis überhaupt? Um auf die erste Frage antworten zu können, untersucht Kant unsere Erkenntnisquellen in der *Transzendentalen Ästhetik* und in der *Transzendentalen Analytik*. Daraus ergibt sich zuerst, dass die Erkenntniskräfte des Subjekts keinen direkten Zugang zu den Dingen an sich haben, sondern nur zu den Erscheinungen derselben. Das komplette Resultat dieser Untersuchung ist in der *Dialektik* zu finden und es scheint die Möglichkeit der Metaphysik (zumindest der *metaphysica specialis*) als objektive Wissenschaft zu verneinen, da sich ihre Objekte auf keine synthetischen Urteile a priori im theoretischen Sinne stützen können, d.h. auf keine raumzeitlich-kategoriale und synthetische Weise, wie sowohl die Physik als auch die Mathematik. Ob die Vernunft theoretische Erkenntnis von Gott, der Welt als Ganzem und der Unsterblichkeit der Seele hervorbringt, lässt sich mittels der letzten Erklärung verneinen. Dennoch trägt sie etwas zum theoretischen Gebrauch bei, nämlich: (1) ihren logischen Gebrauch als Vermögen des Schließens, welcher als nur formell bezeichnet wird und (2) ihren transzendentalen Gebrauch als Vermögen der Prinzipien der Einheit der Verstandesregeln, welcher im *Anhang zur transzendentalen Dialektik* als hypothetischer Gebrauch der Vernunft zum System der Natur bezeichnet wird. Obwohl die Vernunft die Natur nicht auf konstitutive Weise bestimmt, weil sie sich auf keine gegebene Erscheinung bezieht, sondern nur auf die Verstandesregeln durch ihre Prinzipien, spielt sie dennoch eine regulative Rolle bei der Systematisierung der Naturerkenntnis:

> Die Vernunft bereitet also dem Verstande sein Feld, 1. durch ein Prinzip der Gleichartigkeit des Mannigfaltigen unter höheren Gattungen, 2. durch einen Grundsatz der Varietät des Gleichartigen unter niederen Arten; und um die systematische Einheit zu vollenden, fügt sie 3. noch ein Gesetz der Affinität aller Begriffe hinzu, welches einen kontinuierlichen Übergang von einer jeden Art zu jeder anderen durch stufenartiges Wachstum der Verschiedenheit gebietet. (KrV, A 658/ B 686)

Diese drei Prinzipien der Formen, Homogenität, Spezifikation und Kontinuität, stellt die Vernunft dem Verstand zur Verfügung, damit seine Begriffe keine „Rhapsodie", sondern ein System ausmachen. Der zwar regulative aber objektive Status dieser drei Prinzipien der Vernunft wird am Ende noch einmal thematisiert. Zuerst möchte ich etwas über die einzige Idee der Vernunft sagen, die sich auch in der Erfahrung bestätigen lässt: die Freiheit. Obgleich die Freiheit nichts zur Begrifflichkeit der Natur beiträgt, spielt sie eine wichtige – sogar die wichtigste – Rolle in der kantischen Philosophie. Sie bestimmt die praktische Vernunft laut dem, was Kant im Zuge der KrV sagt:

> Die praktische Freiheit kann durch Erfahrung bewiesen werden. Denn, nicht bloß das, was reizt, d. i. die Sinne unmittelbar affiziert, bestimmt die menschliche Willkür, sondern wir haben ein Vermögen, durch Vorstellungen von dem, was selbst auf entferntere Art nützlich oder schädlich ist, die Eindrücke auf unser sinnliches Begehrungsvermögen zu überwinden; diese Überlegungen aber von dem, was in Ansehung unseres ganzen Zustandes begehrungswert, d. i. gut und nützlich ist, beruhen auf der Vernunft. (KrV, A802/ B830)

Wenn man dieses Zitat in Betracht zieht, scheint es im Prinzip für Kant kein Problem bei der Gesetzgebung der Freiheit und der Natur zu geben. Die Vernunft „gibt daher auch Gesetze, welche Imperative, d. i. objektive Gesetze der Freiheit sind" (KrV, A802/ B830). Diese schreiben jedoch vor – und jetzt taucht das Problem auf – „was geschehen soll, ob es gleich vielleicht *nie geschieht*, und sich darin von Naturgesetzen, die nur von dem handeln, was geschieht, unterscheiden, weshalb sie auch praktische Gesetze genannt werden" (ebd.; Herv. POA). Was kann uns dann die Gewissheit vermitteln, dass das Moralische von dem Gebiet des Sollens zu dem Gebiet des Seins übergehen kann? Dies ist die erste Annäherung an die Problematik der unterschiedlichen Gebiete der Vernunft, da es für die Möglichkeit der Realisierung des Sittengesetzes zumindest nötig ist, dass das, was *geschehen soll,* gleichzeitig geschehen kann.[17]

---

17 „Die reine Vernunft enthält also, zwar nicht in ihrem spekulativen, aber doch in einem gewissen praktischen, nämlich dem moralischen Gebrauche, Prinzipien der Möglichkeit der Erfahrung, nämlich solcher Handlungen, die den sittlichen Vorschriften gemäß in der Geschichte des Menschen anzutreffen sein könnten. Denn, da sie gebietet, dass solche geschehen sollen, so müssen sie auch geschehen können, und es muß also eine besondere Art von systematischer Einheit, nämlich, die moralische, möglich sein, indessen daß die systematische Natureinheit nach spekulativen Prinzipien der Vernunft nicht bewiesen werden konnte, weil die Vernunft zwar in Ansehung der Freiheit überhaupt, aber nicht in Ansehung der gesamten Natur Kausalität hat, und moralische Vernunftprinzipien zwar freie Handlungen, aber nicht Naturgesetze hervorbringen können. Demnach

b. Das Gebiet der Freiheit und die Vernunft als ihre Gesetzgeberin

Die Aufgabe der zweiten *Kritik* ist es, die Bestimmung des Willens durch das moralische Gesetz festzustellen. Zuerst werden in der Analytik der *Kritik der praktischen Vernunft* die reinen Gesetze a priori zum Handeln aufgestellt. Zu diesem Zweck wird, wie es scheint, eine wechselseitige Argumentationsstrategie angewandt. Einerseits wird das moralische Gesetz als die *ratio cognoscendi* (der Erkenntnisgrund) der Freiheit bestimmt und anderseits wird die Freiheit als *ratio essendi* (der Seinsgrund) des moralischen Gesetzes angeführt.[18] Dies bedeutet: gibt es Bewusstsein des Sittengesetzes in uns, dann gibt es Freiheit. Da wir um das Sittengesetz wissen, erkennen wir, dass es Freiheit gibt.

> Freiheit ist aber auch die einzige unter allen Ideen der speculativen Vernunft, wovon wir die Möglichkeit a priori wissen, ohne sie doch einzusehen, weil sie die Bedingung des moralischen Gesetzes ist, welches wir wissen. Die Ideen von Gott und Unsterblichkeit sind aber nicht Bedingungen des moralischen Gesetzes, sondern nur Bedingungen des nothwendigen Objects eines durch dieses Gesetz bestimmten Willens. (KpV, AA 5:04)[19]

Am Ende der *Analytik* versucht Kant mittels der Autonomie des Willens zu zeigen, wie der Mensch aus Pflicht und durch das Gefühl der Achtung vor dem moralischen Gesetz zum Handeln motiviert werden kann. In der *Dialektik* werden die zwei für die theoretische Erkenntnis abgelehnten Vernunftideen, das Dasein Gottes und die Unsterblichkeit der Seele, als notwendige Postulate des Objekts der praktischen Vernunft bezeichnet, deren einzige Bedingung es ist, keinen inneren Widerspruch zu enthalten.[20] Zwar tragen diese drei Ideen nichts zum Gebiet der Natur bei, aber

---

haben die Prinzipien der reinen Vernunft in ihrem praktischen, namentlich aber, dem moralischen Gebrauche, objektive Realität." (KrV, A808/B836)

18 „Der Begriff der Freiheit, so fern dessen Realität durch ein apodiktisches Gesetz der praktischen Vernunft bewiesen ist, macht nun den Schlußstein von dem ganzen Gebäude eines Systems der reinen, selbst der speculativen Vernunft aus, und alle andere Begriffe (die von Gott und Unsterblichkeit), welche als bloße Ideen in dieser ohne Haltung bleiben, schließen sich nun an ihn an und bekommen mit ihm und durch ihn Bestand und objective Realität, d. i. die Möglichkeit derselben wird dadurch bewiesen, daß Freiheit wirklich ist; denn diese Idee offenbart sich durchs moralische Gesetz." (KpV, AA 5:3-4)

19 Das vorherige Zitat des *Kanon* der KrV behauptet, dass die praktische Freiheit „durch Erfahrung bewiesen werden" (KrV A 802/ B 830) kann. Nun aber ist die Freiheit in der KpV nicht „einzusehen". Zu diesem Widerspruch siehe D. Schöneker 2005, S. 77- 104.

20 „Gleichwohl aber sind die die Bedingungen der Anwendung des moralisch bestimmten Willens auf sein ihm a priori gegebenes Object (das höchste Gut). Folglich kann und muß ihre Möglichkeit in dieser praktischen Beziehung angenommen werden, ohne sie doch theoretisch zu erkennen und einzusehen. Für die letztere Forderung ist in praktischer

zum Gebiet der Moral leisten sie einen großen Beitrag: sie sind die Bedingungen der Möglichkeit einer kohärenten Konzeption des moralischen Lebens.[21]

Freiheit und Moral setzen sich gegenseitig voraus. Die Unsterblichkeit der Seele wird postuliert, damit der Mensch nach der Übereinstimmung seines Willens mit dem absolut guten Willen strebt. Der Glaube an das höchste Gut oder Gott erlaubt das Zusammentreffen der natürlichen und moralischen Absichten beim Handeln, da Gott nach Kant das einzige Fundament ist (KpV, AA 5: 124–126), das in sich sowohl das Reich der Glückseligkeit (in dieser Hinsicht als Natur betrachtet) als auch das Reich der Moralität enthält, wobei beide Gebiete vereinigt werden können.[22]

Darstellung einiger Probleme außerhalb und innerhalb der Trennung der Gebiete und Gesetzgebungen

Der Zeitpunkt, zu dem die Doktrin der Einheit der Vernunft von Kant gedacht wurde, den P. Kleingeld (1998) und auch P. Guyer (2005) als Problem der Kant-Forschung einführen,[23] ist m. E. nur ein illusorisches Problem: ob Kant sich mit dem Problem der Vernunfteinheit erst in seinen späteren Jahren (im *Opus Postumum*)

Absicht genug, daß sie keine innere Unmöglichkeit (Widerspruch) enthalten." (KpV, AA 5:04)

21 Vgl. folgende Passage: „Ich nenne die Idee einer solchen Intelligenz, in welcher der moralisch vollkommensten Wille, mit der höchsten Seligkeit verbunden, die Ursache aller Glückseligkeit in der Welt ist, sofern sie mit der Sittlichkeit (als der Würdigkeit glücklich zu sein) in genauem Verhältnisse steht, das Ideal des höchsten Guts" und einigen Zeilen weiter: „Gott also und ein künftiges Leben, sind zwei von der Verbindlichkeit, die uns reine Vernunft auferlegt, nach Prinzipien eben derselben Vernunft nicht zu trennende Voraussetzungen." (KrV A811/B839)

22 Vgl. Mit: "Thus far, then, we have the claims that the highest good must be considered to be possible in nature, and that its ground, a moral Author of nature, must be considered to be actual from a practical point of view, where that in turn means that it must be theoretically possible and a necessary presupposition of a mode of conduct, but not otherwise grounded. Finally, Kant adds the last element of his position, the claim that (iv) the concept of God can be given determinate content only from a practical point of view, that is, the only predicates that can be ascribed to him in order to amplify the vague conception of him as the author of nature are those that are necessary to conceive of him as the ground of the realizability of the highest good." (Guyer 2005, S. 292)

23 Siehe Kleingeld 1998, S. 312-313 und Guyer 2005, S. 278-279.

beschäftigte, was Förster behauptet,[24] oder ein bisschen früher in der *Kritik der Urteilskraft*, wie H. Allison (1995) und J. Freudiger (1996) sagen,[25] oder schon in den ersten zwei *Kritiken*, wie es S. Neiman (1994),[26] R. Hiltscher, K. Konhardt und P. Kleingeld sehen, ist am Ende irrelevant für das Problem der Einheit der Vernunft. Obwohl die chronologische Betrachtung einer Idee etwas äußerst Interessantes aus allen anderen Perspektiven sein könnte, spielt sie in diesem Zusammenhang keine Rolle. Denn die Grundidee des gesamten kritischen Projekts sollte, wenn die Rede von einem System der Vernunft ist, schon in der ersten Kritik (grob) zu finden sein. Das Problem liegt eigentlich darin, wie die zwei Gesetzgebungen der Vernunft auf dem Boden ein- und derselben Erfahrung übereinstimmen können.

Die epistemologische, aus der KrV geerbte Basis besagt, dass wir nur in der Lage sind, Erscheinungen und nicht „Dinge an sich" zu erkennen. Unter anderem bedeutet dies, dass die Welt uns letztlich in ihrer Wesenheit verborgen bleibt. Aber solange man nur mit Erscheinungen zu tun hat, stellt diese Trennung für Kant (aber nicht für den Skeptiker) dank der Ergebnisse der Doktrin des transzendentalen Idealismus und der transzendentalen Deduktion der Kategorien kein Problem dar.[27] Nun kann man zuerst fragen, inwiefern es trotz der Einschränkung unserer Kenntnis der Natur auf unsere Erkenntniskräfte möglich ist, in einer Natur, welche uns teils gegeben und teils konzipiert ist, zurechtzukommen. M.a.W: Was gibt uns die Sicherheit anzunehmen, dass die Natur eine erkennbare Einheit ist? Vorläufig kann gesagt werden, dass die Begründung einer erkennbaren Natur mathematisch und dynamisch gesehen eine Sache ist, teleologisch gesehen aber eine andere.[28] Die KrV beschäftigt sich mit der Erkenntnis überhaupt, d.h., wie man von der

---

24 Siehe Förster 1993, S. 237. Jedenfalls ist zu beachten: „Das *Opus postumum* ist die Dokumentation von 17 Jahren kontinuierlicher philosophischer Arbeit Kants, beginnend nach dem 2. Dezember 1786, endend an der Jahreswende 1803/1804 – Kants philosophisches Tagebuch." (Tuschling 2001, S. 128)

25 Siehe Allison 1995, S. 38

26 Siehe Neiman 1994, S. 70

27 Wie R. Torreti sagt: "La filosofía crítica de Kant se funda en la doctrina de la idealidad trascendental del espacio y del tiempo y en la deducción o justificación de la validez objetiva del uso de las categorías. En la presentación de ambas Kant recurre al distingo entre la cosa en sí y el fenómeno, entre los entes tal y como existen en sí mismos, independientemente del ejercicio de nuestra facultad de conocer, y los entes tal y como se muestran en el contexto de la experiencia construida en ese ejercicio." (Torreti 2005, S. 657)

28 Es ist zu beachten, dass weder die Bezeichnung „mathematisch" auf die Mathematik noch die Bezeichnung „dynamisch" auf die Dynamik der Physik, sondern auf die Einteilung „mathematisch-dynamisch" der Kategorien und Grundsätze des reines Verstandes zurückzuführen sind.

Natur Erkenntnis erlangen kann. Der Verstand mit den Werkzeugen der KrV zur Erkenntnis scheint im Prinzip die Objekte der Natur nur als eine mathematische Einheit konstitutiv bestimmen zu können. Die Natur wird erst als eine dynamische Einheit angesehen, wenn die Existenz ihrer Objekte in Betracht gezogen wird.[29] Interessant für diesen Punkt ist, dass die dynamischen Grundsätze (die Analogien der Erfahrung und die Postulate des empirischen Denkens überhaupt) in der *Doktrin der Urteilskraft* der ersten *Kritik* im Unterschied zu den mathematischen keine apodiktischen Grundsätze des reines Verstandes für die Objekte der Natur sind (KrV, A 161/ B 200). Trotz ihrer *mittelbaren* Notwendigkeit für die Auffassung einer einheitlichen gesetzmäßigen Erfahrung gelten die dynamischen Grundsätze nicht als konstitutive, sondern nur als regulative Grundsätze (KrV, A 180/ B 223) für die Anschauung, weil eben die Existenz etwas Positionelles ist und immer gegeben werden muss, deswegen ist Kant kein transzendentaler, sondern ein empirischer Realist.[30] Dies lässt jedoch das Problem der Einheit der Natur offen.

Teleologisch wird die Vernunft im Zusammenhang mit der Natur, wie im letzten Abschnitt gezeigt wird, erst angesehen, wenn man die letztere nicht nur aus mechanischer Sicht betrachtet, sondern, wenn sie einerseits im Zusammenspiel mit der (moralischen) Freiheit und anderseits mit ihrer tatsächlichen organischen Beschaffenheit betrachtet wird. Die KrV verlangt von den Prinzipien, die in der Natur herrschen, allgemeine Notwendigkeit. Demzufolge gibt es in ersterer scheinbar keinen Raum für das Zufällige, solange das Bedingte (Materielles) im Dasein von der „formalen" Natur abgesondert wird.[31] Das Zufällige tritt zwar in der zweiten Kritik auf, aber mit voller Relevanz erst in der KU.[32]

Das Faktum der Freiheit besagt unter anderem, dass der Mensch dazu fähig ist, die empirische Reihe der Ereignisse zu modifizieren. Das mag zunächst heißen, dass die allgemeine Notwendigkeit nur auf einen Teil der Natur zutrifft, aber nicht

---

29 Ich bediene mich nun der Unterscheidung zwischen Welt als mathematisches Ganzes und Natur als dynamisches Ganzes aus dem *System der kosmologischen Ideen*. Vgl. mit KrV A 418–420/ B 446–448

30 „Hätten wir diese Analogien dogmatisch, d. i. aus Begriffen, beweisen wollen […], so wäre alle Bemühung gänzlich vergeblich gewesen. Denn man kann von einem Gegenstande und dessen Dasein auf das Dasein des Andern, oder seine Art zu existieren, durch bloße Begriffe dieser Dinge gar nicht kommen, man mag dieselbe zergliedern, wie man wolle." (KrV, A 217/ B 264)

31 „Das Bedingte im Dasein überhaupt heißt zufällig, und das Unbedingte notwendig. Die unbedingte Notwendigkeit der Erscheinungen kann Naturnotwendigkeit heißen." (KrV, A419/B447)

32 Diese Unterscheidung beruht auf die von *natura formaliter spectata* und *natur materialiter spectata*.

auf das Ganze. Das öffnet den Weg für zwei zusätzliche Komplikationen; die eine aus der Perspektive des erkennenden Subjekts, und die andere aus der des moralischen Subjekts. Zum Einen muss man sich fragen, wie es dann möglich ist, dass die Welt stabil bleibt und die gewonnene Erkenntnis in die Zukunft projizierbar ist? Zum Anderen muss man sich fragen, wie es möglich ist, dass das Subjekt sowohl frei handeln als auch seine Zwecke in der Welt realisieren kann? Diese zwei Fragen sind existenziell, da sie sich mit dem lebendigen Subjekt befassen, d. i. mit der Anwendung und Verwirklichung der Prinzipien und wie dies alles in einem wechselseitigen Zusammenhang zwischen dem Subjekt und der Welt, Spontaneität und Gegebenheit bestehen kann. Mechanische Kausalität und freie Kausalität scheinen zwei Arten von Gesetzgebung für zwei verschiedenen Welten zu sein und eine kompatible Interaktion von beiden legislativen Instanzen verlangt noch nach einem Beweis. Von dieser Perspektive ausgehend gehe ich nun auf das Problem der Verbindung der beiden Gebiete ein.

Auf dem Weg zur Verbindung der Gebiete der Natur und der Freiheit

Die reflektierende Urteilskraft: das vermittelnde Vermögen

Laut Kant ist es in der KrV die Aufgabe der Urteilskraft, das Besondere unter das Allgemeine zu subsumieren (KrV, A 133/B172). Als transzendentale Urteilskraft ist sie das Vermögen des Subjektes, das den gegebenen allgemeinen Begriff einem besonderen Fall möglicher Anwendung zuordnet. Kant führt in der dritten *Kritik* eine neue Einteilung der Urteilskraft an, die in den zwei vorherigen *Kritiken* nicht zu finden ist: Er teilt sie in zwei Arten auf: (1) die bestimmende und (2) die reflektierende Urteilskraft. Die bestimmende Urteilskraft konstituiert Erkenntnis mittels gegebener Gesetze, die ihr entweder vom Verstand im theoretischen Bereich oder von der Vernunft im praktischen Bereich zur Subsumption angeboten werden. In diesem Fall geht sie heteronom vor (KU, AA 05: 179). Dagegen geht die reflektierende Urteilskraft autonom, oder besser gesagt *heautonom,* vor, weil sie sich selbst das Gesetz (ihr apriorisches Prinzip) zur Subsumption gibt. Dieses Prinzip der reflektierenden Urteilskraft ist die Zweckmäßigkeit und ist heautonom. Sie bestimmt keine Objekte oder Handlungen auf konstitutive, sondern nur auf regulative Weise und betrifft die Natur in ihrer empirischen Mannigfaltigkeit. Die reflektierende Urteilskraft kann mit ihrem Prinzip der Zweckmäßigkeit ästhetisch oder teleologisch verfahren.[33]

> Daß der Begriff einer Zweckmäßigkeit der Natur zu den transzendentalen Prinzipien gehöre kann man aus den Maximen der Urteilskraft, die der Naturforschung der Natur a priori zum Grunde gelegt werden [...] hinreichend ersehen. (KU, AA 5: 83)

Die Maximen der Urteilskraft für die Erforschung der Natur in ihrer Zufälligkeit sind: *lex parsimoniae, lex continui in natura* und *principia praeter necessitatem non sunt multiplicanda*. Dazu sagt Kant, dass die objektive (aber regulative) Notwendigkeit dieser Maximen darin liegt, „denn sie sagen nicht, was geschieht [...] und wie geurteilt wird, sondern *wie geurteilt werden soll*" (KU, AA 5:185; Herv. POA), damit die empirischen Gesetze der Natur ein System ausmachen können und so „aus gegebenen Wahrnehmungen einer allenfalls unendliche Mannigfaltigkeit empirischer Gesetze enthaltenden Natur eine zusammenhängende Erfahrung [...] machen" (ebd.).

> [...] so muss die Urteilskraft, die in Ansehung der Dinge unter möglichen (noch zu entdeckenden) empirischen Gesetzen bloß reflektierend ist, die Natur in Ansehung der letzteren nach einem Prinzip der Zweckmäßigkeit für unser Erkenntnisvermögen denken, welches dann in obigen Maximen der Urteilskraft ausgedrückt wird. (KU, AA 5:184)

---

33 Es ist ziemlich merkwürdig, dass eine der wichtigsten -wenn nicht die wichtigste in den letzten Jahren- der Teleologie bei Kant gewidmeten Monographien, nämlich: *The Teleology of Reason* (Courtney D. Fugate, 2014), die *Kritik der Urteilskraft* (obwohl nicht das ganze Buch, sondern nur das Schöne und „das Leben") in einem bloßen Exkurs (S. 337-359) am Ende eines Kapitels behandelt. Dieser Mangel an Emphase in Bezug auf die dritte *Kritik* bei der Behandlung der Teleologie zeigt zumindest, dass, obwohl die Idee der Teleologie für Fugate eine erweiterte, nicht nur für die Kritik der Urteilskraft relevante Konzeption innerhalb Kants Philosophie darstellt (mit welcher Auffassung ich völlig übereinstimme), das Gesagte in der *Teleologischen Urteilskraft* nicht besonders neu oder wesentlich ist, um die kritische Teleologie-Auffassung Kants für sein System zu begreifen (dem folge ich nicht). Dagegen sprechen P. Guyer (2005, S. 316-342) und J. Freudiger (1996, S. 423-435), von letzterem wird die *Kritik der teleologischen Urteilskraft* sogar als „die vierte Kritik" Kants Systems bezeichnet. Er behauptet, dass die Einheit der Vernunft „erstens in der Methodenlehre der *vierten Kritik* zu finden ist", wo Kant „zweitens darauf abzielt zu zeigen, daß Natur als auf denselben Endzweck hin geschaffen aufgefaßt werden muß, auf den hin Handlungen geboten sind und daß er drittens durchaus gelingt." (Freudiger 1996, S. 423)

Das Prinzip der Zweckmäßigkeit wird auch in zwei Arten eingeteilt: formell und materiell.[34] Gleichermaßen wird die formale Zweckmäßigkeit zweigeteilt in eine objektive und eine subjektive. Wenn die formale Zweckmäßigkeit im Zusammenhang mit dem Gefühl der Lust und Unlust steht, betrifft sie das Gefühl des Schönen und das des Erhabenen und ist subjektiv. Diese Beziehung macht die ästhetische Urteilskraft aus.

Die teleologische Urteilskraft korrespondiert auch mit dem Prinzip der materiellen Zweckmäßigkeit. Diese ist objektiv und wird auch in zwei Arten unterschieden: eine äußere und eine innere. Die äußere Zweckmäßigkeit wird in Bezug auf die Nützlichkeit eines Gegenstandes für etwas anderes definiert. Beispielsweise ist das Wasser oder die Beschaffenheit der Flüsse für die Ansiedlung menschlichen Lebens (oder des Lebens überhaupt) nötig. Aber das Wasser enthält „für sich selbst" keine zusätzliche Funktion. Hingegen wird die innere Zweckmäßigkeit durch den Vorzug der selbsttätigen Bildungskraft gegenüber den mechanischen Kräften definiert. Solche Eigenschaften besitzen die organischen Wesen, welche Kant als Naturzwecke bezeichnet. Von dem Prinzip der Bildungskraft werden wiederum drei andere abgeleitet: die Fortpflanzung der Gattung, die Selbstbildung des Individuums und die Selbsterhaltung seiner Teile. Die Organismen haben den Anschein, die Besonderheit zu haben, dass sich in ihnen Ganzes und Teile gemeinschaftlich und wechselseitig bestimmen. Somit ist ihr Zusammenstehen die Bedingung der Möglichkeit ihrer eigenen Beständigkeit. Diese Wesensart entspricht in sich einer „artikulierend-kollektiven" oder kurz „teleologischen" Einheit.

Die Frage wäre nun, ob dieses Prinzip der Zweckmäßigkeit auch zu der Einheit der theoretischen und praktischen Vernunft beitragen kann.

Dieser transzendentale Begriff einer Zweckmäßigkeit der Natur ist nun weder ein Naturbegriff, noch ein Freiheitsbegriff, weil er gar nichts dem Objekt (der Natur) beilegt, sondern nur die einzige Art, wie wir in der Reflexion über die Gegenstände der Natur

---

34 Giorgio Tonelli bewies in seinem Text *Von den verschiedenen Bedeutungen des Wortes Zweckmäßigkeit in der Kritik der Urteilskraft* (1958), wie vielfältig und mehrdeutig der Begriff der Zweckmäßigkeit innerhalb der dritten Kritik ist. Gleichzeitig zeigt er m. E. in seiner Forschung, dass man schnell in Schwierigkeiten gerät, sobald man mit der Einteilung „objektive" und „subjektive" Zweckmäßigkeit anfängt. Deshalb gehe ich von der Trennung „formell" und „materiell" aus und die Bezeichnungen „objektiv" und „subjektiv" nutze ich nur bei textimmanenten Problemen. Trotzdem gibt es noch eine weitere Schwierigkeit zu überwinden und zwar, dass das transzendentale Prinzip der Urteilskraft das Prinzip der formalen Zweckmäßigkeit ist, d. h. dass nur die ästhetische und nicht die teleologische Urteilskraft ein transzendentales Prinzip enthält. Dieses Problem wird hier leider offenbleiben.

in Absicht auf eine durchgängig zusammenhängende Erfahrung verfahren müssen, vorstellt, folglich ein subjektives Prinzip (Maxime) der Urteilskraft. (KU, AA 5:184)

Wie diese Passage zeigt, sollte die Unabhängigkeit von den Gesetzgebungen der Freiheit und der Natur ein wichtiges Kriterium der Eigentümlichkeit des Prinzips der Zweckmäßigkeit sein. Aber im §75 der KU behauptet Kant, dass der Begriff einer objektiven Zweckmäßigkeit der Natur ein kritisches Prinzip der Vernunft für die reflektierende Urteilskraft darstellt. Dies würde bedeuten, dass es nicht mehr um ein *heautonomes* Prinzip der Urteilskraft geht, wie Kant noch in der Einleitung der KU anführte, sondern dass es sich bei der reflektierenden Beurteilung der empirisch organisierten Natur um ein Auferlegen seitens der Vernunft handelt. Sollte es so sein, dann ergäben sich mehrere Probleme bezüglich des Status der reflektierenden Urteilskraft als Bestandteil der oberen Vermögen des Gemüts und der Erklärung der Entstehung einer Antinomie der teleologischen Urteilskraft. Denn laut §69 ist es eine ihrer wesentlichen Voraussetzungen, autonom zu sein, und nicht durch ein aus dem konstitutiven Gebrauch des Verstandes oder der Vernunft gegebenes Prinzip zu urteilen.[35] Wenn nicht in dieser Richtung gedacht werden soll, dann bedeutet die „Heautonomie" des Prinzip der Zweckmäßigkeit etwas anderes und hängt nicht von der „Autonomie des Prinzips" ab. Zugleich könnte diese Schwierigkeit eine Lösung für das Problem der Einheit darstellen.[36] Wie ist dies zu verstehen? Gehört das Prinzip der Zweckmäßigkeit eigentlich zur Vernunft und gar nicht zur reflektierenden Urteilskraft?

---

35 Laut dem, was Kant in § 69 sagt, würde ein Streit zwischen zwei verschiedenen Gesetzgebungen in der bestimmenden Urteilskraft keine eigentliche Antinomie darstellen. Denn die Prinzipien dieser Gesetzgebungen stammen nicht von ihr in ihrer autonomen Tätigkeit ab, sondern das Gegenteil ist der Fall: Jene sind dank dem Einfluss eines anderen Vermögens erreicht, sei es der Vernunft in ihrem praktischen Gebrauch oder des Verstandes in seinem spekulativen Gebrauch in Hinsicht auf eine mögliche Erkenntnis. Da sie nicht nomothetisch ist, kann sie mit sich selbst nicht „in Uneinigkeit (wenigstens den Principien nach) geraten" (KU, AA 5:385).

36 Nicht nur bei der Lösung des Problems der Einheit der Vernunft könnte diese Schwierigkeit helfen, sondern auch bei der Definierung des Status der formalen Zweckmäßigkeit als das echte (und einzige) Prinzip a priori der reflektierenden Urteilskraft. Sollten wir diese Perspektive einnehmen, dann gäbe es keine wirkliche Antinomie der teleologischen Urteilskraft und sie würde auf den bloßen Schein einer solchen reduziert.

Einheit und System der Vernunft als Philosophie

Sollte die Vernunft überhaupt eine Einheit sein, wären ihre Gesetzgebungen nicht widersprüchlich. Der Gewinn einer einheitlichen Konzeption wäre die Vereinbarkeit der Gesetzgebung, dies entspräche der bereits genannten moderaten dualistischen Interpretation. Die Welt des Subjekts besteht mindestens aus zwei Elementen: Natur und Freiheit. Wenn diese zwei Teile eine Einheit ausmachen sollten, was für eine Einheit wäre das? Wenn sie eine mathematisch=distributive Einheit wäre, wo jeder Teil unabhängig vom anderen bestehen könnte und nur ein Aggregat im Ganzen ausmachte, wäre anzunehmen, erstens, dass ohne einen Teil (z. B. Freiheit) der andere Teil (Natur) weiter bestehen dürfte; zweitens, dass es ein erstes homogenisierendes Prinzip gäbe, das die Teile zusammensetzte. Dies alles bezieht sich auf meine erste Annäherung an das Problem durch Reinholds Kritik oder Heideggers Wurzelthese, d. i. auf die Frage, ob die Lösung in einem oberen oder gemeinschaftlichem Prinzip liegt, woran das ganze System hängt oder wovon das ganze System abgeleitet wird.

Entweder ist das System der Vernunft ein mathematisches und es gibt ein axiomatisches Prinzip, von welchem alle restlichen Prinzipien abgeleitet werden, oder eben nicht. Wenn nicht, was ist dann unter System zu verstehen? In der *Disziplin der reinen Vernunft* sagt Kant ausdrücklich, dass die Philosophie nicht aus Axiomen bestehen kann, da ihre Gewissheit wie in der Mathematik nicht unmittelbar per Konstruktion, sondern nur *akroamatisch* (diskursiv) durch Begriffe bewiesen werden kann (KrV, A732/B760 und A735/B763). Dadurch wird die Möglichkeit, das System der Vernunft als eine distributive Einheit zu betrachten, versagt. Sollte die Vernunft doch noch eine Einheit ausmachen, müsste sodann gefragt werden, welche andere Art von Einheit in Frage käme. Eine kollektiv-artikulierende (teleologische) Einheit wäre eine andere Option. Aber bevor diese Möglichkeit im nächsten Abschnitt dieses Textes dargestellt wird, muss kurz auf die Notion der eigenen Philosophie Kants zurückverwiesen werden.

Die Philosophie Kants ist eher eine Untersuchung der Vernunft. Dieser Genitiv (Untersuchung der Vernunft) muss als subjektiver und objektiver Genitiv verstanden werden. Die Vernunft selbst entfaltet sich gezielt in ihrer mannigfaltigen Ganzheit und die Erfahrung ist ihr Probierstein zur Erkenntnis der Natur, natürlich nach der Doktrin der Idealität von Raum und Zeit und der Deduktion der Kategorien, im Rahmen des von der Kritik angeführten Programms.

> Gleichwohl kann die Methode [der Vernunft] immer *systematisch* sein. Denn unsere Vernunft (subjektiv) ist selbst ein System, aber in ihrem reinen Gebrauche, vermittelst bloßer Begriffe, nur ein System der Nachforschung nach Grundsätze der Einheit, zu welcher Erfahrung allein den Stoff hergeben kann. (KrV, A738/ B766)

Darauf bezugnehmend lässt sich fragen, ob die Vernunft von sich selbst Erkenntnis haben kann oder anders ausgedrückt, ob die von der Kritik hervorgebrachte
Leistung bzgl. der Bedingungen der Möglichkeit der Erkenntnis der Natur nicht
die Erkenntnis von der Vernunft selbst sei. Allen Erkenntnissen wird Wahrheit
zugeschrieben, sonst sind sie keine Erkenntnisse.[37] Wenn Wahrheit also durch die
Übereinstimmung von einem Begriff und seinem Objekt definiert wird, dann muss
gefragt werden, welches das passende Objekt zu diesem Begriff sein soll. Wenn die
Vernunft das Objekt ist, was ist dann ihr Begriff? Ist es doch die Kritik?

Eine Zwischenlösung wäre, die Kritik nicht als Erkenntnis der Vernunft zu
betrachten, sondern als eine bloße Rechtfertigung unserer Erkenntnisarten. Das ist
eine der gängigen Interpretationen in der Kant-Literatur.[38] Trotzdem bleibt offen,
ob die *Kritiken* schon dem System der Philosophie entsprechen oder nicht. Kant
behauptet an mehreren Stellen in den drei *Kritiken*, dass sie nicht dem System der
Philosophie, sondern einer Propädeutik zur Doktrin des Systems der Philosophie
entsprechen.[39] Aber in einer auf den 7. August 1799 datierten, öffentlichen Erklärung in Beziehung auf Fichtes *Wissenschaftslehre* behauptet Kant das Gegenteil:

> Hierbey muß ich noch bemerken, daß die Anmaßung, mir die Absicht unterzuschieben:
> ich habe bloß eine Proprädevtik zur Transscendental Philosophie, nicht das System
> dieser Philosophie selbst, liefern wollen, mir unbegreiflich ist. Es hat mir eine solche
> Absicht nie in Gedanken kommen können, da ich selbst das vollendete Ganze der
> reinen Philosophie in der Crit. der r. V. für das beste Merkmal der Wahrheit dersel-
> ben gepriesen habe […] so erkläre ich hiermit nochmals, daß die Critik allerdings
> nach dem Buchstaben zu verstehen, und bloß aus dem Standpunkte des gemeinen
> nur zu solchen abstracten Untersuchungen hinlänglich cultivirten Verstandes zu
> betrachten ist. (AA 12:370)

Nach dieser Feststellung gegen die „Anmaßung" zur Vollendung der kritischen
Philosophie seitens Fichte sagt Kant, es sei besser sich vor denen zu hüten, die
meinen, Freunde der kritischen Philosophie zu sein, und fährt wie folgt fort:

---

37 Zur Wahrheitsdefinition hier: KrV, A 58/B82; A 158/B197; A 191/B236; A 237/B296; A
    643/B671; A 820/B848

38 Etwa Peter König argumentiert gegen die übliche Richtung: „Kant definiert die Philosophie
    als den Inbegriff aller Vernunfterkenntnis aus Begriffen und betont gleichzeitig, dass
    die reine Vernunft in der Philosophie nur mit sich selbst zu tun habe. Die Philosophie
    ist insofern eine *Selbsterkenntnis* der Vernunft." (König 2001, S. 41–42)

39 „So können wir eine Wissenschaft der bloßen Beurteilung der reinen Vernunft, ihrer
    Quellen und Grenzen, als die Propädeutik zum System der reinen Vernunft ansehen."
    (KrV, B25; vgl. auch KrV, A841/B869; KU, AA 05: 194, u. a.)

> Aber demungeachtet muß die kritische Philosophie sich durch ihre unaufhaltba-
> re Tendenz zu Befriedigung der Vernunft in theoretischer sowohl als moralisch
> praktischer Absicht überzeugt fühlen, daß ihr kein Wechsel der Meynungen, keine
> Nachbesserungen oder ein anders geformtes Lehrgebäude bevorstehe, sondern das
> System der Critik auf einer völlig gesicherten Grundlage ruhend, auf immer befes-
> tigt, und auch für alle künftige Zeitalter zu den höchsten Zwecken der Menschheit
> unentbehrlich sey. (AA 12:371)

In dieser öffentlichen Erklärung sagt Kant zweifellos, dass die Kritik das System
der reinen (transzendentalen) Vernunft ist. Ein Vorschlag, um diesem Widerspruch
zu entgehen, wäre: Wenn die Philosophie mit der alten Metaphysik gleichgesetzt
wird, dann ist die Kritik keine Philosophie, sondern eine Propädeutik. Aber wenn
die Philosophie die Erkenntnis der Grenzen und Tragweite der Vernunft sein soll,
kann die Kritik nichts anderes als das System der Philosophie sein. Letzten Endes
bleibt dieser Punkt in der Kant-Literatur umstritten. Nun lässt sich fragen, welche
die Grundlage sei, worauf sich das System stützt, das *„auf immer befestigt, und auch
für alle künftige Zeitalter zu den höchsten Zwecken der Menschheit unentbehrlich
sey"* (ebd.).

Rückkehr zum Anfang

Die Ausübung der Vernunft, wie sie bisher kurz beschrieben wurde, richtet sich
sowohl in ihrem theoretischen als auch in ihrem praktischen Gebrauch nach
dem Unbedingten, d.h. nach dem, was über die Erscheinungsbestimmungen
hinausgeht. Einerseits schreibt sie bei der theoretischen Erkenntnis die Idee einer
Totalität des Systems der Natur vor, dies jedoch nur zur Regulierung der Tätigkeit
des Verstandes. Andererseits postuliert sie die Idee des höchsten Gutes zum System
der Freiheit, damit das moralische Realisieren der Handlungen bestimmt werden
kann. Diese zwei Ausübungen der Vernunft scheinen nach demselben Zweck zu
streben, nämlich: eine systematische Einheit bezüglich ihrer selbst zu schaffen.[40]
   Es bietet sich an einige Passagen der KrV zu zitieren, um einzuschätzen, in
welche Richtung sich diese Ausübung der Vernunft entfaltet.

---

40 „Der Richtung weisende und Orientierung bietende Charakter der auf selbstbestimmte
    Handlung ausgerichteten Vernunft macht es auf diese Weise möglich, die Gesamtheit
    der verschiedenen intellektuellen Fähigkeiten nach der Analogie mit einem Organismus
    als eine praktisch zweckgerichtete, systematische Einheit zu verstehen. Die Einheit,
    nach der die Vernunft im engeren Sinne in ihren Handlungen strebt, wird so auf das
    Vernunftganze übertragen." (Breitenbach 2009, S. 96)

Die Sittlichkeit an sich selbst macht ein System aus, aber nicht die Glückseligkeit, außer, sofern sie der Moralität genau angemessen ausgeteilt ist. Dieses aber ist nur möglich in der intelligiblen Welt, unter einem weisen Urheber und Regierer. (KrV, A812/B840).

Dazu sagt Kant, dass dieses Wesen nötig ist, um die moralischen Gesetze als Gebote anzusehen. Die Verheißung eines künftigen Lebens und die Hoffnung darauf, der Glückseligkeit würdig zu sein, spielen eine wichtige Rolle bei der „Motivation" zu einer moralischen Handlung.[41]

Dieses [Verheißung und Drohung] können sie [die moralischen Gesetze] aber auch nicht tun, wo sie nicht in einem notwendigen Wesen, als dem höchsten Gut liegen, welches eine solche zweckmäßige Einheit allein möglich machen kann. (ebd.)

In diesen Passagen der KrV ist eindeutig, dass das höchste Gut die Funktion einer zweckmäßigen Einheit hat:

Ohne also einen Gott, und eine für uns jetzt nicht sichtbare, aber gehoffte Welt, sind die herrlichen Ideen der Sittlichkeit zwar Gegenstände des Beifalls und der Bewunderung, aber nicht Triebfedern des Vorsatzes und der Ausübung, weil sie nicht den ganzen Zweck, der einem jeden vernünftigen Wesen natürlich und durch eben dieselbe reine Vernunft a priori bestimmt und notwendig ist, erfüllen. (KrV A813/B841)

Die Frage ist nun, ob diese zweckmäßige Einheit namens Gott (und erhoffter unsichtbarer Welt) sich nur auf das Moralische beschränkt oder ob sie darüber hinaus geht und die Garantie für alle anderen Bereiche der Vernunft ist. Dazu sollte noch gefragt werden, ob diese Absicht der Vernunft zum Unbedingten in jeder ihrer Gebrauchsarten ausreicht, um einen Übergang zwischen den Gebieten des Sinnlichen und des Übersinnlichen zu garantieren. Die Möglichkeit eines wechselseitigen Überganges scheint es jedenfalls nicht zu geben. Zumindest gibt es keinen Grund zur Annahme, dass die Naturgesetze irgendeinen Einfluss auf die Moralgesetze hätten. Sollte ein Übergang möglich sein, dann müsste er vom Praktischen zum Theoretischen führen.

---

41 Es ist zu beachten, dass die Motive des moralischen Handelns in der *Kritik der praktischen Vernunft* nichts mit der Verheißung eines künfitges Lebens und der Hoffnung glückselig zu sein, zu tun haben (wenn, dann nur hypotetisch und nicht kategorisch). Wie schon erwähnt wurde, versucht Kant in der Analytik der KpV zu zeigen, dass „der Mensch aus Pflicht und durch das Gefühl der Achtung vor dem moralischen Gesetz zum Handeln motiviert werden kann". Siehe in dieser Artikel 1. a.

Also muß es doch einen Grund der *Einheit* des Übersinnlichen, welches der Natur zum Grunde liegt, mit dem, was der Freiheitsbegriff praktisch enthält, geben, wovon der Begriff, wenn er gleich weder theoretisch noch praktisch zu einem Erkenntnisse desselben gelangt, mithin kein eigentümliches Gebiet hat, dennoch den Übergang von der Denkungsart nach den Prinzipien der einen, zu der nach Prinzipien der anderen, möglich macht. (KU, AA 5:176)

Die Aufgabe, den Grund der Einheit des Übersinnlichen innerhalb der gesamten Struktur der Erkenntniskräfte zu finden, wird von der reflektierenden Urteilskraft mittels des Prinzips der Zweckmäßigkeit der Natur geleistet. Das vorherige Zitat bezieht sich direkt auf einen intelligiblen Grund zur Verbindung zweier verschiedener Kausalitäten. In der *KU* wird damit an die Idee eines intuitiven Verstandes als heuristischem Prinzip appelliert, welcher, anders als unserer, vom Ganzen zum Teil und nicht vom Teil zum Ganzen verfährt.[42] Solche Vorstellung würde bei der Kompatibilität dieser zwei Gesetzgebungsarten helfen, soweit der intuitive Verstand als heuristisches Prinzip gilt und ihm keine Realität zugeschrieben wird.

Alles, was in der Natur unserer Kräfte gegründet ist, muss zweckmäßig und mit dem richtigen Gebrauche derselben einstimmig sein, wenn wir nur einen gewissen Mißverstand verhüten und die eigentliche Richtung derselben ausfindig machen können. (KrV, A643/B671)

Der Gebrauch der Ideen entscheidet über ihre Richtigkeit. Die Zweckmäßigkeit ist ein Kriterium zur Begründung des Charakters unserer Kräfte und scheint ein Prinzip der Vernunft zu sein.

Die Vernunft hat also eigentlich nur den Verstand und dessen zweckmäßige Anstellung zum Gegenstande, und wie dieser das Mannigfaltige im Objekt durch Begriffe vereinigt, so vereinigt jene ihrerseits das Mannigfaltige der Begriffe durch Ideen, indem sie eine gewisse kollektive Einheit zum Ziele der Verstandeshandlungen setzt, welche sonst nur mit der distributiven Einheit beschäftigt sind. (KrV, A 644/B672)

---

42 Vgl. mit §77 der KU: „Nun können wir uns aber auch einen Verstand denken, der, weil er nicht wie der unsrige diskursiv, sondern intuitiv ist, vom Synthetisch-Allgemeinen (der Anschauung eines Ganzen, als eines solchen) zum Besondern geht, d. i. vom Ganzen zu den Teilen; der also und dessen Vorstellung des Ganzen die Zufälligkeit der Verbindung der Teile nicht in sich enthält, um eine bestimmte Form des Ganzen möglich zu machen, die unser Verstand bedarf, welcher von den Teilen, als allgemein-gedachten Gründen, zu verschiedenen darunter zu subsumierenden möglichen Formen, als Folgen, fortgehen muß. Nach der Beschaffenheit unseres Verstandes ist hingegen ein reales Ganze der Natur nur als Wirkung der konkurrierenden bewegenden Kräfte der Teile anzusehen." (KU, AA 5:407)

Der hypothetische Gebrauch der theoretischen Vernunft wird durch die Annahme eines allgemeinen Prinzips (zur Systematisierung der Natur) charakterisiert, das trotz seiner nicht erkennbaren Objektivität als wahr gilt. Das Besondere kann aus dieser allgemeinen Regel geschlossen werden, sobald deutlich wird, dass das Besondere sich zu dieser Regel auf zweckmäßige Weise verhält. Erst dann lässt sich die Regel verallgemeinern. Diese Art der Anwendung der Regeln entspricht dem regulativen Gebrauch der Vernunftideen. Das Ziel dieser Anwendung ist dabei das gleiche wie das Ziel der Anwendung der Maximen der reflektierenden Urteilskraft auf die empirische Natur. Es gilt die Natur zu systematisieren. Der größte Unterschied zwischen den beiden Maximen ist die Richtung der Anwendung des Prinzips. Während die Vernunft deduktiv vorgeht, geht die Urteilskraft induktiv vor. Während die Vernunft Maximen zur Organisation des Systems der Natur vorschreibt, versucht die Urteilskraft mit diesen Maximen in der Erforschung der empirischen Natur voranzukommen.

Sowohl die Vernunft als auch die Urteilskraft leiten den Verstandesgebrauch in der Erkenntnis der Natur. Beide Arten der Maximen haben zwar keinen konstitutiven, aber immerhin einen objektiven, wenn auch regulativen Status. Sie strukturieren, wie die Natur in ihrer Spezifikation erforscht und gedacht werden soll. Beide setzen die Idee eines Systems voraus, während die Idee eines Systems die Idee einer Einheit voraussetzt. Jeder Teil soll zum Ganzen beitragen, aber das Ganze als solches ist die Bedingung aller Teile.

> Diese Vernunfteinheit setzt jederzeit eine Idee voraus, nämlich die von der Form eines Ganzen der Erkenntnis, welches vor der bestimmten Erkenntnis der Teile vorhergeht und die Bedingungen enthält, jedem Teile seine Stelle und Verhältnis zu den übrigen a priori zu bestimmen. (KrV, A 646/B674)

Was die Vernunft mit den Begriffen des Verstandes als Vereinigungsprinzip macht, ist dieselbe Leistung, die sie in allen Bereichen hervorbringt. Das Ganze wird vorausgesetzt und alle Teile werden a priori bestimmt, wobei die Teile kein bloßes Aggregat darstellen. Auf diese Weise bildet die Vernunft eine kollektiv-artikulierende Einheit.

Im Anschluss an die zu anfangs gestellte Frage und nachdem nun alle Elemente aufgeführt wurden, lässt sich nun erörtern, was mit der teleologischen Einheit der Vernunft eigentlich gemeint ist. Folgt aus dieser Einheit, dass die theoretische und praktische Vernunft insofern vereint sind, als sich beide nach Zwecken orientieren? Bedeutet es, dass die Struktur der Vernunft an sich teleologisch ist? Und was impliziert diese teleologische Struktur? Die zwei ersten Fragen können bejaht werden. Die teleologische Einheit besagt, dass die Vernunft, indem sie das Unbedingte verlangt, gleichzeitig nach einem Zweck verlangt, der das Absolute erfüllt.

Die theoretische Vernunft setzt systematische Einheit voraus. Letztere wird weder gegeben noch abgeleitet, sie ist nur eine notwendige Annahme für die Erforschung der Natur. Die Natur ist im theoretischen Gebrauch der Vernunft das Objekt, welches uns einerseits zur Auffassung eines moralischen Urhebers ihrer selbst bringt, damit sich unsere Sittenzwecke in einer mechanischen Welt realisieren können. Andererseits ist es die Natur in ihrer Tatsächlichkeit, die uns zur Auffassung eines intelligenten Urhebers ihrer selbst bringt. Dieser wiederum erlaubt es uns, die Kompatibilität zwischen mechanischen und finalen Gesetzen für die Erklärung der organisierten Wesen zu erfassen und dadurch ihre „Tauglichkeit" für unsere Erkenntniskräfte als Naturzwecke zu erkennen. Die Systematik der Natur ist eine notwendige Annahme um die Natur in ihrer unendlichen Mannigfaltigkeit als ein kohärentes Erfahrungsgefüge zu betrachten.

Das Gottespostulat, sei es in Form eines intuitiven Verstandes oder in Form eines Endzwecks, erlaubt es uns, die Idee der Übereinstimmung zwischen den Gesetzen der Natur und der Freiheit zu denken.[43]

Was Kant also sowohl in der ersten, als auch in der zweiten und dritten Kritik leistet, ist uns zu zeigen, dass das Bedürfnis der Einheit aus unserer Vernunft selbst kommt. Dies ist die Leistung der kritischen Philosophie, Bewusstsein bezüglich einer ständigen Subreption zwischen dem Objekt (Natur) und dem Subjekt (Vernunft) zu schaffen.

> Aber diese systematische Einheit der Zwecke in dieser Welt der Intelligenzen, welche, obzwar, als bloße Natur, nur Sinnenwelt, als ein System der Freiheit aber intelligibele, d. i. moralische Welt (regnum gratiae) genannt werden kann, führt unausbleiblich auch auf die zweckmäßige Einheit aller Dinge, die dieses große Ganze ausmachen, nach allgemeinen Naturgesetzen, so wie die erstere nach allgemeinen und notwendigen Sittengesetzen, und vereinigt die praktische Vernunft mit der spekulativen. (KrV, A816/B844)

Die teleologische Einheit der Vernunft scheint nichts anderes zu sein als die gleichzeitige Spezifikation, Affinität und Einheit ihrer selbst und ihres Objekts.

---

43 Vgl mit Angela Breitenbach: „Theoretische und praktische Vernunft bilden eine Einheit, da das Interesse der theoretischen letztlich auf das der praktischen Vernunft hinausläuft." (Breitenbach 2009, S. 95)

Schlussworte

In der Kant-Literatur wird die Frage nach der Systematik der Vernunft zumindest auf zwei Weisen kritisch beantwortet: Erstens, indem der selbstbestimmende Charakter der Vernunft (wie etwa O'Neill, Hutter u. a.) betont wird und die theoretische Vernunft unter der praktischen Vernunft subordiniert wird und zweitens, indem ihr zweckmäßiger (etwa Henrich, Dörflinger, Düsing, Guyer, Fugate, Neiman, Allison, Freudiger, Kleingeld u. a.) Charakter betont wird. Beide Emphasen korrespondieren miteinander, insofern die Vernunft in Analogie zu einem Organismus (wie Breitenbach schlüssig zeigt) gedacht wird. Die teleologische Bestimmung der Struktur der Vernunft ist keineswegs eine neue Idee bzgl. des kantischen Systems, aber immerhin ist sie meines Erachtens eine zentrale Auffassung der kantischen Philosophie. In meinem Artikel habe ich einen einfachen Weg eingeschlagen, auf dem sich bei allen hier dargestellten Problemen die zweckmäßige Struktur der Vernunft widerspiegelt. Denn sowohl die Frage nach der Systematik der Vernunft als auch die nach der Einheit des theoretischen mit dem praktischen Gebrauch derselben tragen eine teleologische Forderung in sich. Diese Fragen verlangen nach der Bestimmung jedes einzelnen Teils eines Ganzen. Solche Bestimmung ist die Funktion eines Teils in Bezug auf das Ganze. Dies hat eine nach Zwecken orientierte Erklärungsweise zur Folge, da eine Funktion die Erfüllung eines Zwecks beinhaltet. Nun frage ich zum letzten Mal, auf welchen Zweck zielen die theoretische und die praktische Vernunft ab? Dieser Zweck der Vernunft ist das Unbedingte, sei es in ihrer praktischen oder theoretischen Form. Aber vom Unbedingten wissen wir nichts, das können wir nicht bestimmen. Was wir davon wissen ist allein, dass die Vernunft nach ihm strebt. Demzufolge ist die Vernunft das Vermögen, von welchem wir wissen, dass sie nach dem Unbedingten verlangt. Das Wissen dieses Verlangens wurde von Kant nach einer kritischen Untersuchung der Vernunft durch dieselbe Vernunft vermittelt, wo ihre Anmaßungen identifiziert, differenziert und zu ihrem richtigen Gebrauch organisiert wurden. Diese Untersuchung der Vernunft wird durch ihre innere Spezifikation (Analysis ihrer Teile), Affinität (Übergang vom einen zum anderen) und Einheit (Synthese aller Teile) mit sich selbst ermöglicht. Kants Bemühungen in seiner kritischen Philosophie zielen darauf ab, uns aufmerksam zu machen, auf eine gefährliche aber dennoch unentbehrliche Subreption seitens der Vernunft und ihres Objekts, sogar wenn dieses Objekt dieselbe Vernunft ist.

Literatur

Allison, H. 1995. The Gulf between Nature and Freedom and Nature Guarantee of Perpetual Peace. In *Proceedings of the Eighth International Kant Congress*. Ed. h. Robinson

Ameriks, K. 2001. Kant's Notion of Systematic Philosophy: Changes in the Second Critique and After. In *Architektonik und System in der Philosophie Kants*. H. F. Fulda/ J. Stolzenberg (Hrsg.). Hamburg: Meiner

Breitenbach, A. 2009. *Die Analogie von Vernunft und Natur*. Berlin/New York: Walther de Gruyter.

Cassirer, E. 1931. Kant und das Problem der Metaphysik. In *Kant-Studien*, 36 (1-2), pp. 1-26. Berlin/New York: Walther de Gruyter

Förster, E. 1993. *Immanuel Kant: Opus Postumum*. Cambridge: Cambridge University Press

Freudiger, J. 1996. Kants Schlußstein. Wie die Teleologie die Einheit der Vernunft stiftet. In *Kant-Studien*, 36 (1-2), pp. 423-435. Berlin/New York: Walther de Gruyter

Fugate, C. 2014. *The Teleology of Reason*. Berlin/New York: Walther de Gruyter

Guyer, P. 2005. *Kants System of Nature and Freedom*. Oxford: Oxford University Press

Heidegger, M. 1929. *Kant und das Problem der Metaphysik*. Gesamtausgabe, Band 3. Frankfurt am Main: Vittorio Klostermann

Henrich, D. 1955. Über die Einheit der Subjektitvität. In *Philosophische Rundschau*, 3 (1-2), pp. 28-69. Tübingen: Mohr Siebeck

Hiltscher, R. 1987. *Kant und das Problem der Einheit der endlichen Vernunft*. Würzburg: Königshausen & Neumann

Kant, I. 1900ff. *Gesammelte Schriften* Hrsg.: Bd. 1–22 Preußische Akademie der Wissenschaften, Bd. 23 Deutsche Akademie der Wissenschaften zu Berlin, ab Bd. 24 Akademie der Wissenschaften zu Göttingen. Berlin.

Konhardt, K. 1979. *Die Einheit der Vernunft. Zum Verhältnis von theoretischer und praktischer Vernunft in der Philosophie Immanuel Kants*. Heidelberg: Forum Academicum,

König, P. 2001. Die Selbsterkenntnis der Vernunft und das wahre System der Philosophie bei Kant. In *Architektonik und System in der Philosophie Kants*. H. F. Fulda/ J. Stolzenberg (Hrsg.). Hamburg: Meiner

Neiman, S. 1994. *The Unity of Reason. Rereading Kant*. Oxford: Oxford University Press

O'Neill, O. 1989. *Constructions of Reason. Explorations of Kant's Practical Philosophy*. Cambridge: Cambridge University Press

Reinhold, C. L. 2003. *Beiträge zur Berichtigung bisheriger Mißverständnisse der Philosophie. Erster Band, das Fundament der Elementarphilosophie betreffend*. Fabbianelli, Faustino (Ed.). Hamburg: Felix Meiner

Schönecker, Dieter. 2005. *Kants Begriff transzendentaler und praktischer Freiheit, Kantstudien Ergänzungshefte 149*, Berlin: De Gruyter.

Tonelli, G. 1958. Von den verschiedenen Bedeutungen des Wortes Zweckmässigkeit in der Kritik der Urteilskraft. In *Kant-Studien*, 49(1-4), pp. 154-166.

Torreti, R. 2005. *Manuel Kant. Estudio de los fundamentos de la filosofía crítica*. Santiago de Chile: Ediciones Universidad Diego Portales

Tuschling, B. 2001. Übergang: Von der Revision zur Revolutionierung und Selbst-Aufhebung des Systems des transzendentalen Idealismus in Kants *Opus Postumum*. In *Architektonik und System in der Philosophie Kants*. H. F. Fulda/ J. Stolzenberg (Hrsg.). Hamburg: Meiner

Teil I
Systematik und Teleologie der Vernunft

Kapitel 2

Theoretische Vernunft und Naturwissenschaften

The Function of Natural Science for the Ends of Reason[1]

Brigitte Falkenburg

Abstract

As well known, the exact sciences served Kant as a model of metaphysical cognition. There is also an opposite relation between science and metaphysics, however, namely the teleology of reason, as expressed at the end of the *Critique of Pure Reason*. There, Kant claims that the sciences are ultimately subordinate to the essential ends of humanity "through the mediation of a rational cognition from mere concepts", i.e., metaphysical cognition. To understand this claim, it is crucial to follow the way in which his project of establishing a system of metaphysics with secure foundations transformed in the course of the critical turn. In my paper, I suggest that Kant's critical views about the physico-theological proof for the existence of God are the key for understanding the above teleology of reason. To shed more light on his claim about the sciences and the "essential ends" of reason, in addition I consider the *Dispute of the Faculties*.

Since the publication of the *Critique of Pure Reason (CPR)*, Kant passes for having put an end to metaphysics as a science of the ultimate questions. His attempts to unify science and philosophy, as well as to integrate the predominant opposing ways of thinking of his time, gave rise to his famous Copernican turn and his critique of reason. Many philosophers therefore regarded him as the destroyer of metaphysics. Moses Mendelssohn coined the expression of the "all-destroying Kant" in 1785 (Mendelssohn 1974), Vol. 3.2, p. 3), and since then the word "Alleszermalmer" has

---

1   This paper is a revised English version of (Falkenburg 2006b).

© Springer Fachmedien Wiesbaden GmbH, ein Teil von Springer Nature 2019
P. Órdenes und A. Pickhan (Hrsg.), *Teleologische Reflexion in Kants Philosophie*,
https://doi.org/10.1007/978-3-658-23694-6_5

made its way. However, there is a remarkable tension between this dictum and a text passage concerning the teleology of reason found at the end of the *CPR*:

> Mathematics, natural science, even the empirical knowledge of humankind, have a high value as means, for the most part to contingent but yet ultimately to necessary and essential ends of humanity, but only through the mediation of a rational cognition from mere concepts, which call it what one will, is really nothing but metaphysics (KrV A 850/ B 878).2

In the following, I will explain this claim and attempt to give it sense in the context of our days. To do so, I have to go back to Kant's pre-critical attempts at establishing a system of metaphysics, and to its collapse. What runs through his life's work from the very first writings to the *Opus Postumum*, is a tremendous effort to unify the disparate theories of natural science and philosophy of his time into a comprehensive philosophical system, or at least to shape the secure foundations of such a system. Natural science and metaphysics, Newtonian physics and Leibniz' principle of sufficient reason, the laws of mechanics and the organization of life, the empire of nature and the empire of freedom, the starred sky above me and the moral law inside me: how do they relate to each other?

In Kant's work, however, science and metaphysics are interrelated in many ways. One aspect of this complex interrelationship is the well-known point emphasized in 1787 (in the preface to the Second Edition of the *CPR*), that the exact sciences served him as a model and guideline for certain metaphysical cognition. The above quote expresses another, though absolutely opposed aspect: Mathematics, natural sciences and empirical anthropology are ultimately subordinate to the "necessary and essential" ends of human reason, which are metaphysical. What does Kant mean by that, *after* his critique of reason?

---

2   dt: „Mathematik, Naturwissenschaft, selbst die empirische Kenntnis des Menschen, haben einen hohen Wert als Mittel, größtenteils zu zufälligen, am Ende aber doch zu notwendigen und wesentlichen Zwecken der Menschheit, aber als denn nur durch Vermittlung einer Vernunfterkenntnis aus bloßen Begriffen, die, man mag sie benennen, wie man will, eigentlich nichts als Metaphysik ist." Even the most comprehensive study of Kant's teleology of reason (Fugate 2014) neglects this passage.

1 Metaphysics as an Architectural Enterprise

The context of the above quote is the chapter *The architectonic of pure reason*. There, Kant outlines what remained of the philosophical enterprise of a metaphysics, after his critique. For him, "architecture" means the "art of systems" (KrV A 832/ B 860). After more than 800 pages of epistemology and critique of reason, he is now concerned with the systematic construction of a philosophical doctrine that is finally more sustainable than those of his predecessors Aristotle, Descartes, or Christian Wolff. Despite the dictum of the "Alleszermalmer", the 1787 preface to the second edition of the *CPR* emphasizes that Kant's concern is to give metaphysics the "secure course of a science" (KrV B XVIII). The architectonics chapter takes this project up again in, by sketching the systematic outline of a metaphysics with secure epistemological foundations. The *CPR* should serve as propaedeutic, providing the foundations of the system of metaphysics outlined here.

Indeed, Kant did not even understand himself as a destroyer of metaphysics in the sense of smashing an old building in order to create space for a new one in its place. Rather, he believed that the monuments of his predecessors had all collapsed by themselves, due to having unstable foundations. From his critical point of view of 1781, this did not only hold for the metaphysical systems of Descartes, Leibniz or Wolff, but also for his own pre-critical approach to a unified metaphysics, cosmology and atomistic theory of matter, which he wanted to justify with his writings of the years 1755 and 1756. At this point, I have to go back to Kant's pre-critical work, as announced above.

The *New Elucidation of the First Principles of Metaphysical Cognition* (1755) attempted to make the bridge between Newton's physics and Leibniz' metaphysics. It constrained the scope of Leibniz' principle of sufficient reason in order to make it compatible with Newton's atomism; and it conceived a system of material monads that communicate indirectly through the omnipresence of God, suggesting a middle way between the physical interactions of Newton's atoms and Leibniz' windowless monads. The system should explain the interactions between body and soul and make Newton's absolute space superfluous. At the same time, it relied on an atomistic theory of matter. Kant had already presupposed atomism in *the Universal Natural History and Theory of the Heavens* (1755). There, he sketched the evolution of the solar system, the Milky Way and other galaxies, and indeed the universe as a whole, on the grounds of Newton's mechanics. In addition, he extrapolated this natural history by a physico-theological argument to the creation of the world by God.

The link between both writings was the *Physical Monadology* (1756), providing the required atomistic matter theory. There, Kant argued for a dynamic atomism, according to which the atoms are point-like centres of force. At the same time, he emphasized that his task of marrying metaphysics to geometry was more difficult than "to mate griffins with horses" (Mon Ph, AA 1:475). His task was to make geometry and metaphysics compatible, by explaining how spatially extended material things may emerge from point-like atoms or physical monads.

With these three writings, Kant had presented no more and no less than the foundations of a unified system of physics and metaphysics. In this way, he attempted to incorporate Newton's physics into the cosmology part of a metaphysical system in Wolff's style. He wanted to accomplish this integration by showing how the crucial principles of Newton's physics can be reconciled with the basic assumptions of rationalist metaphysics about God, the world and the soul. By doing so, he considered himself as a new Descartes, in repeated rhetoric twists of the pre-critical writings.[3] His goal was to renew philosophy in order to put an end to the metaphysical disputes of his time, as a century before Descartes had tried. Unlike his great predecessor, however, he did not work out a system of metaphysics all of his life.

Kant considered metaphysics as the science of the principles of human cognition, like Descartes (Descartes 1644, p. 211, *Author's Letter*.) and the Cartesian tradition. When he defended the "analytical method" as the correct method of metaphysics in his *Prize Essay* (1764), he precisely meant the variant of conceptual analysis he had employed as a method of justification in the *Physical Monadology* of 1756. Nevertheless, in the *Prize Essay* he emphasized that metaphysics "is without doubt the most difficult of all the things into which man has insight", and that "so far no metaphysics has ever been written" (DU, AA 2:283-4).[4]

In the eight years since 1756, he had indeed not gone to work out a system of metaphysics. Instead, from 1762 on, he broadened his critique of rationalist metaphysics by distinguishing "logical" and "real" reasons. Based on this distinction, in *The Only Possible Argument in Support of a Demonstration of the Existence of God* (1763) he criticized the traditional ontological proof of the existence of God, putting in its place, however, another quite obscure proof based on the principle of sufficient reason (BDG, AA 2:83-89).[5] Since the mid-1760s, he finally saw the previous foundations of his pre-critical metaphysics breaking down bit by bit. In 1766, he wrote the *Dreams of a Spirit-Seer*, attacking not only the enthusiastic writings

---

3   See, for example, NTH AA 1:228: „Man wird mich übrigens des Rechts nicht berauben, das Cartesius, als er die Bildung der Weltkörper aus blos mechanischen Gesetzen zu erklären wagte, bei billigen Richtern jederzeit genossen hat." Transl.: "Furthermore, I will not be deprived of the right that always enjoyed from fair judges when he dared to explain the formation of the heavenly bodies from purely mechanical laws."

4   dt: „Die Metaphysik ist ohne Zweifel die schwerste unter allen menschlichen Einsichten; allein es ist noch niemals eine geschrieben worden."

5   For a criticism of this proof, see e.g. (Schönfeld 2000, pp. 201-205).

of Swedenborg, but also his own 1755 theory of the interaction of body and soul, which opened the doors to spiritualism by admitting that disembodied souls may act upon material things. In 1768, he despaired of the question of how to distinguish between right-handed and left-handed worlds, on the grounds of a Leibnizean relational theory of space (see Falkenburg 2000, Chapter 3; Falkenburg 2006a). He had adopted relationalism since his very first writing but had never substantiated this theory of space. Now, he argued that it is untenable. This problem made not only his pre-critical cosmology and theory of space collapse, but also the analytical method as a reliable method of metaphysical justification (see Falkenburg 2000, Chapters 2–3; Falkenburg 2017). In the *Inaugural Dissertation* (1770), he developed the critical theory of space and time as a priori forms of intuition, in a first decisive step towards the *CPR*. At that time, however, he still believed that he could combine it with a metaphysics and cosmology in a rationalist style.

When he published the *Critique of Pure Reason* in 1781, after a silent period of eleven years, he however still had not abandoned his project of a systematic metaphysics. The Architectonics chapter as well as central passages of the "Transcendental Dialectic" show that he had critically modified, but not at all completely abandoned his pre-critical metaphysical ambitions. In this crucial concern, the followers of Kant did not take him sufficiently serious for a long time. Not only did Mendelssohn's dictum of the "all-destroying Kant" contribute to this neglect. Later, above all, the Marburg school of Neo-Kantianism supported this neglect by considering the "fact of science" as the sole object of Kant's theoretical philosophy and by reducing the *CPR* in constructivist terms to mere philosophy of science (see Falkenburg 2000, 310 pp.).[6]

Kant himself contributed to make such misinterpretations a success, too. The foundations of metaphysics established by the *CPR*, as sketched in the Architectonics chapter, give just rise to a modest construction. Thus far, Mendelssohn was right. All the traditional objects of 18th century metaphysics, i. e., the soul, the world and God, fall victim to Kant's critique. Given that they are non-empirical objects of pure reason, their concepts do not give rise to objective metaphysical cognition. This did not prevent Kant from dealing with them in the context of his metaphysics lectures, as part of his academic teaching responsibilities. There, he never missed to explain where they belong in a critical system of metaphysics. The notions of soul, world and God do not belong to the "immanent", but to the "transcendent" use of reason. That is to say, they are speculative ideas of reason without objective reality, and no more than hypothetical objects of our faith. As such, they only yield regulative principles for the extension of empirical knowledge.

---

6   The tendency towards this interpretation is already evident in (Cohen 1883).

The doctrine of the antinomies of pure reason is a crucial part of Kant's critical endeavour. It should show that our cognition can never be completed, neither immanently, within the framework of an empiricist or naturalistic worldview, nor transcendently, by extramundane causes or grounds of existence. In this way, Kant wanted to put an end to both skepticism as well as dogmatism.

After the critique of reason, only two sub-disciplines remained of Kant's projected system of metaphysics, as a stock of positive knowledge. The architectonics of pure reason has two parts: the metaphysics of nature and the metaphysics of morals. The former encompasses only the metaphysical foundations of "rational physics", the conceptual and nomological justification of mathematical physics. The latter includes ethics and philosophy of law. Both sub-disciplines of metaphysics are new in Kant's Architectonics, in contrast to the metaphysical systems of Kant's rationalist predecessors. In particular, they were not contained in the Wolff-Baumgarten system of metaphysics. Finally, the *Metaphysical Foundations of Natural Science* and the *Metaphysics of Morals* remained the only parts of the projected system of metaphysics that Kant carried out, after having worked for decades on the foundations. However, as the scientific revolutions of 20th century physics showed, the *Metaphysical Foundations of Natural Science* were also untenable. They did not offer the irrefutable foundation to Newtonian mechanics that Kant wanted to provide. For the metaphysics of nature (i. e., for the domain of theoretical philosophy and with regard to the question *What can I know?*), Kant's lifelong architectural efforts just gave rise to a series of repeatedly collapsing metaphysical constructions.

In the light of Kant's repeated futile metaphysical efforts, only the claims of practical reason seem to remain. Hence, concerning our introductory quotation the following suspicion arises. Does it just reduce to the claim that the particular sciences are subject to the ends of *practical* reason? The primacy of practical philosophy in Kant's critical system seems to suggest this view. A more accurate analysis of Kant's text shows, however, that the issue is not as simple.

2   The Essential Ends of Reason: An Interpretation

In the passage under consideration, Kant considers mathematics, natural science, and empirical anthropology as *means* to the *ends of humankind*. In doing so, he distinguishes *contingent ends* from *necessary and essential ends*. From Kant's point of view, the former belongs to human practice, involving technology and the applied sciences, let us say, from bridge construction to medicine. The distinction by itself suggests that Kant counts the "necessary and essential ends of humankind" to the domain of moral and ethics. We have to notice, however, that he does not speak of the final or ultimate purpose of reason here, which consists in felicity under the conditions of morals, that is, in the moral destiny of humankind.

Nor does it make any sense to assume that the use of science could *directly* serve to achieve moral ends, except as contingent technical means for such ends. Then again, however, it makes no sense to assume that for such a use of science a "mediation of a rational cognition from mere concepts" is necessary, i. e., metaphysics. Rather, we may read the passage as a hint to the problem that later becomes subject to the *Critique of the Power of Judgment*, namely: How do the kingdom of nature and the kingdom of freedom actually relate to each other? Or, how can theoretical reason make certain that practical reason is actually able to realize its intentions, under natural conditions? Nevertheless, we have to be aware that in 1781, Kant was still a long way from dealing with this problem.

In fact, the *Architectonics Chapter* itself provides information about what he means by the "necessary and essential ends of humankind". There, he explains the *cosmopolitan concept (Weltbegriff)* of philosophy that is directed towards the essential ends of human reason:

> From this point of view philosophy is the science of the relation of all cognition to the essential ends of human reason (*teleologia rationis humanae*), and the philosopher is not an artist of reason but the legislator of human reason. (KrV A 839/ B 867)[7]

The "essential ends" in question therefore have to do with the fact that reason gives itself its own laws and does not depend on authority. These laws rest on the autonomy of human reason as an educational ideal of enlightenment. According to Kant's further explanations, philosophy is divided into "propaedeutic" or critique (this includes the *CPR*), and the "system of pure reason" or metaphysics, whereby metaphysics encompasses "the whole (true as well as apparent) philosophical cognition from pure reason in systematic interconnection" (KrV A 841/ B 869)[8]. Theoretical reason is obviously only legislative in the field of true cognition, which

---

7   dt.: „In dieser Absicht ist die Philosophie die Wissenschaft von der Beziehung aller Erkenntnis auf die wesentlichen Zwecke der menschlichen Vernunft (teleologia rationis humane), und der Philosoph ist nicht ein Vernunftkünstler, sondern ein Gesetzgeber der menschlichen Vernunft."

8   dt.: „Die Philosophie der reinen Vernunft ist nun entweder Propädeutik (Vorübung), welche das Vermögen der Vernunft in Ansehung aller reinen Erkenntniß a priori untersucht, und heißt Kritik, oder zweitens das System der reinen Vernunft (Wissenschaft), die ganze (wahre sowohl als scheinbare) philosophische Erkenntniß aus reiner Vernunft im systematischem Zusammenhange, und heißt Metaphysik […]."

does not fall prey to criticism. The central task, or in Kant's parlance, the "essential end" of the *CPR* is apparently to delimit this area precisely. In the *Architectonics Chapter*, Kant himself also makes remarks about what the "essential purposes" of reason are. As he then explains, they are either the "final purpose" of reason, i. e., the above-mentioned moral ends of humankind, or "subalternate ends, which necessarily belong to the former as means" (KrV A 840/B 868)[9].

Now we have everything we need to understand the relationship that Kant sees between the particular sciences and the "essential ends of humankind". Mathematics, natural science and empirical anthropology either serve as means for the moral destiny of man in the sense of felicity, which relates to the ideal of the supreme good and to the hopes of pure reason; or they serve as a means of secondary ends, which in turn are necessarily subordinate to this "final end". I have already emphasized that a *direct* relationship between the particular sciences and the "ultimate end" of humankind is not very plausible. Thus, the way in which the particular sciences relate to those ends of human reason, which in turn are necessary and essentially related to the final moral end, must be *indirect*. What ends can be involved here, for Kant? The writing on the *Dispute of the Faculties* suggests that this must be the *search for truth*, which among other things includes the critique of reason. However, Kant wrote this text only about one and a half decades after the *CPR*, and in a completely different context. Furthermore, it makes little sense to see mathematics and the empirical natural sciences in the service of the critique of reason. According to the first *Critique*, with which we are dealing here, Kant can only mean the highest ends of pure *theoretical* reason, that is, the ideas of God, freedom and immortality (see KrV A 797–798/ B 825–826).[10]

Here, at the end of the *Architectonics Chapter*, Kant wants to explain why we are engaged in mathematics, natural science and empirical anthropology: not just for the sake of technical applications, but also with regard to the speculative cognitive ideals of pure theoretical reason; which in turn are subordinate to the moral ultimate purpose of pure practical reason. However, we have also to take into account that pure theoretical reason does *not* succeed in gaining certainty about its speculative cognitive objects, namely about human freedom, the immortality of the soul and

---

9   dt.: „Wesentliche Zwecke sind darum noch nicht die höchsten, deren (bei vollkommener systematischer Einheit der Vernunft) nur ein einziger sein kann. Daher sind sie entweder der Endzweck, oder subalterne Zwecke, die zu jenem als Mittel nothwendig gehören."

10 dt.: „Die Endabsicht, worauf die Speculation der Vernunft im transscendentalen Gebrauche zuletzt hinausläuft, betrifft drei Gegenstände: die Freiheit des Willens, die Unsterblichkeit der Seele und das Dasein Gottes." Transl.: "The final aim to which in the end the speculation of reason in its transcendental use is directed concerns three objects: the freedom of the will, the immortality of the soul, and the existence of God."

the existence of God. In this regard, pure reason is no better than the mathematical and empirical sciences, which are even less successful. Kant comments on this cognitive restriction as follows:

> It is humiliating for human reason that it accomplishes nothing in its pure use, and even requires a discipline to check its extravagances and avoid the deceptions that come from them. [...] The greatest and perhaps only utility of all philosophy of pure reason is thus only negative, namely that it does not serve for expansion, as an organon, but rather, as a discipline, serves for the determination of boundaries, and instead of discovering truth it has only the silent merit of guarding against errors. (KrV A 795/ B 823)[11]

According to the *CPR*, God, freedom and immortality are only objects of "doctrinal belief", which is associated with moral convictions, but does not give rise to objective knowledge. In the section on having opinions, knowing, and believing of the chapter on methodology, Kant emphasizes that this "doctrinal belief" is "an expression of modesty from an *objective* point of view, but at the same time of the firmness of confidence in *a subjective* one" (KrV A 827/ B 855).[12]

In this way, the traditional claims concerning metaphysical knowledge are not completely devastated, but at least substantially weakened. The claim of *objective knowledge* reduces to the more modest *subjective* claim of *taking something to be true*. Kant's critique urges us to be honest about the cognitive capacity of pure speculative reason.

Which insights, however, may mathematics, natural science, and empirical anthropology contribute to this issue? Which answers can they provide to questions on a subject for which human reason is not at all legislative? According to my analysis of our opening quotation, Kant can only interpret them as supporting the "doctrinal belief", with which pure reason must content itself regarding its speculative interest in the ideas of God, freedom and immortality.

Concerning mathematics, one might think of Plato's Cave Analogy, and the function that Plato ascribes to arithmetic and geometry in his theory of education,

---

11 dt.: „Es ist demüthigend für die menschliche Vernunft, daß sie in ihrem reinen Gebrauche nichts ausrichtet und sogar noch einer Disciplin bedarf, um ihre Ausschweifungen zu bändigen und die Blendwerke, die ihr daherkommen, zu verhüten. [...] Der größte und vielleicht einzige Nutzen aller Philosophie der reinen Vernunft ist also wohl nur negativ: da sie nämlich nicht als Organon zur Erweiterung, sondern als Disciplin zur Grenzbestimmung dient und, anstatt Wahrheit zu entdecken, nur das stille Verdienst hat, Irrthümer zu verhüten."

12 dt.: „Der Ausdruck des Glaubens ist in solchen Fällen ein Ausdruck der Bescheidenheit in objectiver Absicht, aber doch zugleich der Festigkeit des Zutrauens in subjectiver."

given that those disciplines, due to their precision and the ways in which they idealize their objects, can help us to ascent to the idea of the good. However, in contradistinction to Plato, Kant had a constructivist conception of mathematics, grounded in his theory of space and time as subjective forms of perception *a priori*. Therefore, I do not want to follow up this thought here. Concerning natural science, it is easier to see what Kant may have in mind. I suspect that he still thinks of the physico-theological proof of God's existence, according to which he in 1755 inferred from the observable law-like order of nature to God as the creator of the universe. Although the *Transcendental Dialectics* subjects the physico-theological proof (like all other traditional proofs of God's existence) to criticism, Kant still makes the following claim about it:

> This proof always deserves to be named with respect. It is the oldest, clearest and the most appropriate to common human reason. It enlivens the study of nature, just as it gets its existence from this study and through it receives ever renewed force. It brings in ends and aims where they would not have been discovered by our observation itself, and extends our information about nature through the guiding thread of a particular unity whose principle is outside nature. But this acquaintance also reacts upon its cause, namely the idea that occasioned it, and increases the belief in a highest author to the point where it becomes an irresistible conviction. (A 623–624/ B 652–653)[13]

However, this conviction can only ever be *subjective*. The physico-theological proof is just plausible but not conclusive. It has no logical, but just aesthetical truth (as Kant names the subjective semblance of truth in his logic lectures). This is more than just nothing. Kant considers the semblance of truth to be an ideal of knowledge, which he ranks among the "aesthetical perfections" of knowledge. (see Jäsche logic, AA 9:36-38; Dohna-Wundlacken logic, AA 14:708)

In our context, it is important that according to Kant, this subjective conviction regarding the truth of physico-theology may consolidate the doctrinal belief in the existence of God. Of course, the physico-theological argument is not conclusive from a logical point of view. It has no more strength than any other proof of God's existence. It just relies on a fallacious "dialectical" paralogism of reason, drawing

---

13   dt.: „Dieser Beweis verdient jederzeit mit Achtung genannt zu werden. Er ist der älteste, klärste und der gemeinen Menschenvernunft am meisten angemessene. Er belebt das Studium der Natur, so wie er selbst von diesem sein Dasein hat und dadurch immer neue Kraft bekommt. Er bringt Zwecke und Absichten dahin, wo sie unsere Beobachtung nicht von selbst entdeckt hätte, und erweitert unsere Naturkenntnisse durch den Leitfaden einer besonderen Einheit, deren Princip außer der Natur ist. Diese Kenntnisse wirken aber wieder auf ihre Ursache, nämlich die veranlassende Idee, zurück und vermehren den Glauben an einen höchsten Urheber bis zu einer unwiderstehlichen Überzeugung."

a conclusion from the empirical structure of the phenomenal world of our sensory experience to assumptions about the intelligible world, confusing empirical and intelligible proof premises in an unsound way.

Let me summarize my interpretation of Kant's text. Kant suggests that natural science serves the "necessary and essential ends" of reason in two ways. On the one hand, it successfully uses the speculative idea of a unified, all-encompassing order of natural phenomena as a guide to broadening our knowledge of nature. On the other, by doing so it contributes to strengthening the doctrinal belief in God as the ultimate cause of this lawful order.

One may suspect that compared to Mendelssohn's dictum of the "all-destroying Kant", this is quite a meagre metaphysical yield. Since Newton, Kant and Darwin, natural science has been extremely successful in increasing our knowledge of nature *without* necessarily consolidating any doctrinal belief. Quite on the contrary, the increase of scientific knowledge today gives rise to advancing a naturalistic worldview, in which Kant's ideas of God, freedom and immortality no longer seem to have any place at all. In order to counter this objection, I now finally comment briefly on some further aspects of Kant's views on natural science, which are decisive for a modern view of this subject and related to his 1798 writing on the *Dispute of the Faculties*.

3   The Knowledge of Nature according to the "Dispute of the Faculties"

Mathematics, natural sciences and empirical anthropology belonged to the Faculty of Philosophy for Kant (by contrast to the present day). In the introductory quote analysed here, he is thus concerned with *internal* differences of the Faculty of Philosophy, namely the ranking of the mathematical and empirical sciences as well as philosophy, *within* the "lower" faculty of his days. Philosophy has a clear primacy for him, insofar as it deals with the "essential ends" of human reason. At the same time, our analysis of Kant's text showed why he held the view that the "lower" faculty is superior to the "higher" faculties of his time, i.e., theology, jurisprudence, and medicine.

Reason is autonomous, giving itself its own laws. It does not obey authority but is committed to the search for truth. This is not only true for philosophy, but also for the natural sciences, as already Galileo's conflict with the Church had clearly shown. Galileo stood up for the truth of the Copernican system. He was not satisfied with considering it only as a useful hypothesis and as a valuable tool for predicting solar eclipses and other celestial phenomena.

Kant had taken this kind of search for truth as a model for himself in the development of his critique of reason when he described the new features of his epistemology as a "Copernican turn" and compared the *Transcendental Dialectics* with an "experiment of reason". (see KrV B XVIII-XXI.)[14]

For Kant, according to the ends of reason the "lower" faculty counts as the upper one, and within it, he supposes the following order of precedence. At the top is practical philosophy. Theoretical philosophy is subordinate to it, with its principle of the search for truth and the results of the *CPR*. Finally, mathematics, mathematical physics and the empirical natural sciences from biology to anthropology are subordinate to practical and theoretical philosophy. The curricula of the "upper" faculties, i. e., of theology, jurisprudence and medicine, rank below them, for Kant.

How can this ranking be reconciled with connecting the "essential" ends of reason to a physico-theological interpretation of the knowledge of nature, as I suggested above? From the point of view of contemporary science, a physico-theological interpretation of nature appears obsolete, even taken together with the critical limitations put on reason by Kant. In addition, this ranking seems to contradict the subordinate role that Kant himself attributed to the doctrines of the theological faculty, in comparison to the search of truth by philosophy and science. However, both impressions are in a certain sense deceptive. In particular, Kant's critical physico-theology was very progressive in his time, and his critical view of the relationship between our knowledge of nature and the limitations of reason still provides insights today.

Let me begin with Kant's physico-theology. It was *not* in accordance with the contemporary theological doctrines, but rather based on a concept of *natural history* that was revolutionary at the time. Already with the physico-theology of 1755, which he later did not want to see re-edited for critical reasons, he stood in the tradition of Galilean science. By reconstructing the evolutionary history of the solar system and the universe as a whole, the young Kant wanted to emphasize that the effects of God's hand in the world are visible in the world. Replacing the biblical history of creation by a physical cosmogony, he put the Galilean Book of Nature as a competing text alongside the Bible. In a certain way, his physico-theology is analogous to the view Galileo expressed in his *Letter to the Grand Duchess Christina of Tuscany* of 1615,

> [...] that in discussions of physical problems we ought to begin not from the authority of scriptural passages but from sense-experiences and necessary demonstrations; for the holy Bible and the phenomena of nature proceed alike from the divine Word,

---

14 For a detailed interpretation, see (Falkenburg 2015).

the former as the dictate of the Holy Ghost and the latter as the observant executrix of God's commands. [...] For that reason it appears that nothing physical which sense-experience sets before our eyes, or which necessary demonstrations prove to us, ought to be called in question (much less condemned) upon the testimony of biblical passages which may have some different meaning beneath their words. For the Bible is not chained in every expression to conditions as strict as those which govern all physical effects; nor is God any less excellently revealed in Nature's actions than in the sacred statements of the Bible." (see Galileo 1615)

Hence, as a follower of Galileo and philosopher of Enlightenment Kant is already manifest in the natural history of 1755 and the physico-theological argument attached to it, irrespective of his later criticism of physico-theology.

In the essay *Conjectural Beginning of Human History* (1786), Kant expanded his considerations of natural history to empirical anthropology. He sketched a natural history of human culture, which illustrates

[...] the transition from the crudity of a merely animal creature into humanity, from the go-cart of instinct to the guidance of reason – in a word, from the guardianship of nature into the condition of freedom. (MM, AA 8:115)[15]

In conclusion, this brings me to the relationship between Kant's criticism and our *knowledge of nature*. From a Kantian critical point of view, philosophy is not only superior to theology, but also to an uncritical science dogmatically takes its contents for absolute, without recognizing its limitations. In the preface to the *Universal Natural History and Theory of the Heavens*, Kant had already termed *this* kind of dogmatism, which leads to a naturalistic or materialistic view of the world, as "Epicureanism". In the doctrine of the antinomies of the *CPR*, he takes this term up again in order to characterize dogmatic naturalism, in opposition to rationalist dogmatism or "Platonism". In this respect, a direct line runs from Kant's pre-critical cosmology to the *CPR*.

In the course of his philosophical evolution, Kant had to convince himself tediously that reason has its cognitive limits, due to which it is for principal reasons impossible to complete our knowledge of nature. The limitations of reason, which he states in the *CPR*, do not only apply to the ideas of human freedom, an immortal soul, and the existence of God. They also apply to the world as a spatio-temporal

---

15 dt.: „[...] daß der Ausgang des Menschen aus dem ihm durch die Vernunft als erster Aufenthalt seiner Gattung vorgestellten Paradiese nicht anders, als der Übergang aus der Rohigkeit eines bloß thierischen Geschöpfes in die Menschheit, aus dem Gängelwagen des Instincts zur Leitung der Vernunft, mit einem Worte, aus der Vormundschaft der Natur in den Stand der Freiheit gewesen sei."

totality, that is, to the physical universe. The young Kant believed that it is possible to establish a comprehensive, unified system of metaphysics, cosmology and physics. In contrast, the *CPR* claims that even the mere attempt to complete the "immanent", cosmological knowledge of nature entangles reason in an internal conflict, namely the *antinomy of pure reason*.

From a modern scientific point of view, *both* attitudes are objectionable. The physico-theological argument of the *Universal Natural History and Theory of Heaven* of 1755 crossed the boundaries of scientific knowledge in a way that neither of Kant's grand predecessors Newton and Leibniz would have tolerated. Newton opposed his famous "hypotheses non fingo" to any speculation on the cause of gravity which exceeded the possibilities of his mathematical physics. Leibniz, in turn, made a sharp distinction between physics and metaphysics, that is, between the mathematical description of nature and its symmetries, and the logic of the monads as individuals.

In 1755/56, Kant linked both areas by a magnificent history of the creation and evolution of the universe. In order to do so, he extended the scope of Newtonian mechanics to a theory of structure formation in the universe, according to which matter vortices conglomerate to approximately planar systems of celestial bodies, such as the solar system, the Milky Way, and other star systems. 19th century physicists called his model of the formation of the solar system the Kant-Laplace hypothesis, and modern physics still considers it to be in principle correct. In addition, Kant's physical cosmogony is an early precursor of modern physical cosmology. It is a kind of Newtonian Big Bang theory with a Euclidean cosmos and an expanding matter distribution.

Why did Kant then, in the course of his critique, claim that a physical cosmology in the sense of such a theory of the spatio-temporal world as a whole is not possible at all, without entangling pure reason in the cosmological antinomy? Why, after his critical turn, did he rank the spatio-temporal world, the physical universe, among the speculative ideas of reason, of which we cannot have any objective knowledge? Did he not throw out his very own child, that is, physical cosmology as a substantial part of scientific knowledge, with the bathwater of his pre-critical metaphysics?

There is a historical as well as systematic answer to this question. If we take Kant seriously in his very concern of establishing a system of metaphysics, we have to admit the following issue. When he began to see his new, critical doctrine of transcendental idealism (as the famous Metaphysics Reflection 5037 states) "as if in twilight" (Refl, AA, 18:69)[16] in the years after 1770, he faced a substantial metaphysical problem. Due his criticism, the physico-theological argument fell.

---

16   cf. (Falkenburg 2000, 137 pp.)

By losing the supposed conclusive validity and acquiring the character of a merely subjective conviction, it lost credibility.

In contrast, the pre-critical physico-theology had provided a powerful argument against materialism and atheism. The preface to the *Universal Natural History and Theory of the Heavens* emphasizes that the atheist ascribes the actual law-like constitution of the solar system and the starry sky "to nature, which is left to itself", whereas the defender of religion in the systematic structure of the universe "become[s] aware of the immediate hand of the highest being" (NTH, AA 1:221).[17] Here, the young Kant argues against naturalism or materialism that it commits to attributing the actual systematic order of the world to blind contingency (as Epicure did); whereas the physico-theological argument infers from this very order to its creator, in an inference to the best explanation. Hence, when Kant's criticism made physico-theology collapse, it also defeated a crucial bastion against naturalism. It did no longer preclude the view that it is possible to explain the physical universe completely from contingent natural processes.

Kant did not explicitly address this problem. The *CPR*, however, constructs the *cosmological antinomy* as a new and more effective bastion against naturalism. The doctrine of the antinomies is the cornerstone of his critique of reason. It conducts an "experiment of reason" in order to demonstrate the results of neglecting the limitations of our knowledge about the world in its spatio-temporal totality, i.e. the physical universe. A complete naturalistic explanation of the world would permit to state "ultimate" natural causes for everything in the world, as well as for the universe as a whole.

According to Kant's critical views, however, any attempt at such an explanation employs the contradictory concept of the phenomenal world as a whole, resulting in an antinomic entanglement of reason in itself. With the proofs of the particular versions of the cosmological antinomy, Kant intends to demonstrate that it is impossible to find the ultimate grounds of the objects of empirical knowledge, on pain of contradiction. Any attempt to give such an ultimate justification forces us to explain the spatio-temporal, phenomenal world from within and from outside at the same time, mixing "immanent" and "transcendent" proof premises and giving rise to semantic inconsistencies. For the "mathematical" antinomy, i.e., the problems of the beginning of the world in space and time and the composition

---

17 dt.: „[...] droht die Religion mit einer feierlichen Anklage über die Verwegenheit, da man der sich selbst überlassenen Natur solche Folgen beizumessen sich erkühnen darf, darin man mit Recht die unmittelbare Hand des höchsten Wesens gewahr wird, und besorgt in dem Vorwitz solcher Betrachtungen eine Schutzrede des Gottesleugners anzutreffen.“

of matter from "ultimate" constituents, one can show in detail how this leads to
conflicting naturalistic positions that both seem to be equally well justified, from
Kant's point of view (see Falkenburg 2000, Chapter 5). Even modern physics does
not offer an obvious solution of how to avoid this problem.

If Kant is right about this insight, it sufficiently justifies restricting naturalism as
well as any other dogmatic metaphysics in a critical way. In my view, this is a most
important but neglected result of the *Critique of Pure Reason* up to the present day,
beyond its well-known significance for epistemology and the philosophical discussion
of the foundations of science. This result concerns the way in which science gives
rise to a new metaphysics, which lacks criticism. Naturalism (in particular relying
on the successes of brain research) dominates our age. When it comes to the question of how science actually relates to the "essential ends" of humanity, naturalism
is the dogmatic doctrine against which the critique of reason should argue today.

Currently, this question tends towards falling in oblivion. However, if we apply
Kant's views of the *Dispute of the Faculties* to the present role of science within society, we see that he was right in emphasizing that "[…] it could well happen that the
last would some day be first (the lower faculty would be the higher) – not, indeed,
in authority, but in counselling the authority (the government)" (SF, AA 7:35).[18]

What he did not anticipate was that philosophy would abandon the ensemble of
sciences that constituted the philosophical faculty of his days. We are observing the
consequences of this withdrawal today. Even foundational research in the natural
sciences is under strong legitimacy pressure, insofar as it serves only theoretical
interests, as for example in modern physical cosmology, without promising technological applicability. Nevertheless, after all it remains unclear what it could mean
today to relate scientific knowledge to the "essential ends of humanity". Kant only
gives us the hint that in order to understand this relation metaphysics is indispens-
able. How it could look like more than two hundred years after his *CPR*, he does
not tell us. However, if we refrain from asking ourselves this question, we permit
all of our science, together with all of its technological consequences, to serve only
arbitrary and contingent ends.

---

18   dt.: „[…] könnte es wohl dereinst dahin kommen, daß die Letzten die Ersten (die untere
     Facultät die obere) würden, zwar nicht in der Machthabung, aber doch in Berathung
     des Machthabenden (der Regierung)."

References

Cohen, Hermann. 1883. *Das Prinzip der Infinitesimalmethode und seine Geschichte. Ein Kapitel zur Grundlegung der Erkenntniskritik*, Berlin: Duemmler. Reprint of the 4th ed. in: *Werke*, Bd. 1.1. Hildesheim, 1977: Olms.

Descartes, René. 1644. *Principia Philosophiae*. Amsterdam. Quoted after the Engl. ed.: *The Philosophical Works of Descartes in Two Volumes*, transl. by Elizabeth E. Haldane and G. R. T. Ross, Vol. 1. Cambridge University Press 1934.

Falkenburg, Brigitte. 2000. *Kants Kosmologie*. Frankfurt am Main: Vittorio Klostermann.

Falkenburg, Brigitte. 2006. Die Funktion der Naturwissenschaft für die Zwecke der Vernunft. In: *Kant im Streit der Fakultäten* (eds.: V. Gerhardt and T. Meyer). Berlin/New York: de Gruyter 2006, 117–133.

Falkenburg, Brigitte. 2006a. Intuition and Cosmology: The Puzzle of Incongruent Counterparts. In: *Intuition and the Axiomatic Method*, ed. by E. Carson and R. Huber, Western Ontario Series in the Philosophy of Science, Dordrecht: Springer 2006, 157–180.

Falkenburg, Brigitte. 2015. *Was beweist Kants Experiment der reinen Vernunft?* Invited Main Lecture at the 12th International Kant Congress, Vienna, September 21–25, 2015. To appear in the Conference Proceedings (ed.: Violetta Waibel).

Falkenburg, Brigitte. 2017. *Kant and the Scope of the Analytic Method*. Talk at the Conference *A Dialogue Between Kant and the Sciences. Exploring New Perspectives in History and Philosophy of Science*, Dortmund, July 9–11, 2015. Submitted to: *Studies in History and Philosophy of Science*. Revised version, August 15, 2017.

Fugate, Courtney. 2014. *The Teleology of Reason*. Berlin: De Gruyter.

Galilei, Galileo. 1615. *Letter to the Grand Duchess Christina of Tuscany*. In: *Modern History Sourcebook*, https://sourcebooks.fordham.edu/Halsall/mod/galileo-tuscany.asp [February 21, 2018].

Kant, Immanuel. 1900ff. *Gesammelte Schriften*. Hrsg.: Bd. 1–22 Preussische Akademie der Wissenschaften, Bd. 23 Deutsche Akademie der Wissenschaften zu Berlin, ab Bd. 24 Akademie der Wissenschaften zu Göttingen. Berlin 1900ff. = AA.

Kant, Immanuel. 1992ff. *The Cambridge Edition of the Works of Immanuel Kant*. General editors: P. Guyer, A. W. Wood. Cambridge University Press 1992ff. Quoted according to (Kant 1900ff.) = AA (Volume) Pages.

Kant, Immanuel (1781/1787) *Kritik der reinen Vernunft*. Riga: Hartknoch. Engl.: *Critique of Pure Reason*. 1st ed. (1781) = A, 2nd ed. (1787) = B.

Mendelssohn, Moses. 1974. *Gesammelte Schriften*, Jubiläumsausgabe, begonnen von Ismar Elbogen, Julius Guttmann und Eugen Mittwoch, fortgesetzt von Alexander Altmann, Berlin : Akademie-Verl. [u. a.].

Schönfeld, Martin. 2000. *The Young Kant*. Oxford University Press.

Der Körper im *Opus postumum*
Ein neues Fundament für Kants Teleologie

Anna Pickhan

Zusammenfassung

In den letzten Jahren erfährt das Spätwerk Kants, das sog. „*Opus postumum*",
eine Renaissance in der Kantforschung. So gibt es viele Themen in den Kritiken, die vom Standpunkt des Spätwerks nach einer neuen Beurteilung oder
Verortung verlangen. In diesem Artikel möchte ich mich mit der Konzeption
des Körpers im *Opus postumum* beschäftigen und aufzeigen, dass derselbe dort
einen neuen Platz erhält. Das ist für die Teleologie in Kants System entscheidend. Denn sie bekommt damit nicht nur eine neue Dimension, sondern wird,
dadurch dass sie zum Übergangsprojekt gehört, maßgeblich für das Gelingen
der kantischen Systemphilosophie mit verantwortlich. Das hat Auswirkungen
auf Kants theoretische sowie praktische Philosophie. Für diese Untersuchung
wird ausschließlich der Rahmen der theoretischen betrachtet werden.
　Es wird gezeigt, dass der Begriff „Körper" im *Opus postumum* a priori hergeleitet wird und in seiner Art weder rein empirisch noch rein a priori ist. Damit,
dass er zu keinem der beiden Bereiche alleine zugeordnet werden kann, ist er
ein sog. „Zwischenbegriff" und somit Teil des Übergangs. Ein solcher soll im
Spätwerk zwischen Metaphysik und Physik geschaffen werden.

Einleitung und Problemexposition

Im Ausgang der kritischen Werke Kants gibt es zwei Probleme, für die der Körper
aus dem *Opus postumum* eine Lösung darstellen kann. Im Folgenden möchte ich
diese Probleme erst einmal explizieren und mich dabei Eckart Förster in seiner
grundlegenden Analyse anschließen. Er konstatiert Kants Systemphilosophie im

© Springer Fachmedien Wiesbaden GmbH, ein Teil von Springer Nature 2019　　　111
P. Órdenes und A. Pickhan (Hrsg.), *Teleologische Reflexion in Kants Philosophie*,
https://doi.org/10.1007/978-3-658-23694-6_6

Ausgang der *KU* folgende Schwierigkeit: In der *Kritik der Urteilskraft* war es Kants Verdienst gezeigt zu haben, dass Urteile über die Zweckmäßigkeit der Natur für uns möglich sind. Die zweckmäßige Einheit der Dinge ist dabei die höchste formale Einheit. Jedoch fehle nach Abschluss der *KU* immer noch ein Prinzip für diese systematische Einheit. Förster bezieht sich zur Untermauerung seiner These auf die Stelle in der Einleitung der *Metaphysischen Anfangsgründe der Naturwissenschaft*, an der Kant die zwei für eine Systemphilosophie wichtigen Bedingungen benennt: 1. apodiktische Gewissheit und 2. systematische Einheit.

> Eigentliche Wissenschaft kann nur diejenige genannt werden, deren Gewißheit apodiktisch ist; Erkenntnis, die bloß empirische Gewißheit enthalten kann, ist ein nur uneigentlich so genanntes Wissen. Dasjenige Ganze der Erkenntnis, was systematisch ist, kann schon darum Wissenschaft heißen, und, wenn die Verknüpfung der Erkenntnis in diesem System ein Zusammenhang von Gründen und Folgen ist, so gar rationale Wissenschaft. (MAN, AA 4:468)

Förster meint, dass Kant die systematische Einheit mit der *KU* zwar anstrebt, jedoch letztlich nicht erfüllen kann. (Die Zielsetzung der *KU* ist bekanntermaßen die Einheit der Erkenntnisvermögen. (vgl. z. B. KU, AA 5:244.16/17)) Das Projekt musste deshalb scheitern, weil ein einheitliches Prinzip fehle. Die Zweckmäßigkeit als Prinzip scheidet an dieser Stelle aus, weil sie noch zu keiner wahren Erkenntnis führt. Diese Problematik stellt Duque anschaulich dar: Er weist darauf hin, dass die Wirkung der Zweckmäßigkeit aus der *KU* ihre Grenzen hat. Durch sie gibt es nur ein Erkenntnisurteil, jedoch keine wirkliche Erkenntnis, da die Urteilskraft der Natur keine Gesetze vorschreiben kann.

Aus dem Fehlen des Prinzips für systematische Einheit folgt das Scheitern der angestrebten systematischen Einheit.

Das ist deshalb besonders brisant, weil es Schwierigkeiten in der Sphäre der praktischen Anwendung nach sich zieht – das zweite Problem, das im Rahmen dieses Artikels eine Rolle spielen soll und eng mit dem Problem der gescheiterten Systematik verknüpft ist. Aus dem Scheitern derselben erwachsen nämlich konkrete Herausforderungen für den Physiker, der die Natur erforscht und für dessen Arbeit die Teleologie grundlegend ist. Duque bringt es mit diesen Worten auf den Punkt: „[D]ie Idee des Zwecks ist das Fundament von jeglicher Kausalität, welche die Basis aller Wissenschaft ist." (Duque 1984, S. 384) Methodisch bedient sich der Forscher der reflektierenden Urteilskraft, da er so mit dem Mittel der Analogie die Natur suchend befragen kann. Hier ist jedoch das oben beschriebene Problem die Grenze: es bleibt nur ein Erkenntnisurteil, keine wahre Erkenntnis. Förster geht noch einen Schritt weiter und meint, dass der Naturforscher überhaupt nicht wisse, wie er die Natur befragen muss, und auch nicht, was er in sie hineinlegen muss

(Förster 2000, S. 6). So ist noch kein Übergang zwischen Außenwelt und unserer Erkenntnis geschaffen.

Im folgenden Text werde ich nun versuchen plausibel darzustellen, warum der Körper aus dem *Opus postumum* eine Lösung für diese beiden Probleme sein kann. Dazu werde ich im folgenden Abschnitt darauf eingehen, wie die Konzeption des Körpers im *Opus postumum* eingebettet ist. Wichtig ist dabei vor allem die Entstehung desselben aus der Kräftetheorie und Körperlehre. Zentrale Textstücke für diese Betrachtung sind der „Oktaventwurf" sowie das „Elementsystem der bewegenden Kräfte". Der „Oktaventwurf" wurde von Erich Adickes auf 1796 datiert, das „A Elem. Syst. 1–6" auf Februar bis Mai 1799. Es handelt sich also um einen der ersten Entwürfe und einen aus der mittleren Schaffensphase des Spätwerks. Auch im zweiten Abschnitt der Erörterung wird hauptsächlich die mittlere Schaffensphase relevant sein.[1] Dort möchte ich auf genetische und zugleich exemplarische Weise anhand ausgewählter Passagen die Entwicklung des Körpers nachzeichnen. Abschließend wird ein Interpretationsvorschlag angeboten und es werden Lösungen für die anfänglichen Probleme dargestellt.

Einbettung: Kräftetheorie & Körperbildung

Im „Oktaventwurf" und dem „Elementsystem der bewegenden Kräfte" geht es Kant um das grundlegende Anliegen zu zeigen, dass der Raum nicht leer sein kann. Wäre er leer, wäre er nicht wahrnehmbar. Hierauf folgen verschiedene Versuche des Philosophen herauszufinden, mit was der Raum gefüllt sein könnte. Die ersten Vorschläge, nämlich dass verschiedene Kräfte (Attraktion und Repulsion bzw. wenig später Attraktion und Kohäsion) den Raum füllen, werden verworfen, weil mit solchen Kräften alleine ein Ding, was einen Raum erfüllen kann, nicht konstruierbar ist. Ein Material ist gefragt, an dem die Kräfte agieren können: So kommt der Äther ins Spiel. Damit dieser in seinen Eigenschaften nun systematisch bestimmt werden kann, wird er durch die Tafel der Kategorien durchdekliniert. Für die Betrachtung der Entwicklung des Körpers ist die Kategorie Quantität entscheidend. In den *MAN* war unter Quantität die Quantität einer Bewegung zu verstehen. Hier im *Opus postumum* ist damit die Quantität einer bestimmten Masse gemeint. Kants Ergebnis in der Erörterung zur Quantität ist im Spätwerk:

---

1 Das hat einerseits den Vorteil, dass die Theorie hier bereits eine gewisse Entwicklung vollzogen hat und andererseits, dass Kant hier noch der volle Besitz seiner geistigen Fähigkeiten zugeschrieben werden kann.

Alle Materie ist wägbar, d. h. die Materie hat die Möglichkeit sich wiegen zu lassen
und diese Wägbarkeit ist a priori herleitbar:

> Daß die Ponderosität aller Materie zukommen müsse d. i. daß alle Materie in einem
> bestimmten Volumen eine Masse sey kann a priori eingesehen werden. Denn sie
> würde sonst keiner Bewegung eines anderen stoßenden wiederstehen noch einem
> anderen Bewegung mittheilen können [...] (OP, AA 21:375).

Interessant bleibt hier, dass dieser Argumentationsschritt nur über den Begriff der
Bewegung aus den *MAN* verständlich ist und damit darauf aufbaut, da die Wägbarkeit über Bewegung hergeleitet wird. Sodann kommt Kant zu dem für diesen
Artikel entscheidenden Argumentationsschritt: Aus der Möglichkeit des Wiegens
folgt die Notwendigkeit eines Körpers. Denn etwas räumlich Abgegrenztes wird
nötig um das Wiegen zu ermöglichen. Egal welche Form es hat, wichtig bleibt,
dass es ein Etwas ist, das von etwas anderem abgegrenzt ist. So definiert Kant den
Körper zu diesem Zeitpunkt seines Schaffens folgendermaßen:

> K ö r p e r ist eine Quantität der Materie von gewisser Gestalt (Figur) überhaupt sofern
> sie in M a s s e bewegend ist d. i. alle Theile desselben die einen mathematischen/
> korperlichen Raum einnehmen mit gleicher Geschwindigkeit und in demselben
> Augenblicke (zugleich) Bewegungsvermögen haben. (OP, AA 21:405)

Die Gestalt (Figur) ist dabei das im Spätwerk hinzugekommene Moment; dass die
Masse bewegend ist entstammt noch den *MAN*[2].

Besonderes Augenmerk muss an dieser Stelle auf das Faktum gelegt werden,
dass die Herleitung des Körperkonzeptes[3] durch die Explikation der Kräftetheorie
erfolgt. Das ist deshalb so wichtig zu betonen, weil der Ausgangspunkt der kantischen
Theorie über den Körper im *Opus postumum* damit in die Physik (Naturwissenschaft) gelegt wird. Damit erfährt der Körper, wie im Weiteren zu sehen sein wird,
eine ganz neue Grundlegung.

In den fortlaufenden Textpassagen versucht Kant dann die Frage zu beantworten, wie Körper entstehen. Im *Opus postumum* findet man daher eine Theorie der
Körperbildung. Wie sich Kants Vorstellung der physikalischen Prozesse ausgestaltet,
möchte ich hier nicht weiter thematisieren. Nur soviel sei der Vollständigkeit halber

---

2   Vgl. z. B. *MAN*, AA 4:476: „Die Grundbestimmung eines Etwas, das ein Gegenstand
    äußerer Sinne sein soll, mußte Bewegung sein [...]"

3   An dieser Stelle möchte ich bewusst erst einmal vorsichtig von „Körperkonzept" spre-
    chen, da es um die Entstehung und Zusammensetzung von Körpern geht. Später dann
    eruiert Kant den Status des Begriffs „Körper" und eine Bezeichnung nur als „Körper"
    bietet sich an.

gesagt: Durch Hinzukommen oder Entweichen von Wärme wird Materie flüssiger oder fester und formt so Körper.

Doch diese Erklärung ist nicht weitreichend genug, will man zu Körpern auch organische Körper zählen. Immer dann, wenn Organismen mit betrachtet werden sollen, kommen Zwecke ins Spiel:

> Die erste Eintheilung der äußeren Sinnenobjecte als Substanzen ist die in Materie und Korper. Die organisierte Geschöpfe machen auf der Erde ein Ganzes nach Zwecken aus, welches a priori als aus Einem Keim (gleichsam bebrüteten Ei) entsprossen wechselseitig einander bedürfend seine und seiner Geburten Species erhält. (OP, AA 22:241)

Diese Passage findet sich noch innerhalb der Erörterungen zum Elementarsystem („A Elem. Syst. 1–6"). Hier bedient sich Kant zuerst noch der Auffassung der Teleologie aus der *KU*. Bald reicht sie aber nicht mehr aus. Diese Entwicklung möchte ich nun im Detail anhand des Textes genauer betrachten.

Genese des teleologischen Körpers

Dazu möchte ich in dem nun folgenden Abschnitt die Genese des Körpers im *Opus postumum* einmal nachzeichnen. In den zeitlich früheren Entwürfen findet sich die aus der *KU* bekannte Auffassung von Organismus. Kant betont hier den teleologischen Zusammenhang der Teile untereinander und gibt Beispiele:

> Organisierte Wesen sind die von welchen und in welchen ein jeder Theil um des anderen willen da ist, z. B. der Arm um der Hand willen der Baumstamm um der Früchte willen ja auch der Hirsch um der Wölfe willen u.s.w. in einem System zusammen sind. (OP, AA 22:179)

Diese Definition entstand im Zusammenhang der Entwürfe, die Adickes als „Elementarsystem 1–7" benannte und die er auf den Zeitraum Oktober bis Dezember des Jahres 1798 datierte. Genau wie die bereits angeführte Definition entstand auch diese im Rahmen der Ausführungen zum Thema Quantität beim Elementarsystem der bewegenden Kräfte.

Auch zum Elementarsystem gehörig und mit „A Elem. Syst. 1–6" betitelt, setzt sich Kant von Februar bis März des folgenden Jahres (1799) erneut immer wieder mit der Konzeption des Körpers auseinander. Hier ist eine besonders interessante Entwicklung zu beobachten, die zu meinem Interpretationsvorschlag führt.

Zunächst wird die Natur in organisch und unorganisch eingeteilt. Organismen werden, wie in der *KU,* über ihre teleologische Teil-Ganzes-Beziehung definiert: „Organisierte Wesen sind die von welchen und in welchen ein jeder T h e i l u m d e s a n d e r e n w i l l e n (p r o p t e r, non aliam partem eiusdem systematis) da ist." (OP, AA 21:184)

Zu diesem Zeitpunkt sieht sich der Leser mit der Problematik konfrontiert, dass Kant thematisch eben noch die physikalische Entstehung von Körpern erörterte und nun die teleologische Art der Organismen. Wie passen diese beiden Themen zusammen? Genauer: wie werden Organismen nun im System der bewegenden Kräfte verortet? Erst an späterer Stelle und auch nicht als etwas Besonderes hervorgehoben, bietet Kant dem Leser eine Erklärung an: Die Organismen, weil sie Endzwecke sind, gehören zum System der bewegenden Kräfte. Sie sind genau wie Letztgenannte konstituierende Kräfte:

> Organisirte Wesen sind die von welchen und in welchen ein jeder Theil u m d e s a n d e r e n w i l l e n (*p r o p t e r, non per aliam partem eiusdem systematis*) da ist. Denn die E n d u r s a c h e n gehören gleichfalls zu den bewegenden Kräften der Natur deren Begriff *a priori* vor der Physik voraus gehen muß als ein Leitfaden für die Naturforschung um zu sehen ob und wie auch s i e e i n System derselben bilden und sich an die Metaph. anreihen lassen. – Alles wird zwar hiebey nur problematisch aufgestellt aber der Begriff eines S y s t e m s der bewegenden Kräfte der Materie erfordert doch den Begriff einer b e l e b t e n Materie, ohne daß wir für ihn Realität fordern oder erschleichen *a priori* wenigstens zu denken und ihm eine Classe der Möglichkeit nach anzuweisen. (OP, AA 21:184)

Organismen werden qua ihrer Beschaffenheit als Endursache in das System der bewegenden Kräfte integriert.

Noch ein paar Seiten später heißt es: „Die Organisation gehort auch zu den bewegenden Kraften der Materie nicht daß etwa ein immaterielles Wesen ein reiner Verstand dazu erfordert werde." (OP, AA 21:190) Die Zuordnung ist dieselbe: Organismen sind Teil des Systems der bewegenden Kräfte. Anders als noch in der *KU* (vgl. z. B. KU, AA 5:399.11/12) muss so kein Gott (oder anschauender Verstand) mehr angenommen werden.[4]

Dadurch dass Kant die Endzwecke in das Elementarsystem der bewegenden Kräfte integriert, bekommt die Teleologie einen grundlegenden Stellenwert im System. Sie ist Teil der physikalischen Kräftetheorie, die bereits beschrieben wurde. Durch diese Verortung lässt sich nun aber noch mehr über Körper sagen.

---

4   Beispielsweise Duque (1984, S. 392) ist der Meinung, dass der teleologische Gottesbeweis aus der *KU* von den bewegenden Kräften des Opus postumum abgelöst wird.

Der Körper a priori

In der zweiten Hälfte des obigen Zitats (vgl. OP, AA 21:184) nämlich findet sich der Leser bereits mitten in Kants Überlegungen wieder, inwiefern Organismen (hier: „belebte Materie") a priori in das System der bewegenden Kräfte integriert werden müssen. Wichtig ist für Kant, dass die Realität des Begriffes „belebte Materie" nicht „erschlichen" wird. Jedoch müsse man den Begriff denken und seine Möglichkeit beweisen können. Auch später im Text ist dies erneut Thema und wird bereits etwas genauer formuliert:

> Nun ist das System bewegender Kräfte der Materie eines Körpers in welchem alle Theile von einander sich als Zwecke und Mittel zugleich sich zueinander Verhalten ein Organischer Körper und ob wir gleich die Möglichkeit eines solchen a priori nicht erkennen und im Übergange von der Metaph. der N. zur Physik ohne in diese einzugreifen durch Erfahrung keine Kenntnis davon nehmen dürfen so ist doch zur Classification der bewegenden Kräfte der Materie überhaupt die Eintheilung der Körper in unorganische und organische wenn das System vollständig sein soll obgleich diese Begriffe blos problematisch angenommen werden nothwendig welche Begriffe als Ideen nach der Analogie mit mechanischen Kunstwerken der Menschen (Maschinen) gedacht zu den bewegenden Kräften der **Materie** mit gehören. (OP, AA 21:188, Herv. im Original)

Nach der Definition eines organischen Körpers reflektiert Kant erneut über den begrifflichen Status desselben. Entsprechend seiner Auffassung in der *KU* erläutert er, dass man nicht umhin komme von Körpern zuerst Erfahrung zu benötigen. Trotzdem muss die Einteilung in organisch/ unorganisch um des Systems willen angenommen werden.[5] An späterer Stelle hadert Kant mit dem apriorischen Status des organischen Körpers und bezeichnet ihn als „bloße Idee":

> Die Definition eines organischen Körpers ist daß er ein Körper ist dessen jeder Theil um des anderen willen (wechselseitig als Zweck und zugleich als Mittel) da ist. – Man sieht leicht daß dies eine bloße Idee ist der a priori die Realität (d. i. daß es ein solches Ding geben könne) nicht gesichert ist. Man kann die Erklärung dieser Fiktion auch anders stellen: Er ist ein Körper an welchem die innere Form des Ganzen vor dem Begriffe der Composition aller seiner Theile […] in Ansehung ihrer gesammten bewegenden Kräfte vorhergeht (also Zweck und Mittel zugleich ist) (OP, AA 21:210)

Obwohl Kant an dieser Stelle den organischen Körper nur als Idee bezeichnet, die a priori nicht gesichert ist, kann man nicht umhin sie als solche anzunehmen. Ein Teil der Lösung scheint zu sein, dass dies aufgrund der teleologischen Beschaffen-

---

5   Auf die im Zitat genannte Thematik der Maschine möchte ich etwas später eingehen.

heit des Körpers der Fall sein muss. Genauer: die Idee des Ganzen muss den Teilen vorhergehen – d. h. die Idee des Körpers muss den bewegenden Kräften vorausgehen. Denn bei jeder Zwecksetzung geht die Idee des Ganzen den Teilen voraus.

Im weiteren Verlauf findet Kant folgende Lösung für das a-priori-Problem: Indem zwischen einer direkten und einer indirekten Betrachtungsweise unterschieden wird, kann genauer gesagt werden, was das apriorische Moment des organischen Körpers ist und was das empirische:

> Die Idee von organischen Körpern ist i n d i r e c t a priori in der Idee eines Zusammengesetzten aus bewegenden Kräften in welchem der Begriff von einem realen Ganzen dem seiner Theile nothwendig vorhergeht enthalten welches nur durch den Begrif einer Verbindung durch Z w e c k e gedacht werden kann. D i r e c t betrachtet ist er ein blos empirisch erkennbarer Mechanism Denn wenn uns nicht Erfahrung dergleichen Körper darböte würden wir auch nur die Möglichkeit derselben anzunehmen nicht befugt sein. – Wie können wir also in der allgemeinen Classification nach Prinzipien a priori solche Körper mit dergleichen bewegenden Kräften zur Eintheilung ausstellen: – Weil der Mensch sich seiner als selbst bewegenden Maschine bewußt ist ohne die Möglichkeit einer solchen weiter einsehen zu können […] (OP, AA 21:213)

Um die Möglichkeit von Organismen anzunehmen, müssen sie in der Erfahrung gegeben sein. Das ist Ergebnis einer direkten Sicht auf das Thema. Um diese Einsicht kann man nicht umher. Gleichzeitig ist die Idee von organischen Körpern aber schon a priori im System der bewegenden Kräfte enthalten – und zwar auf indirekte Weise. Wie dies möglich ist, hängt mit der Betrachtung des Menschen als Maschine zusammen.

Der Mensch als Maschine

Durch die Arbeit mit den bisher angeführten Textpassagen wurde auch deutlich: Kant geht schleichend vom Thema der Körper allgemein zu organischen Körpern im Speziellen über, bis nur noch letztere eine Rolle spielen. Das spricht keinesfalls dafür, dass die Begriffe gleichgesetzt werden sollten. Es ist vielmehr ein weiteres Beispiel für Kants Schreibstiel. Da seine Theorie im Schreibprozess entsteht, finden solche Entwicklungen statt, ohne dass der Leser darüber informiert wird. Denn diese Fassung des Textes ist noch weit von einem druckreifen Text entfernt. Vor dem Hintergrund der bisher betrachteten Textpassagen ist jedoch klar, wie diese Entwicklung einzuschätzen ist. Der Körper im Allgemeinen ist im Zuge der Kräftetheorie und der Theorie zur Körperbildung relevant. Organismen stehen etwas später im Fokus der Erörterung, nämlich dann, wenn der Status des Körpers (ob empirisch oder a priori) betrachtet wird.

Was dem Leser bis hierhin auch auffiel, ist, dass im Ausgang der zuletzt zitierten Passagen von Menschen als Maschinen die Rede ist. Maschine hat hier eine andere Bedeutung als noch in der *KU*, wo sie meist als Gegensatz zum Organismus (vgl. z. B. AA, KU 5:374.1ff.) zu lesen ist. Maschine meint im Zusammenhang des Spätwerks nichts anderes, als dass der Körper ein System bewegender Kräfte ist. Dieses System lässt sich zweckmäßig (als Instrument) gebrauchen: „Organismus ist die Form eines Korpers als Maschine betrachtet d. i. als Werkzeug (instrumentum) der Bewegung zu einer gewissen Absicht." (OP, AA 21:185) Der Ursprung dieses Gedankens liegt in der Theorie der Körperbildung aus dem Elementarsystem. Dort zeigt Kant in der Analyse zur Quantität, dass eine Waage (ein Instrument) zum Wiegen nötig ist. Wenn wir Naturprodukte als Maschinen benutzen wollen, geben wir ihnen eine zweckmäßige Form. Voraussetzung dafür ist, dass sich die bewegenden Kräfte des eigenen Körpers zweckmäßig bewegen. (vgl. Förster 2004, S. 26)

Mit dem folgenden zitierten Textabschnitt lässt sich noch einmal der Zusammenhang mit dem Gesamtprojekt des *Opus postumum* in den Fokus rücken. Der Körper als System der bewegenden Kräfte ist Teil des Systems a priori und damit wichtig für das Gelingen des ganzen Übergangsprojekts: den Übergang zwischen Metaphysik und Physik:

> Einen jeden physischen Körper kann man als ein System bewegender Kräfte der Materie betrachten und was a priori die Denkbarkeit eines solchen Systems ausmacht unter dem Titel der allgemeinen physiologischen Anfangsgründe der NW. zusammen fassen da dann die metaphysische, die allgemein//physiologische und endlich die physische Anf. Gr. der NW. das System der bewegenden Kräfte der Materie als einen Übergang von der Metaphysik der Natur zur Physik vorstellig machen. (OP, AA 22:190)

Das Körperbewusstsein

An diesem Punkt möchte ich noch einmal die letzten Zeilen des bereits schon aufgegriffenen Zitats beleuchten: „Weil der Mensch sich seiner als selbst bewegenden Maschine bewußt ist ohne die Möglichkeit einer solchen weiter einsehen zu können […]" (OP, AA 21:213) Wie oben erläutert, wird der Mensch hier als Maschine bezeichnet. Aber Kant geht noch weiter, denn er sagt, dass der Mensch sich seiner selbst als Maschine bewusst ist. Das ist ein neuer und alles andere als trivialer Gedanke, der hier auch schleichend auftaucht und immer mehr Präzisierung erfährt. Bereits in Schriftstücken, die noch früher zu datieren sind, kommt Kant zu dem Schluss, dass wir nicht nur selbst einen organischen Körper haben, sondern uns dessen auch bewusst sind: „Das Bewustsein unserer eigenen Organisation als einer bewegenden Kraft der Materie macht uns den Begrif des organischen Stoffs und die Tendenz zur Physik als organischem System möglich." (OP, AA 21:190)

Wie lassen sich diese Passagen sinnvoll einordnen und verstehen? Rückblickend ist Kant von den bewegenden Kräften über die Körperbildung und Körper im Allgemeinen hin zu organischen Körpern gekommen. Die Feststellung, dass auch wir als Menschen einen organischen Körper haben, ist dahingehend wichtig um dann im nächsten Schritt sagen zu können, dass man sich eben diesem auch bewusst ist. Das ist entscheidend! Denn so sind – wie das obige Zitat zeigt – erst diese beiden Dinge möglich: ein Begriff von Organismus und ein Übergang zur Physik als diejenige Wissenschaft, die sich mit organischen Systemen befasst. Der Körper gehört damit dem Übergangsprojekt an.

Im „Losen Blatt Bodmer 3" findet man die weitere Ausgestaltung des Gedankens, inwiefern der Körper Teil des Übergangs ist. Dieses Blatt konnte erst durch Werner Stark dem Spätwerk zugeordnet werden. Von Eckart Förster wurde es auf die ersten Monate des Jahres 1799 datiert und fällt damit in den gleichen Entstehungszeitraum wie die Entwürfe zum Elementarsystem. Zur kurzen Kontextualisierung: In Bodmer 3 wird das Faktum des eigenen Körpers für die Erkenntnis expliziert. Ich muss mit meinem Körper affiziert werden. Entscheidend ist dabei, dass die Affizierung nicht bloß gedacht werden darf. Dafür muss ich mit meinem Körper selbst Kräfte ausüben. (vgl. Förster 2004, S. 27) Erst dann ist wirkliche Erfahrung möglich. Duque fasst das in die folgenden Worte: „Jedenfalls stößt man erst im *Opus postumum* auf eine kohärente Lehre der Leiblichkeit als *Übergang* zwischen Welt und dem Ich." (Duque 1984, S. 394 (Herv. im Original))[6] Auch wird hier die Schnittstelle zu Themen der praktischen Philosophie des Spätwerks ersichtlich, worauf ich aber im Rahmen dieses Projektes nicht weiter eingehen kann.

Interpretationsvorschlag & Ergebnis

Stellt man sich die Frage nach dem Status des Körpers im *Opus postumum*, so möchte ich für den theoretischen Teil folgende Differenzierung vorschlagen: Man kann (und sollte) im *Opus postumum* zwischen der Herleitung des Begriffs „organischer Körper" und der Art des Begriffs desselben unterscheiden. Während Kant durch

---

6   Anders als Felix Duque möchte ich den Begriff „Körper" verwenden. Zum einen ist im *Opus postumum* auch ausschließlich dieser Begriff von Kant gewählt. Zum anderen sehe ich den Begriff „Leiblichkeit" als nachteilig, da er die Verbindung zur Theorie der Kräfte (wo, wie ich gezeigt habe, der Körper seinen Ursprung hat) nicht aufzeigen kann.

die Arbeit am Elementarsystem das Konzept des Körpers als Endzweck hergeleitet hat – und zwar a priori –, hat der Begriff doch einen eigentümlichen Status. Hier möchte ich vorschlagen ihn als sog. „Mittelbegriff" zu lesen. Das liegt besonders nahe, weil diese Begriffe Teil des Übergangsprojektes sind. Sie sind in ihrer Art weder a priori noch empirisch, sondern eben Mittel- oder Zwischenbegriffe. Kant führt diese Art von Begriffen ein, um einen Übergang von der Metaphysik zur Physik zu schaffen. Es bedarf „eine[r] Art von Mittelbegriff welcher von besonderem Inhalte und eigentümlicher Beschäftigung ist nämlich bloß den Übergang von der ersteren zur letzteren Naturwissenschaft auszumachen." (OP, AA 21:167)

Aufgabe der Begriffe ist es, apriorische Prinzipien (der Metaphysik) mit empirischen Prinzipien (der Physik) zu verbinden. Emundts wählt für ihre Erklärung, was Mittelbegriffe sind, passender Weise den Körper. Die Schwere des Körpers ist nur empirisch feststellbar. Die Ursache dieser Schwere, die Anziehungskraft, ist hingegen ein Prinzip der Vernunft und a priori. (vgl. Emundts 2004, S. 138) Mittelbegriffe sind demnach beides: empirisch und a priori.

Dadurch, dass mit ihnen ein Übergang geschaffen wird, kann Kant auch (endlich) von einer gelungenen Systematizität sprechen. Das „Gebrechen" der Wissenschaft nie ein System werden zu können (vgl. OP, AA 21:168) ist überwunden.

Der Körper ist also ein Baustein des Übergangsprojektes und trägt somit zur Systematizität der gesamten Kantischen Philosophie bei. Wie in der Analyse zu sehen war, geschieht dies im Bereich der Teleologie. Während man im Ausgang der *KU* noch behaupten konnte, dass die Systematizität fehle, kann jetzt gesagt werden, dass durch die neue Konzeption des Körpers im *Opus postumum* diese Lücke geschlossen wurde. Es hat sich gezeigt, dass der Körperbegriff a priori hergeleitet werden kann. Außerdem wurde die Interpretation nahegelegt ihn als sog. „Mittelbegriff" (sowohl a priori als auch empirisch) zu lesen. Die Teleologie ist mit dem Körper als Endzweck noch tiefer in Kants Systemphilosophie verankert. Systematisch hat das den Vorteil, dass die Zweckmäßigkeit, wie ursprünglich schon in der *KU* beabsichtigt, nun im *Opus postumum* tatsächlich einen Übergang konstruiert, da sie a priori mit empirisch, also Metaphysik mit Physik, verbindet.

Zudem wird ebenfalls das zweite Problem gelöst. Kant formulierte dieses beispielsweise so: „Denn bei allem empirischen Aufsuchen welches man im eigentlichen Sinne Naturforschung nennt, ist doch zuvorderst nöthig belehrt zu werden wie u n d n a c h w e l c h e m P r i n c i p man die mannigfaltigen bewegenden Kräfte der Materie aufsuchen soll." (OP, AA 21:168)

Dass der Naturforscher eigentlich nicht weiß, wie er die Natur befragen muss, hat sich insofern aufgelöst, als dass er selbst mit seinem Körper – auch a priori –

Teil der Natur ist. Die Zwecksetzung erfolgt durch seine Tat[7]. Es ist, anders als in der *KU*, die Hypothese eines höchsten Wesens nicht mehr nötig. Die teleologische Teil-Ganzes-Beziehung wendet der Forscher auch auf seine Befragung der Natur an. Kausalität ist insofern besser verankert. Die Grenze, dass die reflektierende Urteilskraft der Natur keine Gesetze vorschreiben kann, bleibt bestehen. Jedoch befragt der Naturforscher die Natur nun auf gesicherte Weise, nämlich mit Hilfe eines apriorischen Prinzips. Auch inhaltlich ist die Forschung gesicherter: „Die Materialien zu diesem Bau sind nun die a priori denkbare[n] bewegende[n] Kräfte" (OP, AA 21:169).

Literatur

Emundts, Dina. 2004. Kants Übergangskonzeption im *Opus Postumum*. Zur Rolle des Nachlaßwerkes für die Grundlegung der empirischen Physik. In: Quellen und Studien zur Philosophie. hrsg. von Jürgen Mittelstraß, Dominik Perler, Wolfgang Wieland. Bd. 62. Berlin/New York: Walther de Gruyter.
Förster, Eckart. 2000. Kants Final Synthesis. An Essay on the *Opus postumum*. Cambridge/London: Harward University Press.
Förster, Eckart. 2004. Zwei neu aufgefundene Lose Blätter zum *Opus postumum*. In: Kant-Studien hrsg. Baum, Manfred; Dörflinger, Bernd; Klemme, Heiner F. Bd. 95 Heft 1. Berlin/ New York: Walther de Gruyther.
Duque, Félix. 1984. Teleologie und Leiblichkeit beim späten Kant. In: Kant-Studien hrsg. Baum, Manfred; Dörflinger, Bernd; Klemme, Heiner F. Bd. 75 Heft 4. Berlin/ New York: Walther de Gruyther.
Kant, Immanuel: Gesammelte Schriften Hrsg.: Bd. 1–22 Preussische Akademie der Wissenschaften, Bd. 23 Deutsche Akademie der Wissenschaften zu Berlin, ab Bd. 24 Akademie der Wissenschaften zu Göttingen. Berlin 1900ff.

---

[7]   Auch hier besteht ein Anknüpfungspunkt an die praktischen Inhalte des *Opus postumum*.

Intellektuelle Anschauung, intuitiver Verstand und spekulatives Denken

Anton Friedrich Koch

Zusammenfassung

Das sinnliche Bewusstsein, abstrakt einzeln betrachtet, bietet ein Sinnes-daten-Konglomerat in einem raumzeitlich ausgedehnten sensorischen Bewusstseinsfeld, welches affektiv (durch das Gefühl von Lust und Unlust) in Leib und Gegenwartsbewusstsein des Menschen verankert und so auf dessen „Begehrungsvermögen" bezogen ist, jedoch kein Bewusstsein von Subjekt und Objekt. Dieses entsteht erst durch die freie begriffliche Synthesis, die mit Fichte als intellektuelle Anschauung unseres eigenen Handelns – des Verbindens und dadurch Objektivierens sowie „Subjektivierens"/Selbstbewusstsein-Erzeugens – verstanden werden kann. In konservativer Projektion der verbindenden Verstandesbegriffe lässt sie uns *erkennen*, was das sinnliche Bewusstsein – das Epistemische quasi vorzeichnend – zeitlich geordnet lediglich *wahrnimmt*. Intellektuelle Anschauung des anschauenden Verstandes eines „Urwesens" hingegen erweist sich als logisch unmöglich, sie kollabiert in ein sinnliches Bewusstsein ohne Raum und Zeit. Ein intuitiver Verstand eines endlichen Wesens wie in Kants *Dialektik der teleologischen Urteilskraft* jedoch ist eine sinnvoll mögliche Konzeption: Er sichert durch spekulatives Denken der Wechselverhältnisse zwischen den Dingen die Kohärenz des Naturzweck-Begriffes.

Im Fokus der nachfolgenden Variationen über Kants Philosophie steht sein Verhältnis zu den spekulativen Ansätzen Fichtes und Hegels, wie es sich anhand seiner Auflösung der Antinomie der Urteilskraft und besonders von § 77 der *Kritik der Urteilskraft* bestimmen lässt. Der Paragraph ist überschrieben: „Von der Eigentümlichkeit des menschlichen Verstandes, wodurch uns der Begriff eines Naturzwecks möglich wird" (KU, 344), und die erwähnte Eigentümlichkeit arbeitet

© Springer Fachmedien Wiesbaden GmbH, ein Teil von Springer Nature 2019   123
P. Órdenes und A. Pickhan (Hrsg.), *Teleologische Reflexion in Kants Philosophie*,
https://doi.org/10.1007/978-3-658-23694-6_7

Kant heraus, indem er unseren diskursiven Verstand einem gedachten intuitiven Verstand kontrastiert, dessen Operationsweise Fichteschen und Hegelschen Theorievorlieben entgegenkommen dürfte. Das Hauptinteresse ist im Folgenden nicht exegetischer, sondern sachlicher Art: von drei Klassikern, und sei es, dass man sie gegeneinander auch ein wenig ausspielt und heutige theoretische Ansätze ins Spiel und zur Geltung bringt, etwas zu lernen über das ewige Rätsel des Bewusstseins und der Welt. Selbstverständlich können in Aufsatzlänge dazu nur Ansätze und Argumentationsideen gegeben werden, aber Argumentationsideen, die zur Ausarbeitung einladen und teilweise schon ausgearbeitet vorliegen (vgl. Koch 2016).

Kants Auflösung der Antinomie der Urteilskraft beleuchtet die Ungültigkeit beliebter Argumentationen aus der Unwahrscheinlichkeit bestimmter natürlicher Sachverhalte für das Vorliegen übernatürlicher intelligenter Gestaltung in lehrreicher und verallgemeinerbarer Weise. Dies, näher ausgeführt, kann als die Haupt- oder jedenfalls Schlussthese dieses Aufsatzes gelten. Doch der verschlungene Gedankengang dorthin hat sein Eigengewicht. So soll im ersten Abschnitt zunächst das sinnliche Bewusstsein und im zweiten die begriffliche Synthesis in Umrissen skizziert werden. Erst dann können im dritten Abschnitt die intellektuelle Anschauung, der intuitive Verstand und das spekulative Denken angemessenen unterschieden und so weit besprochen werden, dass die erwähnte Schlussthese hervortritt.

I   Das sinnliche Bewusstsein

Nicht zu Unrecht betrachtet Kant die Anschauung als eine Leistung der Sinnlichkeit; denn „[u]nsere Natur bringt es so mit sich, dass unsere *Anschauung* niemals anders als *sinnlich* sein kann, d. i. nur die Art enthält, wie wir von Gegenständen affiziert werden" (KrV A 51/B 75). Aber die Leistungen der Sinnlichkeit reichen nicht hin für Anschauungen, wie Kant ebenfalls betont: „Anschauungen ohne Begriffe sind blind" (ebd.), was wohl heißen soll: nicht kognitiv, sondern bloß sensorisch. In Kants Kielwasser legt Wilfrid Sellars Wert auf die Feststellung, dass sensorische Zustände, kurz *Sensa*, als solche nicht dem Raum der Gründe, sondern dem Raum der Natur angehören und noch keine Erkenntnisse, keine Anschauungen sind.[1]

Da Kant von der *Materie* des Sinnlichen dessen allgemeine *Formen* unterscheidet, gilt auch für diese, für Raum und Zeit, dass sie als Formen des Sensorischen noch nicht anschaulich vorgestellt werden. Wie der zweite Teil der B-Deduktion zeigt, bedarf es der Aktivität des Verstandes, um die Formen des Sensorischen zu

---

1   „[Sense impressions] are, in themselves, thoroughly non-cognitive" (Sellars 1963, S. 90f.).

denjenigen formalen Anschauungen zu synthetisieren, die in der *Transzendentalen Ästhetik* so betrachtet wurden, als gingen sie ganz auf das Konto der Sinnlichkeit. In Beziehung auf das reine Mannigfaltige der Formen des Sinnlichen tritt der Verstand dabei als transzendentale Synthesis der Einbildungskraft in Operation.

Nun wird man sich unser Bewusstsein nicht wie eine Schichttorte vorstellen dürfen, um ein Bild zu bemühen, das James Conant gern benutzt, d. h. nicht so, als gäbe es da zunächst eine sinnliche und darüber eine synthetisch-diskursive Schicht. (vgl. Conant 2017, S. 120–139) Vielmehr wird die Synthesis das, woran sie operiert, von Grund auf durchdringen. Die Torte unseres Bewusstseins ist demnach synthetisch bis auf den Grund.

Auch wenn dem so ist, wollen wir in einer Art Modellrechnung den synthetisch-diskursiven Faktor einmal aus unserem Bewusstsein herausrechnen. Immerhin gab es ontogenetisch, auf dem Weg von der befruchteten Eizelle zum kompetenten Sprecher, Stadien, in denen wir empfindungsfähig, aber noch nicht begriffsfähig waren; und entsprechendes gilt für die Phylogenese. Es gilt ferner für das Spektrum der Tierarten, an dessen einem Ende wir vielerlei Vorformen begrifflicher Aktivität beobachten, und gegen dessen anderes Ende hin, sagen wir bei Regenwürmern, eine einfache und noch völlig begriffsfreie Sinnlichkeit vorliegen dürfte.

Was also bleibt übrig, wenn wir den synthetisch-diskursiven Faktor aus unserem Bewusstsein herausrechnen? Vom homo sapiens ein homo sentiens mit einem rein sinnlichen Bewusstsein. Dieses Bewusstsein wäre ein Strom oder Feld von vielerlei sinnlichen und imaginativen Vorstellungen und nur äußerlich individuiert durch das lebendige Individuum, dem wir es zuschreiben. Eine Selbst-Vorstellung aber käme im Bewusstsein des homo sentiens nicht vor.

Vielmehr würde er, sofern überhaupt, „ein so vielfarbiges verschiedenes Selbst haben, als [er] Vorstellungen", hat, deren er sich bewusst ist (KrV § 16, B 134). Diese Vorstellungen „würden […] alsdann auch zu keiner Erfahrung gehören, folglich ohne Objekt, und nichts als ein blindes Spiel der Vorstellungen, d. i. weniger, als ein Traum sein" (KrV A 112). Weniger als ein Traum: denn selbst im Traum objektivieren wir homines sapientes unsere Vorstellungen noch, beziehen sie noch auf Objekte; wenn auch in systematisch unzutreffender Weise. Ein *blindes* Spiel der Vorstellungen hingegen wäre *weniger* als ein Traum, weil es nicht mehr objektivierend, dann aber auch nicht mehr subjektivierend, d. h. nicht mehr seiner selbst bewusst wäre. Es gäbe in diesen Vorstellungen keinerlei Unterscheidung von Subjektivität und Objektivität.

Dennoch könnte der angenommene homo sentiens in seinem äußeren Verhalten einigermaßen funktionieren: Nahrung finden und verzehren, auf Gefahren durch Flucht oder Angriff reagieren, sich fortpflanzen usw., also summa summarum eine Zeitlang als Individuum und als Art überleben. Schließlich haben auch unsere rattengroßen, beuteltierartigen Vorfahren unter Dinosauriern überlebt. Aber ein Bewusstsein von Objekten als solchen und von sich selbst als Subjekten besaßen diese gequälten Kreaturen in ihrer Begriffsferne sicher nicht.

Dennoch hatten sie Bewusstsein, einen Strom von sensorischen – einschließlich imaginativen – Gehalten; und es gibt Theoretiker, wie Wilfrid Sellars oder David Chalmers, die meinen, dass auf der sensorisch-imaginativen Ebene das eigentliche Rätsel des Bewusstseins liege, nicht auf der intentionalen Ebene, die man funktionalistisch bequem enträtseln könne. (vgl. Sellars 1981, S. 87, und Chalmers 1996, S. 16) Eine funktionalistische Enträtselung der Intentionalität halte ich für ausgeschlossen, doch dass die sensorisch-imaginative Bewusstseinsebene ebenfalls Rätsel birgt, glaube ich ohne weiteres.

Joseph Levine hat das Haupträtsel des sinnlichen Bewusstseins als ein Paradoxon der Dualität beschrieben: „Das Quale, das phänomenale Erlebnis hat jenen qualitativen Charakter, der ‚für mich‘, meinem Geist gegenwärtig, ist, und ist doch zugleich auch das bewusste Gewahren selbst" (Levine 2001, S. 173; übersetzt AK). Das Bewusstsein erfordert, anders gesagt, qua Bewusstsein eine Beziehung von Erlebnis und Erlebtem, Akt und Inhalt; aber im sinnlichen Gewahren sind Erlebnis und Erlebtes in paradoxaler Dualität ein und dasselbe.[2] In einer Blau-Empfindung wird das Blau nicht durch etwas anderes repräsentiert, sondern ist unmittelbar präsent als Empfinden und Empfundenes in einem. Später, im intentionalen Bewusstsein des homo sapiens, wird das Blau zu allem Überfluss auch noch objektiviert, nämlich dem wolkenlosen Himmel oder einem Kornblumenstrauß als distale phänomenale Eigenschaft zugeschrieben. Aber dazu bedarf es der Subjekt/Objekt-Unterscheidung, also der Synthesis, von der wir im Augenblick abstrahieren.

Der Gehaltsexternalismus, den wir uns mit diesem Vorgriff auf die Synthesis vor Augen führen, und die These vom ausgedehnten Geist (extended mind) gelten aber, wenn man Kant folgt, schon für das sinnliche und nicht erst für das intentionale Bewusstsein.[3] Denn die Formen des sinnlichen Erlebens und zugleich in paradoxaler Dualität des sinnlich Erlebten, Raum und Zeit, erstrecken sich über den Körper und das Gegenwartsbewusstsein des fühlenden Organismus hinaus ins Unbestimmte. Das sinnliche Bewusstsein ist ein raumzeitliches Feld, das kraft der affektiven Besetzung seiner Inhalte – also des je mit ihnen verbundenen

---

2   Vgl. ebd. S. 168. Dementsprechend sind für Kant Raum und Zeit Formen der Anschauung im doppelten Sinn: des Anschauens und des Angeschauten. Die Unterscheidung von Akt und Inhalt ist demgegenüber nachträglich.

3   Kant sagt das nicht, weil ihm diese Terminologie unserer Tage fremd ist. Aber indem er Raum und Zeit als die Formen des sinnlichen Bewusstseins bestimmt, legt er sich darauf fest, dass unser sinnliches Bewusstseinsfeld so weit reicht wie das (wahrnehmbare) Raum-Zeit-System.

Gefühls der Lust und Unlust – zwar in dem betreffenden Organismus verankert ist, über diese Verankerung aber hinausreicht und sich dabei vielfach mit anderen Bewusstseinsfeldern überlagert. Wir alle kennen a priori ein und dasselbe objektive Raum-Zeit-System als unser Bewusstseinsfeld, das zu meinem Feld nur dadurch wird, dass es für mich in meinem Leib zentriert ist.

Wenn Kant sagt, Raum und Zeit seien „in" uns als die Formen unserer Sinnlichkeit, so darf dieses „in" nicht räumlich verstanden werden, so als wären Raum und Zeit in meinem Kopf; denn mein Kopf ist vielmehr im Raum (und mein Bewusstsein in der Zeit). Das „in" hat also hier ontologische Bedeutung und bezeichnet ein wesentliches In-Sein, eine Art Inhärenz, allerdings nicht die einseitige Inhärenz eines Akzidens in einer Substanz, sondern eine wesentliche Zusammengehörigkeit, die durchaus zweiseitig sein kann. Einerseits sind Raum und Zeit wesentlich auf das Bewusstsein von Organismen bezogen und insofern „in" deren Bewusstsein; andererseits sind Organismen ihrerseits wesentlich auf Raum und Zeit bezogen und leben *in* Raum und Zeit als endliche Wesen.

Der angenommene homo sentiens verfügt also über ein raumzeitlich ausgedehntes sensorisches Bewusstseinsfeld, das affektiv in seinem Leib und Gegenwartsbewusstsein verankert und kraft dieser Verankerung auf sein „Begehrungsvermögen" bezogen ist. Was ihm fehlt, ist die Synthesis und damit jede Form von Selbst- und Objektbewusstsein. Das Selbst des homo sentiens ist vielmehr so „vielfarbig verschieden", wie er Vorstellungen hat, deren blindes Spiel ihn dazu antreibt, sich jeweils so oder so zu verhalten.

Dennoch ist in diesem blinden Spiel dank der paradoxalen Dualität des Bewusstseins das Epistemische schon vorgezeichnet und auf künftige Synthesis hin angelegt. Das Blau des fernen Himmels und das Grün der näheren Wiese sind im sinnlichen Bewusstsein schon unmittelbar präsent, nur noch nicht *als* Blau des Himmels oder Grün der Wiese – und überhaupt noch nicht *als* dies oder das. Diese präkognitive Präsenz der Umwelt im sinnlichen Bewusstsein verstärkt durch ihre distale Natur das Bewusstseinsrätsel noch einmal erheblich.

Eine Lösung wird hier nicht angeboten; nur so viel im Vorbeigehen:[4] Die Mitte des Bewusstseins ist das Gefühl der Lust und Unlust, von dem Kant in der dritten Kritik sagt, dass es nicht objektivierbar sei. Ins Bewusstsein eingegeben, aber nicht aufgesogen, werden phänomenale Qualitäten; ausgegeben im Begehren werden Verhaltensweisen, die die Zweiwertigkeit des Gefühls erben als Hin- und Wegstreben. So unterbricht das Bewusstsein den naturgesetzlichen Determinismus auf der Ebene der Sinnesphysiologie, wenn auch nicht auf der basalen physikalischen Ebene (Nicht erst, wie Davidson zeigte, das Intentionale ist anomal, sondern schon

---

4 Ausführlicher bei Utz (2015)

des Sensorische.). Im Wahrnehmen wird alte Kausalität absorbiert und werden die sinnlichen Qualitäten zu Epiphänomenen depotenziert; im Begehren wird neue Kausalität kreiert und als spontanes Verhalten freigesetzt. Das Gefühl als die Mitte zwischen beidem ist mit den Flanken – dem Wahrnehmen und dem Begehren – wesentlich verbunden; aber das Bewusstsein ist kein nomologisch durchlässiger Eingabe-Ausgabe-Automat.

II   Die Synthesis

Mit dem Terminus „Synthesis" benennt Kant die *Verstandeshandlung der Verbindung*, „es mag eine Verbindung des Mannigfaltigen der Anschauung, oder mancherlei Begriffe, […] sein" (KrV § 15, B 130). Sie sei „ursprünglich einig", sagt er, und „unter allen Vorstellungen die einzige […], die nicht durch Objekte gegeben, sondern nur vom Subjekte selbst verrichtet werden kann" (ebd.). Alles, was für das *zô$_i$on logon echon* charakteristisch ist, wird also unter dem Begriff der ursprünglich einigen Vorstellung der Synthesis zusammengefasst. Eine einzige Grundvorstellung, die uns zu Gebote steht, reicht hin, um uns vor allen anderen Tieren als das logische Tier auszuzeichnen.

Wenn die Synthesis aber eine Vorstellung ist, so sollte sie entweder Begriff oder Anschauung sein, und wenn Anschauung, dann keine sinnliche, sondern eine intellektuelle; wenn Begriff, dann *der Begriff selbst*, platonisch gesprochen, die Idee oder allgemeine Form des Begriffs. Kant bestreitet, dass wir über intellektuelle Anschauung verfügen; aber er denkt dabei an Anschauungen, in denen wir auf reale Objekte bezogen wären. Daher würde er die Synthesis nicht als intellektuelle Anschauung bezeichnen; denn durch sie und in ihr wird uns kein Objekt *gegeben* (sondern etwas Vorgegebenes als Objekt *gedacht*). Da sie aber andererseits auch kein Begriff unter anderen ist – in den Stammbegriffen des reinen Verstandes tritt sie bereits in vier mal drei Kategorien entfaltet auf –, liegt es durchaus nahe, den Terminus „intellektuelle Anschauung" weiter zu fassen, als Kant möchte, und die Synthesis mit Fichte als die intellektuelle Anschauung, wenn schon keines Objektes, so doch unseres eigenen Handelns zu begreifen. Qua intellektuelle Anschauung unseres eigenen Tätig-Seins wäre die Synthesis dann das zunächst präreflexive und nachher auch reflexive Bewusstsein unserer selbst als handelnder Wesen. Wenn, wie oben zitiert, die Synthesis (1) eine Verstandeshandlung (die der Verbindung) und (2) ihrerseits eine Vorstellung ist, so erfüllt sie Fichtes Begriff der intellektuellen (Selbst-) Anschauung so vollkommen, dass man Fichte terminologisch ebenso gut folgen kann wie Kant. Ihre Differenz wäre in diesem Punkt vornehmlich verbaler Natur.

So verstanden also wäre die Synthesis (Kant) bzw. intellektuelle Anschauung (Fichte) einerseits der Akt der Verbindung und Objektivierung sowie andererseits das Selbstbewusstsein, das mit der Objektivierung einhergeht (Kants „objektive Einheit des Selbstbewusstseins" (KrV § 18, B 139f.)), eine Tätigkeit also, die sich im Vollzug selber intellektuell anschaut. Formulierungen, die eine derartige Konzeption nahelegen, finden sich bei Fichte z. B. 1798 im *System der Sittenlehre*, § 2. Die Tätigkeit, die sich selbst anschauen soll, muss aber, wie er betont, schon vorliegen, bevor sie sich durch Selbstanschauung zu einer neuartigen Tätigkeit umgestalten und sich selbst als frei setzen kann. Sie liegt vor als die spontane, aber noch nicht freie Tätigkeit des angenommenen homo sentiens und erhebt sich zum Logos, indem sie sich von sich losreißt (Fichtes Ausdrucksweise; vgl. Fichte 1845/1846, S. 32.), sich anschaut und ipso facto als freie konstituiert. Phylogenetisch erforderte dieses Losreißen Jahrtausende, ontogenetisch dauert es immerhin Monate oder Jahre, und im Leben der Individuen wie der Kulturen und der ganzen Gattung geht es weiter ins Offene der Zukunft.

Allerdings darf man die Synthesis nicht als eine Handlungsweise unter anderen und als etwas auffassen, das man absichtlich tun oder lassen kann. Frei sind wir jeweils, das eine zu wählen und das andere abzuwählen; aber die Freiheit selber, also die Synthesis, können wir nicht abwählen. Wenn wir uns einmal zu ihr erhoben haben, bildet sie die feste Form unseres Handelns und endet erst, wenn wir enden. Sie ist die basale Lebensform des Tieres, das den Logos hat, die (mit Kant zu reden) „ursprünglich einige" Grundform aller verschiedenen menschlichen Lebensformen, in welche sie sich im Lauf der Gattungsgeschichte ausdifferenziert hat und im Prozess der freien Selbstbestimmung des Menschen weiter ausdifferenzieren wird. Unsere Selbstbestimmung zu immer neuen Lebensformen geht ins Offene.

Ständig erschließen wir begriffliche Neubaugebiete um die vertraute Altstadt der Umgangssprache herum und weihen sie ein mittels neuer Sprachspiele. In dieser Metaphorik beschreibt bekanntlich Wittgenstein die fortwährende, schöpferische Weiterbestimmung des Logischen, während Heidegger sie als Wandel im Wesen der Wahrheit und als Seins-Geschick fasst. Beide halten mithin nicht weniger als eine Evolution der Logik für möglich, zwar nicht eine Preisgabe des Nichtwiderspruchsprinzips oder des Tertium non datur; doch niemand weiß, was künftige Anbauten an die Sprache oder Seins-Schickungen bringen werden.

Die Grundform aller Schickungen und Anbauten aber ist, wenn Kant recht hat, ursprünglich einig: die Synthesis als die einzige Vorstellung, die uns nicht gegeben werden kann, sondern die wir als ein Losreißen von uns selbst, von unserer vorfreien Tätigkeit, und als ein intellektuelles Selbstanschauen vollziehen müssen. Da das Losreißen als faktischer Prozess der Menschwerdung hunderttausende von Jahren in Anspruch nahm, hatte die Evolution genügend Zeit, diese Entwicklung auf ihre sinnesphysiologische Basis rückwirken zu lassen. In unserer Modellvorstellung jedoch erfolgt der Übergang vom homo sentiens zum homo sapiens in einem Sprung, und das mag uns vor Augen führen, dass sich an der sinnlichen Basis des Bewusstseins durch die Synthesis eigentlich gar nichts ändert. Freilich wird auch keine neue Bewusstseinsschicht über die sinnliche Schicht gelegt, sondern die Synthesis durchdringt und erleuchtet die vorhandene Basis von innen, durch und durch.

Die Basis ist ein raumzeitliches Feld von Sensa, d. h. von Qualia mit affektiver Färbung, kraft deren das Feld jeweils in einem Organismus körperlich verankert und zentriert ist. Von außen können wir den Organismus als das Subjekt seiner Sensa denken; aus der Binnenperspektive des sinnlichen Bewusstseins aber kann der Organismus sich nicht als Subjekt vorstellen. Denn ein Sensum ist nicht nur in paradoxaler Bewusstseinsdualität Akt und Inhalt, sondern im sinnlichen Bewusstsein ist mit der Akt/Inhalt-Differenz auch die Subjekt/Objekt-Differenz unterschritten. So bildet das sensorische Bewusstseinsfeld eine Mannigfaltigkeit von Sensa, mit deren jedem sein gedachtes Subjekt identisch sein müsste. Dann aber müsste das Subjekt vielfach von sich selbst unterschieden sein – ein Widerspruch. Also gibt es kein selbstbewusstes sinnliches Subjekt, wie auch Hume feststellen musste, als er auf der Basis von Sinneseindrücken das Selbstbewusstsein zu rekonstruieren versuchte. Es erwies sich als unmöglich.

Der Clou von Kants Transzendentaler Deduktion aber ist es nun, dass er die Synthesis als eine vollkommen konservative, in keiner Weise invasive oder manipulative Operation nachzuweisen unternimmt (vgl. Koch 2010, S. 291–316). Sie lässt auf der ontischen Seite alles, wie es ist, und macht nur auf der epistemischen Seite die kategoriale Struktur des Realen zugänglich, die – wie ebenfalls Hume am Beispiel der Substantialität und Kausalität entdeckte – nicht sinnlich rezipiert werden kann. Es gibt also etwas am Realen, nicht irgendetwas, sondern gerade seine objektive Realität und kategoriale Verfassung, das dem sinnlichen Bewusstsein und jeder Form von epistemischer Rezeptivität verschlossen bleibt. Was aber nicht passiv aus dem Realen rezipiert werden kann, müssen wir, wenn wir es erkennen wollen, aktiv auf das Reale projizieren, doch im Erkennen (anders als im Handeln) bitte nicht als Veränderung oder Zutat, sondern absolut pfleglich und in rein konservativer Projektion.

Ein Beispiel konservativen Projizierens ist das Lesen einfacher Alltagstexte. Exemplarisch möchte ich folgende Situation anführen: Vor dem Cotta-Haus in der Tübinger Münzgasse stehen ein Analphabet und eine Leserin. Eine Tafel verkündet: „Hier wohnte Goethe". Die Leserin liest: „Hier wohnte Goethe." Der Analphabet fragt: „Woher wissen Sie das?" Was die sinnliche, visuelle Präsenz der Inschrift angeht, sind Analphabet und Leserin völlig gleichgestellt. Aber die Leserin vermag etwas zu tun, wozu der Analphabet nicht fähig ist: in die wahrgenommenen Lettern eine phonetische und semantische Struktur zu projizieren, die nicht wahrnehmbar, aber objektiv vorhanden ist – weil die Schriftzeichen genau das besagen, was die Leserin liest. Aktivität und Objektivität schließen einander also nicht aus, weder im Lesen noch, wenn Kant recht hat, im Erkennen. Ganz im Gegenteil, Objektivität ist erkennbar nur dank Aktivität. Ontisch verbürgt wird sie dabei im Lesen durch eine von Autor und Leserin geteilte Schriftsprache und in der Synthesis durch die Formen der Anschauung, besonders die Zeit als Form der inneren Anschauung.

Davon handelt der zweite Teil der *Transzendentalen Deduktion*. Hier zeigt Kant, dass wir in unserem Urteilen über die Dinge eine kategoriale Struktur auf sie projizieren, die sie selbst schon mitbringen. Kreativ sind wir dabei also nur in epistemischer, nicht in ontischer Hinsicht. Wir projizieren nur hinein, was schon da ist, aber nicht wahrgenommen werden kann. Darin liegt die objektive Gültigkeit der Kategorien.

III   Intellektuelle Anschauung und intuitiver Verstand

Uns wird durch die „reine Apperzeption in der Vorstellung: *Ich bin*, noch gar nichts Mannigfaltiges gegeben" (KrV § 17, B 138). Aber unser Verstand ist nicht schon jeder denkbare Verstand:

> Derjenige Verstand, durch dessen Selbstbewusstsein zugleich das Mannigfaltige der Anschauung gegeben würde, ein Verstand, durch dessen Vorstellung zugleich die Objekte dieser Vorstellung existierten, würde einen besonderen Aktus der Synthesis des Mannigfaltigen zu der Einheit des Bewusstseins nicht bedürfen, deren der menschliche Verstand, der bloß denkt, nicht anschaut, bedarf. (KrV B 138 f.)

Von was für einer Möglichkeit spricht Kant hier? Können wir sie uns einsichtig machen, oder ist sie ein Spiel mit Worten, in dem wir prima facie keinen Widerspruch entdecken, das sich aber bei näherem Zusehen als widerspruchsvoll erweisen würde, etwa wie sich die prima facie widerspruchsfreie Rede von einer logisch privaten Empfindungssprache nach Wittgenstein bei näherem Zusehen als widerspruchsvoll erweist? Vermutlich letzteres. Lassen wir uns dennoch einmal auf die Phantasie eines anschauenden Verstandes ein, wie Kant sie hier ventiliert.

Das Reale, mit dem wir rezeptiv konfrontiert sind und auf das sich unser Verstand mittelbar bezieht, würde von einem anschauenden Verstand aktiv und unmittelbar gedacht. Dazu müsste dem Realen freilich zuerst seine raumzeitliche Verfassung abgestreift werden, denn Raum und Zeit sind die Formen der Rezeptivität und zugleich die Formen einer auf das diskursive Denken genau zugeschnittenen prädiskursiven Mannigfaltigkeit von Einzelnen. Wenn wir daher die Raumzeitlichkeit aus den Dingen herausrechnen, entfällt deren wesentlicher Bezug auf unsere Subjektivität, der ja durch Raum und Zeit vermittelt ist. Es bleibt vom Realen in Raum und Zeit dann nur das ominöse Ding an sich.

Hier ist Vorsicht angezeigt; denn mit dem Zusatz „an sich" kann Verschiedenes gemeint sein. Soll er heißen: *unabhängig von unserer Subjektivität*, so bleiben nach Abzug von Raum und Zeit tatsächlich nur prinzipiell unerkennbare „Dinge an sich" übrig oder, da der Plural nun nicht mehr gewährleistet ist, das Ding an sich im unbestimmten Kollektiv-Singular. Wenn aber mit „an sich" gemeint ist: *ohne fremde Zutat und ohne alle Entstellung und Verzerrung*, ergibt sich ein anderes Bild. Denn es wäre doch denkbar, dass der Bezug auf unsere Subjektivität den Dingen eigentümlich ist, dass sie *an ihnen selbst* Phänomene sind (wie Heidegger in *Sein und Zeit* lehrt) und dass schon der Urknall den logisch-metaphysischen Keim künftigen Lebens und Denkens wesentlich in sich einschloss. Der Abzug des Subjektbezugs und der Raumzeitlichkeit wäre dann keine konservative, behutsam isolierende, sondern eine invasive, entstellende Abstraktion und das residuale Ding an sich in seinem entstellten und verzerrten „Ansichsein" gar nicht existenzfähig. Es wäre weder Phänomenon noch Noumenon, sondern ein für sich nicht existenzfähiger, abstrakter Restbestand des Realen.

Dass es sich so verhält, dass zum Realen notwendig Subjektivität gehört, die irgendwann inmitten seiner leiblich auftritt, behaupte und beweise ich seit einem Vierteljahrhundert.[5] Hier setze ich diese *Subjektivitätsthese* voraus. Die Annahme eines anschauenden Verstandes ist ihr zufolge nicht bloß kontrafaktisch, sondern kontralogisch, nicht bloß im Irrealis zu formulieren, sondern im Impossibilis (der sich vom Irrealis aber grammatisch nicht unterscheidet). Im Impossibilis also wäre der unselbständige Restbestand des Realen, den wir unter der Bezeichnung „Ding an sich" als ein Abstraktum denken, statt durch den raumzeitlich vermittelten Wesensbezug auf uns, die endlichen Subjekte, nunmehr durch einen innigen Wesensbezug auf einen anschauenden, unendlichen Verstand zu ergänzen, damit er existenzfähig würde.

Dieser unendliche Verstand wäre ein Selbstbewusstsein, durch dessen „einfache Vorstellung des Ich [...] alles Mannigfaltige im Subjekt *selbsttätig* gegeben wäre" (KrV § 8, B 68). Das sagt Kant mit kontrastivem Blick auf den inneren Sinn, den jener Verstand nicht nötig hätte. Auch der äußere Sinn entfiele hier, denn die intellektuelle Anschauung wäre „*ursprünglich*, d. i. eine solche [...], durch die selbst das Dasein des Objekts der Anschauung gegeben wird (und die, soviel wir einsehen, nur dem Urwesen zukommen kann)" (KrV B 72). Das Urwesen also würde das Dasein

---

5   Zuerst 1990 § 3; zuletzt 2016, Kapitel 3.

der seiner Anschauung zugänglichen Objekte durch ursprüngliche intellektuelle Selbsttätigkeit setzen und würde daher, wie zitiert, „einen besonderen Aktus der Synthesis des Mannigfaltigen zu der Einheit des Bewusstseins nicht bedürfen" (KrV § 17, B 139).

Mehr lässt sich über das Urwesen und seinen anschauenden Verstand bzw. seine intellektuelle Anschauung im Grunde nicht sagen, nur negativ vielleicht noch dies, dass das Urwesen weder Raum und Zeit noch unsereins anschauen oder denken könnte, da sein Verstand als eine alternative, andersartige Ergänzung des unselbständigen Dinges an sich eingeführt wurde. Das Ding an sich muss entweder durch das Hinzudenken von Raum und Zeit und unsereins oder durch das Hinzudenken einer ursprünglichen, intellektuellen Anschauung ergänzt werden zu etwas jeweils konkret Realem und Existenzfähigem, und diese Ergänzungen schließen einander aus. Entweder gibt es das Urwesen nicht, da es ja uns gibt; oder es gibt das Urwesen, und wir samt Raum und Zeit sind nichts als (selbstbewusster) Schein.

Aber sogar, wenn wir in äußerster Selbstverleugnung bereit sind, letzteres zu glauben, haben wir die Möglichkeit des intellektuell anschauenden Urwesens noch nicht gerettet. Denn die Objekte, die es anschauen würde, wären nicht unabhängig von seinem Anschauen, also eigentlich keine *Objekte*, sondern bloße Aspekte seiner intellektuellen Selbstanschauung. Dann aber wäre dem Urwesen auch kein Selbstbewusstsein zuzusprechen, denn um sich selbst zu denken, müsste es sich denkend gegen mögliches Andere profilieren. Zwischen Möglichem und Wirklichem aber unterscheidet nur unser diskursive Verstand (vgl. KU, § 76, AA, 5:340). Das Urwesen müsste etwas Anderes als sich selbst also nicht bloß als möglich denken, sondern unmittelbar anschauen, um Selbstbewusstsein zu gewinnen, und etwas Anderes außer ihm kann es für es nicht geben.

So kollabiert uns der ursprünglich anschauende Verstand des gedachten Urwesens unter der Hand in das rein sinnliche Bewusstsein des Tierreichs und des homo sentiens – minus Raum und Zeit. Ein intellektuelles Anschauen von Objekten als solchen, das dann auch selbstbewusst, zumindest präreflexiv selbstbewusst, sein müsste, ist unmöglich. *Mit* Raum und Zeit ist es so unmöglich wie die sinnliche Gewissheit zu Beginn der *Phänomenologie des Geistes* und *ohne* Raum und Zeit so unmöglich wie das reine Sein zu Beginn der *Wissenschaft der Logik*, das zugleich das Anschauen und Denken seiner wäre, wenn es denn möglich wäre. Wer theologisch interessiert ist, sollte Gott also jedenfalls – wider Kant – nicht als das Kantische Urwesen denken.

In der dritten *Kritik*, näher in der *Dialektik der teleologischen Urteilskraft*, umreißt Kant aber einen intuitiven Verstand, der weniger aussichtslos erscheint. Während in der *Kritik der reinen Vernunft* die sinnliche Anschauung im Kontrast mit einer intellektuellen ihr Profil gewinnen sollte, was über Raum und Zeit sogleich hinauswies, will Kant in der *Dialektik der teleologischen Urteilskraft* mittels der Alternativkonzeption eines intuitiven Verstandes die Kohärenz des Naturzweck-Begriffes sichern. Naturzwecke aber kommen, wie der Name sagt, in der Natur, also in Raum und Zeit vor. „Ein Ding existiert als Naturzweck", definiert Kant, *„wenn es von sich selbst* (obgleich in zwiefachem Sinne) *Ursache und Wirkung ist"* (KU § 64, 286): Ursache, sofern seine Teile und deren Zusammenwirken funktional von ihm als Ganzem her erklärt und verstanden werden, und Wirkung, sofern die Teile in ihrem Zusammenwirken es als Ganzes effektiv ermöglichen und erhalten. De facto entsprechen diesem Begriff des Naturzwecks in unserer Erfahrung die lebendigen Organismen.

Überlassen wir also die intellektuelle Anschauung von intelligiblen Objekten einem vermeintlichen Urwesen und betrachten unsererseits den intuitiven Verstand eines fiktiven endlichen Wesens, das wie wir mit raumzeitlichen Objekten umgeht.[6] Was zunächst uns betrifft, so muss unserem Verstand im Umgang mit Dingen in Raum und Zeit vieles als unwahrscheinlicher und glücklicher Zufall erscheinen. Schon dass es uns gibt, stellt sich ihm angesichts der zahllosen denkbaren Alternativen zu den faktischen Anfangsbedingungen des Weltprozesses, von denen die meisten kein Leben ermöglicht hätten, als ein Wunder dar. Ebenso muss es ihm wie ein Wunder vorkommen, dass sich die Naturgesetze augenscheinlich auf wenige mathematisch-physikalische Grundgleichungen zuspitzen lassen. Zur Erklärung dieser wirklichen oder vermeintlichen Zufälle nehmen einige Zeitgenossen denn auch einen intelligenten Weltgestalter an.

Diese Zeitgenossen legen sich subsumierend, also in bestimmender Urteilskraft, auf die Hypothese eines göttlichen Akteurs fest. Das jedoch ist unbegründet. Denn es zehrt von der unbewiesenen und unbeweisbaren Voraussetzung, dass das, was unserem Verstand hier als zufällig erscheint, tatsächlich zufällig ist. Und diese Voraussetzung ist nicht nur unbeweisbar, sondern positiv widerlegbar. Denn wenn gemäß der zuvor erwähnten Subjektivitätsthese leibliche Subjektivität früher oder später in Raum und Zeit auftreten *musste*, lagen die Anfangsbedingungen des Weltprozesses mit logisch-metaphysischer Notwendigkeit innerhalb einer Bandbreite lebensfreundlicher Möglichkeiten. Die Intervention eines intelligenten Gestalters wird somit überflüssig. Im gegebenen Fall erkennen wir also in abstracto

---

6   Aus der Differenz von intelligiblen Objekten und empirischen Organismen lässt sich klar ersehen, dass die intellektuelle Anschauung, die Kant in der ersten Kritik zurückweist, und der intuitive Verstand, den er in der dritten Kritik dem diskursiven Verstand kontrastiert, streng zu unterscheiden sind. Im Übrigen hat Eckart Förster die Notwendigkeit dieser Unterscheidung ausführlich begründet (vgl. Förster 2010).

eine Notwendigkeit, die wir in konkreter wissenschaftlicher Theoriebildung nicht ausbuchstabieren können.

Im Fall der organisierten Naturwesen verhält es sich ähnlich; aber nach Kant andererseits so, dass wir die Notwendigkeit ihres organischen Aufbaus nicht einmal in abstracto einzusehen vermögen. Die nachkantische, darwinsche Theorie der Evolution der Arten hat hieran nichts geändert; denn sie erklärt zwar, warum Organismen in diskreten Spezies auftreten und Spezies zeitlichem Wandel unterliegen; aber zu ihren Aufgaben gehört es nicht zu erklären, was Organismen sind und warum es sie gibt. Auch hier könnte jedoch die Subjektivitätsthese ein Stück weit helfen; denn, wenn es früher oder später unsereins geben musste und wenn sich des Weiteren zeigen ließe, dass unsereins – endliche, leibliche Intelligenz – organisch verfasst sein muss, so wäre, Kant entgegen, die Notwendigkeit von Organismen in abstracto dargetan.

Doch selbst dann, bei abstrakter Einsicht in die Notwendigkeit der organischen Verfassung bestimmter Naturwesen, ist für deren konkretes wissenschaftliches Verständnis noch nichts gewonnen. Deswegen müssen wir sie, um in ihrem Verständnis weiterzukommen, wie Kant lehrt, unter den Begriff des Naturzwecks subsumieren, einen Begriff, der hart an der Grenze der Inkohärenz liegt. Denn Zwecke, d. h. zweckmäßig aufgebaute Gegenstände, sind Artefakte, die wir in concreto aus den Zwecksetzungen von Akteuren erkennen und verstehen. Naturdinge hingegen sind von Natur aus da, ohne das Zutun von Akteuren. Der Begriff eines Naturzwecks wird uns daher anmuten wie eine contradictio in adiecto und Naturzwecke wie hölzerne Eisen. Denn wir dürfen sie in bestimmender Urteilskraft nicht unter den Begriff des Artefakts subsumieren und müssen doch, wenn wir sie erkennen und wissenschaftlich erklären wollen, in reflektierender Urteilskraft so tun, als wären sie eben dies, Artefakte. Andererseits ist jede uns gelingende Naturerklärung nicht-teleologisch, so dass wir über Naturzwecke nun doch auch wieder so reflektieren müssen, als ließen sie sich nicht-teleologisch erkennen.

In dieser paradoxen Lage kommt unserer ratlosen Reflexion Kant mit dem Geniestreich eines allfälligen intuitiven Verstandes zu Hilfe. Dieser Verstand denkt, anders als das intellektuell anschauende Urwesen, seine Gegenstände nicht kreativ und auf einen Schlag in die Existenz, sondern er denkt und begreift sie spekulativ. Eigentlich zu Hause ist das spekulative Denken aber nicht im Raum der Natur, sondern im Raum der Gründe und des Logischen. Spekulativ nämlich entfaltet sich von Hause aus jene andere – Fichtesche – intellektuelle Anschauung, jenes synthetische sich Losreißen in die Freiheit des Logos, das als ursprünglich einige Vorstellung anhebt und sich selbst bestimmt zu dem begrifflichen Reichtum der Fichteschen *Wissenschaftslehre* oder der Hegelschen *Wissenschaft der Logik*.

Fichte und Hegel würden Kants Kontrastfolie zu unserem Verstand also in unserem eigenen Verstand wiedererkennen, wenn auch weniger im Hinblick auf die Biologie als auf die Logik und die Erkenntnistheorie. Kant ist vorsichtiger und zurückhaltender: Wir können uns zumindest denken, dass nicht nur im Begrifflichen wechselseitige Sinnabhängigkeiten, sondern auch in der Natur wechselseitige wesentliche Gegenstandsabhängigkeiten vorkommen; nennen wir sie kurz *Wechselverhältnisse*.[7] Sie sind Verhältnisse wechselseitiger wesentlicher Abhängigkeit zwischen andererseits auch wohlunterschiedenen Gliedern. Die Quantenmechanik führt mit dem Begriff der Verschränkung – der spukhaften Fernwirkung, wie Einstein grummelnd eingestand – in ihre Nähe, soweit und so gut die theoretische Physik dazu in der Lage ist.

Wechselverhältnisse erkennt in abstracto die Philosophie, wenn auch mit der Maßgabe, dass sie im Detail dunkel bleiben. Für den intuitiven Verstand nach Kants dritter Kritik hingegen wären sie durchsichtig. Dieser Verstand würde vom Ganzen eines Wechselverhältnisses her, zum Beispiel vom Ganzen eines organischen Naturwesens her, dessen einzelne Glieder herleiten und ihr Zusammenwirken als notwendig einsehen können. Der Schein des Zufalls, der unserem diskursiven Verstand zu schaffen macht und unsere reflektierende Urteilskraft zur teleologischen Betrachtung nötigt, wäre behoben und die Hypothese eines intelligenten Gestalters damit auch für uns als gegenstandslos abgetan.

So also sind Naturzwecke ohne Widerspruch denkbar und es lässt sich der Anschein einer Antinomie der Urteilskraft auflösen. Indem wir bestimmte Dinge, Organismen nämlich, als Naturzwecke begreifen, denken wir sie als an ihnen selbst einer nichtteleologischen und im Gegenzug holistischen Erkenntnis zugänglich, die vom Ganzen zu den Gliedern absteigt. Gleichzeitig erkennen wir an, dass wir in unserem modularen Erkennen, das von den Teilen zum Ganzen aufsteigt, nichttelelogische Erklärungen organischen Verhaltens nur finden, wenn wir die von Daniel Dennett einmal so genannte funktionale Haltung einnehmen. Sachlich angemessen ist sie für Artefakte. In der Übertragung von diesen auf Naturzwecke kann man sie die teleologische Haltung nennen; und so ist sie wirklich nur eine Haltung, keine Hypothese. Aber sie bewährt sich im Suchen und Finden empirisch belastbarer Hypothesen.

Kant ist zurückhaltender als Fichte und Hegel, weil er spekulatives Begreifen nicht unserem diskursiven Verstand, sondern nur einem denkbaren intuitiven

---

7   Gemeint ist hier nicht die Wechselwirkung, die den Gegenstand von Kants dritter Analogie der Erfahrung bildet. Es geht nicht um reziproke Kausalität, sondern um wesentliche Verschränkung. Zum Terminus technicus „Wechselverhältnis" vgl. Koch (2016, S. 50–54)

Alternativ-Verstand zutraut. Wenn aber die freie, sich selbst bestimmende und in diesem Sinn spekulative Entfaltung der Synthesis, wie Fichte und Hegel lehren, für uns zumindest im Raum der Gründe und des Logos möglich ist, könnte sich vielleicht auch unser Blick auf die Natur entsprechend noch vertiefen. Die Evolution des logischen Raumes geht weiter.

Literatur

Chalmers, David. 1996. *The Conscious Mind. In Search of a Fundamental Theory.* New York and Oxford.

Conant, James. 2017. „Kant's Critique of the Layer-Cake Conception of Human Mindedness in the B Deduction": In *Kant's* Critique of Pure Reason. *A Critical Guide,* ed. James R. O'Shea, 120–139. Cambridge.

Fichte, Johann Gottlieb. 1845/1846. *Das System der Sittenlehre, Sämtliche Werke,* Band IV hrsg. I. H. Fichte. Berlin.

Förster, Eckart. 2011. *Die 25 Jahre der Philosophie. Eine systematische Rekonstruktion.* Frankfurt am Main.

Koch, Anton Friedrich. 1990. *Subjektivität in Raum und Zeit.* Frankfurt am Main.

Koch, Anton Friedrich. 2016. *Hermeneutischer Realismus.* Tübingen.

Koch, Anton Friedrich. 2017. „Kant, Fichte, Hegel und die Logik. Kleine Anmerkungen zu einem großen Thema": In *Internationales Jahrbuch des deutschen Idealismus* 12 (2014): 291–316. Berlin.

Levine, Joseph. 2001. *Purple Haze. The Puzzle of Consciousness.* Oxford.

Sellars, Wilfrid. 1963. „Phenomenalism": In ders., *Science, Perception and Reality:* 60–105. London.

Sellars, Wilfrid. 1981. „Foundations for a Metaphysics of Pure Process": In *The Monist* 64, 3–88.

Utz, Konrad. 2015. *Bewusstsein. Eine philosophische Theorie.* Paderborn.

Teil I
Systematik und Teleologie der Vernunft

Kapitel 3

Praktische Vernunft und Ethik

Freiheit und technisch-praktische Vernunft bei Kant

Peter McLaughlin

Zusammenfassung

Kants Lösung des Problems von Freiheit und Determinismus scheint nur für gute und schlechte Handlungen zu gelten, also für Handlugen, die eine moralische Dimension haben. Nach Ausführungen Kants im Kanon-Kapitel der KdrV scheint die Freiheit zweckrationaler Handlungen Gegenstand der empirischen Erfahrung zu sein, womit sie eine bloß ‚komparative' oder ‚psychologische' Freiheit und deshalb Teil der kausalen Struktur der Welt wäre. Allerdings schreibt Kant auch instrumentellen Handlungen eine moralische Dimension zu, insofern sie erlaubt sind und deshalb einen mindestens hypothetischen Bezug zum Sittengesetz haben. Dieser Beitrag versucht, insbesondere Kants häufig benützten Vergleich zwischen zweckrationaler Vernunft und tierischem Instinkt für eine Deutung der Freiheitstheorie einzusetzen und fruchtbar zu machen.

Der Möglichkeit der moralischen Handlung von Menschen in einer durch kausale Gesetze determinierten Welt hat Kant viel Aufmerksamkeit gewidmet. Gelegentlich beschäftigte er sich auch mit bloß instrumentellen Handlungen, also mit Handlungen, durch die wir zweckrational unsere Interessen verfolgen oder auch nur Frivolitäten nachgehen. Solche Handlungen fallen ebenfalls in den Bereich der praktischen Vernunft als Handlungen nach technisch-praktischen Prinzipien. Auch solche Handlungen sollen aus Freiheit geschehen; auch dort handelt der Wille bzw. die Willkür selbstbestimmt nach Vorstellungen. Die folgenden Überlegungen sollen Kants Position über die Freiheit der technisch-praktischen Vernunft erläutern.

Freiheit und Determinismus

Es gibt keine Einigkeit im philosophischen Gebrauch der Terminologie zur Klassifizierung von Freiheitstheorien, und es ist äußerst schwierig Kants Position in den üblichen Kategorien zu verorten, denn er scheint Unvereinbares zu vertreten. Kant ist ein harter kausaler Determinist, der einen emphatischen libertären Begriff der Freiheit vertritt, den er für kompatibel mit seinem Determinismus hält. Weil diese Ansichten in der Regel für inkompatibel gehalten werden, wird Kant oft missverstanden und einseitig gelesen: Jedenfalls ist die Kantforschung mit sich uneinig, wo Kant in der Freiheitsfrage steht. Ich beanspruche nicht, hier und jetzt alle Unklarheiten und Missverständnisse ausräumen zu können. Ich möchte nur versuchen, einen Aspekt seiner Freiheitstheorie zu klären: die Freiheit zweckrationaler Handlungen, d. h. die Freiheit der instrumentellen Vernunft.

Nachdem Kant in der Einleitung zur *Kritik der Urteilskraft* zwei Funktionen der praktischen Vernunft bzw. des Begehrungsvermögens (das Moralisch-praktische und das Technisch-praktische) unterschieden hat, wird es deutlich, dass der Bereich der praktischen Vernunft viel breiter ist als manchmal gedacht: Das zweckrationale Handeln (einen Tisch Bauen, einen Spaziergang Nehmen) gehört als Beispiel von technisch-praktischer Vernunft im Bereich der praktischen Vernunft, auch wenn der Wille, der in ihm zum Ausdruck kommt, Teil der Natur ist und deshalb unter der Kategorie der Kausalität fällt.

> Der Wille, als Begehrungsvermögen, ist nämlich eine von den mancherlei Naturursachen in der Welt, nämlich diejenige, welche nach Begriffen wirkt; und Alles, was als durch einen Willen möglich (oder notwendig) vorgestellt wird, heißt praktisch-möglich (oder notwendig): zum Unterschiede von der physischen Möglichkeit oder Notwendigkeit einer Wirkung, wozu die Ursache nicht durch Begriffe (sondern wie bei der leblosen Materie durch Mechanismus und bei Tieren durch Instinkt) zur Kausalität bestimmt wird. – Hier wird nun in Ansehung des Praktischen unbestimmt gelassen: ob der Begriff, der der Kausalität des Willens die Regel gibt, ein Naturbegriff, oder ein Freiheitsbegriff sei. (KU, AA 5:172)[1]

Es gibt also drei Arten von Ursache in der Welt: Mechanismus, Instinkt und Wille;[2] letztere soll auch frei sein. Wenn der Wille durch einen Naturbegriff bestimmt wird, haben wir es mit Prinzipien der technisch-praktischen Vernunft zu tun: mit dem was die philosophische Tradition *poiesis* und *praxis* nannte, oder was Kant

---

1   Angaben zu Kants Schriften beziehen sich auf die Akademie Ausgabe mit Band und Seite. Den Text selbst entnehme ich, wo immer möglich, der Weischedel Ausgabe.

2   Vgl. auch Refl. 5995: „Also ist alle Caussalitaet entweder [bloßer] materieller Mechanism oder Instinct oder Freyheit" (Refl, AA 18:419).

eher *Kunst* und *Leben* nennt.[3] Wenn der Wille aber durch einen Freiheitsbegriff bestimmt wird, sind die Prinzipien moralisch-praktisch. Jede dieser Handlungen kann in unterschiedlicher Weise frei genannt werden, und die Freiheit beider Handlungsarten – die technischen und die moralischen – nennt Kant *praktische Freiheit*. Freie Handlungen beider Sorten müssen mit der Gesetzlichkeit der Natur vereinbar sein, weil sie eben Naturursachen darstellen und als Gegenstände der Erfahrung diesen Gesetzen unterliegen: „Wir erkennen also die praktische Freiheit *durch Erfahrung* als eine von den *Naturursachen*, nämlich eine Kausalität der Vernunft in Bestimmung des Willens" (KrV, A803/ B 831; Herv. PM).

Kant nimmt ausführlich Stellung zum Problem von Freiheit und Determinismus insbesondere in der Auflösung der Dritten Antinomie in der *Kritik der reinen Vernunft*: Im Lauf des Arguments wird es immer wieder deutlich, dass Kant ein kompletter Determinist ist, und zwar im Sinne des kausalen Determinismus.[4] Kants Determinismus unterscheidet sich von dem Laplace'schen hauptsächlich dadurch er nicht ohne weiteres die psychischen Ereignisse auf physische Ereignisse reduziert. Kants Beobachter muss nicht nur die Naturgesetze und den Zustand aller Partikeln kennen, sondern auch den empirischen Charakter aller Menschen; dann kann er die exakte Bauzeit des Kölner Doms und alle Ereignisse, die zum Dreißigjährigen Krieg führten, voraussagen:

> [S]o sind alle Handlungen des Menschen in der Erscheinung aus seinem empirischen Charakter und den mitwirkenden anderen Ursachen nach der Ordnung der Natur bestimmt; und wenn wir alle Erscheinungen seiner Willkür bis auf den Grund erforschen könnten, so würde es keine einzige menschliche Handlung geben, die wir nicht mit Gewissheit vorhersagen und aus ihren vorhergehenden Bedingungen als notwendig erkennen könnten. (KrV, A 549 / B 577)

Kant rechnet die Konsequenzen der geistigen Handlungen von Menschen zur Natur und zum kausalen Zusammenhang der Welt. Auch wenn Kant selten klare Aussagen über die Natur psychophysischer Wechselwirkungen macht und sich

---

3 Vgl. *Kritik der Urteilskraft* §65. Leben „das Vermögen eines Wesens, nach Gesetzen des Begehrungsvermögens zu handeln" (KpV, AA 5:09) bezieht sich aber nicht nur auf menschliches Begehren, sondern schließt auch Tiere ein.

4 Der kausale Determinismus soll mit dem logischen Determinismus nicht verwechselt werden. Der Unterschied liegt hauptsächlich darin, ob Weltzustand$_2$ von Weltzustand$_1$ *kausal* bestimmt werden soll oder ob die *Beschreibung* von Weltzustand$_2$ von der *Beschreibung* von Weltzustand$_1$ in Verbindung mit formulierten Naturgesetzen *logisch* folgen soll. Zu dieser Frage siehe Steward 2012.

eher scherzhaft aus der Sache stiehlt,[5] ist es deutlich, dass, wenn der Wille als Naturursache – wie auch immer die Wechselwirkung vermittelt wird – mittels eines Begriffs auf unsere körperliche Handlungen einwirkt, diese Einwirkung mit der Erhaltung der Kraft in der materiellen Welt kompatibel sein muss. In einem der sogenannten Kiesewetter Papiere führt Kant aus:

> Es kann weder durch ein Wunder, noch durch ein geistiges Wesen in der Welt eine Bewegung hervorgebracht werden, ohne eben so viel Bewegung in entgegengesetzter Richtung zu wirken, folglich nach Gesetzen der Wirkung und Gegenwirkung der Materie, denn widrigenfalls würde eine Bewegung des Universi im leeren Raum entspringen.[6] (Refl, AA 18:320)

Wie auch immer der Geist auf den Körper oder der Wille auf die Körperbewegungen wirkt, so muss die Wechselwirkung physikalisch neutral sein: Die Ausübung der Freiheit setzt keine neue Kraft in die Welt ein; sie muss mit den grundlegenden Erhaltungsprinzipien der Physik vereinbar sein. Es mag durchaus eine eigenständige psychologische Erklärungsebene geben, diese darf aber nicht gegen die Grundgesetze der Physik verstoßen.

Andererseits hat Kant einen genauso emphatischen, libertären Begriff der Freiheit. Freiheit besteht für ihn in der Fähigkeit eine Kausalreihe von selbst anzufangen und so die Ursache von Ereignissen in der materiellen Welt zu sein, ohne von solchen Ereignissen selbst bestimmt zu sein. Diese Vorstellung von Freiheit kommt in allen seinen Schriften zur praktischen Philosophie zum Ausdruck und wird auch in der *Kritik der reinen Vernunft* systematisch entwickelt (KrV, A 532–558/ B 560–586). Unsere Freiheit kennen wir aber nicht einfach aus Beobachtung unserer Natur. Wir wissen, dass wir frei sind, weil wir das Sittengesetz kennen: Der Mensch „urteilt also, daß er etwas kann, darum weil er sich bewußt ist, daß er es soll, und erkennt in sich die Freiheit, die ihm sonst ohne das moralische Gesetz unbekannt geblieben wäre" (KpV, AA 5:30). Weil das Sollen ein Können voraussetzt, und wir

---

5   Siehe *Kritik der Urteilskraft* §88: „so wie wir z. B. der Seele unter andern auch eine *vim locomotivam* beilegen, weil wirklich Bewegungen des Körpers entspringen, deren Ursache in ihren Vorstellungen liegt, ohne ihr darum die einzige Art, wie wir bewegende Kräfte kennen, (nämlich durch Anziehung, Druck, Stoß, mithin Bewegung, welche jederzeit ein ausgedehntes Wesen voraussetzen) beilegen zu wollen" (KU, AA 5:457). Im Nachwort zu Soemmerrings *Organ der Seele* spricht Kant von einem „Bewegungsvermögen (*facultas locomotiva*)" der Seele (Br, AA 12:31).

6   Kant führt weiter aus: „Es kann aber auch keine Veränderung in der Welt (also kein Anfang jener Bewegung) entspringen, ohne durch Ursachen in der Welt nach Naturgesetzen überhaupt bestimmt zu seyn, also nicht durch Freiheit oder eigentliche Wunder" (ebd.).

uns des Sollens bewusst sind, so können sind wir das tun, was wir in diesem Sinne sollen. Aus dem Bewusstsein des Sittengesetzes erkennen wir unsere unbedingte Freiheit. Diese Art Freiheit sieht Kant als notwendig für die Möglichkeit moralischer Handlung, für gute und schlechte Taten – aber auch für anscheinend moralisch neutrale, bloß zweckrationale Handlungen, die immerhin als *erlaubte* Handlungen eine hypothetisch moralische Dimension haben sollen.

Kants eigene Versöhnung von Freiheit und Determinismus ist am Ende relativ simpel: „Und so sind kategorische Imperativen möglich, dadurch daß die Idee der Freiheit mich zu einem Gliede einer intelligibelen Welt macht" (GMS, AA 4:454). Als moralische Agenten sind wir Dinge an sich – und als solche außerhalb von Raum, Zeit und Kausalität. Als Noumena, bzw. Dinge mit einem intelligiblen Charakter, können wir allerdings die Gründe von Erscheinungen sein. Der intelligible Charakter *kann* als intelligible Ursache des empirischen Charakters, als den er erscheint, betrachtet werden, auch wenn der empirische Charakter, als Teil der Welt, durch den vorausgehenden Zustand dieser Welt vollständig determiniert ist (KrV, A 539/ B 567). Wie kann eine Handlung durch vergangene Ereignisse in der Welt vollständig determiniert sein und trotzdem als Wirkung einer freien Spontaneität betrachtet werden? Eine Handlung hat für Kant zwei Ursachen: ein erscheinendes Ereignis (oder Gesamt-Weltzustand) das vor ihr in der Zeit liegt und eine intelligible Ursache, die in ihr erscheint.[7] Die empirische und die noumenale Ursache der Handlung kommen sich nicht in die Quere. Mindestens lässt sich dies ohne Widerspruch denken – und mehr habe Kant nicht beweisen wollen.[8] Die transzendentale Freiheit soll als logisch *möglich* gedacht werden können; sie ist moralisch *notwendig*; und man hat schließlich Zugang zu ihr als *wirklich* durch „bloße Apperzeption" (A 546–547/ B 574–5).[9] Diese transzendentale Freiheit soll nach Kant eine *praktische* Freiheit begründen können.

Die enge Verbindung von Freiheit und Moral bei Kant führt allerdings zu einigen Schwierigkeiten, wenn es darum geht einen allgemeinen Handlungsbegriff zu bestimmen. Dabei sind zwei Probleme zu unterscheiden: Zunächst ist es schwierig

---

7 Ausführlich, McLaughlin 1989, S. 111–114.

8 Die „Auflösung" der Dritten Antinomie schließt mit einem Zugeständnis: „daß Natur der Kausalität aus Freiheit wenigstens *nicht widerstreite*, das war das einzige, was wir leisten konnten, und woran es uns auch einzig und allein gelegen war" (KrV, A 558/ B 586). Ähnliches finden wir in der *Metaphysik der Sitten*: „denn über das Kausal-Verhältnis des Intelligiblen zum Sensiblen gibt es keine Theorie" (MS, AA 6:439).

9 Auch wenn Kant hier explizit die Tätigkeit der Apperzeption als „erkennen" charakterisiert – wie an der oben zitierten Stelle (KpV, AA 5:30) der *Kritik der praktischen Vernunft* die Freiheit auch *erkannt* wurde –, geht es eher um eine Zuschreibung der Freiheit als um die Beschreibung einer Erfahrung der Freiheit.

mit den Ressourcen der *Kritik der reinen Vernunft* allein, eine artikulierte Theorie
nicht nur der moralisch guten Handlungen sondern auch der moralisch *schlechten*
Handlungen auszuarbeiten; diesen Mangel hat Kant allerding größtenteils behoben
in der Religionsschrift von 1793.[10] Aber für eine allgemeine Handlungstheorie
ist die Frage nach der Natur einer rationalen Handlung als solcher – womöglich
unabhängig von einer moralischen Dimension – zentral: Wie kann eine rein
zweckrationale Handlung – die unabhängig von einer Bestimmung durch das
Sittengesetz zu sein scheint – frei sein?

Seit gut vierzig Jahren versucht die Kantforschung eine allgemeine Handlungs-
theorie bei Kant zu finden bzw. zu rekonstruieren. Der vermutlich prominenteste
Vertreter dieses Rekonstruktionsprojekts der Handlungstheorie Kants, Henry
Allison, schreibt:

> Contrary to many interpreters I shall argue that Kant is concerned there [*Kritik der
> reinen Vernunft*] to provide a transcendental framework for a unified theory of ratio-
> nal agency, one that includes but is not limited to moral agency. (Allison 1990, S. 29)

Die Probleme einer solchen Interpretation Kants beschreibt Roger Sullivan wie folgt:

> So much of Kant's moral writing consists of either an analysis or a defense of our ability
> to reason practically that it might seem it should be an easy task to set out his more
> general theory of action. But Kant himself explicitly refused to offer such a theory and,
> in fact, held that he should not be criticized for not doing so […] But Kant still needed
> to *use* a theory of human action, which he gradually developed during the course
> of his moral philosophy. That theory of action can be pieced together but only from
> remarks scattered throughout his writings, often in footnotes. (Sullivan 1989, S. 23)

Diese beiden Zitate belegen das Problem der Rekonstruktion einer Handlungstheorie
bei Kant: Wenn wir Handlungstheorie so verstehen, wie wir sie von Davidson[11]
gelernt haben, müssen wir versuchen, Kants immerhin recht allgemein formulierte
Beschreibungen von *moralischen* Handlungen (d. h. Handlungen mit einer moralischen Dimension) als allgemeine Handlungstheorie zu nehmen. Allerdings nehmen
diejenigen, die ihre Handlungstheorie bei Davidson gelernt haben, als Paradigma
einer freien Handlung das Heben der Arm – oder das Austrinken einer Farbedose
– nicht jedoch das Erzählen einer Lüge oder das Zurückzahlen eines Depositums.
Man unterscheidet relativ fundamental zwischen dem *Verhalten* eines Tieres und
der *Handlung* eines Menschen schon vor aller Betrachtung der möglichen mora-

---

10 *Die Religion innerhalb der Grenzen der bloßen Vernunft.* Vgl. dazu Willascheck 1992.
11 Siehe Davidson 1980.

lischen Dimensionen dieser Handlung – und erwartet vergeblich, dass Kant dies auch tut. Kant selbst allerdings betont immer wieder die Ähnlichkeit zwischen instrumenteller Vernunft und Instinkt: es ist nicht die instrumentelle Zweckmäßigkeit, sondern die Moral, die uns von den Tieren unterscheidet.

Kant spricht zwar viel über Freiheit in der *Kritik der reinen Vernunft* und seinen moralphilosophischen Werken, aber er sagt relativ wenig über die allgemeine Frage der menschlichen Handlung – weder über moralische Handlung unter Abstraktion von der moralischen Dimension oder über menschliche Handlung am Beispiel moralisch neutraler Handlungen. Das *einzige* prominente Beispiel in Kants Werk, das die Freiheit einer offensichtlich moralisch neutralen Handlung thematisiert, befindet sich in der Anmerkung zur Thesis der Dritten Antinomie in der *Kritik der reinen Vernunft*, wo das von Kant gewählte Beispiel einer freien Handlung keine erkennbare moralische Dimension hat: Wenn ich „völlig frei, und ohne den notwendig bestimmenden Einfluss der Naturursachen von meinem Stuhl aufstehe, so fängt […] eine neue Reihe schlechthin an" (KrV, A 450/ B 478). Dieses Beispiel ist allerdings Teil der Darstellung der Thesis-Position, die (wie die Antithesis auch) widerlegt werden soll; es ist also an dieser Stelle nicht eindeutig klar, wie Kant zum Inhalt der Ausführungen steht – ob er dies als Beispiel der Freiheit akzeptiert. Klar ist allerdings, dass Kant prinzipiell solche Handlungen *nicht* als moralisch neutral betrachtet: Echte *adiaphora* gibt es nicht. In *Religion innerhalb der Grenzen der bloßen Vernunft* schreibt Kant:

> Eine moralisch-gleichgültige Handlung (*adiaphoron morale*) würde eine bloß aus Naturgesetzen erfolgende Handlung sein, die also aufs sittliche Gesetz, als Gesetz der Freiheit, in gar keiner Beziehung steht: indem sie kein Faktum ist und in Ansehung ihrer weder *Gebot*, noch *Verbot*, noch auch *Erlaubnis* (gesetzliche Befugnis) statt findet, oder nötig ist. (RGV, AA 6:23)

Zwar sind anscheinend neutrale Handlungen durch das Sittengesetz weder geboten noch verboten, aber sie sind, laut Kant, immerhin *erlaubt,* und insofern haben sie doch eine moralische Dimension.[12] Mindestens hypothetisch gilt: Wenn in der konkreten Situation unter Berücksichtigung aller Faktoren das Aufstehen vom Stuhl doch gegen das Sittengesetz verstoßen *hätte, hätte* ich trotz aller physikalischen Kausalgesetze und psychologischen Determinanten anders handeln können, als ich gehandelt habe. *Hat* sie allerdings nicht gegen das Gesetz verstoßen, so *bestand* für meinen intelligiblen Charakter keine Notwendigkeit, sich in der Erscheinungswelt zu melden – und mein empirischer Charakter ist sowieso Teil des kausalen Ablaufs der Welt. Bei verbotenen und gebotenen Handlungen ist der intelligible Charakter

---

12 Zu diesem Problem siehe Willaschek 1992.

(ein Ding an sich) in der Erklärung der Handlung als freier Handlung involviert. Bei lediglich erlaubten Handlungen, bei denen die moralische Dimension im Kontrafaktischen verbleibt, fragt es sich, warum sie *frei* genannt werden müssen. Wenn ich mir selbst Freiheit zuschreibe, weil ich das moralisch Richtige erkenne und für mich als verbindlich ansehe, warum sollte ich mir auch Freiheit zuschreiben, wenn ich in einer Sache keines Sollens bewusst bin? Allerdings, wenn ich in diesem Fall (z. B. Aufstehen vom Tisch) erkennen würde, dass das Sittengesetz doch im Spiel ist, so würde ich anders handeln *sollen* und deshalb auch können.

Freiheit, praktisch und empirisch

Nehmen wir ein Beispiel, das die verschiedenen Handlungsformen bei Kant exemplifizieren kann: Ein Taschendieb greift die Tasche einer alten Dame und läuft davon. Allerdings stolpert er über einen Stein auf dem Bürgersteig und stört einen Hund, der gerade ein Aas fressen wollte und nun von seinem Fressen lässt und den Dieb instinktiv verfolgt. Der Taschendieb stolpert weiter durch die Tische eines Straßencafés, wo ihm ein Gast ein Bein stellt, weil er das für das Richtige hält. Daraufhin schubst ein zweiter Gast, der den herbeieilenden Polizisten schon gesehen hat, den Dieb runter, weil er sich Hoffnungen auf eine Belohnung macht. Der Taschendieb wird gefasst.

Nach der moralisch schlechten Handlung (Raub) läuft eine komplizierte Reihe von kausalen Handlungen ab.[13] Der Stein stellt eine mechanische Ursache dar. Der Hund stellt eine lebende Ursache dar, die (wie ein Eichhörnchen das die Nüsse nicht frisst, sondern aufhebt) die unmittelbaren Antriebe der Sinnlichkeit mit seinem *arbitrium brutum* überwindet und handelt nicht nur *unmittelbar* sinnlich bedingt, sondern auch instinktiv. Bei den beiden Cafébesuchern, andererseits, haben wir es mit freien Handlungen zu tun, die auch moralisch geboten sind und die auch zunächst die unmittelbaren Antriebe der Sinnlichkeit überwinden müssen: Die erste Handlung geschieht auf Grund des Sittengesetzes und kann sich auf einen kategorischen Imperativ berufen; die zweite Handlung, die bloß zweckrational und glücksorientiert ist, geschieht zwar auch durch Freiheit aber nur *gemäß* dem Sittengesetz (nicht *aus* dem Sittengesetz) und kann sich nur auf einen hypothetischen Imperativ berufen (wenn Du eine Belohnung haben willst, dann sollst Du den Taschendieb schubsen). In beiden Fällen ist ein *Sollen* involviert: einmal nach

---

13   Kants Handlungsbegriff ist sehr weit: Das Fallen eines Steins sowie das Zurückzahlen eines Depositums ist eine Handlung.

sittlichen, einmal nach instrumentellen Gesichtspunkten. In beiden Fällen ist es auch möglich, dass das, was sein sollte, nicht eintritt. Es sind auch zwei unterschiedliche Beispiele der praktischen Freiheit: einmal moralisch-praktisch, einmal technisch-praktisch. Aber beide Menschen in Café haben auch vor dem Vorfall mit dem Taschendieb frei gehandelt; sie haben nämlich gesessen und Eiskaffee getrunken. Diese Handlung war weder *aus* dem Sittengesetz noch *gemäß* dem Sittengesetz, das zu diesem Thema nichts sagt oder nur sagt, dass die Handlung nicht verboten ist. Diese (erlaubte) Handlung war insofern frei als die Menschen auf Eiskaffee hätten verzichten können, wenn das Sittengesetz es verlangt hätte – was auch nachher eingetreten ist.

Die Handlung des ersten Cafébesuchers wurde allerdings immer noch nicht vollständig beschrieben, denn sein intelligibler Charakter, der ihn zu dieser guten Handlung bestimmt, war nicht der einzige kausale Faktor bei der Bestimmung der Handlung; auch sein (durch andere Erscheinungen in der Zeit kausal vollständig determinierter) empirischer Charakter hat ihn zu dieser Handlung bestimmt. Auch wenn sein (noumenaler) Wille durch das Sittengesetz bestimmt war, hat seine Handlung auch empirisch zugängliche Motive, die sie in der Zeit mitverursacht haben. Möglicherweise hat sein Glaube an eine Belohnung für gute Handlungen in einem Leben nach dem Tod ihn dazu motiviert – ohne dass die Handlung lediglich *gemäß* dem Sittengesetz wäre.

Wenn ein Mensch frei handelt, kann man erwarten, dass er die Handlungsmotive als geistige Vorgänge erfahren kann. Die noumenale Entscheidung, oder der Zustand des intelligiblen Charakters, ist kein Gegenstand einer möglichen Erfahrung, aber die geistigen Überlegungen in der Zeit vor der Handlung sind in der Regel dem inneren Sinne zugänglich. So sagt Kant im „Kanon" am Ende der *Kritik der reinen Vernunft*:

> Die praktische Freiheit kann *durch Erfahrung* bewiesen werden. Denn nicht bloß das, was reizt, d. i. die Sinne unmittelbar affiziert, bestimmt die menschliche Willkür, sondern wir haben ein Vermögen, durch Vorstellungen von dem, was selbst auf entferntere Art nützlich oder schädlich ist, die Eindrücke auf unser sinnliches Begehrungsvermögen zu überwinden...
> [...] Wir erkennen also die praktische Freiheit *durch Erfahrung* als eine von den *Naturursachen*, nämlich eine Kausalität der Vernunft in Bestimmung des Willens..."
> (KrV, A 802–803/ B 830–31, Herv. PM)

Die so beschriebene praktische Freiheit ist Teil der Erfahrungswelt. Die Tragweite dieser Erfahrung ist allerdings nicht so groß, denn auch die Handlung des Hundes, obgleich nicht frei, ist immerhin insofern *willkürlich*, als er in der Handlung die unmittelbaren Antriebe der Sinnlichkeit durch Instinkt überwindet. Die Beschreibung der freien Handlung in diesen Passagen sieht vor, dass wir in der Lage sind, mit *Vorstellungen Eindrücke* zu besiegen – womit mit den „Vorstellungen" oder den „Eindrücken" nur *natürliche* Kräfte bzw. Motive gemeint sein können.

Eine fast unüberschaubare Literatur ist sich darin einig, dass diese Passage in Widerspruch zu den zentralen Aussagen Kants über die Freiheit im Kontext der Dritten Antinomie steht.[14] Dort schreibt Kant:

> Die *Freiheit im praktischen Verstande* ist die Unabhängigkeit der Willkür von der *Nötigung* durch Antriebe der Sinnlichkeit. Denn eine Willkür ist *sinnlich*, so fern sie *pathologisch* (durch Bewegursachen der Sinnlichkeit) *affiziert* ist; sie heißt *tierisch* (*arbitrium brutum*), wenn sie *pathologisch necessitiert* werden kann. Die menschliche Willkür ist zwar ein *arbitrium sensitivum*, aber nicht *brutum*, sondern *liberum*, weil Sinnlichkeit ihre Handlung nicht notwendig macht, sondern dem Menschen ein Vermögen beiwohnt, sich unabhängig von der Nötigung durch sinnliche Antriebe von selbst zu bestimmen. (KrV, A 534/ B 562)

Diese Ausführungen werden (nicht ganz ohne Grund) in der Regel als Erläuterungen zur transzendentalen Idee der Freiheit interpretiert, von der Kant Ähnliches behauptet wie von der empirischen Freiheit in der Kanon-Passage; aber es gibt auch gute Gründe, diese Freiheit „im praktischen Verstand" eher als Gattungsbegriff zu deuten, der nicht nur die besondere (empirische) Art der praktischen Freiheit, die im Kanon thematisiert wird, umfasst sondern auch die intelligible Art: Eine (intelligible) Freiheit, die uns *unabhängig* von der Sinnlichkeit bestimmt, ist nicht identisch mit einer (empirischen) Freiheit, die die Sinnlichkeit *überwindet*. Letzteres geschieht auch beim Tier durch Instinkt; die Sinnlichkeit wird dadurch überwunden, dass eine sinnliche Kraft gegen eine andere sinnliche Kraft ausgespielt wird.

Beginnen wir die Analyse mit einer Betrachtung der lateinischen Terminologie, die im Kanon in Anschluss an der zitierten Stelle auch verwendet wird und dem Sprachgebrauch der deutschen Schulphilosophie nachgebildet wird.[15] Die Willkür des Menschen ist nicht ein *arbitrium brutum* wie beim Tier, sondern eher ein *arbitrium liberum* (auch KrV A 802/ B 830). Sie wird hier allerdings auch als *sensitivum* charakterisiert. Kant spricht in anderem Kontext (Reflektionen und Vorlesungen) von verschieden Arten der Willkür: Das *arbitrium liberum* kann entweder *intellectuale* oder *sensitivum* sein, so wie das *arbitrium sensitivum* entweder *liberum* oder

---

14 . Schönecker (2005) nennt dies das „Kanonproblem" und führt zahlreiche Beispiele unvereinbarer Deutungen an.

15 Vgl. Baumgarten §712

brutum sein kann.[16] Es gibt also eine intelligible und eine phänomenale Willkür; und die phänomenale Willkür ist entweder frei oder tierisch. Unsere noumenale Freiheit könnte uns erlauben eine Kausalkette spontan (aber zeitlos) anzufangen; sie kann allerdings nicht etwa in einem Wettbewerb der Kräfte mehr *vis locomotiva* auf die Waagschale legen, als die Nötigung durch sinnliche Antriebe aufbringen kann. Das wäre das falsche Modell für eine noumenale Handlung. Die intelligible Freiheit konkurriert nicht mit der Naturkausalität, sondern erscheint in ihr. Es stimmt zwar, dass die Sinnlichkeit die Handlung der (noumenalen) Willkür nicht notwendig macht, aber die Handlung der korrelierten empirischen Willkür ist Gegenstand der Erfahrung – mindestens des inneren Sinnes – und insofern ist sie selbst Teil der Kausalkette der Natur. Es muss also hier in dieser Schlüsselpassage der Dritten Antinomie auch mindestens teilweise um die empirisch zugängliche Freiheit gehen, die sonst bloß „komparativ" oder „psychologisch" genannt wird (KpV, AA 5:97).[17]

Technisch-praktische Freiheit

Eine freie Handlung nach Kant ist eine rationale Handlung, die zielgerichtet oder zweckmäßig ist und deren Zweck durch einen Begriff repräsentiert oder mindestens vermittelt wird. Je nachdem der Begriff ein Freiheitsbegriff oder ein Naturbegriff ist, ist die Handlung moralisch-praktisch oder technisch-praktisch (zweckrational). Aber auch wenn wir ein Vermögen haben, uns selbst *unabhängig* von der „Nötigung durch sinnliche Antriebe" zu bestimmen, müssen wir auch ein Vermögen haben, diesen sinnlichen Antrieben entgegenzuwirken, denn sonst würden wir hinter den Tieren fallen, die der Nötigung der Sinnlichkeit mindestens ihren Instinkt entgegensetzen können.

Nicht nur die eingangs zitierte Stelle (KU, AA 5:172) aus der Einleitung zur *Kritik der Urteilskraft* setzt unsere instrumentelle Vernunft in einen engen Zusammenhang zum Instinkt der Tiere; auch in seinen moralphilosophischen Werken

---

16 28:255. Vgl. auch „Arbitrium autem est vel sensitivum vel intellectuale; illud est vel brutum vel liberum" (17:313). Und: „Freiheit ist das Vermögen, sich durchs *arbitrium intellectuale* allein zu bestimmen. Dieses kann also keine *causam impulsivam* vom Objekt (Interesse) her haben" (15:470).

17 Man vergleiche dazu Bojanowski (2006, S. 201) und Rometsch (2016), die überlegen, ob nicht die Freiheit des Kanons eine Scheinfreiheit ist.

vergleicht Kant zweckrationale Vernunft mit Instinkt.[18] Dort erklärt Kant: wenn unsere Glückseligkeit der eigentliche Zweck der Natur gewesen wäre, hätte sie uns Instinkt statt Vernunft gegeben, da Instinkt viel effizienter ist und – im Gegensatz zur Vernunft – nicht die Neigung hat „in *praktischen* Gebrauch" auszuschlagen (GMS, AA 4:395) und so unserer Glückseligkeit im Weg zu stehen. Da die Natur es allerdings eher auf moralische Handlung als auf erfolgreiche eigennützige Handlung abgesehen hat, müssen wir unsere langfristigen sinnlichen Interessen schlecht oder recht durch Vernunft statt Instinkt verfolgen. Wir überwinden die Nötigung durch unmittelbare Antriebe der Sinnlichkeit nicht wie das Eichhörnchen oder der Hund durch Instinkt, sondern durch praktische Vernunft. Diese „erhebt" uns allerdings nicht über die Tiere, wenn sie „nur zum Behuf desjenigen dienen soll, was bei Tieren der Instinkt verrichtet" – denn da ist nur Naturkausalität im Spiel (KpV, AA 5:61). Auch wenn Kant die technisch-praktischen bzw. zweckrationalen Formen der praktischen Vernunft oder praktischen Freiheit „Naturursachen" nennt, müssen sie trotzdem eine moralische Dimension haben, wenn diese Handlung anders als tierisch sein sollen. Schließlich werden auch die Handlungen des Begehrungsvermögens nach dem Freiheitsbegriff Naturursachen genannt.

In der Auflösung des „scheinbaren Widerspruch[s] zwischen Freiheit und Naturmechanism" in der *Kritik der praktischen Vernunft* (KpV, AA 5:97–8) erklärt Kant, dass es nicht darum geht, ob die kausalen Bestimmungen unserer Handlungen innerlich bzw. psychologisch sind oder eher äußerlich und mechanisch – d. h. ob die Handlungen durch Vorstellungen oder durch Körperbewegungen bewirkt werden. Die empirische Freiheit, d. i. das Vermögen durch eine Art Sinnlichkeit die *Wirkung* einer anderen Art Sinnlichkeit aufzuheben oder auszugleichen, würde nicht reichen uns als frei auszuweisen, wenn sie die einzige Art Freiheit wäre. Wenn wir in instrumentellen Handlugen unseren Willen nur durch Naturbegriffe bestimmen könnten, hätten wir nur eine *komparative* oder *psychologische* Freiheit – wie etwa ein geistiger Bratenwender:

---

18 *Im ersten* Abschnitt der *Grundlegung zur Metaphysik der Sitten* schreibt Kant: „Denn alle Handlungen, die es [das Geschöpf] in dieser Absicht auszuüben hat, und die ganze Regel seines Verhaltens würden ihm weit genauer durch Instinkt vorgezeichnet und jener Zweck weit sicherer dadurch haben erhalten werden können, als es jemals durch Vernunft geschehen kann, und sollte diese ja obenein dem begünstigten Geschöpf erteilt worden sein, so würde sie ihm nur dazu haben dienen müssen, um über die glückliche Anlage seiner Natur Betrachtungen anzustellen, sie zu bewundern, sich ihrer zu erfreuen und der wohltätigen Ursache dafür dankbar zu sein; nicht aber, um sein Begehrungsvermögen jener schwachen und trüglichen Leitung zu unterwerfen und in der Naturabsicht zu pfuschen" (GMS, AA 4:395).

> Hier wird nur auf die Notwendigkeit der Verknüpfung der Begebenheiten in einer
> Zeitreihe, so wie sie sich nach dem Naturgesetze entwickelt, gesehen, man mag
> nun das Subjekt, in welchem dieser Ablauf geschieht, *Automaton materiale*, da das
> Maschinenwesen durch Materie, oder mit Leibnizen *spirituale*, da es durch Vorstel-
> lungen betrieben wird, nennen, und wenn die Freiheit unseres Willens keine andere
> als die letztere (etwa die psychologische und komparative, nicht transzendentale, d. i.
> absolute, zugleich) wäre, so würde sie im Grunde nichts besser, als die Freiheit eines
> Bratenwenders sein, der auch, wenn er einmal aufgezogen worden, von selbst seine
> Bewegungen verrichtet. (KpV, AA 5: 97)

Die Freiheit der technisch-praktischen oder instrumentellen Vernunft ist aber genau
diese Freiheit des *automaton sprituale*. Oder besser gesagt, sie wäre nur die Freiheit
des Bratenwenders, der das Vermögen hat, die Schwerkraft und die Trägheit des
Bratens zu überwinden, wenn sie nicht etwas mehr wäre: nämlich die Fähigkeit,
neben der psychologischen Bestimmung als Teil der Kausalkette der Welt, eine
moralische und auch intelligible Dimension in jeder empirischen Handlung zu
entdecken. Der Bratenwender könnte seine Drehbewegungen nicht unterlassen,
wenn es sich herausstellen würde, dass das Sittengesetz doch dagegen spräche.

Kehren wir zurück zum Straßencafé zu den beiden Gästen, die ihre Eiskaffees
trinken – und so zweckrational ihr Glück verfolgen. Wir wissen, dass auch diese
Handlung beim ersten Gast (im emphatischen Sinne) frei war, weil der Kaffeegenuss bald darauf vom kategorischen Imperativ unterbrochen wurde. Nicht nur
wäre er (kontrafaktisch) bereit, auf seine (erlaubte) Genusshandlung zu verzichten,
wenn die Erlaubnis wegfiele, sondern er verzichtet tatsächlich darauf. Als er sich
bewusst wird, dass er auf Grund eines kategorischen Imperativs in die Ereignisse
einmischen soll um dem Taschendieb ein Bein zu stellen, so ‚erkennt' er seine
(moralische) Freiheit, *unabhängig* von den sinnlichen Antrieben zu handeln.
Gleichzeitig ‚erfährt' er – wie auch der zweite Gast – seine (instrumentelle) Freiheit,
die Eindrücke, die vom Eiskaffee auf seine Sinnlichkeit ausgehen, zu *überwinden*.
Der zweite Gast (der eher auf Belohnung aus war) erfährt nur die zweite, instru-
mentell-empirische Art Freiheit, weil er nur vom hypothetischen Imperativ – und
dem entsprechenden Wenn-dann-Sollen – in seinem Kaffeegenuss unterbrochen
wird. Er tut bewusst das, was der Hund instinktiv tut; er überwindet den einen
Antrieb der Sinnlichkeit durch einen höherrangigen Antrieb. Auch hier hätte der
zweite Gast sich *unabhängig* von den höher- oder niederrangigen Antrieben der
Sinnlichkeit bestimmen lassen können – was man daraus folgern kann, dass er
auch die moralisch gebotene Handlung tatsächlich ausgeführt hat, wenngleich nur
pflicht*gemäß*, nicht *aus* Pflicht.

Beide Gäste im Café erfahren ihre Freiheit in empirischem Triebverzicht. Diese
erfahrene Freiheit ist allerdings die Freiheit eines mit innerem Sinne und Instinkter-

satz ausgestatten *automaton sprituale*. Die Handlungen von beiden Kaffeetrinkern sind allerdings auch „im praktischen Verstand" frei. Der erste Gast kann diese Freiheit auch ‚erkennen', weil es ihm bewusst ist, was er *kategorisch* tun soll und dass er deshalb frei ist. Dem zweiten Gast müsste seinerseits bewusst werden, was er *hypothetisch* tun soll (um an die Belohnung zu kommen); aber dieses ist kein Sollen, das ein Können impliziert, und der intelligible Charakter wird gar nicht gefordert. Also erfährt er nur seine komparative Freiheit als geistiges Glied einer Kausalkette, ohne dass er aus diesem bestimmten Grund sich die noumenale Freiheit erkennen kann, die wir ihm hypothetisch zuschreiben.

Bibliographie

Allison, Henry.1990. *Kant's Theory of Freedom*, Cambridge: Cambridge University Press.

Baumgarten, Alexander Gottlieb. 2011. *Metaphysica: historisch-kritische Ausgabe* (hrsg. von G. Gawlick und L. Kreimendah), Stuttgart: Frommann-Holzboog.

Bojanowski, Jochen. 2006. *Kants Theorie der Freiheit: Rekonstruktion und Rehabilitierung, Kantstudien Ergänzungshefte 151*, Berlin: De Gruyter.

Davidson, Donald. 1980. *Essays on Actions and Events*, Oxford: Clarendon Press.

Kant, Immanuel. 1900ff. *Gesammelte Schriften*, Königlich Preußische Akademie der Wissenschaften. Berlin: G. Reimer/De Gruyter.

Kant, Immanuel.1956. *Werke*, Studienausgabe hrsg. von Wilhelm Weischedel, Darmstadt: Wissenschaftliche Buchgesellschaft.

McLaughlin, Peter. 1989. *Kants Kritik der teleologischen Urteilskraft*, Bonn: Bouvier.

Rometsch, Jens. 2016. „Kants 'Kategorien der Freiheit': Freiheit als empirischer und tranzendentaler Bratenwender?" in St. Zimmermann (Hrsg.) *Die „Kategorien der Freiheit" in Kants praktischer Philosophie: historisch-systematische Beiträge, Kantstudien Ergänzungshefte 193*, Berlin: De Gruyter, 129–148.

Schönecker, Dieter. 2005. *Kants Begriff transzendentaler und praktischer Freiheit, Kantstudien Ergänzungshefte 149*, Berlin: De Gruyter.

Steward, Helen. 2012. *A Metaphysics for Freedom*, Oxford: Oxford University Press.

Sullivan, Roger. 1989. *Kant's Moral Theory*, Cambridge: Cambridge University Press.

Willaschek, Marcus. 1992. *Praktische Vernunft. Handlungstheorie und Moralbegründung bei Kant*, Stuttgart: Metzler.

Die kantische Auffassung des Menschen als Zweck der Schöpfung

Fernando Moledo

Zusammenfassung

Im Anhang zum zweiten Teil der *Kritik der Urteilskraft*, der Kritik der teleologischen Urteilskraft, setzt sich Kant mit der Frage nach dem Zweck der Schöpfung auseinander. Seine These ist hier eindeutig: „wir [erkennen] nun den Menschen […] als moralisches Wesen für den Zweck der Schöpfung [an…]" (KU, AA 5: 444). Warum ist jedoch der Mensch als moralisches Wesen für den Zweck der Schöpfung zu halten? Diese Frage ist keineswegs unumstritten und soll in diesem Aufsatz erörtert werden. Um sie zu beantworten, werde ich den Zusammenhang von drei bestehenden Elementen der kantischen Auffassung des Menschen als Zweck der Schöpfung erläutern: Die vernünftige Natur des Menschen, die Freiheit seines Willens, und das Sittengesetz.

1 Die Auffassung des Menschen als Zweck der Schöpfung aufgrund der vernünftigen Natur des Menschen im Rahmen der kantischen Schriften zur Anthropologie.

Obwohl die *Kritik der Urteilskraft* die reifste Darstellung von Kants Auseinandersetzung mit der Teleologie darstellt, ist die Erörterung der Ideen der dritten *Kritik* samt der Bezeichnung des Menschen als Zweck der Schöpfung bereits auch bei anderen, jüngeren kantischen Schriften zu finden.[1] Zu diesen gehören die Vorlesungen zur Anthropologie, die in dieser Sektion als Grundlage unserer Analyse dienen sollen.[2] Kant hält seine erste Vorlesung über Anthropologie im Wintersemester 1772/1773. Dafür greift er auf das Kapitel über empirische Psychologie der *Metaphysik* von Baumgarten zurück. Dem Kommentar dieses Textes stellt Kant jedoch eine Abhandlung über das Selbstbewusstsein voran. In diesem Zusammenhang bezieht er sich auf den Menschen als Zweck der Schöpfung:

> Jeder Mensch, jedes Geschöpf, was sich selbst zum Gegenstand seiner Gedanken macht, kann sich nicht als ein Theil der Welt ansehen, das Leere der Schöpfung auszufüllen, sondern als ein Glied der Schöpfung, und als der Mittelpunct derselben, und ihr Zweck. (V-Anth/Collins, AA 25:10)

Die These Kants ist hier klar: Der Mensch ist aufgrund seines Selbstbewusstseins als Zweck der Schöpfung anzusehen. Ebenso behauptet Kant in der einleitenden Abhandlung über das Selbstbewusstsein in der Anthropologievorlesung vom Wintersemester 1780/1781:

> Das Ich enthält das, was den Menschen von allen Thieren unterscheidet. Wenn ein Pferd den Gedanken Ich fassen könnte, so würde ich herunter steigen, und es als meine Gesellschaft betrachten müssen [...] Dieser Gedanke giebt ihm [dem Menschen] das Vermögen über alles (V-Anth/Mensch, AA, 25:859; Ergänzung FM).

Dieser Aussage zufolge ist dem Menschen aufgrund der Fähigkeit, selbstbewusst zu sein, die ganze Schöpfung als Mittel unterzuordnen. Warum macht das Selbstbewusstsein den Menschen zum Zweck der Schöpfung? Um diese Frage beantworten zu können, müssen wir auf ein weiteres Element zurückgreifen, nämlich die denkende Natur des Menschen.

---

1   Bekanntlich setzt sich Kant im Anhang zur transzendentalen Dialektik in der *Kritik der reinen Vernunft* mit den Problemen auseinander, die später in der *Kritik der Urteilskraft* aufgrund des einzigen Prinzips der reflektierenden Urteilskraft, nämlich der Zweckmäßigkeit der Natur, aufgenommen und eingehend bearbeitet werden. Anderseits kann zur Auffassung des Menschen als Zweck der Schöpfung bereits in der *Allgemeinen Naturgeschichte und Theorie des Himmels* (1755) nachgelesen werden, dass der Mensch „das Meisterstück der Schöpfung" ist (NTH, AA 1:318).

2   m. E. zählt Cohen zu den wenigen Autoren, der die teleologische Orientierung der Natur zugunsten des Menschen im Rahmen der kantischen Überlegungen zur Anthropologie konstatiert und erörtert hat. Dieser Autor konzentriert sich jedoch auf die im Rahmen der kantischen Schriften zur Anthropologie thematisierte Zweckmäßigkeit der Natur hinsichtlich der Entwicklung der menschlichen Anlagen, nicht auf die auch dort entwickelte Auffassung des Menschen als Zweck der Schöpfung. (Cohen 2014, S. 78).

Wie Kant in der *Kritik der reinen Vernunft* behaupten wird (vgl. KrV, B 131), ist das Selbstbewusstsein die Bedingung dafür, über die eigenen Gedanken verfügen zu können. Mit Rücksicht darauf argumentiert er in der Anthropologievorlesung vom Wintersemester 1775/1776, dass das Selbstbewusstsein auf die denkende, vernünftige Natur des Menschen verweist: Das „Vermögen[,] sich seiner selbst bewust zu seyn" – heißt es in der Vorlesung – ist mit der „Vorstellung vom Ich und [dem] Vermögen den Gedanken zu faßen" (V-Anth/Friedländer, AA 25:473) gleichzusetzen.[3] Genauso behauptet Kant auch 1785 in seiner Anthropologievorlesung, dass „der Mensch […] unter allen Geschöpfen auf dem Erdboden nur allein eine Vorstellung von seinem Ich [hat]". „Dieses" – fährt Kant fort – „macht ihn auch zum vernünftigen Wesen. Die Thiere haben zwar Vorstellungen von der Welt aber nicht von ihrem Ich, daher sind sie auch keine vernünftigen Wesen." (V-Anth/ Mrongovius, AA 25:1215)[4] In dieser Hinsicht behauptet er in den ersten Zeilen seiner *Anthropologie in pragmatischer Hinsicht* (1797), dass aufgrund der menschlichen Intellekt- bzw. Verstandesausstattung, worauf das Selbstbewusstsein deutet, die ganze Schöpfung dem Menschen als Mittel untergeordnet wird:

> Daß der Mensch in seiner Vorstellung das Ich haben kann, erhebt ihn unendlich über alle andere auf Erden lebende Wesen. Dadurch ist er […] ein von Sachen, dergleichen die vernunftlosen Thiere sind, mit denen man nach Belieben schalten und walten kann, durch Rang und Würde ganz unterschiedenes Wesen. […] Denn dieses Vermögen (nämlich zu denken) ist der Verstand. (APH, AA 7:127)[5]

Warum ist jedoch aus der vernünftigen Natur des Menschen darauf zu schließen, dass die ganze Schöpfung als Mittel für den Menschen da ist bzw. dass der Mensch als Zweck der Schöpfung angesehen werden muss? Diese Frage werden wir in der nächsten Sektion durch die Analyse der Vorlesung über Naturrecht *Feyerabend*

---

3   Seinen Vorlesungen zur Anthropologie legt Kant das Kapitel zur empirischen Psychologie der *Metaphysik* Baumgartens zugrunde. In dieser Hinsicht wird die erwähnte These über die Vorstellung vom Ich auch im Kommentar zur empirischen Psychologie in der Metaphysik-Vorlesung *L1* angedeutet, die auf die zweite Hälfte der siebziger Jahren datierbar ist: „Das Bewußtseyn seiner selbst, der Begriff vom Ich, findet bei solchen Wesen, die keinen innern Sinn haben, nicht statt; demnach kann kein unvernünftiges Thier denken." (V-Met/L1, AA 28:277)

4   Auch Brandt konstatiert in seinem Kommentar zur *Anthropologie in pragmatischer Hinsicht*, dass in den Schriften zur Anthropologie das Selbstbewusstsein den Menschen als denkendes Wesen auszeichnet (Brandt 1999, S. 105f.).

5   In seinem *Kommentar* hebt Brandt hervor, dass das „kann" in diesem Zusammenhang („[…] nach Belieben schalten und walten kann […]") keine bloße physische Fähigkeit, sondern ein Recht des Menschen über die Tiere ausdrückt (Brandt 1999, S. 111).

beantworten können. Dafür werden wir auf ein neues Element der kantischen
Auffassung des Menschen als Zweck der Schöpfung zurückgreifen: Die Freiheit
des menschlichen Willens.

2   Die Auffassung des Menschen als Zweck der Schöpfung aufgrund der Freiheit des Willens im Rahmen der kantischen Begründung der Moralphilosophie

Im Kontext der Abfassung der *Grundlegung zur Metaphysik der Sitten* (1785) hält
Kant im Sommersemester 1784 die Vorlesung über Naturrecht, die wir durch die
Nachschrift von Feyerabend kennen. Wie in den Schriften zur Anthropologie bezieht
sich Kant unmittelbar am Anfang der Vorlesung, und zwar in der Einleitung, auf
den Menschen als Zweck der Schöpfung:[6]

> Für den Willen des Menschen ist die ganze Natur unterworfen, soweit seine Macht
> nur reichen kann, außer andre Menschen und vernünftige Wesen. Die Dinge in der
> Natur durch Vernunft betrachtet, können nur als Mittel zu Zwecken angesehen werden,
> aber bloß der Mensch kann als Zweck selbst angesehen werden. […] Der Mensch ist
> also Zweck der Schöpfung; er kann aber auch wieder als Mittel von einem andern
> vernünftigen Wesen gebraucht werden, aber nie ist er bloß Mittel; sondern zu gleicher
> Zeit Zweck. (V-NR/Feyerabend, AA 27:1319)

Die bisher durchgeführte Auffassung des Menschen als Zweck der Schöpfung
wird hier durch die Bezeichnung des Menschen als Zweck an sich selbst ergänzt.
Diese Bezeichnung macht den Schlüssel zum Verständnis der ganzen kantischen
Auffassung des Menschen als Zweck der Schöpfung aus. Da der Mensch als Zweck
der Schöpfung wegen seiner Bezeichnung als Zweck an sich selbst erklärt wird,
lautet hier die entscheidende Frage: Warum der Mensch als Zweck an sich selbst
zu verstehen ist? Um diese Frage zu beantworten, müssen wir auf den Ursprung
des Begriffes eines Zwecks an sich selbst eingehen.

Der Ursprung des Begriffs eines Zwecks an sich selbst, so Kant in der Vorlesung, befindet sich in der Vernunft als Vermögen unbedingter Erkenntnis im
Zusammenhang mit der teleologischen Auffassung der Welt nach dem Verhältnis

---

6   Obwohl sich einige Autoren bereits mit der Vorlesung über Naturrecht *Feyerabend*
     befasst haben (vgl. Schönecker, Wood, S. 140ff.), ist m. E. die Erörterung des Menschen
     als Zweck der Schöpfung in dieser Vorlesung bisher nicht speziell erörtert worden.

des *nexus finalis*. Diesem Verhältnis zufolge ist das Dasein eines Dinges aufgrund eines anderen zu erklären, das als Zweck angesehen wird. Wird jetzt die Welt nach diesem Verhältnis betrachtet, entsteht eine unendliche Reihe von Mitteln und Zwecken, wo jedes Ding als Mittel für etwas anderes angesehen wird, dessen Dasein wiederum aufgrund eines weiteren Zwecks erklärt wird. Deshalb behauptet Kant in der Vorlesung: „Ein Ding in der Natur ist ein Mittel dem andern; das läuft immer fort" (V-NR/Feyerabend, AA 27:1321). Als Vermögen unbedingter Erkenntnis muss jedoch die Vernunft diese von der Zweckursache hervorgebrachte unendliche Reihe von Mitteln und Zwecken als eine vollständige, unbedingte Reihe vorstellen können. Diese unbedingte Vollständigkeit kann nur durch einen Zweck erreicht werden, der nicht aufgrund eines weiteren Zwecks, sondern an sich selbst, als ein unbedingter Zweck anzusehen ist:[7]

> Ein Ding ist Mittel des andern, daher muß zuletzt ein Ding seyn, das kein Mittel mehr, sondern Zweck an sich selbst ist. Wie aber ein Wesen an sich selbst bloß Zweck seyn kann, und nie Mittel, ist eben so unbegreiflich, als wie in der Reihe der Ursachen ein nothwendiges Wesen seyn müsse. Indessen müssen wir beides annehmen, wegen des Bedürfnisses unsrer Vernunft, alles vollständig zu haben. (V-NR/Feyerabend, AA 27:1321)

Die Frage ist jetzt, was für ein Wesen als Zweck an sich selbst und deshalb als letzter Zweck bzw. Zweck der Schöpfung angesehen werden kann, sodass die Vernunft sich die zusammenhängende Reihe von Mitteln und Zwecken vollständig vorstellen kann? Darauf liefert Kant eine eindeutige Antwort: „In der Welt als System der Zwecke muß doch zuletzt ein Zweck seyn, und das ist das vernünftige Wesen" (V-NR/Feyerabend, AA 27:1319).[8] Hier begegnen wir der These wieder, die uns aus den anthropologischen Schriften bereits bekannt ist: Die ganze Schöpfung ist als Mittel der vernünftigen Natur untergeordnet. Jedoch ergänzt Kant hier die

---

7   In der ersten Fußnote dieses Aufsatzes haben wir den Unterschied zwischen dem Begriff eines letzten Zwecks der Natur und dem eines Zwecks bzw. Endzwecks der Schöpfung erörtert. Dennoch muss der in der Vorlesung erwähnte letzte Zweck im Zusammenhang mit der Welt als System der Zwecke als der Endzweck der Welt bzw. der Schöpfung verstanden werden. Diesbezüglich scheint hier dasselbe zu konstatieren zu sein, das Brandt hinsichtlich der Vorlesungen zur Anthropologie bereits bemerk hat, und zwar, dass der in der dritten *Kritik* entwickelte Unterschied zwischen einem letzten Zweck der Natur und einem Endzweck der Schöpfung noch nicht gemacht wird (Brandt 1999, S. 58).

8   Bekanntlich behauptet Kant auch in der *Grundlegung zur Metaphysik der Sitten*: „Nun sage ich: der Mensch und überhaupt jedes vernünftige Wesen existirt als Zweck an sich selbst" (GMS, AA 4:428).

Erklärung dafür, warum das so ist. Vernünftige Wesen sind Zweck an sich selbst, nicht bloß, weil sie Vernunft haben, sondern weil aus der Vernunftausstattung auf die Freiheit des Willens zu schließen ist: „Wenn nur vernünftige Wesen können Zweck an sich selbst seyn, so können sie es nicht darum seyn, weil sie Vernunft, sondern weil sie Freiheit haben" (V-NR/Feyerabend, AA 27:1322).

Die Vernunftausstattung deutet auf die Freiheit des Willens, argumentiert Kant, da nur die Vernunft ermöglicht, dass der Wille unabhängig von der Natur bzw. frei bestimmt wird: „Ein freihandelndes Wesen muß Vernunft haben; denn würde ich von Sinnen bloß affizirt, so würde ich von ihnen regiert" (V-NR/Feyerabend, AA 27:1322). Dennoch ist die Freiheit, worauf aus der Vernunftausstattung zu schließen ist, der einzige Grund dafür, dass vernünftige Wesen und somit der Mensch als Zweck an sich selbst angesehen werden: „Ohne Vernunft kann ein Wesen nicht Zweck an sich selbst seyn", wiederholt Kant in der Vorlesung, „denn es kann sich seines Daseyns nicht bewußt seyn, nicht darüber reflektiren", d. h. kein denkendes Wesen sein. „ Aber Vernunft macht noch nicht Ursache aus: da der Mensch Zweck an sich selbst ist" fährt Kant fort. „Die Freiheit, nur die Freiheit allein, macht, daß wir Zweck an sich selbst sind." (V-NR/Feyerabend, AA 27:1322).

Wir haben bereits gesehen, dass ein vernünftiges Wesen und somit der Mensch aufgrund der Freiheit seines Willens als Zweck an sich selbst und daher als Zweck der Schöpfung zu verstehen ist. Aber warum ist es so? Die Antwort auf diese grundlegende Frage wird in der Vorlesung nur skizziert. Dennoch können wir sie wie folgt rekonstruieren: Ein freies Wesen verfügt über einen eigenen Willen, es kann sich selbst seine eigenen Zwecke setzen und dadurch sein eigenes Dasein teleologisch bestimmen. Deshalb kann der Zweck seines Daseins nicht in einem weiteren Wesen liegen, wozu das freie Wesen als Mittel dienen würde. In der Welt als System der Zwecke muss es also als Zweck an sich selbst angesehen werden.[9] In dieser Hinsicht ist in der Vorlesung zu lesen:

> Hier [sc. in der Freiheit] haben wir Vermögen, nach unsrem eignen Willen zu handeln. Würde unsre Vernunft nach allgemeinen Gesetzen eingerichtet seyn, so wäre mein Wille nicht mein eigner, sondern der Wille der Natur. – Wenn die Handlungen des Menschen im Mechanism der Natur liegen; so wäre der Grund davon [sc. der Zweck (FM)][10] nicht in ihm selbst, sondern außer ihm. – Die Freiheit des Wesens muß ich voraussetzen, wenn es soll ein Zweck vor sich selbst seyn. Ein solches Wesen muß also Freiheit des Willens haben. […] Ist es nicht frei, so ist es in der Hand eines

---

9   In dieser Hinsicht behauptet Düsing m.E. zurecht, dass die Begründung der Auffassung des Menschen als Zweck der Schöpfung rein teleologisch ist (Vgl. Düsing 1968, S. 230).

10 Vgl.: „Der Zweck ist beim Wollen ein Grund, warum das Mittel da ist" (V-NR/Feyerabend, AA 27:1321).

andern, also immer der Zweck eines andern, also bloß Mittel. Freiheit ist also nicht nur oberste, sondern auch hinreichende Bedingung [dafür, ein Wesen als Zweck an sich selbst anzusehen (FM)]. (V-NR/Feyerabend, AA 27:1322)[11]

Die durchgeführte Analyse hat den Grund der kantischen Auffassung des Menschen als Zweck der Schöpfung deutlich gemacht: Dieser Grund ist die Freiheit des Willens, die einem vernünftigen Wesen aufgrund der Vernunftausstattung zugesprochen wird, weil die Freiheit des Willens bedeutet, dass der Mensch in der Welt als System der Zwecke als Zweck an sich selbst anzusehen ist. In der nächsten Sektion werden wir diese These mit der Argumentation der *Kritik der Urteilskraft* über die Bezeichnung des Menschen als Zweck der Schöpfung aufgrund seiner moralischen Natur in Einklang bringen.

3 Die Auffassung des Menschen als Zweck der Schöpfung aufgrund des Sittengesetzes im Rahmen der *Kritik der Urteilskraft*

Nach der Erörterung der Bedingungen und der Grenzen, unter denen die Natur teleologisch als Zusammenhang von Mitteln und Zwecken verstanden werden kann, wirft Kant im § 84 der dritten *Kritik* – „Von dem Endzwecke des Daseins einer Welt, d. i. der Schöpfung selbst" – die Frage nach dem Zweck bzw. Endzweck der Schöpfung auf.

Unter einem Endzweck – erklärt Kant hier – wird ein unbedingter Zweck verstanden und zwar etwas, das teleologisch betrachtet nicht aufgrund eines anderen Zwecks, sondern an sich selbst als Zweck anzusehen ist (vgl. KU, AA 5:434). Genau wie in der Vorlesung über Naturrecht *Feyerabend* argumentiert Kant, dass der Begriff eines Endzwecks seinen Ursprung im Bedürfnis der Vernunft hat, sich die unendliche Reihe von Mitteln und Zwecken, die bei der Anwendung der Zweckur-

---

11 Vgl. auch: „Die Thiere haben einen Willen, aber sie haben nicht ihren eignen Willen, sondern den Willen der Natur. Die Freyheit des Menschen ist die Bedingung, unter der der Mensch selbst Zweck seyn kann. Die andern Dinge haben keinen Willen, sondern sie müssen sich nach andern Willen richten, und sich als Mittel gebrauchen lassen. Soll der Mensch also Zweck seyn; so muß er einen eignen Willen haben, denn darf er sich nicht als Mittel gebrauchen lassen. […] Die Freyheit des Menschen ist die Bedingung, unter der der Mensch selbst Zweck seyn kann. Die andern Dinge haben keinen Willen, sondern sie müssen sich nach andern Willen richten, und sich als Mittel gebrauchen lassen. Soll der Mensch also Zweck seyn; so muß er einen eignen Willen haben, denn darf er sich nicht als Mittel gebrauchen lassen (V-NR/Feyerabend, AA 27:1319f).

sache entsteht, als eine vollständige Reihe vorstellen zu können: „Ohne Endzweck der Schöpfung", so Kant, „wäre die Kette der einander untergeordneten Zwecke nicht vollständig gegründet" (KU, AA 5:435). Kant zufolge ist jetzt der Mensch als moralisches Wesen bzw. als Subjekt des Sittengesetzes für einen solchen Zweck zu halten. Für die Erklärung dieser These müssen wir also dem Sittengesetz nachgehen.

Bekanntlich gebietet uns dieses Gesetz, der kategorische Imperativ, jeden zu erwerbenden Zweck als Bestimmungsgrund unseres Willens auszuschließen und nur aufgrund der allgemeinen Form der Maximen zu handeln (vgl. GMS, AA 4:421.). Teleologisch gesehen ist das Dasein eines moralischen Wesens deshalb ganz unabhängig von jeglichem zu erwerbenden Zweck und darum nur als ein unbedingter Zweck zu erklären. In dieser Hinsicht behauptet Kant im § 84 der *Kritik der Urteilskraft*: „nur im Menschen, aber auch in diesem nur als Subjecte der Moralität ist die unbedingte Gesetzgebung in Ansehung der Zwecke anzutreffen, welche ihn also allein fähig macht ein Endzweck zu sein, dem die ganze Natur teleologisch untergeordnet ist" (KU, AA 5:435ff.). Diese Erklärung lässt sich jetzt mit der Begründung der Auffassung des Menschen als Zweck der Schöpfung in der Freiheit des Willens, sowie sie in der Vorlesung über Naturrecht *Feyerabend* dargestellt wird, ziemlich einfach in Einklang bringen.

Da der kategorische Imperativ jeden gegebenen Zweck bei der Willensbestimmung ausschließt, gleicht er dem Gesetz eines freien Willens, denn ein freier Wille ist als eine Kausalität zu verstehen, die unabhängig von jedem fremden Bestimmungs-grund wirksam sein kann.[12] Die Behauptung der dritten *Kritik*, der Mensch ist als moralisches Wesen für den Zweck der Schöpfung zu halten, weil er als Subjekt des Sittengesetzes unabhängig von jedem Zweck sein Dasein bestimmen muss, ist daher mit der These der Vorlesung über Naturrecht *Feyerabend* gleichzusetzen, der Mensch als freies Wesen sei als Zweck der Schöpfung zu verstehen. Dieser Zusammenhang zwischen dem Sittengesetz und dem freien Willen wird auch im § 84 der dritten *Kritik* angedeutet:

> Nun haben wir nur eine einzige Art Wesen in der Welt, deren Causalität teleologisch, d. i. auf Zwecke gerichtet, und doch zugleich so beschaffen ist, daß das Gesetz, nach welchem sie sich Zwecke zu bestimmen haben, von ihnen selbst als unbedingt und von Naturbedingungen unabhängig, an sich aber als nothwendig vorgestellt wird. Das Wesen dieser Art ist der Mensch, aber als Noumenon betrachtet; das einzige

---

12 Vgl. GMS, AA 4:447 und KpV, AA 5:28f. Die Unabhängigkeit des Willens hinsichtlich jeder fremden Bestimmung ist der *Grundlegung zur Metaphysik der Sitten* zufolge die „negativ[e]" Erklärung der Freiheit, deren „positiver Begriff" die Autonomie ist (GMS, AA 4:446). Diese Lehre ist auch in der Vorlesung über Naturrecht *Feyerabend* vorhanden. Vgl. V-NR/Feyerabend, AA 27:1322.

Naturwesen, an welchem wir doch ein übersinnliches Vermögen (die Freiheit) und sogar das Gesetz der Causalität [...] von Seiten seiner eigenen Beschaffenheit erkennen können. Wenn nun Dinge der Welt, als ihrer Existenz nach abhängige Wesen, einer nach Zwecken handelnden obersten Ursache bedürfen, so ist der Mensch der Schöpfung Endzweck. (KU, AA 5:435)

Schluss: Der Mensch als Zweck der Schöpfung

Die durchgeführte Analyse hat gezeigt, dass die kantische Auffassung des Menschen als Zweck der Schöpfung aus drei eng zusammenhängenden Elementen besteht. Diese Elemente sind: Die vernünftige Natur des Menschen, worauf aus dem Selbstbewusstsein zu schließen ist; die Freiheit des Willens, die auf der vernünftigen Natur des Menschen beruht; und das Sittengesetz, das das Gesetz des freien Willens ausmacht. Zusammenfassend lässt sich also konstatieren, dass Kant zufolge der Mensch als moralisches Wesen für den Zweck der Schöpfung zu halten ist, da das Sittengesetz das Prinzip des freien Willens ausmacht, worauf aus der vernünftigen Natur des Menschen zu schließen ist.

Literatur

Brandt, Reinhard. 1999. *Kritischer Kommentar zu Kants Anthropologie in Pragmatischer Hinsicht (1798)*. Hamburg: Meiner
Cohen, Alix. 2014. "The anthropology of cognition and its pragmatic implications". In *Kant's Lectures on Anthropology. A critical Guide*. ed. Alix Cohen, 76- 93. Cambridge: Cambridge University Press,.
Düsing, Klaus. 1968. Die Teleologie in Kants Weltbegriff. Kant-Studien Ergänzungshefte 96, Bonn: Bouvier.
Esser, Andrea Marlen. 2016. "Applying the Concept of the Good: The Final End and the Highest Good in Kant's Third Critique". In *The Highest Good in Kant's Philosophy*. ed. Thomas Höwing, 245–262. Berlin – Boston: Walter de Gruyter.
Goy, Ina 2015 "The Antinomy of Teleological Judgment". *Studi Kantiani* 28: 65–88.
Guyer, Paul. 2005. *Kant's System of Nature and Freedom. Selected Essays*. Oxford: Clarendon Press.
Guyer, Paul. 2009. "Kant's Teleological Conception of Philosophy and its Development". In *Kant Yearbook 1/2009 Teleology*. ed. Dietmar Heidemann, 58 – 97. Berlin – New York: Walter de Gruyter.
McLaughlin, Peter. 1989. *Kants Kritik der teleologischen Urteilskraft*. Bonn: Bouvier Verlag.

Schönecker, Dieter; WOOD, Allen. 2002. *Immanuel Kant. Grundlegung zur Metaphysik der Sitten. Ein Einführender Kommentar.* 140 – 144. Paderborn:Schöningh.

van den Berg, Hein. 2014. *Kant on Proper Science. Biology in the Critical Philosophy and the Opus Postumum.* Heidelberg, New York – London: Springer.

Zammito, John H. 1992. *The Genesis of Kamt's Critique of Judgment.* Chicago – London: The University of Chicago Press.

Teil II
Teleologische Urteilskraft

Kapitel 4
Das Prinzip der Zweckmäßigkeit

Darstellungen der Zweckmäßigkeit in Kants *Kritik der Urteilskraft*

Johannes Haag

Zusammenfassung

Die Auseinandersetzung mit teleologischen Vorstellungen ist in Kants Kritik der Urteilskraft an die Diskussion des Begriffs der Zweckmäßigkeit geknüpft. Einerseits wird dort eine subjektiv zweckmäßige Spezifikation der Natur einem transzendentalen Prinzip der Urteilskraft zu Grunde gelegt. Diese Möglichkeit wird durch die Darstellbarkeit dieses Begriffes eröffnet, den die Kritik der ästhetischen Urteilskraft thematisiert: Der Begriff einer subjektiven Zweckmäßigkeit wird durch das Wirken der Einbildungskraft in der Synthesis derjenigen Naturprodukte dargestellt, die wir als schön beurteilen. Durch diese Darstellung wird die subjektive Zweckmäßigkeit sinnlich manifestiert und damit anschaulich erfahrbar. Andererseits untersucht die Kritik der teleologischen Urteilskraft nicht mehr den Begriff einer subjektiven, sondern den Begriff der objektiven Zweckmäßigkeit. Auch diese Zweckmäßigkeit erweist sich als anschaulich darstellbar – mit schwerwiegenden Konsequenzen für die kritische Philosophie. Der vorliegende Aufsatz wird die philosophischen Konsequenzen untersuchen, die sich jeweils aus der Darstellbarkeit der subjektiven bzw. der objektiven Zweckmäßigkeit ergeben. Ein besonderes Augenmerk wird dabei auf der Einheit der Kritik der Urteilskraft und der Rolle der Auseinandersetzung mit der Teleologie für den Übergang von theoretischer zu praktischer Philosophie liegen.

Auf die Frage nach der Einheit der *Kritik der Urteilskraft (KU)* gibt es scheinbar keine einfache Antwort. Nur notdürftig halten, so scheint es bisweilen, das Vermögen der Urteilskraft und der Begriff der Zweckmäßigkeit die beiden in anderer Hinsicht thematisch so disparaten Teile zusammen, die in diesem Werk unter der Überschrift *Kritik der ästhetischen Urteilskraft* und *Kritik der teleologischen Urteilskraft* zusammengefasst sind. Nicht nur über die Frage, worin die Einheit der

P. Órdenes und A. Pickhan (Hrsg.), *Teleologische Reflexion in Kants Philosophie*,
https://doi.org/10.1007/978-3-658-23694-6_10

dritten *Kritik* besteht, besteht demnach Uneinigkeit in der Kant-Literatur; selbst die Frage, ob es überhaupt eine solche Einheit gibt, ist umstritten.[1] Dazu kommt noch die Diskussion eines transzendentalen Prinzips der Zweckmäßigkeit der Natur „in der Mannigfaltigkeit ihrer empirischen Gesetze" (KU, AA 5:181.22/3), das in der *Einleitung* diskutiert wird und dort sogar eine eigene transzendentale Deduktion erhält. Ist dieses Prinzip dasselbe, das auch in ästhetischen Urteilen wirksam ist, oder kommt hier noch ein weiteres Thema ins Spiel?[2]

Kant selbst trägt mit einigen seiner Bemerkungen in der *Vorrede* und der veröffentlichten *Einleitung* dazu bei, dass der Eindruck einer eher losen Verbindung von Themen entstehen kann. So betont er wiederholt die besondere Rolle der Kritik der Geschmacksurteile und das apriorische „Prinzip der Urteilskraft in denselben" (KU, AA 5:169.18/9), das die *Kritik der ästhetischen Urteilskraft* „allein [...] enthält" (KU, AA 5:193.25/6). Das mache die ästhetische Urteilskraft zur einem ‚besonderen Vermögen'[3] anders als die teleologische, deren Diskussion „allenfalls dem theoretischen Teile der Philosophie samt einer kritischen Einschränkung derselben hätte angehängt werden können" (KU, AA 5:170.3/4).

Sieht man sich die Begründung für die unterschiedliche Einschätzung der beiden Teile allerdings etwas genauer an, so bemerkt man schnell, dass die Unterschiede in der behandelten Thematik zwar philosophisch gravierend und für die Beurteilung des Status der verschiedenen Teile in der Tat unerlässlich sind, Kant allerdings an der notwendigen Einheit der *KU* keinen Zweifel lässt. Denn dann wird deutlich, dass die Teile nur gemeinsam die Relevanz des Begriffs der Zweckmäßigkeit für eine kritische Philosophie vollständig umreißen können.

Wenn das richtig ist, dann ist es in der Tat der Begriff der Zweckmäßigkeit, mehr als das Vermögen der Urteilskraft, der der Einheit der dritten *Kritik* zugrunde liegt. Denn das Vermögen der Urteilskraft, so ist oft beobachtet worden, wird bereits in der *Kritik der reinen Vernunft* eingeführt und dort in seiner Funktion als „logische Beurteilung der Natur [...] nach Begriffen" (KU, AA 5:169/70) transzendentalphilosophisch erörtert.[4]

Interessant wird die Urteilskraft als Gegenstand einer *eigenen* Kritik tatsächlich über ihr eigenes apriorisches Prinzip – und dieses Prinzip ist eines der *Zweckmäßigkeit*. Zweckmäßigkeit ist die „Übereinstimmung [...] mit derjenigen Beschaffenheit [...], die nur nach Zwecken möglich ist" (KU, AA 5:180.32-4), die also nur so

---

1   Vgl. für eine repräsentative Auswahl die Literatur in Ginsborg (2015, S. 228 Fn. 2.)

2   Vgl. für eine Übersicht über diese Diskussion Caranti (1996, S. 364 f.)

3   Vgl. KU, AA 5:194.23.

4   Die ganze Analytik der Grundsätze ist nichts anderes als „ein Kanon für die Urteilskraft" (KrV A 132 / B 171).

betrachtet werden kann, „als ob [...] ein Verstand [...] sie gegeben hätte" (KU, A A 5:180.23-5). Das apriorische Prinzip der Zweckmäßigkeit wird uns, wie wir sehen werden, in der Erfahrung des Schönen und damit im Geschmacksurteil entdeckt. (Das Geschmacksurteil bedarf damit einer Kritik und ist deshalb Gegenstand der *Kritik der ästhetischen Urteilskraft*.) Dieses apriorische Prinzip ist ein Prinzip der *subjektiven* oder *formalen*[5] Zweckmäßigkeit der Natur für unser Erkenntnisvermögen.

Zweckmäßigkeit wird hier zwar „an einem in der Erfahrung gegebenen Gegenstande [...] vorgestellt" (KU, A A 5:192.16/7), aber nur aus einem „subjektiven Grunde" (ebd.): die durch das Naturschöne erzeugten *Vorstellungen* sind zur „innerlich zweckmäßigen Stimmung unserer Erkenntnisvermögen geschickt und tauglich" (KU, A A 5:359.19/20). Auf Grund dieser Erfahrung einer subjektiven Zweckmäßigkeit für unsere Erkenntniskräfte kann Natur in ihren Formen (Gesetzen) *insgesamt* als zweckmäßig für unsere Erkenntniskräfte „gedacht werden" (KU, A A 5:359.19).

Die *objektive* oder *reale*[6] Zweckmäßigkeit der Natur, die Gegenstand der *Kritik der teleologischen Urteilskraft* ist, wird demgegenüber ‚an einem Gegenstand' aus einem objektiven Grund vorgestellt: die Vorstellung der Möglichkeit des Gegenstands der Erfahrung *selbst* hängt davon ab, dass wir ihn als Realisierung einer ihm vorhergehenden begrifflichen Vorstellung (Zweck) auffassen.[7]

Ein Nachweis der Einheit der *KU* wird zeigen müssen, dass diese Einheit sich nicht lediglich der Tatsache verdankt, dass in beiden Teilen der Begriff der Zweckmäßigkeit verhandelt wird. Ich will dazu im Folgenden anhand einer Interpretation der relevanten Passagen aus der veröffentlichen *Einleitung* der dritten *Kritik* einen Beitrag leisten. Dieser Interpretation liegt die Überzeugung zugrunde, dass die innere Logik der *Einleitung* ein ausgezeichneter Weg für das Verständnis der Logik der *KU* als Ganzes ist.[8]

Zunächst muss dazu das transzendentale Prinzip aus der *Einleitung* zur ästhetischen Zweckmäßigkeit in systematische Beziehung gesetzt werden, um die Einheit der Diskussion der subjektiven Zweckmäßigkeit zu erweisen. Ich schließe mich dabei Interpretationen an, die von einer grundlegenden Identität der apriorischen Prinzipien in *Einleitung* und *Kritik der ästhetischen Urteilskraft* ausgehen und fasse das transzendentale Prinzip der Urteilskraft als einen Anwendungsfall des

---

5   Vgl. KU, AA 5:193.20.
6   Vgl. KU, AA 5:193.14/5.
7   Vgl. KU, AA 5:192.20-3.
8   Auf die umfangreiche Sekundärliteratur zum Thema werde ich nur gelegentlich und exemplarisch verweisen. Mir geht es darum, auf der Basis einer textimmanenten Lektüre ein kohärentes und überzeugendes Bild von Kants Unternehmung zu zeichnen, das meines Erachtens eine genauere Ausarbeitung verdient.

apriorischen Prinzips der Zweckmäßigkeit der reflektierenden Urteilskraft auf, das Kants Analyse des Geschmacksurteils zugrunde liegt.[9]

Im einem zweiten Schritt muss sich dann eine nicht bloß nominelle Einheit der beiden Hauptteile der *KU* aufzeigen lassen, um die Einheit der Diskussion der Zweckmäßigkeit *überhaupt* nachzuweisen. Ein Schlüssel zum Verständnis dieser Einheit ist, wie ich zeigen möchte, die Thematik der anschaulichen Darstellbarkeit von subjektiver und objektiver Zweckmäßigkeit:[10] Während die Darstellbarkeit der ersteren sich als Bedingung dafür erweist, dass die Urteilskraft mit ihrem eigenen apriorischen Prinzip den Übergang vom Natur- zum Freiheitsbegriff ermöglicht, gefährdet die Darstellbarkeit der letzteren prima facie die Anwendbarkeit dieses Prinzips auch nur auf das Naturganze – nur um sich, nach der Auflösung der Antinomie der teleologischen Urteilskraft, als ein weiterer Beitrag zur Ermöglichung dieses Übergangs zu erweisen. Kants Diskussion der Frage des Übergangs vom Naturbegriff der theoretischen Vernunft zum Freiheitsbegriff der praktischen Vernunft wird dementsprechend unser Leitfaden für die Auflösung beider Probleme sein.

1   Die Kluft zwischen Naturbegriff und Freiheitsbegriff

Die durch die Erfahrung des natürlichen Schönen hervorgerufene ‚zweckmäßige Stimmung‘ hat eine unmittelbare Wirkung auf das Vermögen des Gefühls der Lust und Unlust – neben dem Erkenntnis- und dem Begehrungsvermögen das dritte fundamentale „Seelenvermögen“ (KU, AA 5:177.17). Die unmittelbare Wirkung von Natur vermittels ihrer bloß formalen (und damit einer apriorischen Analyse zugänglichen) Eigenschaften auf eines der grundlegenden Vermögen im Zusammenhang der Anwendung eines apriorischen Prinzips ist es, die Kants Interesse erwecken

---

9   Grundsätzlich verstehe ich meine Interpretation damit als eng orientiert an Überlegungen, die Eckart Förster ausgearbeitet hat. Vgl. Förster (2000, Kap. 1) und Förster (2011, Kap. 6). Hannah Ginsborg vertritt demgegenüber eine Konzeption der Identität der Prinzipien, die die begriffliche Abhängigkeit genau umkehrt: Bei ihr entlehnt die reflektierende Urteilskraft im ästhetischen Urteil ihr Prinzip von einer allgemeinen Fähigkeit empirischer Begriffsgewinnung. Vgl. Ginsborg (2015, S. 146/7). Eine Kritik des Identitätsansatzes findet sich z. B. in Allison (2001, S. 59–64).

10   Dieser Aspekt ist, soweit ich sehe, in der Literatur bisher weitgehend vernachlässigt worden. Das gilt insbesondere für die Rolle, die die Einbildungskraft in diesem Zusammenhang spielt. Vgl. dazu auch Haag (2015).

musste.[11] Denn damit besitzt nun jedes der drei fundamentalen Vermögen eigene apriorische Prinzipien: So wie das Erkenntnisvermögen durch die Prinzipien des Verstandes bestimmt wird und das Begehrungsvermögen durch das moralische Gesetz der Vernunft, gibt das Prinzip der subjektiven Zweckmäßigkeit dem Gefühl der Lust und Unlust eine *Regel* – wenn auch kein *Gesetz*.[12]

Die *KU* kann auch als Kants Versuch gelesen werden, die Beziehung zwischen apriorischen Prinzipien, die Gesetze (notwendige Regeln) geben, und Prinzipien, die bloß Regeln enthalten, vor dem Hintergrund der Gemeinsamkeit der Vermögen qua Vermögen mit apriorischen Prinzipien systematisch zu fassen. Er formuliert das Geflecht dieser Beziehungen in der *Vorrede* und der *Einleitung* (vor allem in deren Abschnitt II „Vom Gebiet der Philosophie überhaupt") wiederholt in der Metaphorik von Feld, Boden und Gebiet eines Vermögens.[13] Für die Urteilskraft gilt, dass sie kein Gebiet besitzt, d. h. kein „Feld der Gegenstände" (KU, AA 5:177.10) auf dem sie *gesetzgebend* wäre, jedoch einen „Boden und eine gewisse Beschaffenheit desselben, wofür gerade nur dieses Prinzip geltend sein möchte" (KU, AA 5:177.11/2).

Ich will das kurz erläutern, weil uns diese auf den ersten Blick verwirrenden Unterscheidungen helfen können, die Problematik genauer zu umreißen, die in der *KU* verhandelt wird: Das *Feld* beschreibt den Umfang des für ein bestimmtes Erkenntnisvermögen möglichen intentionalen *Bezugs auf Objekte überhaupt*, der *Boden* ist derjenige „Teil dieses Feldes, worin für uns Erkenntnis möglich ist" (KU, AA 5:174.14), d. h. diejenigen Gegenstände, hinsichtlich derer überhaupt ein *Erkenntnisanspruch* erhoben werden kann. (Deshalb finden wir im „Feld des Übersinnlichen [...] keinen Boden für uns" (KU, AA 5:175.27).) Der Boden ist damit das „territorium" (KU, AA 5:174.14) eines Erkenntnisvermögens, d. i. der Bereich, der ihm als „Besitz angewiesen worden" (KU, AA 5:168.13). Sofern ein Erkenntnisvermögen auf diesem Territorium *gesetzgebend* ist, ist dieses Territorium sein „Gebiet (ditio)" (KU, AA 5:174.16).[14]

---

11 Dass es sich um eine *neue* Einsicht handelt, eine ‚Entdeckung', macht Kants Brief an Reinhold vom 28. und 31. Dezember 1787 deutlich. Dort berichtet Kant von seiner Suche nach apriorischen Prinzipien für das Gefühl der Lust und Unlust: „ob ich es zwar sonst für unmöglich hielt, dergleichen zu finden, so brachte das Systematische was die Zergliederung der vorher betrachteten Vermögen mir im menschlichen Gemüthe hatten entdecken lassen [...] nicht doch auf diesen Weg" (Br AA 10:514.30-5). Vgl. dazu Förster (2000, S. 8).

12 Vgl. KU, AA 5:168.

13 Die ganze Metaphorik ist der Rechtssprache entlehnt. Vgl. dazu Nerurkar (2015).

14 Die Begriffe des Feldes, des Bodens und des Gebiets sind bei Kant sowohl für Erkenntnisvermögen als auch für Begriffe bzw. Prinzipien definiert. Das ist unproblematisch, da Erkenntnisvermögen wesentlich Vermögen der Begriffe sind.

Nur ein Erkenntnisvermögen, das für seinen Objektbereich gesetzgebend ist, ist auch *konstitutiv* für seine Gegenstände; andernfalls ist es bloß *regulativ*.[15] So ist der Verstand *theoretisch* gesetzgebend (für das Erkenntnisvermögen überhaupt und damit für das ‚Gebiet der Naturbegriffe'[16]), die Vernunft aber *praktisch* gesetzgebend (für das Begehrungsvermögen und damit das ‚Gebiet des Freiheitsbegriffs'), beide aber auf demselben Boden der Erfahrung. Sie kommen sich dabei nicht in die Quere, weil die Gesetzgebung des Verstandes auf dem Naturbegriff, die der Vernunft auf dem Freiheitsbegriff beruht, das Gebiet des Verstandesbegriffs also das ‚Sinnliche', das Gebiet des Freiheitsbegriffs aber das ‚Übersinnliche' ist.[17] Trotz der dadurch entstehenden „unübersehbare[n] Kluft" (KU, AA 5:175.36) zwischen ihren Gebieten *teilen* sie sich ein und denselben Boden, da auch der Freiheitsbegriff „den durch seine Gesetze aufgegebenen Zweck in der Sinnenwelt wirklich machen" (KU, AA 5:176.5/6) soll. Kant hat diesen Anspruch zwei Jahre zuvor in seiner *Kritik der praktischen Vernunft* im Rahmen der Postulatenlehre und der dortigen Aktualisierung der Konzeption des höchsten Gutes genauer bestimmt.[18]

Durch diesen Anspruch der praktischen Vernunft wird aber die Kluft zwischen den beiden Gebieten zum *Problem*: Denn wie soll es angesichts dieser Kluft möglich sein, die Natur so zu denken, „dass die Gesetzmäßigkeit ihrer Form wenigstens zur Möglichkeit der in ihr zu bewirkenden Zwecke nach Freiheitsgesetzen zusammenstimme" (KU, AA 5:176.7-9)? Dafür müssen wir einen „Grund der *Einheit* des Übersinnlichen, welches der Natur zum Grunde liegt, mit dem, was der Freiheitsbegriff praktisch enthält" (KU, AA 5:176.10/1) denken. Dieser notwendige Begriff eines übersinnlichen Einheitsgrundes kann natürlich unter den Vorgaben einer kritischen Philosophie keine *Erkenntnis* sein, da dies eine Erkenntnis des Übersinnlichen wäre. Er lässt sich deshalb zwar als ein apriorisches Prinzip auffassen, kann aber dennoch kein „eigentümliches Gebiet" (KU, AA 5:176.13) haben.

Dennoch kann ein solches Prinzip den „Übergang von der Denkungsart nach den Prinzipien der einen (d. i. der Natur; JH) zu der nach Prinzipien der anderen (d. i. der Freiheit; JH) möglich machen" (KU, AA 5:176.14/5). Und genau an dieser Stelle kommt die Urteilskraft ins Spiel: Denn erst ihr Prinzip der Zweckmäßigkeit der Natur in ihren Formen für unsere Erkenntniskräfte macht diesen Übergang möglich. Die Urteilskraft ist weder theoretisch noch praktisch konstitutiv, hat dennoch aber, wie wir bereits wissen, ihr eigenes Prinzip a priori. Und qua regulatives

---

15 Vgl. KU, AA 5:168.6-17.

16 Vgl. KU, AA 5:174.23/4.

17 Vgl. KU, AA 5:175 f.

18 KpV AA 5:114-34. Dieser Bezug wird uns in Abschnitt 5 beschäftigen. Vgl. zur Veränderung der Konzeption des höchsten Gutes Förster (1998).

Vermögen hat sie einen Boden „und eine gewisse Beschaffenheit desselben" (KU, AA 5:177.11), auf dem ihr apriorisches Prinzip zumindest regulative Gültigkeit besitzt, wenn sie auch kein Gebiet hat, auf dem sie gesetzgebend wäre. Doch wie genau sollen ein solches Vermögen und sein apriorisches Prinzip diesen Übergang ermöglichen? Diese Frage wird uns bis zum Ende dieser Überlegungen begleiten.

2   Das transzendentale Prinzip der Urteilskraft

Sofern die Urteilskraft *bestimmend* ist und das Besondere unter ein gegebenes Allgemeines subsumiert, ordnet sie sich den begrifflichen Regeln oder Gesetzen des Verstandes unter. Sofern diese Begriffe als Kategorien selbst Bedingungen der Möglichkeit von Erfahrung sind, enthält die bestimmende Urteilskraft „die Bedingungen der sinnlichen Anschauung, unter welchen einem gegebenen Begriffe, als Gesetze des Verstandes, Realität (Anwendung) gegeben werden kann" (KU, AA 5:385.11-3) und ist „transzendentale Urteilskraft" (KU, AA 5:385.9/10). In ihrer Funktion als transzendentale Urteilskraft ist sie nicht gesetzgebend, mithin auch nicht autonom. (Das ist auch der Grund dafür, dass sie keine transzendentale Deduktion benötigt.)

Nur sofern die Urteilskraft nicht bestimmend, sondern *reflektierend* verfährt und also angesichts des Besonderen etwas Allgemeines zum Zwecke der Unterordnung erst finden muss, benötigt sie einen „Leitfaden" (KU, AA 5:185.20) für diese „Nachforschung" (KU, AA 5:185.22), der „noch nicht (durch den Verstand; JH) gegeben und in der Tat also nur ein Prinzip der Reflexion über Gegenstände ist" (KU, AA 5:385.13/4). Obwohl die Urteilskraft also keine „eigene Gesetzgebung" (KU, AA 5:177.7/8) hat, kann sie sich selbst ein Prinzip geben, „nach Gesetzen zu suchen" (KU, AA 5:177.8).

Dieses Prinzip selbst erweist sich dabei als ein *transzendentales* Prinzip, obwohl das Vermögen, das sich dieses Prinzip als Regel gibt, als reflektierende Urteilskraft kein transzendentales Vermögen ist. Sie ist in dieser Funktion nicht transzendental, weil sie keine Bedingung dafür ist, dass Dinge überhaupt Gegenstand unserer Erkenntnis werden können. Dennoch gibt sie sich mit dem ‚Prinzip nach Gesetzen zu suchen' selbst ein transzendentales Prinzip, das „eine allgemeine Bedingung a priori" (KU, AA 5:181.15/6) *ausdrückt* oder *vorstellt*, „unter der allein Dinge Objekte unserer Erkenntnis überhaupt werden können" (KU, AA 5:181.16/7).

Die hier relevante Unterscheidung zwischen transzendentalem Vermögen und transzendentalem Prinzip ist, wie sich zeigen wird, ein Schlüssel für das Verständnis der Rolle der *Kritik der Urteilskraft*. Zunächst ist zu bemerken, dass mit dem *transzendentalen* Prinzip der reflektierenden Urteilskraft eine Anwendung des apriorischen Prinzips der subjektiven Zweckmäßigkeit angesprochen ist, die zunächst nichts mit einer Theorie des Schönen zu tun zu haben scheint: der notwendige Beitrag der reflektierenden Urteilskraft zur Auffindung von empirischen Gesetzen „über die gemeinste Erfahrung hinaus" (KU, AA 5:188.5).[19] Die Funktion des Prinzips der Zweckmäßigkeit für die reflektierende Urteilskraft bei der ‚Suche nach Ordnung in den empirischen Gesetzen', steht bei seiner Einführung in der *Einleitung* zunächst im Vordergrund (und dominiert damit deren erste Hälfte).

Wir erfahren, dass die Urteilskraft dieses Prinzip der subjektiven Zweckmäßigkeit, d. h. der Zweckmäßigkeit der Natur für unser Erkenntnisvermögen, als ein *transzendentales* Prinzip zugrunde legen muss. Allerdings nur sofern Natur hier *nicht* „Natur überhaupt, sondern [...] durch eine Mannigfaltigkeit besonderer Gesetze bestimmter Natur" (KU, AA 5:182.14-6) meint. Nur für diesen Naturbegriff wird die anschließende *transzendentale Deduktion* durchgeführt, die den „Grund so zu urteilen in den Erkenntnisquellen a priori" (KU, AA 5:182.36) aufsuchen soll.

Wenn auch die Möglichkeit einer Erfahrung von Natur überhaupt durch die Überlegungen der *Kritik der reinen Vernunft* als gesichert gelten darf, so zeigt die transzendentale Deduktion des Prinzips, ist es die Möglichkeit einer Erfahrung „als *Systems* nach empirischen Gesetzen" (KU, AA 5:183.27/8) noch keineswegs: Wir sehen uns konfrontiert mit einer (potentiell unendlichen) Mannigfaltigkeit besonderer empirischer Gesetze, deren „spezifische Verschiedenheit dennoch so groß sein könnte, dass es für unseren Verstand unmöglich wäre, in ihr eine fassliche Ordnung zu entdecken" (KU, AA 5:185.26-8). Zur Debatte steht also *nicht* die Möglichkeit von Erfahrung, da diese ja gerade vorausgesetzt wird in der Suche nach Einheit in der Verschiedenheit der besonderen empirischen Gesetze.[20] Denn als empirische, kausale Gesetze fassen wir die konkret gegebenen Arten von „besonderen Regeln (der Natur; JH)" (KU, AA 5:184.31) zunächst immer auf: Es sei „anfänglich unvermeidlich", so Kant, „für die *spezifische* Verschiedenheit der Naturwirkungen eben so viele verschiedene Arten von Kausalität an(zu)nehmen" (KU, AA 5:185.9-11; Herv. JH).

Um wenigstens zu versuchen, in dieser Mannigfaltigkeit eine „fassliche Ordnung" (KU, AA 5:185.28) zu entdecken – eine „gesetzliche Einheit" (KU, AA 5:184.1), die

---

19 Kurz zuvor sieht es so aus, als sei diese auch ein ‚notwendiger Beitrag' zur ‚gemeinsten Erfahrung' (vgl. KU, AA 5:187.32). Doch der Kontext macht schnell klar, dass auch hier Erfahrung bereits vorausgesetzt wird: Denn hier geht es um das Gefühl von Lust angesichts der Entdeckung einer Vereinbarkeit mehrerer Naturgesetze oder empirischer Begriffe. Dieser Prozess setzt natürlich immer schon Erfahrung voraus.

20 Anders z. B. Allison (2001, S. 38) und Horstmann (1989, S. 164).

einen „*durchgängigen* Zusammenhang empirischer Erkenntnisse zu einem *Ganzen* der Erfahrung" (KU, AA 5:183; Herv. JH), einer „*zusammenhängende(n)* Erfahrung" (KU, AA 5:185.30/1; Herv. JH) ermöglicht –, muss die Urteilskraft immer schon das Prinzip der subjektiven Zweckmäßigkeit der Natur in ihren Formen zugrunde legen. Dieses Prinzip wird in dieser heuristischen Anwendung durch die reflektierende Urteilskraft dementsprechend zu einem Prinzip der Zweckmäßigkeit der Natur „in der Mannigfaltigkeit ihrer empirischen Gesetze" (KU, AA 5:181.32/3).

Die Mannigfaltigkeit *gegebener* empirischer Gesetze soll sich diesem Prinzip gemäß zu einem „zusammenhängende(n) Erfahrungserkenntnis nach einer durchgängigen Gesetzmäßigkeit der Natur" (KU, AA 5:386.26/7) verbinden lassen, weil und sofern „die Natur […] ihre allgemeinen Gesetze nach dem Prinzip der Zweckmäßigkeit" (KU, AA 5:186.7/8) für unser Erkenntnisvermögen „*spezifiziert*" (ebd.; Herv. JH). Auch wenn wir a priori nicht wissen können, ob dieser durchgängige, systematische Zusammenhang der Ordnung der Naturgesetze auch tatsächlich besteht, so bleibt das Prinzip der Zweckmäßigkeit in dieser Anwendung durch die Urteilskraft doch ein *transzendentales* Prinzip, weil es eine apriorische Bedingung für die Möglichkeit eben einer solchen ‚durchgängig zusammenhängenden Erfahrung' formuliert.[21]

A priori ist also nicht festgelegt, ob diese ‚durchgängig zusammenhängende Erfahrung' tatsächlich Realität ist, und die Aufgabe der Suche nach dieser Einheit bleibt a posteriori unendlich, wie wir bereits aus dem *Anhang zur transzendentalen Dialektik* der *Kritik der reinen Vernunft* wissen. Die Annahme, dass sich die Mannigfaltigkeit besonderer Gesetze zu einer einheitlichen gesetzmäßigen Bestimmung unserer Erfahrung spezifiziert, ist für uns eine notwendige Heuristik dieser Nachforschung, ein „Leitfaden für eine mit (den empirischen Gesetzen; JH) nach aller ihrer Mannigfaltigkeit anzustellenden Erfahrung und Nachforschung derselben" (KU, AA 5:185.20-2). Und eine ‚Erfahrung mit den empirischen Gesetzen' ist wiederum *nicht* die Erfahrung der Natur überhaupt, sondern eben die Erfahrung, die auf Natur als System empirischer Gesetze abzielt, d. h. „Erfahrung […], welche methodisch angestellt wird und *Beobachtung* heißt" (KU, AA 5:376.16/7), wie Kant

---

21 Kant definiert den Begriff des transzendentalen Prinzips im Kontext der Einleitung als „dasjenige, durch welches die allgemeine Bedingung a priori vorgestellt wird, unter der allein Dinge Objekte unserer Erkenntnis überhaupt werden können" (KU, AA 5:181.15-7). Die spätere Formulierung aus der Exposition der Antinomie der teleologischen Urteilskraft („zusammenhängendes Erfahrungserkenntnis" (KU, AA 5:386.26)) hat den Vorteil, den Zusammenhang zwischen Erfahrung und Erkenntnis überhaupt explizit zu machen.

es später in der *Kritik der teleologischen Urteilskraft* formuliert.[22] Dieser Beobachtung also legt die Urteilskraft in ihrer Reflexion das transzendentale Prinzip der subjektiven Zweckmäßigkeit der Natur in der Spezifikation ihrer Mannigfaltigkeit für unsere Erkenntniskräfte zugrunde.

Diese im Zusammenhang der Systematik der Erfahrung bloß präsupponierte Spezifikation der Natur muss von uns vor dem Hintergrund einer kausal-mechanistisch konzipierten Natur als bloß *zufällig* begriffen werden. Sie ist damit für uns auch als regulative Idee nur vorstellbar, sofern wir sie so auffassen, „als ob […] ein Verstand (wenn gleich nicht der unsrige) sie zum Behuf unserer Erkenntnisvermögen, um ein System der Erfahrung nach besonderen Naturgesetzen möglich zu machen, gegeben hätte" (KU, AA 5:180.23-6).[23] Die Absicht eines solchen Verstandes wäre ein *Zweck* und die zufällige einheitliche und damit gesetzmäßige Bestimmung der Erfahrung ist somit *zweckmäßig*. Eine derartige Gesetzmäßigkeit des Zufälligen müssen wir daher als Zweckmäßigkeit auffassen und unserer reflektierenden Urteilskraft als „subjektives Prinzip (Maxime)" (KU, AA 5:184.15/6) zugrunde legen. So wird verständlich, wie die Urteilskraft auch *ohne* ein eigenes (Anwendungs-) Gebiet a priori *selbst*gesetzgebend sein kann. Sie gibt sich dieses Prinzip „selbst als Gesetz" (KU, AA 5:180.11), ohne dass das Prinzip für irgendeinen Gegenstandsbereich „a priori […] bestimmend" (KU, AA 5:192.1/2) wäre. Die Urteilskraft ist damit –

---

22 Dieser Beobachtungsbegriff ist nicht etwa diesem späteren Teil der *KU* eigentümlich, sondern findet sich auch schon in der *Einleitung*, wenn Kant von der ‚tieferen und ausgebreiteteren Kenntnis der Natur' als einer „Kenntnis der Natur durch Beobachtung" (KU, AA 5:188.14) spricht oder die Notwendigkeit eines „Studium(s)" (KU, AA 5:187.36), um „ungleichartige Gesetze […] wo möglich unter höhere zu bringen" (KU, AA 5:187.36/7).

23 Es gibt für diese Formulierung eine Parallelstelle im *Anhang zur transzendentalen Dialektik* der *Kritik der reinen Vernunft*, die dazu verleiten könnte, diese Konzeption der Zweckmäßigkeit bereits in der ersten *Kritik* am Werk zu sehen: Dort heißt es, dass „die größte systematische Einheit im empirischen Gebrauche unserer Vernunft" (KrV A670/ B698) angestrebt wird, indem man „den Gegenstand der Erfahrung gleichsam von dem eingebildeten Gegenstand der Idee, als seinem Grunde, oder Ursache, ableitet" (ebd.). Im Falle der Identifikation dieses Gegenstandes der Idee als göttlicher Intelligenz bedeutet das: „die Dinge in der Welt müssen so betrachtet werden, *als ob* sie von einer höchsten Intelligenz ihr Dasein hätten" (ebd.). Allerdings ist die Übereinstimmung oberflächlicher, als es zunächst scheint: Denn nichts an der Überlegung der *Kritik der reinen Vernunft* erlaubt uns, von *dieser* Idee überzugehen zur Vorstellung einer Natur, die sich für unser Erkenntnisvermögen spezifiziert. Anders gesagt: Die Frage, weshalb eine solche ‚höchste Intelligenz' die Natur so einrichten sollte, dass sie sich für unsere Erfahrung als durchgängig zusammenhängend spezifiziert, kann Kant in der *Kritik der reinen Vernunft* noch nicht beantworten.

anders als Verstand und Vernunft – nicht autonom, sondern – als reflektierende Urteilskraft – heautonom.[24]

3 Die ästhetische Urteilskraft und das Prinzip der Spezifikation der Natur

Soviel zur transzendentalen Dimension des Prinzips der subjektiven Zweckmäßigkeit. Es ist nun von großer Wichtigkeit zu bemerken, dass der *Boden* dieses subjektiven Prinzips nicht identisch sein muss mit dem *Anwendungsbereich*, den das Prinzip der Zweckmäßigkeit als transzendentales Prinzip bei der Suche nach (empirischen) Gesetzen hat. Zur Erinnerung: *Boden* ist der ‚Teil des Feldes, in dem für uns Erkenntnis möglich ist'[25], d. h. diejenigen Gegenstände, hinsichtlich derer überhaupt ein *Erkenntnisanspruch* erhoben werden kann. In seiner Verwendung als transzendentales Prinzip erhebt das Prinzip der Zweckmäßigkeit keine Erkenntnisansprüche und kann deshalb für die Suche nach einem Boden für dieses Prinzip keine Hilfe sein. Es ist in dieser Hinsicht bloß subjektives Prinzip (Maxime), erschöpft sich in bloßer, wenn gleich notwendiger Heuristik, und gibt damit keinem Gegenstand direkt die Regel oder gar das Gesetz. Für den ‚Boden' dieses Prinzips der subjektiven Zweckmäßigkeit und ‚die gewisse Beschaffenheit desselben'[26] müssen wir zumindest einen Bereich festlegen (oder eine ‚gewisse Beschaffenheit desselben'), in dem für sie Erkenntnis gemäß der Regel (wenn auch nicht gemäß einem Gesetz) möglich ist, die ihr Prinzip der subjektiven Zweckmäßigkeit der Natur in ihren Formen enthält.

Diejenigen Erkenntnisse, für die wir bisher keine Regel (Prinzip) angegeben haben, sind keine Erkenntnisse der Dinge, sondern „diejenigen Beurteilungen, welche man ästhetisch nennt, die das Schöne und Erhabene der Natur oder der Kunst betreffen" (KU, AA 5:169.16/7), wie Kant in der *Vorrede* klar formuliert.[27] Der Boden, auf dem ästhetische Urteile ihren Erkenntnisanspruch geltend machen,

---

24 Vgl. KU, AA 5:185 f.

25 Vgl. KU, AA 5:174 .13-5 und oben S. 171.

26 Vgl. KU, AA 5:177.11 und oben S. 173.

27 Das Verhältnis von Naturschönem und dem Schönen in der Kunst wird in der Kant-Literatur natürlich kontrovers diskutiert. Ich gehe im Folgenden davon aus, dass das Kunstschöne in der *Kritik der ästhetischen Urteilskraft* vermittels des Geniebegriffs in gewisser Weise auf das Naturschöne zurückgeführt wird. Ich werde deshalb im Weiteren nur vom Naturschönen sprechen. Vgl. dazu die Diskussion in Förster (2011, Kap. 6).

ist – wie bereits bei Verstand und Vernunft – die Erfahrung. Allerdings ist es nicht jede beliebige Erfahrung, sondern eben nur die mit einer ‚gewissen Beschaffenheit': nämlich die Erfahrung des Schönen, die im Geschmacksurteil ausgedrückt wird. Nur für diesen Teil der erfahrbaren Wirklichkeit erhebt die Urteilskraft überhaupt Erkenntnisansprüche – und auch für diesen Teil ist sie hinsichtlich der Gegenstände, die sie als schön beurteilt, natürlich nicht konstitutiv, sondern bloß regulativ.

Fassen wir Kants Konzeption des Geschmacksurteils kurz thetisch zusammen: In der ‚reflektierten Wahrnehmung'[28] schöner Gegenstände erleben wir eine Wirkung dieser Vorstellungen auf unser Erkenntnisvermögen, die ihrerseits ein Gefühl der Lust verursacht. Diese „unmittelbare" (KU, AA 5:169.35) Beziehung auf das Gefühl der Lust hat ihre Ursache im reflektierten Erleben dieser Vorstellung des Gegenstands als subjektiv oder formal zweckmäßig für unser Erkenntnisvermögen. Subjektiv zweckmäßig ist sie für das Erkenntnisvermögen, weil sie diejenigen Teilvermögen in ein harmonisches Spiel qua ‚zweckmäßiges Verhältnis'[29] versetzt, die für die Gegenstandserkenntnis verantwortlich sind (nämlich Einbildungskraft und Verstand). Dieses Spiel ist möglich, weil die Einbildungskraft durch den Verstand hier nicht begrifflich festgelegt wird, sondern frei agiert.

Es ist diese Wirkung des harmonischen, zweckmäßigen Verhältnisses der Erkenntniskräfte angesichts des Naturschönen auf das Gefühl der Lust, die der „Bestimmungsgrund" (KU, AA 5:191.30) des Geschmacksurteils ist. Sie ist nicht a priori antizipierbar und das ihr zugrundeliegende Prinzip hat deshalb nicht den Charakter eines Gesetzes: Man muss das Schöne *erfahren* oder, wie Kant formuliert, „versuchen" (KU, AA 5:191.29).

Dennoch liegt jeder Reflexion der Wahrnehmung, die die Bedingung dieser Urteile ist, ein apriorisches Prinzip zugrunde, das diesem spezifischen Gefühl der Lust die Regel gibt: eben das Prinzip der subjektiven Zweckmäßigkeit des vorgestellten Gegenstandes für unser Erkenntnisvermögen. In diesem Sinne ist „das ästhetische Urteil über gewisse Gegenstände […] in Ansehung des Gefühls der Lust und Unlust ein konstitutives Prinzip" (KU, AA 5:197.8-10). Nur weil und insofern die „Möglichkeit" (KU, AA 5:191.35/6) unserer ästhetischen Urteile damit „ein Prinzip a priori voraussetzt" (ebd.), sind diese Urteile „auch einer Kritik unterworfen" (ebd.).[30]

---

28 Vgl. KU, AA 5:191.1.

29 Vgl. KU, AA 5:280.11.

30 Vgl. auch die korrespondierende Bemerkung in der *Vorrede*: Die „unmittelbare Beziehung auf das Gefühl der Lust und Unlust (ist) gerade das Rätselhafte in dem Prinzip der Urteilskraft […], welches eine besondere Abteilung in der Kritik dieses Vermögens notwendig macht." (KU, AA 5:169/70)

Die charakteristische subjektive oder formale Zweckmäßigkeit, die dem Geschmacksurteil zugrunde liegt, ist demnach „ästhetische Zweckmäßigkeit" (KU, AA 5:270.33): Sie ist „Gesetzmäßigkeit der Urteilskraft *in ihrer Freiheit*" (KU, AA 5:270.33/4; Herv. JH). Hier zeigt sich nun ein äußerst wichtiger Unterschied zur Verwendung des Prinzips als transzendentales Prinzip, wie wir sie in der heuristischen Anwendung zur Suche spezifisch empirischer Gesetze kennengelernt haben.

Zunächst scheint die Übereinstimmung groß: Auch das Erfolgserlebnis bei der Systematisierung der Naturgesetze wirkt auf das Gefühl der Lust und Unlust. Genau wie das ästhetische Urteil ist es dabei unabhängig von unseren bloß subjektiven Vorlieben und Wünschen, d. h. unserem Begehrungsvermögen, da das Erfolgserlebnis auf der Anwendung eines apriorischen Prinzips beruht. Denn die Intersubjektivität des Gefühls der Lust ist auch hier durch dieses Prinzip selbst a priori bestimmt: denn die Natur erweist sich im konkreten Fall als zweckmäßig für unser Erkenntnisvermögen.[31]

Doch nicht nur ist diese Zweckmäßigkeit graduell oder relativ, nicht etwa absolut wie im Falle des Schönen. Dieses Erfolgserlebnis ist darüber hinaus die „Erreichung (einer; JH) Absicht" (KU, AA 5:187.11), konkret einer Erkenntnisabsicht, und es ist dieses Erreichen einer Erkenntnis*absicht*, das „mit dem Gefühle der Lust verbunden" (KU, AA 5:18711/2) ist. Absichten sind, wie wir gesehen haben, Zwecke eines Verstandes. Der Erkenntniszweck prägt klarerweise die Verwendung des Prinzips der subjektiven Zweckmäßigkeit durch die reflektierende Urteilskraft als transzendentales Prinzip – und er ist verantwortlich für das im Erfolgsfall entstehende Gefühl genau wie für das ‚Missfallen' im Falle des Scheiterns der „Absicht (der reflektierenden Urteilskraft; JH)" (KU, AA 5:188.10).

In scharfem Kontrast dazu zeigt sich die Zweckmäßigkeit der Vorstellungen schöner Gegenstände *unabhängig* von jedem (Erkenntnis-)Zweck, jeder (Erkenntnis-)Absicht.[32] Wie wichtig diese Unterscheidung ist, kann man sich verdeutlichen, indem man sich die Bedeutung einer solchen absichtslosen Zweckmäßigkeit in der Natur für die Entwicklung von Kants kritischer Philosophie vor Augen führt. Denn die Entdeckung einer solchen subjektiven Zweckmäßigkeit der Natur in ihren Formen ist es allererst, die Kant (und uns) das Prinzip der subjektiven Zweckmäßigkeit

---

31 Vgl. KU, AA 5:187.

32 Variationen der Thematik der Unabsichtlichkeit durchziehen als Leitmotiv den Abschnitt VII der *Einleitung* („Von der ästhetischen Vorstellung der Zweckmäßigkeit" KU, AA 5:188-5:192) ebenso wie das Thema der Absichtlichkeit den Abschnitt VI („Von der Verbindung des Gefühls der Lust mit dem Begriffe der Zweckmäßigkeit der Natur" KU, AA 5:186-188) prägt.

als ein Prinzip der reflektierenden Urteilskraft an die Hand gibt oder „offenbart" (EE, AA 20:244.19).

Und diese ‚Offenbarung' markiert den entscheidenden Unterschied zur Auffassung der ersten *Kritik*, in der Kant sich im *Anhang zur transzendentalen Dialektik*, wie wir gesehen haben, zu einem vergleichbaren Prinzip verhilft[33], ohne dessen Herleitung aus den Ideen der Vernunft rechtfertigen zu können. Die Analyse der Erfahrung der Wirkung schöner Gegenstände *als einer Wirkung auf diejenigen Erkenntnisvermögen, die Bedingung der Möglichkeit von Erfahrung sind (Einbildungskraft und Verstand)*[34] stand Kant zu diesem Zeitpunkt noch nicht zur Verfügung.[35] Erst diese Analyse verleiht dem Begriff der subjektiven Zweckmäßigkeit der Natur qua Spezifikation der Natur für unsere Erkenntniskräfte ‚Sinn und Bedeutung'[36]. Eckart Förster, formuliert dies treffend so:

> Because of the actual experience of natural beauty, and only because of it, judgment is compelled in its reflection upon nature to adopt as its own principle the view that nature specifies its empirical laws for the purpose of judgment. (Förster 2000, S. 10)

In der Erfahrung des Schönen, auf der das Geschmacksurteil beruht, sind wir dementsprechend konfrontiert mit der Zweckmäßigkeit als einem *Faktum*[37] – und zwar einer absoluten Zweckmäßigkeit, die in der relativen Zweckmäßigkeit der Systematisierbarkeit einiger Naturgesetze keine Entsprechung hat. Sie fände ihre Entsprechung in einer vollständigen Systematisierbarkeit der Naturgesetze, die ihrerseits allerdings nur als regulative Idee fungieren kann. Gegenüber der regulativen Funktion der Ideen aus dem *Anhang zur transzendentalen Dialektik* der *Kritik der reinen Vernunft* hat sich also in *dieser* Hinsicht nichts geändert: Es ist eine regulative Idee, die hier zur Maxime der Nachforschung wird. Allerdings ist es eine regulative Idee, die sich nunmehr die Urteilskraft zur Maxime macht, nicht mehr die Vernunft, wie noch in der ersten *Kritik*.

Das wird dadurch ermöglicht, dass eine Zweckmäßigkeit der Natur genau für unsere Erkenntniskräfte – mithin eine *subjektive* Zweckmäßigkeit – in der Wahrnehmung des Schönen als *Faktum* unmittelbar erfahren werden kann. Es ist nun also tatsächlich die Natur *selbst*, die *sich* für unsere Erkenntniskräfte *spezifiziert* –

---

33 Vgl. oben Fn. 23
34 Vgl. Förster (2003, S. 229).
35 Vgl. dazu die Darstellung von Eckart Förster im ersten Kapitel von *Förster* (2000), die diese Frage erschöpfend und abschließend behandelt (ebd., 8–11).
36 Vgl. WDO, AA 8:133.
37 Vgl. Friedman (2003, S. 216); vgl. auch Förster (2003, S. 228).

und zwar im Naturschönen – und uns so „im ästhetischen Urteil" (KU, AA 5:197.8) Anlass dafür gibt, das Prinzip der Zweckmäßigkeit auch auf die Erfassung der Natur vermittels eben dieser Erkenntniskräfte als Ganzes heuristisch anzuwenden. Da sich die Natur in der Erfahrung des Schönen für unsere Erkenntniskräfte als zweckmäßig spezifiziert *ohne* sich dabei auf eine konkrete, eindeutige begriffliche Bestimmung festlegen zu lassen, ist das daraus resultierende harmonische Verhältnis der Erkenntniskräfte ein Verhältnis dieser Erkenntniskräfte, Einbildungskraft und Verstand, *als solcher*.

Im grundlegenden Fall des bestimmenden, logischen Urteils oder Erkenntnisurteils werden *Produkte* der Einbildungskraft „als Vermögen der Anschauungen oder Darstellungen" (KU, AA 5:287.25/6) und des Verstandes als „Vermögen der Begriffe" (ebd.) (mithin Anschauungen unter Begriffe) subsumiert – und zwar durch die Urteilskraft als Vermögen der Subsumtion. Im begrifflich gerade nicht eindeutig festgelegten Geschmacksurteil oder ästhetischen Urteil wird dieses Subsumtionsverhältnis hingegen zu einem Verhältnis zwischen den beiden Vermögen als solchen – immer noch durch die Urteilskraft als dem Vermögen der Subsumtion. Das dieser Subsumtionshandlung zugrunde liegende Prinzip der subjektiven Zweckmäßigkeit ist qua „Prinzip des Geschmacks" (KU, AA 5:286.30) das „subjektive Prinzip der Urteilskraft überhaupt" (KU, AA 5:286.30/1):

> (D)er Geschmack als subjektive Urteilskraft enthält ein Prinzip der Subsumtion, aber nicht der *Anschauungen* unter *Begriffe*, sondern des *Vermögens* der Anschauungen oder Darstellungen (d. i. der Einbildungskraft) unter das *Vermögen* der Begriffe (d. i. den Verstand), sofern das erstere *in seiner Freiheit* zum letzteren *in seiner Gesetzmäßigkeit* zusammenstimmt. (KU, AA 5:287.24-9)

Die Natur erweist sich damit in der Erfahrung des Schönen als zweckmäßig für die beiden Vermögen bestimmter Erkenntnis von Gegenständen der Erfahrung – und damit für Erkenntnis *überhaupt*: Im Schönen spezifiziert sie sich in ihren Formen für unsere Erkenntniskräfte, ohne diese festzulegen. Erkenntnis überhaupt ist nun aber in Kants kritischer Philosophie das Geschäft der Urteilskraft: Erkenntnisse sind, was sie sind, immer nur als Urteile oder als Bestandteile von Urteilen.[38] In der Erfahrung des Schönen ist die Natur deshalb zweckmäßig für die Urteilskraft als solche: nicht für dieses oder jenes logische Urteil, in dem eine „Vorstellung unter

---

38 „Wir können aber alle Handlungen des Verstandes auf Urteile zurückführen, so dass der *Verstand* überhaupt als ein *Vermögen zu urteilen* vorgestellt werden kann. Denn er ist nach dem obigen ein Vermögen zu denken. Denken ist das Erkenntnis durch Begriffe. Begriffe aber beziehen sich, als Prädikate möglicher Urteile, auf irgend eine Vorstellung von einem noch unbestimmten Gegenstande." (KrV A69/B94)

Begriffe vom Objekt [...] subsumiert" (KU, AA 5:286.33/4) und so bestimmt wird, sondern für Urteile überhaupt.

Es ist diese *Zweckmäßigkeit* für die Urteilskraft als solche, die wir im ästhetischen Urteil ausdrücken, weil sie anlässlich einer empirischen Vorstellung als Gefühl der Lust erfahrbar wird, das „die Vorstellung des Objekts begleitet" (KU, AA 5:288.11/2). Und sofern die Urteilskraft die „formale [...] subjektive Bedingung aller Urteile ist" (KU, AA 5:287.5/6), ist die Zweckmäßigkeit für dieses Vermögen selbst eine *subjektive* Zweckmäßigkeit. Zugleich ist das resultierende ästhetische Urteil von universeller und apriorischer Gültigkeit „für jeden Urteilenden überhaupt" (KU, AA 5:190.19), d. h. für alle Wesen, die mit genau denselben Erkenntniskräften ausgestattet sind – und nur für diese.[39]

> Die Lust ist also im Geschmacksurteile zwar von einer empirischen Vorstellung abhängig und kann a priori mit keinem Begriff verbunden werden [...]; aber sie ist doch der Bestimmungsgrund dieses Urteils nur dadurch, dass man sich bewusst ist, sie beruhe bloß auf der Reflexion und den allgemeinen, obwohl nur subjektiven, Bedingungen der Übereinstimmung derselben zum Erkenntnis der Objekte überhaupt, für welche die Form des Objekts zweckmäßig ist. (KU, AA 5:191.26-34)[40]

Wir sehen so, wie das ‚subjektive Prinzip der Urteilskraft überhaupt' mit dem transzendentalen Prinzip der subjektiven Zweckmäßigkeit der Natur in ihrer Mannigfaltigkeit zusammenhängt: Sofern das Miteinander der Erkenntniskräfte zweckmäßig ist und diese Zweckmäßigkeit zugleich für Urteile überhaupt gilt, haben wir es hier mit einer Zweckmäßigkeit der Natur für unsere Erkenntniskräfte zu tun, die nunmehr als das apriorische Prinzip der Urteilskraft *überhaupt* aufgefasst werden kann. Dennoch nimmt dieses apriorische Prinzip den Bezug auf eine erfahrbare Natur als eine Natur auf, die sich zweckmäßig für unsere Erkenntniskräfte spezifiziert und „veranlasst" (KU, AA 5:197.9) so den „Begriff der

---

39   Dieser Punkt ist wichtig für die Deduktion der ästhetischen Urteile. Vgl. KU §38. Allerdings ist die Deduktion damit noch nicht beendet. Denn aus diesem Umstand folgt noch nicht, dass das „Gefühl im Geschmacksurteile *gleichsam als Pflicht* jedermann zugemutet werde" (KU, AA 5:296.12/3). Dazu muss das Schöne erst als Symbol des Sittlich-Guten erwiesen werden. Vgl. KU §59.

40   Kant folgert direkt aus dieser Bemerkung, dass die Geschmacksurteile „einer Kritik unterworfen sind" (KU, AA 5:191.36/7), weil ihre Möglichkeit ein apriorisches Prinzip voraussetzt. Es sind denn auch die ästhetischen Urteile, nicht das Prinzip der Zweckmäßigkeit, die in der transzendentalen Deduktion der *Kritik der ästhetischen Urteilskraft* verhandelt werden. Denn das Prinzip der subjektiven Zweckmäßigkeit fungiert hier nicht als transzendentales Prinzip, sondern als Prinzip a priori. Sofern es, wie in der *Einleitung* als transzendentales Prinzip fungieren soll, bedarf es einer eigenen Deduktion wie wir sie dort auch vorgefunden haben.

Urteilskraft von einer Zweckmäßigkeit der Natur [...] als regulatives Prinzip der Erkenntnisvermögen" (KU, AA 5:197.5-8).[41]

4 Das Problem des Übergangs I: Die Darstellung der subjektiven Zweckmäßigkeit

Wir haben gesehen, dass sich die Rechtfertigung für diesen Bezug, die in der ersten *Kritik* noch nicht möglich war, gerade in der Erfahrung des Schönen als einer Erfahrung subjektiver Zweckmäßigkeit findet. Diese Erfahrung erst verleiht dem Begriff der subjektiven Zweckmäßigkeit Sinn und Bedeutung, das heißt: anschaulichen Gehalt. Es ist dieses Faktum der Erfahrung des Schönen als Vorstellung der Zweckmäßigkeit „an einem in der Erfahrung gegebenen Gegenstand" (KU, AA 5:192.16), das es ermöglichte, die Vorstellung einer subjektiven Zweckmäßigkeit der Natur in der Spezifikation ihrer Formen für unsere Erkenntniskräfte als apriorisches Prinzip zu etablieren. Nun erst konnte dieses Prinzip auch als ein Prinzip der Spezifikation der Natur begriffen werden, das wir unserer ,Suche nach empirischen Gesetzen' als transzendentales Prinzip unterlegen.

Erreicht wurde dies, indem Vorstellungen des Naturschönen als Anschauungen aufgefasst wurden, die dem Begriff der subjektiven Zweckmäßigkeit „korrespondieren" (KU, AA 5:192.34). Damit wurde der Begriff *dargestellt*. Denn Darstellung (exhibitio) besteht genau darin, „dem Begriffe eine korrespondierende Anschauung zur Seite zu stellen" (KU, AA 5:192.33/4). Es ist mithin die *Darstellung* des Begriffs der subjektiven Zweckmäßigkeit, die Kant nunmehr den Bezug auf eine sich selbst für unsere Erkenntniskräfte spezifizierende Natur erlaubt, der vor der *Kritik der ästhetischen Urteilskraft* zurecht noch den Verdacht erregen hätte müssen, die durch die Vernunftkritik gesetzten Grenzen zu überschreiten.

Nun schreibt Kant: „Das Vermögen der Darstellung aber ist die Einbildungskraft" (KU, AA 5:232.24/5).[42] Ein Vermögen der sinnlichen, anschaulichen Darstellung

---

41 Eine alternative Deutung dieser Bemerkung schlägt Luigi Caranti vor. Vgl. Caranti (2005, S. 374).

42 Hier in der Einleitung bezeichnet es Kant als Aufgabe der Urteilskraft – und nicht der Einbildungskraft! – einen gegebenen Begriff darzustellen. Dennoch ist es an anderen Stellen der *KU* wie auch in der ersten *Kritik* grundsätzlich die Einbildungskraft, die das Vermögen der Darstellung ist. Und auch im Kontext der *Einleitung* wird sogleich klärend die Einbildungskraft eingebracht: denn die Darstellung, die gerade noch als „Geschäft der Urteilskraft" (KU, AA 5:192.32) bezeichnet wurde, ,geschieht' unmittelbar darauf ,durch die Einbildungskraft'.

von Begriffen ist die Einbildungskraft in Kants kritischer Philosophie, sofern sie ein Vermögen der begrifflich geleiteten *Synthesis* sinnlicher Vorstellungen ist. Wie Kant in der ersten Auflage der *Kritik der reinen Vernunft* noch ausführlich argumentiert[43], ist sie damit dasjenige Vermögen, das die Verbindung von begrifflichen und sinnlichen Elementen der repräsentierten Wirklichkeit herstellt: Sie strukturiert sinnliches Material gemäß begrifflichen Vorgaben und ist so gleichzeitig ein Vermögen der Versinnlichung von Begriffen.

Die komplexen Details dieses synthetischen, bildgebenden Wirkens der Einbildungskraft können wir für die Zwecke dieser Abhandlung weitgehend außer Acht lassen.[44] Wichtig für unsere Zwecke ist lediglich festzuhalten, dass das synthetische Wirken der Einbildungskraft dafür verantwortlich ist, dass wir „die *Naturschönheit* als *Darstellung* des Begriffs der formalen (bloß subjektiven) [...] Zweckmäßigkeit ansehen" (KU, AA 5:193.12-14) können. Die Einbildungskraft erhält so eine Bedeutung für die *Kritik der Urteilskraft*, die weit über ihre Mitwirkung im ästhetischen Urteil hinausgeht. Denn sie ist damit insbesondere unentbehrlich für die Beantwortung der Frage nach dem Beitrag der *KU* zum Problem des Übergangs von theoretischer zu praktischer Vernunft: die Darstellung der subjektiven Zweckmäßigkeit im Naturschönen (und dem Kunstschönen, sofern es vermittels des Begriffs des Genies mit dem Naturbegriff verbunden werden kann) erlaubt nämlich auf diese Weise einen wichtigen Schritt über die erste *Kritik* im Hinblick auf das, was Kant als das „übersinnliche Substrat" (KU, AA 5:196.14) der Natur bezeichnet.

Wir haben oben gesehen, dass die Urteilskraft dank ihres transzendentalen Prinzips der Zweckmäßigkeit den Übergang vom Natur- zum Freiheitsbegriff hinsichtlich ihres übersinnlichen Einheitsgrunds möglich machen soll. Diese Thematik des Übergangs wird am Ende der *Einleitung*, unmittelbar nach den Überlegungen zur Darstellung des Begriffs der Zweckmäßigkeit, wieder aufgegriffen und als Problem des Übergangs von der Unbestimmtheit des übersinnlichen Substrats (in der theoretischen Vernunft/Verstand) zu dessen Bestimmtheit (praktische Vernunft) vermittels seiner Bestimmbarkeit (reflektierende Urteilskraft) gefasst. Kant stellt in diesem Zusammenhang fest, dass das übersinnliche Substrat, das die *Kritik der reinen Vernunft* noch völlig unbestimmt lassen musste (wodurch zugleich der

---

43 Insbesondere in seiner Diskussion der ‚dreifachen Synthesis' von Apprehension, Reproduktion und Rekognition in der A-Deduktion (KrV A 98–110). Vgl. dazu ausführlich Haag (2007, Kap. 6).

44 Eine umfassende Diskussion relevanter Passagen hätte insbesondere Kants Auseinandersetzung mit dieser Thematik in der *Ersten Einleitung* (vgl. z. B. EE, AA 20:220) und die sog. *Kiesewetter-Aufsätze* einzubeziehen (vgl. vor allem Refl., AA 18:318).

Freiraum für eine Bestimmung durch die praktische Vernunft geschaffen wurde), nunmehr durch die Urteilskraft als bestimmbar erwiesen wird.

Wir kennen nun die nötigen Elemente für ein besseres Verständnis der Art und Weise *wie* die Urteilskraft diesen Übergang ermöglichen soll: Die Spezifikation einer Natur für die Bedürfnisse unserer (spezifisch menschlichen) Erkenntniskräfte in Darstellungen subjektiver Zweckmäßigkeit (Naturschönes) gibt uns „einen Wink" (KU, AA 5:300.26) und zeigt uns „eine Spur" (KU, AA 5:300.25), dass die Natur mit unserem ‚interesselosen Wohlgefallen' übereinstimmen kann. An solchen Winken oder Spuren müssen wir, so Kant, interessiert sein, sofern wir praktische Vernunftwesen sind. Denn ein derartiges interesseloses Wohlgefallen haben wir nicht nur am Naturschönen, sondern auch an bloß formal, nicht inhaltlich bestimmten moralischen Maximen. Die strukturelle Analogie zwischen diesen beiden Arten der Beurteilung (einmal des Schönen, das andere Mal des Moralischen) fundiert also das *Interesse* der praktischen Vernunft an den Naturerzeugnissen, die uns einen Hinweis darauf geben, dass die Natur mit der Struktur unserer Vernunft in Übereinstimmung gebracht werden kann – mithin vernünftig bestimmbar ist.

Damit wird durch die Darstellung der subjektiven Zweckmäßigkeit im Naturschönen erstmals in der kritischen Philosophie nachvollziehbar, wie es möglich sein soll, dass das Freiheitsgesetz qua Gesetz einer übersinnlichen Verstandeswelt die Sinnenwelt in einer Weise bestimmt, die es erlaubt, die durch dieses Gesetz bestimmte „Verstandeswelt" (KpV, AA 5:43.25) als urbildliche „natura archetypa" (KpV, AA 5:43.27) aufzufassen, die der nachgebildeten „natura ectypa" (KpV, AA 5:43.29/30) oder Sinnenwelt zugrunde liegt. Diese Bestimmbarkeit ist es, die letztlich dafür verantwortlich ist, dass Kant das Schöne als Symbol des Sittlich-Guten begreifen kann – und so die Rechtmäßigkeit des Anspruchs auf allgemeine Zustimmung zum ästhetischen Urteil deduzieren kann.

Wir können also zusammenfassen, dass die Darstellung der subjektiven Zweckmäßigkeit in anschaulichen Vorstellungen des Naturschönen zugleich eine indirekte, symbolische Darstellung des Sittlich-Guten ist. Da die Darstellung des Naturschönen eine Darstellung in der erfahrbaren Wirklichkeit ist, die durch die Verstandesgesetze bestimmt wird, ist so ein Übergang vom Naturbegriff zum Freiheitsbegriff gefunden.

5   Das Problem des Übergangs II:
Die Darstellung der objektiven Zweckmäßigkeit

Damit ist zwar der Beitrag der Kritik der ästhetischen Urteilskraft zum Problem
des Übergangs und der Einheit der Vernunft beschrieben, aber die Kritik der
teleologischen Urteilskraft bleibt bislang weiterhin ein bloßes Anhängsel. Reicht
vielleicht der gefundene Übergang aus, um das Einheitsproblem zu lösen?

Um diese Frage zu beantworten, ist es nötig, sich kurz darüber zu verständigen,
was eine kantische Lösung dieses Problems innerhalb der methodologischen Be-
schränkungen der Transzendentalphilosophie eigentlich bedeuten würde. Zunächst
ist dadurch, dass die Philosophie hier kritisch verfahren muss, sichergestellt, dass
die Einheit von theoretischer und praktischer Vernunft nicht mit Mitteln erreicht
werden kann, die den begrifflichen Rahmen überschreiten, der unserem Erkennen
insbesondere in der Kritik der reinen Vernunft gesetzt wurde. Andererseits ist das
*Erkenntnis*interesse und dessen kritische Sicherung nicht das einzige Interesse der
Vernunft. Sofern Vernunft praktisch ist, hat sie ein Interesse an der Willensbestimmung in Übereinstimmung mit dem moralischen Gesetz. Dieses Interesse der
praktischen Vernunft ist uns bereits als ein Interesse am Naturschönen begegnet.

Nun stellt Kant in der *Dialektik* der *Kritik der praktischen Vernunft* klar, dass
dieses Interesse gegenüber dem Erkenntnisinteresse der theoretischen Vernunft
primär ist, sofern es mit letzterer nicht in direktem Widerspruch steht.[45] Die für
mein Vorhaben entscheidende Konsequenz, die sich aus diesem Primat des Interesses der reinen praktischen Vernunft ergibt, beschreibt Kant als Aufgabe für die
theoretische Vernunft, die notwendigen Sätze[46] der praktischen Vernunft, auch
wenn sie keine Erkenntnisse im theoretischen Sinne werden können, „als ein ihr
fremdes Angebot, das […] hinreichend beglaubigt ist, an(zu)nehmen und sie mit
allem, was sie als speculative Vernunft in ihrer Macht hat, zu vergleichen und zu
verknüpfen" (KpV, AA 5:121.10-13).

Die Erfüllung dieser Aufgabe kann man als Lösung des Problems des Übergangs
im Rahmen einer kritisch informierten systematischen Philosophie verstehen. Eine
eigentlich transzendentalphilosophische Lösung des Übergangsproblems wäre
demnach erst gegeben, wenn die Konsequenzen vollständig ausgelotet sind, die sich
aus dem Primat des Interesses der praktischen Vernunft ergeben. Die notwendigen
Sätze, auf die sich Kant in seiner Skizzierung der aus dem Primat resultierenden
Aufgabe für die theoretische Vernunft bezieht, sind die Postulate der reinen praktischen Vernunft: die Ideen von Gott als Schöpfer der Natur und der Unsterblichkeit

---

45 Vgl. KpV, AA 5:119-121.
46 Vgl. KpV, AA 5:121.

der Seele als notwendige Voraussetzungen der Idee eines höchsten Gutes, das wir als intentionales Objekt eines Handelns aus Freiheit denken müssen.[47] Im Zusammenhang des Übergangsproblems ist es also notwendig zu untersuchen, welchen Beitrag die theoretische Philosophie leisten kann, um die Postulate der praktischen Vernunft ‚mit allem, was in ihrer Macht steht, zu vergleichen und zu verknüpfen'.

Dazu hat die *Kritik der ästhetischen Urteilskraft* mit ihrer Konzeption des Schönen als Symbol des Sittlich-Guten bereits einen wichtigen Beitrag geleistet. Allerdings kann die theoretische Vernunft mehr leisten, wie die Überlegungen der *Kritik der teleologischen Urteilskraft* und insbesondere ihrer *Methodenlehre* zeigen. Wenn das richtig ist, gehören diese Überlegungen als wichtige Bausteine zu einer kantischen Konzeption der Einheit von theoretischer und praktischer Vernunft.

Den ersten Schritt, um das deutlich zu machen, haben wir ja bereits vollzogen: es ist weniger die Urteilskraft als vielmehr der Begriff der Zweckmäßigkeit, der im Mittelpunkt der dritten *Kritik* steht und ihr die Einheit verleiht, nach der wir suchen. Zunächst ist festzuhalten, dass die Bestimmung von Umfang und Grenzen dieses Prinzips einer subjektiven Zweckmäßigkeit die Auseinandersetzung mit der Zweckmäßigkeit überhaupt erfordert – und das heißt insbesondere auch mit dem der subjektiven Zweckmäßigkeit komplementären Begriff einer *objektiven* Zweckmäßigkeit. Wir wissen bereits, was Kant unter objektiver Zweckmäßigkeit versteht: Auch sie wird „an einem in der Erfahrung gegebenen Gegenstand" (KU, AA 5:192.16/7) vorgestellt, allerdings aus einem objektiven Grund „als Übereinstimmung seiner Form mit der Möglichkeit des Dinges selbst, nach einem Begriffe von ihm, der vorhergeht und den Grund dieser Form enthält" (KU, AA 5:192.21-3). Objektiv zweckmäßig ist ein natürlicher Gegenstand also, sofern er selbst als das Produkt einer absichtlichen Konstruktion, d. h. als Zweck, gedacht werden muss. Anders gesagt, die Beurteilung als zweckmäßig betrifft in diesem Fall den Gegenstand selbst und nicht nur die Beziehung seiner Form auf unsere Erkenntniskräfte. Wir beurteilen sie deshalb logisch und nicht ästhetisch.[48]

In anderer Hinsicht eröffnet sich allerdings eine interessante Analogie zwischen subjektiver und objektiver Zweckmäßigkeit: Auch die objektive Zweckmäßigkeit ist nämlich einer Darstellung fähig: „*Naturzwecke* (können wir; JH) als Darstellung des Begriffs der realen (objektiven) Zweckmäßigkeit ansehen" (KU, AA 5:193.14/5). Auch hier ist es also wieder die Einbildungskraft, die einen Begriff versinnlicht – in diesem Fall den Begriff der objektiven Zweckmäßigkeit.

Für Kant sind nun Anschauungen von Lebewesen oder Organismen von genau dieser Art. Die Synthesis der Vorstellungen solcher Organismen durch die Einbil-

---

47 Vgl. KpV, AA 5:122-134.
48 Vgl. KU, AA 5:193.

dungskraft *erzwingt* deshalb die Einführung des Begriffs des Naturzwecks – und damit den Einbruch der teleologischen Erklärung in die mechanistische Naturbeschreibung der ersten *Kritik*.[49] Nunmehr synthetisiert die Einbildungskraft die Vorstellungen von Organismen in Übereinstimmung mit dem Begriff der objektiven Zweckmäßigkeit. Die resultierende anschauliche Vorstellung ist dementsprechend eine Darstellung dieser objektiven Zweckmäßigkeit.

Naturzwecke als Darstellungen objektiver Zweckmäßigkeit sind, ganz anders als das Naturschöne qua Darstellung der subjektiven Zweckmäßigkeit, für Kant zunächst ein gewaltiges Problem: Denn sie führen dazu, dass nun die scheinbar unvereinbaren mechanistischen und teleologischen Methoden der Naturerklärung nebeneinanderstehen. Beide sind angesichts der Phänomene, mit denen wir konfrontiert sind, unverzichtbar – aber beide erheben Anspruch auf Vollständigkeit der Erklärung. Daraus ergibt sich eine Antinomie, die Kant in einer komplexen Diskussion in der *Dialektik der teleologischen Urteilskraft*, insbesondere in §77, unter Verwendung einer Methodologie der Grenzbegriffe aufzulösen versucht.[50] Erst nach der Auflösung der Antinomie und damit des Problems, das sich für die theoretische Vernunft prima facie aus der Darstellung des Begriffs der objektiven Zweckmäßigkeit in Anschauungen von Naturzwecken ergibt, eröffnet sich nun für die theoretische Vernunft die Möglichkeit, die durch das Primat der praktischen Vernunft gestellte Aufgabe zu erfüllen.

Ausgangspunkt dieser Überlegungen ist die Auffassung der Natur *als Ganzes* als ein System, das teleologisch erklärt werden muss. Als Perspektive der reflektierenden Urteilskraft steht dieses Erklärungsmodell nach Auflösung der Antinomie neben der mechanistischen Erklärung, vielleicht nicht gleichberechtigt, aber doch mit Anspruch auf Vollständigkeit. Nicht nur damit verweist die teleologische Erklärung – wenn auch nur reflektierend, nicht bestimmend (!) – auf einen intelligiblen Urgrund der Natur, einen architektonischen Verstand, der mit seinen Intentionen für die objektive Zweckmäßigkeit der Natur als ganzer verantwortlich ist.

Es ist also letztlich die teleologische Erklärungsperspektive, die den Übergang zum übersinnlichen Substrat der Natur erforderlich macht. Sie leistet dies nicht, indem sie die Frage nach der Natur dieses Urgrunds selbst zu beantworten versucht, sondern indem sie auf die Antwort der praktischen Vernunft verweist. Anders als die Darstellung der subjektiven Zweckmäßigkeit im Naturschönen *zwingt* uns die Darstellung der objektiven Zweckmäßigkeit in Naturzwecken gleichsam von innerhalb der theoretischen Philosophie zu einem Übergang, den die subjektive Zweckmäßigkeit bloß formal *ermöglicht* hat.

---

49 Vgl. zum folgenden die ausführliche Darstellung in Haag (2013, S. 152 ff.).
50 Vgl. dazu Förster (2011, Kap. 6) und Haag (2013).

Das praktische Interesse der Vernunft findet demnach Hinweise darauf, dass der Naturbegriff mit dem Freiheitsbegriff in Übereinstimmung gebracht werden kann, nicht nur hinsichtlich der formalen Übereinstimmung mit unseren Erkenntniskräften im Naturschönen, d. h. als subjektive Zweckmäßigkeit. Sie kann auch die Vorstellung einer objektiven Zweckmäßigkeit nicht nur dafür nützen, bestimmte Produkte der Natur zu erforschen, sondern sieht sich durch diese ihr notwendige Perspektive dazu gezwungen, das Naturganze als ein System von Zwecken zu betrachten. Es war die Darstellung der subjektiven und der objektiven Zweckmäßigkeit durch die Einbildungskraft in der anschaulichen Vorstellung des Naturschönen bzw. des Naturzwecks, die diese Verknüpfung von Untersuchungen über die theoretische Vernunft mit dem Interesse der praktischen Vernunft ermöglicht haben.

Die *KU* erweist sich so in ihrem Zusammenhang als ein Beitrag zur Einlösung von Kants Forderung an die theoretische Vernunft im Zusammenhang der Diskussion des Primats des Interesses der praktischen Vernunft in der *Kritik der praktischen Vernunft*: Die theoretische Vernunft hat damit, dass sie das Problem in dieser zugespitzten Form gestellt hat, alle jene Sätze, die dies zuließen, mit den notwendigen Sätzen der praktischen Vernunft ‚verglichen und verknüpft'. Sie hat alles getan, wozu sie gemäß ihrer durch das Primat der praktischen Vernunft definierten Aufgabe verpflichtet war. Kant hat demnach in der *KU* gezeigt, was aus der Perspektive einer kritischen Transzendentalphilosophie für den Übergang zwischen theoretischer und praktischer Philosophie und damit für die Einheit von theoretischer und praktischer Vernunft geleistet werden kann.

Literatur

Allison, Henry. 2001. *Kant's Theory of Taste*. Cambridge: Cambridge University Press.

Caranti, Luigi. 2005. Logical Purposiveness and the Principle of Taste. *Kant-Studien* 96: 364–374.

Förster, Eckart. 1998. Die Wandlungen in Kants Gotteslehre. *Zeitschrift für philosophische Forschung* 52: 341–362.

Förster, Eckart. 2000. *Kant's Final Synthesis*. Cambridge, Ma.: Harvard University Press.

Förster, Eckart. 2003. Reply to Friedman and Guyer. *Inquiry* 46: 228–238.

Förster, Eckart. 2011. *Die 25 Jahre der Philosophie*. Frankfurt: Klostermann.

Friedman, Michael. 2003. Eckart Förster and Kant's Opus postumum. *Inquiry* 46: 215–227.

Ginsborg, Hannah. 2015. *The Normativity of Nature*. Oxford: Oxford University Press.

Haag, Johannes. 2007. *Erfahrung und Gegenstand*. Frankfurt: Klostermann.

Haag, Johannes. 2013. Grenzbegriffe und die Antinomie der teleologischen Urteilskraft. In *Übergänge – diskursiv oder intuitiv?*, hrsg. J. Haag und M. Wild. Frankfurt: Klostermann, 141–172.

Haag, Johannes. 2015. Die Unergründlichkeit der Einbildungskraft. In *Die Unergründlichkeit der menschlichen Natur*, hrsg. O. Mitscherlich & M. Schlossberger. Berlin: de Gruyter, 161–180.

Horstmann, Rolf-Peter. 1989. Why must there be a deduction in Kant's *Critique of Judgement?*. In *Kant's Transcendental Deductions*, hrsg. E. Förster. Stanford: Stanford University Press, 156–76.

Nerurkar, Michael. 2015. Boden (metaphorisch). In: *Kant-Lexikon*, hrsg. M. Willaschek et al. Berlin: de Gruyter, 300 f.

Der Begriff der Zweckmäßigkeit in Kants Philosophie als kritisch-immanente Transformation des leibnizschen Prinzips der Harmonie[1]

Manuel Sánchez-Rodríguez

Zusammenfassung

In seiner Auseinandersetzung mit Eberhard behauptet Kant, Kritizismus sei die eigentliche Apologie von Leibniz. Diese Äußerung darf nicht einfach als sarkastisch abgetan werden. Kant kann dies insofern ernsthaft denken und behaupten, da für ihn die Transzendentalphilosophie die wesentliche philosophische Bedeutung des leibnizschen Gedankens aufhebt, liegt doch schon in Leibniz ein kritizistischer Kern, welcher wiedergewonnen werden kann. Man sieht hier nur einen Aspekt dieser historischen Transformation von Leibniz im kantischen Gedanken, und zwar: die explizite Behauptung Kants, das Konzept der prästabilierten Harmonie werde in der Theorie der reflektierenden Urteilskraft und im Begriff der Zweckmäßigkeit kritisch aufgehoben. Dazu muss man jedoch vorher den Grundzug des kritischen Unterschieds zwischen Kant und der leibniz-wolffschen Philosophie durch eine Diskussion über die Bedeutung des Begriffs des Transzendentalen erläutern.

Einleitung

Die Frage nach dem historischen Zusammenhang zwischen der kantischen Betrachtung des Begriffs ‚Zweckmäßigkeit' und der leibniz-wolffschen Philosophie

---

1   Gefördert durch das Forschungsprojekt „Leibniz en español" (FFI2014-52089-P) und das Programm "Ramón y Cajal", des spanischen Ministeriums für Wirtschaft. Ich möchte Luciana Martínez für die hilfreichen Bemerkungen zu einer ersten Fassung dieses Beitrags danken.

soll uns dahin leiten, uns mit dem allgemeinen Problem der Stellungnahme Kants zur *metaphysica specialis* zu beschäftigen. Ob dem Begriff der Zweckmäßigkeit, so wie dieser in der *Kritik der Urteilskraft* vorkommt, noch ein leibnizsches Erbe innewohnt und wie die Aufnahme desselben bei Kant zu verstehen ist, hängt eng mit der Frage zusammen, wie die Kritik der leibnizschen Metaphysik in der Transzendentalphilosophie zu verstehen ist. Die Beantwortung dieser Frage steht daher in Verbindung mit unserem Verständnis von der Eigentümlichkeit und Spezifität der Transzendentalphilosophie im Vergleich zur vorher gängigen Philosophie. Absicht dieses Beitrags ist es hauptsächlich, Kritik, Aufnahme und Transformation der leibnizschen Idee von der prästabilierten Harmonie in der *Kritik der Urteilskraft* zu erklären. Dabei soll auch die Frage gestreift werden, wie Kant die kritische Fragestellung der leibniz-wolffschen Metaphysik behandelt, auch wenn eine systematische Untersuchung darüber die Grenzen dieses Beitrags sprengen würde.

In Kants expliziter Prüfung der leibnizschen Idee der prästabilierten Harmonie findet sich ein ambiger Standpunkt, deren scheinbare Zweideutigkeit hier durch seine Klärung von der Bedeutung der transzendentalen Erkenntnis aufgelöst werden soll. Einerseits behauptet Kant, dass das Projekt der leibniz-wolffschen Metaphysik fehlschlug, da sie keine spezifische Kritik der menschlichen Vernunft enthalte. Andererseits vertritt er aber auch die Ansicht, dass die Ideen, auf denen besagtes Projekt aufbaut – wie die der prästabilierten Harmonie – bei richtiger Interpretation dem Kritizismus standhalten können. Die in diesem Beitrag vorgeschlagene Interpretation der transzendentalen Erkenntnis muss als Grundlage für das Verstehen dienen, warum Kant den kritischen Sinn der leibnizschen Idee der prästabilierten Harmonie in das subjektive Prinzip der Zweckmäßigkeit aufnimmt, indem er nämlich – im positiven Sinne – den Ursprung dieser Idee unserer menschlichen Erkenntnisart zuschreibt, und – im negativen Sinne – vor jeglicher dogmatischen Interpretation warnt, die (durch Nicht-Anerkennen dieses Ursprungs) eine subjektive Notwendigkeit der menschlichen Vernunft im Sinne irgendeiner objektiven Gültigkeit behauptet.

Im ersten Abschnitt wird zunächst die Bedeutung der transzendentalen Erkenntnis im Allgemeinen erläutert. Dabei muss eine solche Erkenntnis die objektiven und subjektiven Bedingungen berücksichtigen, die die von Natur aus sinnliche und diskursive Art der menschlichen Erkenntnis im normativen Sinne a priori definieren und ermöglichen. In diesem Kontext werden diejenigen Texte hinzugezogen, in denen Kant die leibniz-wolffsche Metaphysik aus der Perspektive der transzendentalen Erkenntnis einer kritischen Prüfung unterzieht: Die leibniz-wolffsche Metaphysik wollte die Universalprinzipien vom Erkennen des Seienden begründen, und zwar durch Abstraktion dessen, wie die menschliche Vernunft erkennt, und Vernachlässigen der diskursiven Natur des Erkennens aufgrund seiner Abhängigkeit von der Sinnlichkeit. In seiner Auseinandersetzung mit Eberhard bekräftigt Kant jedoch auch die Möglichkeit, den Kritizismus als *eigentliche Apologie für Leibniz* zu deuten. Im zweiten Abschnitt wird von der These ausgegangen, dass dies nicht nur als rhetorische Floskel zu verstehen ist: Kant erklärt, dass es *avant la lettre* möglich ist, die Aussagen Leibniz' dem zuzuschreiben, wie die Vernunft die Realität denken muss, und nicht dem, wie die Realität an sich ist. Es handelt sich einmal mehr um eine Neudeutung der Aussagen der Metaphysik, und zwar aus der transzendentalen Erkenntnis heraus, die die objektiven Ansprüche der Metaphysik ins Subjektive rückt, da die Aussagen auf den Ursprung der menschlichen Vernunft (Abschnitt 2.1) verweisen. Schließlich muss die Richtigkeit dieser allgemeinen Interpretation durch eine Lektüre desjenigen Prinzips überprüft werden, in dem laut Kant der kritische Sinn der leibnizschen Idee der prästabilierten Harmonie zu finden ist: das Prinzip der Zweckmäßigkeit ohne Zweck. Hierfür werden in Abschnitt 2.2 diejenigen Texte aufgeführt, in denen Kant argumentiert, dass dieses grundlegende Prinzip der kritizistischen Teleologie lediglich zeigt, wie die menschliche Vernunft – aufgrund der Endlichkeit unserer Erkenntnisvermögen – über die Natur reflektiert, und vor einer jeglichen dogmatischen Entwicklung dieses subjektiv äußerst wertvollen Prinzips warnt.

1   *Transzendentale Erkenntnis* und die Kritik an der leibniz-wolffschen Metaphysik

Das Überprüfen und das Zu-Eigen-Machen des Konzepts der prästabilierten Harmonie durch Kant erfolgt im Rahmen seiner allgemeinen Kritik an der Metaphysik, in der Sinn, Gültigkeit und Reichweite der Ideen der Metaphysik in der modernen deutschen Tradition kritisch in den Blick genommen und gegebenenfalls neu interpretiert werden. Entscheidend für das Verstehen dieses theoretischen Rahmens ist das Konzept der *transzendentalen Erkenntnis*.

Für Kant beschäftigt sich *transzendentale Erkenntnis* nicht bloß mit dem Apriori, sondern mit der *Möglichkeit* des Apriori und den Bedingungen für seine Anwendung und seinen Gebrauch (vgl. KrV A 56/ B 80; Vaihinger 1922, Bd. I, S. 468), die „den Ursprung, den Umfang und die objektive Gültigkeit solcher Erkenntnisse" bestimmen (KrV A 57/ B 81). Dabei behandelt die transzendentale Erkenntnis die Apriori-Begriffe nur insofern, als die zentrale Frage dieser Lehre darin besteht, wie sich diese Begriffe *auf Gegenstände* beziehen, d. h. wie und unter welchen Bedingungen sie objektiv gültig sein können. Transzendentalphilosophie ist also grundsätzlich eine Lehre *über* die Metaphysik und deren Möglichkeit, und sie selbst kann nur dann als Metaphysik oder Ontologie verstanden werden, wenn man diese kritische Dimension nicht aus den Augen verliert. Diese bestand darin, *den ungefragten objektiven Anspruch besagter Begriffe in Frage zu stellen.*

In der ersten Auflage der *Kritik der reinen Vernunft* definiert Kant *transzendentale Erkenntnis* wie folgt: „Ich nenne alle Erkenntniß *transscendental*, die sich nicht sowohl mit Gegenständen, sondern mit unsern Begriffen a priori von Gegenständen überhaupt beschäftigt" (KrV A 11f.). In der zweiten Auflage wird diese Definition durch die folgende ersetzt: „Ich nenne alle Erkenntniß *transscendental*, die sich nicht sowohl mit Gegenständen, sondern mit unserer Erkenntnißart von Gegenständen, so fern diese a priori möglich sein soll, überhaupt beschäftigt." (KrV B 25)

Wenn sich der Kritizismus mit dem Problem der Möglichkeit der objektiven Gültigkeit unserer Apriori-Begriffe beschäftigen soll, muss prinzipiell untersucht werden, wie sich diese Begriffe *bei uns Menschen, d. h. nach der besonderen Beschaffenheit unserer Erkenntnisvermögen,*[2] auf Gegenstände beziehen lassen. Die Gegenstandsbezogenheit der Begriffe der menschlichen Vernunft ist nicht zu erklären, wenn die Tatsache, dass uns Menschen die Dinge *gegeben sind* (vgl. Martin 1949, S. 247), nicht als Ausgangspunkt der philosophischen Reflexion angenommen wird. Die Berechtigung dazu, die Erklärung Kants in B 25 so interpretieren zu können, soll in diesem Beitrag von einer doppelten Argumentationslinie gestützt werden. Einerseits muss man den Ausdruck ,unsere Erkenntnisart' als einen Hinweis auf unsere sinnliche und diskursive Art zu erkennen sowie auf die Art und Weise, wodurch sich die menschliche Vernunft metaphysische Fragen stellt, lesen können. Andererseits muss nachgewiesen werden, dass Kants Erläuterungen über die Bedeutung seiner eigenen Philosophie, besonders wenn er den spezifischen Unterschied derselben zur leibniz-wolffschen Philosophie hervorzuheben sucht, die Notwendigkeit einer Kritik *unserer menschlichen* Vernunft in deren Spezifität und subjektiven Bedingungen als grundsätzliches Merkmal voraussetzen.[3]

Die im Brief an Herz gestellte Frage, wie unser Verstand a priori Begriffe besitzen kann, mit denen Dinge a priori übereinstimmen sollen (Vgl. Br, AA 10:131), kann nach Kant damit beantwortet werden, dass man hypothetisch annimmt, dass „Gegenstände [...] sich nach unserem Erkenntnis richten [müssen]" (KrV B XVI). Die Übereinstimmung zwischen den Begriffen und dem Seienden wäre somit da-

---

2 Das Wort ,transzendental' meint nur den Bezug unserer Erkenntnis auf das Erkenntnisvermögen, „niemals [...] auf Dinge" (Prol, AA 04: 293).

3 Für Allison (vgl. 2004, S. XIV-XV, 11–19) ist es, um den transzendentalen Idealismus sowie dessen spezifischen Unterschied zu Rationalismus und Empirismus zu verstehen, unentbehrlich, nicht bloß von epistemischen Bedingungen im Allgemeinen, sondern außerdem von der Spezifizierung derselben durch eine Lehre der diskursiven Natur der menschlichen Erkenntnis zu sprechen. Siehe hierzu auch Ameriks (1992, S. 333f.).

durch zu erklären, dass „in der Erkenntnis *a priori* den Objekten nichts beigelegt werden kann, als was das denkende Subject aus sich selbst hernimmt" (B XXIII). Nicht zu verstehen ist allerdings, wie das *denkende* Subjekt den Gegenständen die ihm eigenen Begriffe a priori beilegen kann, wenn wir uns nicht fragen, wie uns solche Gegenstände überhaupt gegeben sein können und nicht merken, dass dies nur dann möglich ist, wenn sie uns nicht an sich, sondern eben nur durch die Art und Beschaffenheit unserer Sinnlichkeit gegeben sind. Die Möglichkeit, „über [die Gegenstände] *a priori* etwas durch Begriffe auszumachen" (B XVI), kann leicht erklärt werden, wenn man annimmt, diese Gegenstände richten sich in ihrer *Gegebenheit* nach der sinnlichen Erkenntnisart des Menschen: „[…] richtet sich aber der Gegenstand (als Object der Sinne) nach der Beschaffenheit unseres Anschauungsvermögens, so kann ich mir diese Möglichkeit ganz wohl vorstellen" (B XVII).[4] Wenn man also annehmen kann, die Gegenstände bzw. die Erfahrung richten sich nach den Verstandesbegriffen, ist dies wiederum nur dadurch zu erklären, dass uns die Gegenstände *nach der besonderen Art der menschlichen Sinnlichkeit gegeben sind.*

Das Ziel der Kritik angesichts des Problems der Möglichkeit der Metaphysik kann laut Kant in der Beantwortung der Frage zusammengefasst werden, wie synthetische Urteile a priori möglich sind. Diese Frage kann nicht sinnvoll gestellt werden, wenn nicht auch die A-Priori-Gesetze der menschlichen Vernunft und die Art unserer sinnlichen Erkenntnis berücksichtigt werden.

> Also ist es nur die Form der sinnlichen Anschauung, dadurch wir *a priori* Dinge anschauen können, wodurch wir aber auch die Objecte nur erkennen, wie sie uns (unsern Sinnen) erscheinen können, nicht wie sie an sich sein mögen; und diese Voraussetzung ist schlechterdings nothwendig, wenn synthetische Sätze *a priori* als möglich eingeräumt, oder, im Falle sie wirklich angetroffen werden, ihre Möglichkeit begriffen und zum voraus bestimmt werden soll. (Prol, AA 4:283)

> Die obige Aufgabe [*i. e.*: wie sind synthetische Urteile a priori möglich] läßt sich nicht anders auflösen, als so: daß wir sie vorher in Beziehung auf die Vermögen des Menschen, dadurch er der Erweiterung seiner Erkenntniß *a priori* fähig ist, betrachten, und welche dasjenige in ihm ausmachen, was man *specifisch seine* reine Vernunft nennen kann. Denn, wenn unter einer reinen Vernunft eines Wesens überhaupt das Vermögen, unabhängig von Erfahrung, mithin von Sinnenvorstellungen, Dinge zu erkennen, verstanden wird, so wird dadurch *gar nicht bestimmt, auf welche Art überhaupt in ihm* […] *dergleichen Erkenntniß möglich sey, und die Aufgabe ist alsdenn unbestimmt.* (FM, AA 20,324f., Herv. MS ab ‚specifisch seine')

---

4   Siehe auch Prol, AA 04, 282.

Aufgrund der Tatsache, dass die leibniz-wolffsche Metaphysik von einer Studie über die Spezifität der menschlichen Vernunft abstrahiert, können durch jene nicht die Grundlagen der Möglichkeit der synthetischen Urteile der Metaphysik a priori erkannt werden. Die wichtigste Frage, die sich die Transzendentalphilosophie stellen muss, wie nämlich synthetische Urteile a priori in der Metaphysik möglich sind, kann vom Philosophen nur nach der notwendigen Voraussetzung des *transzendentalen Idealismus*[5] in Angriff genommen werden, als Folge der Feststellung der sinnlichen Natur unserer Art a priori Gegenstände zu empfangen. Die Frage nach der Möglichkeit synthetischer Urteile a priori setzt die Unterscheidung derselben von den analytischen Urteilen voraus, sowie Kants feste Überzeugung, der Grund der Ersteren lasse sich nicht vom Grund der Zweiten logisch herleiten, so wie er dies schon in den sechziger Jahren entgegen Baumgarten und Wolff gezeigt hatte (vgl. Rivero 2014, S. 123–125). Nur „wenn man die Quellen metaphysischer Urtheile immer nur in der Metaphysik selbst, nicht aber außer ihr, *in den Vernunftgesetzen* überhaupt" sucht (Prol, AA 4:270; Herv. MS; siehe auch Prol, AA 4:271;313f.), vernachlässigt man diese Grundunterscheidung zwischen synthetischen und analytischen Urteilen (vgl. ÜE, AA 8:238) und geht fälschlicher Weise davon aus, dass der „Beweis von dem Satze des zureichenden Grundes, der offenbar synthetisch ist, im Satze des Widerspruchs" (ebd.) zu suchen ist. Die rationalistische Metaphysik seit Leibniz versuchte zwar nicht, das Projekt der Metaphysik bloß durch eine logische Analyse der Begriffe aufgrund des Prinzips des Widerspruchs auszuführen; Kant hielt ihr Vorhaben, aus dem rein formalen Feld der Logik herauszutreten, aber für gänzlich fehlgeschlagen. Mittels des Grundsatzes des zureichenden Grundes versuchten sie, die Existenz der Dinge zu rechtfertigen. Nach Kants Verständnis – „Alles hat seinen Grund" – bezieht sich dieses Prinzip jedoch nur auf die Dinge im Allgemeinen, so wie sie durch bloße Begriffe vom Verstand *gedacht* werden, aber nicht auf die Dinge als Gegenstände, so wie sie *unserem* Verstand *nur* mittels der Sinnlichkeit *gegeben* werden können (vgl. FM, AA 20:260). Wie der oben erwähn-

---

5   Siehe zum Beispiel „Allgemeine Anmerkungen zur transscendentalen Ästhetik" (KrV A 42ff./ B 59ff.), in denen Kant seine Erklärungen „in Ansehung der Grundbeschaffenheit der sinnlichen Erkenntniß überhaupt" vorlegt: „Wir kennen nichts, als unsere Art, [Gegenstände] wahrzunehmen, die uns eigenthümlich ist, die auch nicht nothwendig jedem Wesen, ob zwar jedem Menschen, zukommen muß. Mit dieser haben wir es lediglich zu tun" (KrV A 42/ B 59). Diese Beschäftigung mit unserer sinnlichen Erkenntnisart findet beim Verlassen anderer Erkenntnisarten ihre Gegenseite: „Dieses etwas zu bestimmen kann keine speculative *Erkenntnisart* zulangen, weil diese ohne Anschauungen, die bey uns sinnlich sind, bloße Gedankenform ist [...]" (HN, AA 23:42, Herv. MS); und „denn die Möglichkeit einer intellectuellen Anschauung kann niemand darthun, und es könnte also leicht seyn, daß gar keine solche *Erkentnisart* stattfände, in Ansehung deren wir etwas als Gegenstand betrachten würden" (HN, AA 23:49, Herv. MS).

te Text aus *Fortschritte* zeigt (vgl. FM, AA 2:324f.), muss eine Beantwortung der Frage, wie synthetische Urteile a priori möglich sind, und somit *ob Metaphysik als Wissenschaft überhaupt möglich ist, hauptsächlich mit Bezug auf die Spezifität der menschlichen Vernunft erfolgen,* da sonst die Lösung dieser Aufgabe im Grunde *unbestimmt* bleiben muss. Dass der Satz über den Grund vor allem davon handelt, was der Mensch im Allgemeinen denken kann, bedeutet nicht, dass er auch spezifisch etwas über die Ursache der Gegenstände der Sinne aussagt, ist es *uns* doch ganz unmöglich, die Realität durch bloße Begriffe, nur mittels einer logischen Analyse derselben, abzuleiten. Der Grundsatz mangelt an objektiver Gültigkeit, solange er die von der transzendentalen Deduktion der Kategorien angegebene Bedingung nicht erfüllt, an die Kant in der Auseinandersetzung mit dem Leibnizianer Eberhard kritisch erinnert, indem er anführt, „daß keine Kategorie die mindeste Erkenntniß enthalte, oder hervorbringen könne, wenn ihr nicht eine correspondirende Anschauung, die für uns Menschen immer sinnlich ist, gegeben werden kann" (ÜE, AA 8:198; siehe auch ÜE, AA 8:241; Prol, AA 4:308).[6] Da Leibniz und die Leibnizianer den Grundsatz nicht weiter als bloß logisch begründen und dessen objektive Gültigkeit nicht beweisen konnten, kann man sich damit auch nicht im Feld der Metaphysik bewegen, denn diese muss, wenn sie eine echte Erweiterung der Erkenntnis sein und sich als Wissenschaft behaupten will, grundsätzlich auf synthetischen Prinzipien basieren.

Der zweite Grund, der mit dem ersten eng zusammenhängt, warum Leibniz und Wolff den Sprung von der logischen Analyse zum Aufbau der Metaphysik als wissenschaftliches Projekt nicht schafften, ist darauf zurückzuführen, dass sie

---

6   Das Ziel der transzendentalen Deduktion der reinen Verstandesbegriffe wird von Kant im Zuge der Definition in B25 dargestellt: „Ich nenne daher die Erklärung der Art, wie sich Begriffe *a priori* auf Gegenstände beziehen können, die transscendentale Deduction derselben und unterscheide sie von der empirischen Deduction, welche die Art anzeigt, wie ein Begriff durch Erfahrung und Reflexion über dieselbe erworben worden, und daher nicht die Rechtmäßigkeit, sondern das Factum betrifft, wodurch der Besitz entsprungen" (B 117). Unsere Beschäftigung mit der Art der Anwendung der Begriffe a priori auf Gegenstände muss notwendig die Diskursivität der menschlichen Erkenntnis berücksichtigen, d. i. die notwendige Anwendung der Verstandesbegriffe auf Sinnesvorstellungen, welche sich der Verstand nicht selbst geben kann und die ihm daher von einem heterogenen Erkenntnisvermögen wie der Sinnlichkeit gegeben werden müssen: „Denn die Bedingung des objektiven Gebrauchs aller unserer Verstandesbegriffe ist bloß die Art unserer sinnlichen Anschauung, wodurch uns Gegenstände gegeben werden, und wenn wir von der letzteren abstrahieren, so haben die erstern gar keine Beziehung auf irgend ein Object" (B 342). „Daher haben auch die reine Verstandesbegriffe ganz und gar keine Bedeutung, wenn sie von Gegenständen der Erfahrung abgehen […]. Sie dienen gleichsam nur, Erscheinungen zu buchstabieren, um sie als Erfahrung lesen zu können" (Prol, AA 4:312).

198 Manuel Sánchez-Rodríguez

die *Spezifität und Heterogenität der Sinnlichkeit vor dem Verstand* nicht gesehen haben. Für beide stellen die Sinne nur einen niedrigeren Grad der intellektuellen Erkenntnis dar, der sich von dieser nicht trennen lässt, sodass die Anschauung eigentlich nur einen ersten verworrenen Zugang zur intellektuellen Erkenntnis der Gegenstände bedeutet, welche vom Verstand deutlich gemacht werden kann. Während Locke dem Irrtum verfiel, die Begriffe zu veranschaulichen, intellektualisierte Leibniz die Erscheinungen (vgl. KrV A 264–68/ B 320–24)[7], die laut dem Kritizismus dem menschlichen Verstand nur durch die Rezeptivität der Sinnlichkeit gegeben werden können. Sinnlichkeit ist für Leibniz und seine Nachfolger daher eine „verworrene Vorstellungsart, nach der wir die Dinge immer noch erkennen, wie sie sind, nur ohne das Vermögen zu haben, alles in dieser unseren Vorstellung zum klaren Bewußtsein zu bringen" (Prol, AA 4:290). Auf der ersten Ebene der sinnlichen Erkenntnis ist für Leibniz nicht nur eine verworrene Erkenntnis der Dinge möglich, so wie sie an sich selbst sind (wobei diese nach der Analyse des Verstandes eine deutliche Erkenntnis werden kann,) sondern auch, als Voraussetzung der Wahrheit jener, eine verworrene Erkenntnis des Grundes des Zusammenhangs jeder einzelnen Erscheinung mit dem transzendenten Grund der Ganzheit.[8] Auf diese Weise nahm der Rationalismus einfach die Möglichkeit und Legitimität einer verworrenen Erkenntnis des letzten Grundes der Erscheinungen an; das heißt, auf der ersten Ebene zur Bildung der Erkenntnis wird der transzendente Grund des Zusammenhangs des Besonderen mit der Ganzheit der Welt verworren vorausgesetzt.[9] In dieser Hinsicht ist *keine Unbestimmtheit des Besonderen* zulässig: *Nihil*

---

7 Mehrere vergleichende Untersuchungen zeigen, dass Kant Leibniz eine Auffassung zuschreibt, die eigentlich nur Wolff zukommt. Siehe dazu Wilson (1990), Fichant (2014) und Sánchez-Rodríguez (2017).

8 Siehe dazu Leibniz : „[Ces petites perceptions] sont elles, qui forment ce je ne say quoy […]; ces impressions que les corps environnans font sur nous, et qui enveloppent l'infinit; cette liaison que chaque estre a avec tout le reste de l'universe." (1710, A VI, 6, 54f.) Im Kontext seiner Auseinandersetzung mit Locke über das Problem der personalen Identi-tät argumentiert Leibniz für die Kontinuität zwischen den verworrenen Perzeptionen der Erfahrung und der bewussten Erkenntnis, die uns zeigt, wie die Sachen tatsächlich sind: „[C]e seroit troubler l'ordre des choses sans sujet et faire un divorce entre l'appercetible, et la verité qui se conserve par les perceptions insensibles" (ebd., 242).

9 Vgl. hierzu Allison (2014, S. 30): „That is why Leibnizians regard sensible (perceptual) knowledge of appearances merely as a confused version of purely intellectual knowledge obtained by God". Für Kaehler (2003, S. 668) hat Leibniz die „Formen des endlichen Wissens [...] deshalb nur als defiziente Formen des ursprünglich vollkommenen göttlichen Vernunftgrundes anerkannt". In der ultima ratio des höchstens Subjekts steht also dieselbe Gewissheit und Wahrheit, welche vom endlichen Wesen, obwohl nur unvollkommen, aufgedeckt werden kann (ebd. S. 668f.).

sine ratione, auch wenn ein endliches Wesen diesen Grund nur verworren und nie vollkommen deutlich erkennen kann. Wenn Sinnlichkeit jedoch prinzipiell vom Verstand nicht spezifisch unterschieden wird und man somit die Natur der menschlichen Sinnlichkeit aus den Augen verliert, dann beansprucht man nach Kant in der Tat eine Erkenntnis der Dinge an sich selbst durch bloße – verworrene oder deutliche – Begriffe zu erlangen, was *für uns Menschen* ganz unmöglich ist.

Ein negatives Ergebnis der transzendentalen Erkenntnis und deren Bestimmung der Bedingungen der menschlichen Erkenntnis besteht in der Feststellung der Unmöglichkeit einer *metaphysica specialis* als Wissenschaft, da wir „nie über die Grenze möglicher Erfahrung hinauskommen können" (B XIX), sodass „[v]om Übersinnlichen […], was das speculative Vermögen der Vernunft betrifft, kein Erkenntniß möglich [ist] (*Noumenorum non datur scientia*)" (FM, AA 20: 277). Die Folge dieses negativen Ergebnisses der Kritik ist trotzdem weder die Ablehnung der Rationalität der Ideen der Vernunft, die in der *metaphysica specialis* vorausgesetzt wird, noch die Verabsolutierung der Erfahrung durch die dogmatische Auslegung derselben als Realität an sich. Wenn sich nämlich die Definition von B 25 nur auf die objektiven und konstitutiven Bedingungen unserer Erkenntnisart beziehen würde, ohne eine Erklärung und Rechtfertigung der *subjektiven und regulativen* Prinzipien der menschlichen Vernunft selbst zu betrachten, dann würde die Transzendentalphilosophie nicht nur das Gebiet der praktischen Vernunft des Menschen, sondern auch die Möglichkeit des theoretischen Interesses der Vernunft selbst streifen. Nach Kant sind die Ideen der klassischen Metaphysik, auch wenn sie keine objektive Gültigkeit besitzen und daher keine Erkenntnis des Übersinnlichen liefern können, notwendige Bedingungen der Möglichkeit der theoretischen bzw. praktischen Rationalität, welche die besondere Beschaffenheit der menschlichen Vernunft ausmachen. Aber die transzendentale Erkenntnis will sich auch hier mit der besonderen Art der menschlichen Erkenntnis beschäftigen, um die scheinbar spekulativen Bestrebungen im Erkennen des Transzendenten durch die Verweisung derselben auf deren subjektiven, immanenten Ursprung in der Beschaffenheit unserer Vernunft zurückzuführen. Im nächsten Abschnitt wird von dieser Interpretation der transzendentalen Erkenntnis ausgegangen, um die kantische Kritik an Leibniz' *metaphysica specialis* zu erörtern und in diesem Kontext die kritische Transformation der leibnizschen Idee der Harmonie zu erklären.

2 Zweckmäßigkeit als kritische Transformation der leibnizschen Idee der Harmonie

2.1 Kritizismus als „eigentliche Apologie für Leibniz"

In seiner Auseinandersetzung mit Eberhard behauptet Kant (vgl. ÜE, AA 08:250), Kritizismus sei die eigentliche Apologie für Leibniz. Diese Äußerung darf nicht einfach als sarkastisch verstanden werden (vgl. Allison 2012, S. 189), so als ob Kant gegen die Leibnizianer sagen wollte, dass sogar ein Anti-Leibnizianer wie er näher am Geist des klassischen Philosophen als die Autoren der leibniz-wolffschen Schule stehen könnte. Das hat Kant in der Tat gedacht, wenigstens in Bezug auf Eberhard, aber nicht, weil er sich selbst für einen Anti-Leibnizianer gehalten hätte. Vielmehr begriff er seine eigene Philosophie als *eigentliche Apologie für Leibniz*, weil die Transzendentalphilosophie die wesentliche philosophische Bedeutung des leibnizschen Gedanken aufhebt, und zwar, weil schon in Leibniz ein kritizistischer Kern liegt, der wiederentdeckt werden kann, wenn man ihn aus der Perspektive der Transzendentalphilosophie zu lesen und umzudeuten weiß.[10] Hier soll nur ein Aspekt dieser historischen Transformation von Leibniz im kantischen Gedanken beleuchtet werden, und zwar: die explizite Behauptung Kants, das Konzept der prästabilierten Harmonie werde in der Lehre der reflektierenden Urteilskraft und im Begriff der Zweckmäßigkeit kritisch aufgehoben.

Die Schriften *Über eine Entdeckung*, *Fortschritte* und *Kritik der Urteilskraft* gehören der selben Zeit der kantischen Gedankenentwicklung an. Die leibniz-wolffsche Philosophie ist Hauptthema der beiden ersten, in denen eine eindeutige Stellungnahme Kants zum leibnizschen Gedanken jedoch nicht leicht zu finden ist. Während in *Fortschritte* eine strenge Beurteilung der metaphysischen Ansprüche des Philosophen zu finden ist, wobei Kant das leibnizsche Projekt als vergeblich abzulehnen scheint, verteidigt er – wie oben schon angeführt – in *Über eine Entdeckung*, vor allem entgegen denjenigen, die offiziell das Erbe von Leibniz anzutreten versuchen, den philosophischen Beitrag von Leibniz als Vorläufer des Kritizismus. Dabei handelt es sich nur um einen scheinbaren Widerspruch, denn die von Kant vorgelegten Einwände gegen die leibniz-wolffsche Philosophie hindern ihn nicht daran, sondern ermöglichen es ihm vielmehr, ihren philosophischen Beitrag in den Kritizismus aufzunehmen. Die wichtigsten Prinzipien des leibnizschen Gedankens können nur dann kritisch transformiert und beibehalten werden,[11] wenn man von

---

10 Siehe hierzu Sánchez-Rodríguez (2017).
11 Zu den verschiedenen Aspekten der kantischen Rezeption von Leibniz und seinen Nachfolgern siehe Wilson (1995) und Garber (2008).

einer Kritik der menschlichen Vernunft ausgeht, die die Prinzipien der Metaphysik nach ihrem ursprünglichen, subjektiven Sinn umdeutet.

Leibniz hatte versucht, eine alternative Lösung zum Problem der Substanz zu finden, die entgegen den Cartesianern sowohl ihre individuelle Beschaffenheit als auch die Möglichkeit einer wechselseitigen Kommunikation untereinander – mit der Wirklichkeit als Ganzem – erklären könnte. Mit dieser Theorie glaubte Leibniz nicht nur, ein metaphysisches Problem – und zwar das der Erkenntnis des Übersinnlichen – gelöst zu haben; er war außerdem davon überzeugt, dass seine Metaphysik den Zusammenhang der Erscheinungen oder wenigstens den Anschein derselben erklärte und die Rationalität der Naturphilosophie seiner Zeit begründete, indem sie das mechanistische Weltbild der Moderne durch teleologische Prinzipien ergänzte. Obwohl die Monaden oder individuellen Substanzen als solche ganz vereinzelt und voneinander abgetrennt sind, sodass die Kommunikation bzw. der Zusammenhang untereinander – streng genommen – unmöglich ist, kann ihre wechselseitige Verordnung und Zusammengehörigkeit zu einer Welt nur dann erklärt werden, wenn man annimmt, dass die tätige Entfaltung derselben in einer allgemeinen prästabilierten Harmonie erfolgt, liegt doch die Ursache für die eigentümliche Beschaffenheit jeder Substanz in demselben gemeinschaftlichen Grund der Welt als Ganzer. Jede Monade stellt aus einer besonderen Perspektive und durch ihre eigenen Wahrnehmungen die Ganzheit des Universums und folglich ihren eigentümlichen Zusammenhang mit dem Rest der Monaden dar. Was die geistige Monade angeht, richten sich die mannigfaltigen Wahrnehmungen der Seele – ungeachtet ihrer Klarheit oder Deutlichkeit im Gemüt – nach einem tätigen Einheits- und Kontinuitätsprinzip. Da dieses Prinzip die individuelle Identität der geistigen Seele und die Entfaltung ihrer Wahrnehmungen bestimmt, zugleich aber in einer prästabilierten Harmonie mit dem Prinzip des ihr begleitenden Körpers steht, welcher sich in einer bestimmten Beziehung mit der Ganzheit der Welt befindet, dient diese Hypothese einer prästabilierten Harmonie zwischen Seele und Körper zur Erklärung der Möglichkeit der Erkenntnis. Die geistige Seele erkennt nämlich lediglich ihre eigenen Wahrnehmungen, diese stellen objektiv und mit Wahrheit die Welt vor, indem sie die Zustände und Veränderungen eines sie begleitenden Körpers für sich selbst ausdrücken, welchem eine bestimmte und perspektivistische Beziehung mit den anderen Körpern und der Ganzheit der Welt metaphysisch eigen ist. Vom erkenntnistheoretischen Standpunkt aus gesehen begründet Leibniz die prinzipielle Übereinstimmung zwischen der Vernunft und der Welt in der Voraussetzung einer Harmonie zwischen dem, was von der Seele innerlich verworren oder deutlich gedacht wird, und dem, was dem Körper aufgrund seiner metaphysischen Stellung in der Welt widerfährt.

Diese zusammenfassende Darstellung entspricht den wichtigen „Eigentümlich-keiten", mit denen Kant selbst die „Leibniz-Metaphysik" in *Über eine Entdeckung* beschreibt: Satz des zureichenden Grundes, Monadenlehre und Lehre von der prästabilierten Harmonie (Vgl. ÜE, AA 8:247). Versteht man diese Prinzipien als einer dogmatischen Metaphysik angehörend, dann müssen sie ganz abgelehnt werden. In *Fortschritte* greift Kant die Einwände gegen die leibniz-wolffsche Phi-losophie wieder auf, die man schon in der *Kritik der reinen Vernunft* findet und aufgrund derer die Metaphysik jede Hoffnung aufgeben muss, eine Erkenntnis des Übersinnlichen zu gewinnen. Wie oben schon angeführt verfielen Leibniz und seine Nachfolger in dieser Hinsicht zwei miteinander verbundenen Irrtümern: einerseits der Annahme, der Satz vom zureichenden Grund ließe sich vom Satz des Wider-spruches ableiten, und andererseits dem Mangel einer geeigneten Konzeption der Sinnlichkeit. Beide ergeben sich für Kant aus einer Grundlegung der Metaphysik, welche von einer vorherigen Kritik der menschlichen Vernunft und deren Spezifität abstrahiert (vgl. FM, AA 20:284f.).

Die Prinzipien der leibnizschen Metaphysik müssen jedoch nicht abgelehnt, sondern nur richtig interpretiert werden. Sie dürfen und müssen nämlich vom Kritizismus beibehalten werden, wenn sie einer kritischen Umkehrung unterworfen werden, wodurch seine Bedeutung in Bezug auf die Spezifität der menschlichen Vernunft kritisch übersetzt wird. Diese kritische Transformation ist für Kant nur dann möglich, wenn man Leibniz' Konzept der Sinnlichkeit beiseite lässt, sodass „man sich durch seine Erklärung von der Sinnlichkeit als einer verworrenen Vorstellungsart nicht stören lassen, sondern vielmehr eine andere, seiner Absicht angemessenere an deren Stelle setzen muß: weil sonst sein System nicht mit sich selbst zusammenstimmt" (ÜE, AA 8:248f.; siehe auch MAN, AA 4:507f.).[12]

Auch das System der prästabilierten Harmonie wird von Kant einer kritischen Transformation unterworfen.[13] Während Leibniz damit ursprünglich versuchte, die Ordnung der Realität und die Möglichkeit einer Übereinstimmung zwischen Vernunft und Realität zu begründen, geht Kant davon aus, dass diese Forderung der Vernunft in seiner eigenen Vermögenstheorie enthalten ist, so wie sie in der Deduktion der Verstandesbegriffe und besonders im Konzept der reflektierenden

---

12 Jauernig (2008, S. 45) behauptet, dass eine Analyse von *Über eine Entdeckung* zeigt, Kants Einwände seien nur gegen die Missdeutungen durch die Leibnizianer, nicht aber gegen Leibniz selbst gerichtet. Trotzdem beruht Leibniz' kritische Aufnahme durch Kant auf einer deutlichen Berichtigung der dogmatischen Voraussetzungen, die in dieser Phi-losophie selbst vorausgesetzt sind. Für Kant gibt es eine grundlegende Zweideutigkeit beim leibnizschen Gedanken, die entweder von Leibnizianern wie Eberhard dogmatisch oder von ihm selbst kritisch aufgelöst werden kann.

13 Siehe dazu auch Kaehler (1995).

Urteilskraft der dritten *Kritik* begründet wurde. Die Vernunft nötigt uns, die mögliche Übereinstimmung zwischen Sinnlichkeit und Verstand als Voraussetzung der Erkenntnis überhaupt zu sehen, obschon diese Vereinigung, wegen des spezifischen Unterschiedes beider Erkenntnisvermögen, weder bewiesen noch positiv bestimmt werden kann – ein Problem, das besonders in der *Kritik der Urteilskraft* auftaucht, wie Kant in der Auseinandersetzung mit Eberhard feststellt:

> Wir konnten aber doch keinen Grund angeben, [...] warum [Sinnlichkeit und Verstand], als sonst völlig heterogene Erkenntnißquellen, zu der Möglichkeit eines Erfahrungserkenntnisses überhaupt, hauptsächlich aber (wie die Kritik der *Urtheilskraft* darauf aufmerksam machen wird) zu der Möglichkeit einer Erfahrung von der Natur unter ihren mannigfaltigen *besonderen* und blos empirischen Gesetzen, von denen uns der Verstand *a priori* nichts lehrt, doch so gut immer zusammenstimmen, als wenn die Natur für unsere Fassungskraft absichtlich eingerichtet wäre; dieses konnten wir nicht (und das kann auch niemand) weiter erklären. Leibniz nannte den Grund davon vornehmlich in Ansehung des Erkenntnisses der Körper und unter diesen zuerst unseres eigenen, als Mittelgrundes dieser Beziehung, eine *vorherbestimmte Harmonie* [...]. (ÜE, AA 8:249f.)

Mit diesen Worten Kants lässt sich leicht erklären, warum er seinen eigenen Begriff der Zweckmäßigkeit der Natur[14] als eine kritische Umdeutung des leibnizschen Begriffs der prästabilierten Harmonie verstand. Aber der philosophische Beitrag dieser Idee kann von der Transzendentalphilosophie nur aufgenommen werden, wenn man *das Kritische an ihr abzusondern und zu lesen weiß*. Für Kant ist diese keine metaphysische Idee von objektiver Gültigkeit, welche *irgendeine Art* der Erkenntnis über die Welt oder über den Zusammenhang der Vernunft innerhalb derselben verschafft. Nach Kants kritischer Auslegung der Idee versuchte auch Leibniz nicht die Übereinstimmung zwischen Vernunft und Realität a priori zu *beweisen*. Vielmehr deutet Kant das System der prästabilierten Harmonie bei Leibniz selbst als eine Idee zur Bezeichnung der *menschlichen Art*, mittels derer man über

---

14 „Nun kann dieses Princip kein anderes sein als: daß, da allgemeine Naturgesetze ihren Grund in unserem Verstande haben, der sie der Natur (obzwar nur nach dem allgemeinen Begriffe von ihr als Natur) vorschreibt, die besondern empirischen Gesetze in Ansehung dessen, was in ihnen durch jene unbestimmt gelassen ist, nach einer solchen Einheit betrachtet werden müssen, als ob gleichfalls ein Verstand (wenn gleich nicht der unsrige) sie zum Behuf unserer Erkenntnißvermögen, um ein System der Erfahrung nach besondern Naturgesetzen möglich zu machen, gegeben hätte. Nicht als wenn auf diese Art wirklich ein solcher Verstand angenommen werden müßte (denn es ist nur die reflectirende Urtheilskraft, der diese Idee zum Princip dient, zum Reflectiren, nicht zum Bestimmen); sondern dieses Vermögen giebt sich dadurch nur selbst und nicht der Natur ein Gesetz." (KU, AA 5:180)

den Zusammenhang zwischen Vernunft und Realität nachdenkt bzw. reflektiert
– ein kritisches Prinzip, welches eine notwendige Bedingung der Möglichkeit der
menschlichen Vernunft darstellt. Die Notwendigkeit desselben bezieht sich demnach
auf die Art, wie wir Menschen rational reflektieren, und auch bei einem - kritisch
gelesenen - Leibniz geht es um

> [...] eine *vorherbestimmte Harmonie,* wodurch er [i. e. Leibniz] augenscheinlich jene
> Übereinstimmung wohl nicht erklärt hatte, auch nicht erklären wollte, sondern
> nur anzeigte, daß wir dadurch eine gewisse Zweckmäßigkeit in der Anordnung der
> obersten Ursache unserer selbst sowohl als aller Dinge außer uns zu denken hätten
> und diese zwar schon als in die Schöpfung gelegt (vorher bestimmt), aber nicht als
> Vorherbestimmung außer einander befindlicher Dinge sondern nur der Gemüths-
> kräfte in uns, der Sinnlichkeit und des Verstandes, nach jeder ihrer eigenthümlichen
> Beschaffenheit für einander, so wie die Kritik lehrt, daß sie zum Erkenntnisse der Dinge
> *a priori* im Gemüthe gegen einander in Verhältnis stehen müssen. (ÜE, AA 8:250)

Leibniz' Idee der prästabilierten Harmonie kann für Kant nur dann Sinn ergeben,
wenn diese schon bei Ersterem im Grunde festlegt, wie wir über die Natur zu
denken haben; und dies obwohl Leibniz gelegentlich selbst, vor allem aber seine
Nachfolger, eine Metaphysik verfolgten, die dogmatischer Natur war, da sie den
wahren subjektiven Sinn, aus dem diese Idee entstanden war, vernachlässigten.
Liest man die Lehre der prästabilierten Harmonie kritisch, stellt diese Idee für
Kant keine kausale Festlegung der Dinge dar, sondern eine Harmonie zwischen
den Erkenntnisvermögen des Subjekts. Dieser Aspekt, der von Kant in seiner *Kritik
der Urteilskraft* vollführten „kritischen Übersetzung", wird am Ende des folgenden
Abschnitts nochmals aufgegriffen.

Wenn sich die Idee der prästabilierten Harmonie bzw. der Zweckmäßigkeit der
Natur eigentlich nur auf die Art der menschlichen Reflexion bezieht, dann müssen
zuerst die überschwänglichen Bestrebungen der Metaphysik einer Kritik unterworfen
werden. Im Folgenden und auch letzten Abschnitt muss demnach der theoretische
Rahmen dieser Kritik an der leibnizschen Metaphysik gesteckt und ihre scheinbare
Zweideutigkeit aufgelöst werden. Dazu wird die im ersten Abschnitt vorgelegte
Interpretation der transzendentalen Erkenntnis herangezogen.

2.2 Die kritische Umdeutung der Lehre der prästabilierten Harmonie in der *Kritik der Urteilskraft*: Zweckmäßigkeit und reflektierende Urteilskraft

Wenn der Mensch die Idee einer Übereinstimmung zwischen der Welt und der Vernunft und damit die Idee eines ersten gemeinschaftlichen Grundes, der eine solche Übereinstimmung absichtlich anordnet, annehmen kann, ist das nur darauf zurückzuführen, dass man im Menschen eine innere und übersinnliche Kausalität zur Übereinstimmung zwischen Sinnlichkeit und Verstand *denken darf und muss*, weil sonst die Bildung eines empirischen Systems der Erkenntnisse für uns Menschen nicht möglich wäre. Im letzten Paragraphen der *Kritik der Urteilskraft* findet sich eine Stelle, die ganz im Sinn der Definition der transzendentalen Erkenntnis aus B 25 zu verstehen ist:

> Wenn wir bloß auf die Art sehen, wie etwas für uns (nach der subjectiven Beschaffenheit unserer Vorstellungskräfte) Object der Erkenntniß (*res cognoscibilis*) sein kann: so werden alsdann die Begriffe nicht mit den Objecten, sondern bloß mit unsern Erkenntnißvermögen und dem Gebrauche, den diese von der gegebenen Vorstellung (in theoretischer oder praktischer Absicht) machen können, zusammengehalten; und die Frage, ob etwas ein erkennbares Wesen sei oder nicht, ist keine Frage, die die Möglichkeit der Dinge selbst, sondern unserer Erkenntniß derselben angeht. (KU, AA 5:467)

Um die allgemeinen und notwendigen Bedingungen einer erkennbaren Objektivität zu begründen, darf sich die Philosophie gar nicht mit den Gegenständen selbst, sondern lediglich mit der menschlichen Art beschäftigen, wie uns etwas nach der besonderen Beschaffenheit unseres Erkenntnisvermögens zum Objekt unserer Erkenntnis werden kann. Nur durch die kritische Untersuchung unseres Vermögens wird a priori entschieden, ob etwas ein erkennbares Wesen ist. Falls das nicht der Fall ist, bedeutet dies allerdings nicht, dass ein solcher Gebrauch der menschlichen Vernunft ignoriert werden darf bzw. kann. Die Kritik unseres Erkenntnisvermögens als Schlüssel zur Transzendentalphilosophie hat nicht nur die Feststellung zum Ergebnis, dass das Übersinnliche von uns, aufgrund der dem Erkenntnisvermögen eigenen Limitationen, auf keinerlei Weise erkannt werden kann, sondern auch, dass diese eine *Idee* bedeutet, welche *der Naturanlage der menschlichen Vernunft eigen ist* und von uns außerdem vorausgesetzt werden muss, weil sonst sowohl die theoretische als auch die praktische Vernunft unmöglich wäre.

> In diesem Falle würden wir das übersinnliche Ding nicht *nach dem*, was es an sich ist, sondern nur, *wie wir es zu denken*, und seine Beschaffenheit anzunehmen haben, um dem praktisch-dogmatischen Object des reinen sittlichen Prinzipes, nämlich

dem Endzweck, welcher das höchste Gut ist, für uns selbst angemessen zu seyn, *zu untersuchen haben.*" (FM, AA 20:296; Herv. MS)

Wir können also […] wohl sagen: daß wir *nach der Beschaffenheit und den Principien unseres Erkenntnißvermögens* die Natur in ihren uns bekannt gewordenen zweckmäßigen Anordnungen *nicht anders* denn als das Product eines Verstandes, dem diese unterworfen ist, *denken können.* (KU, AA 5:441, Herv. MS)[15]

Die Transzendentalphilosophie darf eine positive Erkenntnis des Übersinnlichen weder versuchen noch beglaubigen, aber sie kann die Frage danach, wie die menschliche Vernunft über das Übersinnliche notwendig und allgemein, als subjektive Bedingung für ihren eigenen praktischen bzw. theoretischen Gebrauch, denken muss, zum Hauptthema der Philosophie machen. Der Kritizismus bewahrt insofern den Wert der Begriffe von der dogmatischen *metaphysica specialis*, da Notwendigkeit und Allgemeinheit derselben *für* die menschliche Vernunft anerkannt wird, und zwar nicht nur, weil sie Bestandteil ihrer Naturanlage, sondern weil sie auch *Hauptbedingungen für ein rationales Erkennen und Handeln* sind. Dieser Annahme des ursprünglichen Sinnes der *metaphysica specialis* steht entgegen, dass der Grund solcher Begriffe einzig und allein auf die *subjektiven Bedürfnisse* und Bedingungen der menschlichen Vernunft zurückgeführt werden muss, ohne dass man daraus jedoch Folgen irgendwelcher Art für die Gegenstände an sich annehmen darf. Eine rationale Aussage über das Ding an sich darf und muss demnach unabhängig von unserer Art, Gegenstände anzuschauen und damit zu erkennen, nicht aber von unserer Art, über das Ding an sich zu reflektieren, erfolgen. Unsere Art, über die Natur als Ganzes nach dem Prinzip der Zweckmäßigkeit zu reflektieren, findet daher ihren Grund und ihre Rechtfertigung in den systematischen Bestrebungen der Vernunft. Kant geht wie die leibnizsche Metaphysik davon aus, dass eine empirische Erkenntnis der Natur nur möglich ist, wenn man a priori eine Zweckmäßigkeit derselben voraussetzt. Für die Transzendentalphilosophie drückt dieses Prinzip der menschlichen Vernunft jedoch keine transzendente Vernunft aus, weil menschliche Vernunft nicht mehr als eine Spiegelung der göttlichen Vernunft gedeutet werden kann und der Grund für ihre Möglichkeit nur in ihr selbst zu finden ist. Deshalb erklärt der Kritizismus den Grund dieses Prinzips einzig und allein aus seiner menschlichen Herkunft heraus und macht wiederholt auf den prinzipiellen Irrtum der Metaphysik aufmerksam, und zwar: die Immanenz dieses Grundes zu vergessen und dogmatisch zu glauben, dass man aus den subjektiven Bedürfnissen der Vernunft metaphysische Rückschlüsse über die Welt und die Stellung der Vernunft in ihr ziehen darf:

---

15 Siehe auch Prol, AA 4:349; FM, AA 20:293.

> Wenn man aber diese Einheit der Erkenntnißart dafür ansieht, als ob sie dem Objecte der Erkenntniß anhänge; wenn man sie, die eigentlich blos *regulativ* ist, für *constitutiv* hält [...]: so ist dieses ein bloßer Mißverstand in Beurtheilung der eigentlichen Bestimmung unserer Vernunft und ihrer Grundsätze [...]. (Prol. AA 4:350)[16]

> Es ist doch etwas ganz Anderes, ob ich sage: die Erzeugung gewisser Dinge der Natur, oder auch der gesammten Natur ist nur durch eine Ursache, die sich nach Absichten zum Handeln bestimmt, möglich; oder ich kann *nach der eigenthümlichen Beschaffenheit meiner Erkenntnißvermögen* über die Möglichkeit jener Dinge und ihre Erzeugung nicht anders urtheilen, als wenn ich mir zu dieser eine Ursache, die nach Absichten wirkt, mithin ein Wesen denke, welches nach der Analogie mit der Causalität eines Verstandes productiv ist. (KU, AA 5:397f.)

Wenn man die Kausalität eines obersten Verstandes voraussetzt, bestimmt die Vernunft *nur* den Gebrauch seiner eigenen Erkenntnisvermögen in Bezug auf ihre eigentümliche Art zu erkennen bzw. zu denken (vgl. ebd.). Trotz ihrer spekulativen Bestrebungen besteht demnach die spezielle Metaphysik eigentlich in einer *unbesonnenen Selbstauslegung der Vernunft* (vgl. Malter 1981, S. 174–175), die vom Dogmatismus, nachdem er von einer Kritik der menschlichen Vernunft abgesehen hat, ungerechtfertigt mit der Auslegung des letzten Seinsgrundes verwechselt wird.

Der Bezug zur *Beschaffenheit unserer Erkenntnisvermögen und ihren Schranken* taucht wiederholt am Schluss der *Kritik der Urteilskraft* auf, wo Kant die Frage nach den theologischen Folgen seiner Kritik an der Teleologie in den Blick nimmt: Nach der Beschaffenheit unserer Erkenntnisvermögen können wir die Natur in der empirischen Nachforschung derselben „nicht anders [...] als das Product eines Verstandes, dem diese unterworfen ist" (KU, AA 5:441) denken. Aber nach der Idee der Zweckmäßigkeit wird dieser Verstand auch moralisch gedacht, weil die reflektierende Urteilskraft voraussetzt, dass Natur so beschaffen ist, als ob eine oberste Ursache sie für unsere Erkenntnisvermögen und das epistemologische Interesse der Vernunft absichtlich geschaffen und eingerichtet hätte (vgl. KU, AA 5:180). Aus diesem Grund versetzt Kant in die kritischen *Ethiktheologie* die Quelle dieses für die reflektierende Urteilskraft subjektiv grundlegenden *Begriffs*. Der Glaube an Gott wird für die menschliche Vernunft zum notwendigen Postulat, das in der moralischen Denkungsart und in unserem subjektiven *Bedürfnis*, uns die Existenz Gottes *vorzustellen*, begründet liegt (vgl. KU, AA 5:446). Der Grund dieses *Glaubens* wurzelt demnach ganz in uns und in dem Anspruch eines vernünftigen Wesens, konsequent moralisch zu handeln (vgl. KU, AA 5:450; KpV, AA 5:125f., 144f.). Für Kant ist der Begriff der Zweckmäßigkeit der Natur und des Menschen als Endzweck in derselben „bloß für die Urteilskraft, nach Begriffen der prakti-

---

16 Siehe auch ebd. 348

schen Vernunft" (KU, AA 05: 455) denkbar, wobei dies nicht mehr meint, als „daß *nach der Beschaffenheit unseres Vernunftvermögens* wir uns die Möglichkeit einer solchen *auf das moralische Gesetz* und dessen Object bezogenen Zweckmäßigkeit, als in diesem Endzwecke ist, ohne einen Welturheber und Regierer, der zugleich moralischer Gesetzgeber ist, gar nicht begreiflich machen können" (ebd.). Der Begriff der Zweckmäßigkeit, kritisch verstanden, definiert nur die menschliche Art, über die Natur zu reflektieren, und die transzendentale Erkenntnis hat die Aufgabe, die Quellen und die Bedeutung dieses Denkens zu bestimmen und aufzuklären. *Die Transzendentalphilosophie eröffnet mit seiner Analyse folglich keine neue spezielle Metaphysik,*[17] sondern enthüllt vielmehr die immanente Herkunft des Begriffs des Übersinnlichen durch eine Reduktion der Aussagen der dogmatischen Metaphysik auf die subjektiven Bedürfnisse der menschlichen Vernunft. Sie identifiziert und isoliert den rationalen Beitrag von den Prinzipien der dogmatischen speziellen Metaphysik, um ihnen seine ursprüngliche, immanente Bedeutung zurückzugeben und jeden Versuch zu verhindern, sie objektiv zu deuten und daraus eine Wissenschaft zu machen.

Mittels dieser Auslegung können wir die scheinbare Zweideutigkeit der kantischen Interpretation von Leibniz auflösen und die Frage beantworten, warum er die Grundzüge dieser Metaphysik positiv bewertet und glaubt, sie für den Kritizismus wiedergewinnen zu können. Kant übt damit eine kritische und immanente Umdeutung der Prinzipien der leibnizschen Metaphysik.

Trotz seines kritisch-rationalen Beitrags gehört die Idee der prästabilierten Harmonie bei Leibniz insofern der dogmatischen Metaphysik an, da er derselben nicht auf den Grund geht. Obwohl Leibniz wie Kant diese Idee als ein Prinzip der Vernunft berücksichtigen, welches angenommen werden muss, wenn eine Untersuchung der Natur möglich sein soll, leitete Leibniz davon metaphysische Folgen ab: Nach ihm müsse man wenigstens mit moralischer Gewissheit einen übersinnlichen, der Vernunft und der Welt gemeinschaftlichen Grund, objektiv zugestehen, da sonst die Möglichkeit der empirischen Erkenntnis nicht zu erklären sei. Für Kant darf dagegen, wie oben gezeigt (vgl. KU, AA 5:397f.), *aus unserer Art, über das Übersinnliche zu denken, nicht auf die Existenz und objektive Gültigkeit des Übersinnlichen geschlossen werden.* Der Kritizismus stellt nur fest, dass diese Idee *bloß* darauf zurückzuführen ist, dass darin die einzige Art besteht, wie die *menschliche* Vernunft reflektiert. Das hat aber nichts mit der Art zu tun, wie die Natur an sich selbst ist. Aus einem subjektiven Bedürfnis der menschlichen Vernunft darf niemals eine objektive Notwendigkeit zur Ganzheit der Realität und deren

---

17   Eine Interpretation, die in Caimi (1991, S. 125f.) zu finden ist und gegen die Rivero (2014,
     S. 224ff.) überzeugend argumentiert hat.

Zusammenhang mit unserer Vernunft abgeleitet werden. Daher kann und muss die *Kritik der Urteilskraft* wenigstens in dieser Hinsicht als die kritische Übersetzung einer Idee der Metaphysik gelesen werden, die bei Leibniz noch dogmatisch ist:

> Wenn man also sagt: die Natur specificirt ihre allgemeinen Gesetze nach dem Princip der Zweckmäßigkeit für unser Erkenntnisvermögen, […] so schreibt man dadurch weder der Natur ein Gesetz vor, noch lernt man eines von ihr durch Beobachtung […]. [M]an will nur, daß man, die Natur mag ihren allgemeinen Gesetzen nach eingerichtet sein, wie sie wolle, durchaus nach jenem Princip […] ihren empirischen Gesetzen nachspüren müsse. (KU, AA 5:186)

Wenn man – wie Leibniz – davon ausgeht, dass die Natur nach den erkenntnistheoretischen Bedürfnissen der Vernunft geordnet und spezifiziert wird, dann muss der Transzendentalphilosoph diese Aussage in eine kritisch-immanente Sprache übersetzen: Mit dem vorliegenden Satz wird nichts über die Natur ausgesagt, und von ihr auch kein Uniformitätsprinzip (so Hume) a posteriori gelernt[18]; vielmehr ist er Ausdruck der „einzige[n] Art, wie wir in der Reflexion über die Gegenstände der Natur in Absicht auf eine durchgängig zusammenhängende Erfahrung verfahren müssen." (KU, AA 5:184)

Es handelt sich hier um ein *heautonomes* Prinzip der reflektierenden Urteilskraft, welche bloß über den *Gebrauch unserer Erkenntnisvermögen* in der Reflexion über die Natur zum Erlangen einer Erkenntnis überhaupt gesetzgebend ist. Bei der sinnlichen Wahrnehmung einer immer teilweise *unbestimmten* Vorstellung erkennt man nicht objektiv – weder verworren durch die Sinnlichkeit noch deutlich durch die empirischen oder reinen Begriffe des Verstandes – die Einbeziehung des Besonderen in die zusammenhängende Anordnung des Ganzen. Bei der Reflexion über die besondere und unbestimmte Vorstellung *muss* das Individuum sie vielmehr auf die *regulative* und *heuristische* Idee eines Systems empirischer Erkenntnisse, das in der Tat weder objektiv erkannt noch a posteriori festgestellt werden kann, reflexiv beziehen. Das Prinzip der Zweckmäßigkeit der Natur ist demnach letztlich auf eine Bedingung der Möglichkeit der Beziehung zwischen den Erkenntnisvermögen zurückzuführen: Der leibnizsche Gedanke einer Übereinstimmung zwischen der Ordnung der Natur und den Ansprüchen der Vernunft darf nicht auf Kosten der kritischen Unterscheidung zwischen dem Sinnlichen und dem Intellektuellen gewonnen werden. Wir dürfen glauben und hoffen, dass das, was der menschlichen Rezeptivität sinnlich gegeben, für die Gesetzmäßigkeit des Verstandes zweckmäßig ist, bestimmt doch gerade diese Hoffnung normativ, was es bedeutet, mittels der Urteilskraft nach allgemeinen Gesetzen oder Begriffen rational für das Unbestimmte

---

18 Über den Vergleich Kants mit Hume in dieser Hinsicht siehe Allison (2012).

zu suchen.[19] Aus unserem Bedürfnis, das zu hoffen, dürfen wir aber trotzdem nicht schließen, dass diese Harmonie zwischen Sinnlichkeit und Verstand – und letzten Endes zwischen Natur und Vernunft – tatsächlich existiert. Weder die objektive Gesetzgebung des Verstandes noch die systematischen Bestrebungen der Vernunft reichen aus, die *Unbestimmtheit des Besonderen* zu bewältigen. Die tatsächliche Übereinstimmung zwischen den Erkenntnisvermögen im Bezug auf die durchgängige Bestimmbarkeit des Gegebenen darf nicht a priori gesichert werden, weil das letzten Endes die Annahme eines obersten – nicht menschlichen – Verstandes voraussetzen würde. Der Kritizismus kann jedoch rechtfertigen, dass sich das Individuum in der Reflexion über eine teilweise unbestimmte Vorstellung immer auf das Übersinnliche als eine regulative Idee berufen darf und muss.

Die hier vorgelegte Auslegung der Bedeutung der transzendentalen Erkenntnis wird damit zum Interpretationsschlüssel der Position Kants zur Metaphysik und bringt uns der historischen Beziehung der Transzendentalphilosophie bezüglich des Gedankens von Leibniz und seinen Nachfolgern näher. Durch diese Festlegung von Gültigkeit, Reichweite und Grenzen der synthetischen A-Priori-Urteile verneint die transzendentale Erkenntnis die Möglichkeit, das Übersinnliche zu erkennen. Diese Festlegung der Möglichkeit der Objektivität erfolgt über eine kritische Untersuchung der Bedingungen, die unsere – von der Sinnlichkeit abhängende – Erkenntnisart bestimmen. Die kritische Analyse des Gebrauchs unserer Vermögen bei der Reflexion über die Natur, die auch bei der empirischen Erkenntnis notwendig vorausgesetzt werden muss, zeigt, dass die menschliche Vernunft – gerade aufgrund der Endlichkeit unserer Erkenntnisvermögen – das Konzept des Übersinnlichen notwendig subjektiv denken muss. *Dieses Konzept sagt daher nichts über die Realität aus, sondern vielmehr darüber, wie die menschliche Vernunft die Realität denkt.* Aus diesem Grund leugnet der Kritizismus nicht – so wie es die Lehre der prästabilierten Harmonie annimmt – den Sinn dieses Konzepts, sondern deutet ihn neu, indem er ihn auf seinen Ursprung – nämlich die subjektiven Notwendigkeiten der menschlichen Vernunft – verweist. Kants Ziel liegt folglich nicht darin, sich dieses Konzeptes nach einer Neudeutung desselben zu eigen zu machen, als ob der Kritizismus zu einer neuen *metaphysica specialis* führen könnte; der Kritizismus stellt vielmehr einen Diskurs über die Metaphysik dar, der den wahren Ursprung derselben in den subjektiven Notwendigkeiten der menschlichen Vernunft sieht. Die Ablehnung ihrer epistemologischen Vorannahmen und das Anerkennen ihrer subjektiven Bedeutung sind in Kants Kritik an der *metaphysica specialis* zwei Seiten derselben Medaille. Durch diese Interpretation kommt deutlicher die Spezifität

---

19 Siehe dazu Allison (2012, S. 187f., 199).

oder Originalität des Kritizismus gegenüber der leibniz-wolffschen Philosophie zum Ausdruck, sodass man sogar von einem kritischen Bruch sprechen darf, ohne aber das bedeutende Erbe dieser Tradition, besonders der leibnizschen Konzeption der Teleologie, im Geist der Philosophie Kants außer Acht zu lassen.

Literatur

Allison, Henry E. 2004. *Kant's Transcendental Idealism: An Interpretation and Defense.* Expanded Edition. New Haven & London: Yale University Press.

Allison, Henry E. 2012. *Essays on Kant.* Oxford: Oxford University Press.

Ameriks, Karl. 2016. Kantian Idealism Today. *History of Philosophy Quarterly* 9 (3): 329–42.

Baumgarten, Alexander Gottlieb. *Metaphysica,* 1739, ⁴1757 (Nachdruck in AA 15: 5–54 und 27: 5–226).

Caimi, Mario. 1991. Kants Metaphysik. Zu Kants Entwurf einer metaphysica specialis. In *Akten des siebenten Internationalen Kant-Kongresses,* hrsg. G. Funke, 103–26. Bonn & Berlin: Bouvier.

Erdmann, Benno. 1900. *Beiträge zur Geschichte und Revision des Textes von Kants Kritik der reinen Vernunft,* Berlin: Georg Reimer.

Fichant, Michel. 2014. Leibniz a-t-il "intellectualisé Les Phenomènes"? Elements pour l'histoire d'une méprise. In *De la sensibilité. Les esthétiques de Kant,* hrsg. F. Calori, et al., 37–70. Rennes: Presses universitaires de Rennes.

Garber, Daniel. 2008. What Leibniz Really Said? In *Kant and the Early Moderns,* hrsg. D. Garber und B. Longuenesse, 64–78. Princeton: Princeton University Press.

Gideon, Abram. 1903. Der Begriff Transscendental in Kant's *Kritik der reinen Vernunft,* Marburg: Friedrich's Universitäts-Buchdruckerei.

Gerresheim, Eduard. 1962. *Die Bedeutung des Terminus „transzendental" in Immanuel Kants Kritik der reinen Vernunft: eine Studie zur Kantischen Terminologie und zugleich eine Vorstudie zu einem allgemeinen Kantindex.* Köln: Gouder & Hansen.

Hinske, Norbert. 1968. Die historischen Vorlagen der kantischen Transzendentalphilosophie. *Archiv für Begriffsgeschichte* 12: 86–113.

Hinske, Norbert. 1970. *Kants Weg zur Transzendentalphilosophie: der dreissigjährige Kant.* Stuttgart: Kohlhammer.

Jauernig, Anja. 2008. Kant's Critique of the Leibnizian Philosophy: *Contra* Leibnizians, but *Pro* Leibniz. In *Kant and the Early Moderns,* hrsg. D. Garber und B. Longuenesse, 41–63. Princeton: Princeton University Press.

Kaehler, Klaus Erich. 1995. Die prästabilierte Harmonie nach der transzendentalen Wende. In *Proceedings of the Eight International Kant Congress,* hrsg. H. Robinson, Bd. i.2, 363–372. Milwaukee: Marquette University Press.

Kaehler, Klaus Erich. 2003. Leibniz und die transzendentale Wende. In *Die Logik des Transzendentalen. Festschrift für Jan A. Aertsen zum 65. Geburtstag,* hrsg. M. Pickavé, 659–675. Berlin & New York: Walter de Gruyter.

Knoepffler, Nikolaus. 1998. *Der Begriff „transzendental" bei Kant.* München: Herbert Utz.

Leibniz, Gottlieb Wilhelm. [1]1765, 1962. *Nouveaux Essais*. In *Sämtliche Schriften und Briefe*, hrsg. Berlin-Brandenburgische Akademie der Wissenschaften und Akademie der Wissenschaften in Göttingen, VI. Reihe, Bd. 6. Berlin: Akademie Verlag.

Leibniz, Gottlieb Wilhelm. [1]1903, 1988. *Opuscules et fragments inédits de Leibniz. Extraits des manuscrits de la Bibliothèque royale de Hanovre*, hrsg. Louis Couturat. Hildesheim, Zürich & New York: Olms

Malter, Rudolf. 1981. Der Ursprung der Metaphysik in der reinen Vernunft. Systematische Überlegungen zu Kants Ideenlehre. In *200 Jahre Kritik der reinen Vernunft*, hrsg. J. Kopper und W. Marx, 169–210. Hildesheim: Gerstenberg.

Martin, Gottfried. 1949. *Wilhelm von Ockham: Untersuchungen zur Ontologie der Ordnungen*, Berlin: Walter de Gruyter.

Martin, Gottfried. 1969. *Immanuel Kant. Ontologie und Wissenschaftstheorie*. Berlin: Walter de Gruyter.

Nicolás, Juan Antonio. 1990. Universalität des Prinzips vom zureichenden Grund. *Studia Leibnitiana* 22(1): 90–105.

Pinder, Tillmann. 1986. Kants Begriff der Transzendentalen Erkenntnis. Zur Interpretation der Definition des Begriffs ,transzendental' in der Einleitung zur *Kritik der reinen Vernunft* (A 11 f./B 25). *Kant-Studien* 77: 1–40.

Rivero, Gabriel. 2014. *Zur Bedeutung des Begriffs Ontologie bei Kant*. Berlin & New York: Walter de Gruyter.

Sánchez-Rodríguez, Manuel. 2017. Kant and His Philosophical Context: The Reception and Critical Transformation of the Leibniz-Wolffian Philosophy. In *The Palgrave Kant Handbook*, hrsg. M. C. Altman, 49-68. London: Palgrave.

Tetens, Johann Nikolaus. 1775. *Ueber die allgemeine speculativische Philosophie*. Bützow, Weimar 1775, (Nachdruck: *Neudrucke seltener philosophischer Werke*, hrsg. Kantgesellschaft, Band IV, Berlin: Reuther & Reichard).

Vaihinger, Hans. 1922. *Kommentar zu Kants* Kritik der reinen Vernunft. Stuttgart, Berlin & Leipzig: Union Deutsche Verlagsgesellschaft.

Wilson, Catherine. 1990. Confused Perceptions. Darkened Concepts. Some Features of Kant's Leibniz-Critique. In *Kant and His Influence*, hrsg. G. MacDonald Ross und T. McWalter, 73–103. Bristol: Thoemmes.

Wilson, Catherine. 1995. The Reception of Leibniz in the Eighteenth Century. In *The Cambridge Companion to Leibniz*, hrsg. N. Jolley, 442–74. Cambridge: Cambridge University Press.

Wolff, Christian. 1736[4]. Philosophia prima, sive Ontologia, methodo scientifica pertractata, qua omnis cognitionis humanae principia continentur. In *Gesammelte Werke*, hrsg. J. École, II. Abt., Bd. 3. Hildesheim, Zürich & New York: Olms.

Teil II
Teleologische Urteilskraft

Kapitel 5
Organismen als Naturzwecke

Why must Organized Beings be Judged in Teleological Terms?
On Kant's Justification of the Teleological Judgment

Natalia Lerussi

Abstract

In the paper I discuss Kant's justification for judging organized beings (or organisms) in teleological terms, through the concept of the "end" or "natural end". Nowadays there are different answers to this question. For instance, from the perspective of what I call the "objective point of view", organized beings have some objective characteristics that justify us having to comprehend them teleologically, while from that of what I call the "ordinary subjective viewpoint", we must do so only on account of the discursive character of our understanding. I argue that both positions are, for different reasons that I outline, misleading, and I offer my own answer, a refined subjective position. By means of the distinction between the "essential character" of our understanding, on the one hand, and its "limits", on the other, I hope to give a consistent answer to the question why organized beings must be judged teleologically and one that is well-supported in the sources.

Introduction

Among Kant's teleology researchers there persists an implicit or explicit discussion between two different points of view. On the one hand, there are those who argue that there are some characteristics of organized beings (or organisms) that justify us having to comprehend them teleologically, through the concept of the "end"

© Springer Fachmedien Wiesbaden GmbH, ein Teil von Springer Nature 2019   215
P. Órdenes und A. Pickhan (Hrsg.), *Teleologische Reflexion in Kants Philosophie*,
https://doi.org/10.1007/978-3-658-23694-6_12

or "natural end".[1] This vision can be called the "objective point of view" of Kant's teleology and can, as I shall propose below, be divided into a strong position and a soft one. On the other hand, there are those who argue that we have to comprehend organisms teleologically only on account of the special character of our understanding, by which they mean its discursive character, a perspective that can be called the "ordinary subjective viewpoint" of Kant's teleological thought. Although both positions find support in the sources that I analyze, that is, a number of passages from the second part of Kant's *Critique of the Power of Judgement* (CPJ), I aim to show that both positions encounter significant difficulties and I offer my own answer – a refined subjective point of view – to the question why, according to Kant, the organized being must be judged or thought of teleologically.

One last note before I begin: the sources that I analyze (some paragraphs from the second part of CPJ) are extremely complex. Because of this, this work should be taken as a guiding map for resolving problems (both those of internal inconsistency and those of a hermeneutical nature) although it is not, and cannot be, an exhaustive explanation of those sources.

In the paper I point out that two different theses must be sharply distinguished: 1) the assertion that we cannot explain organisms in mechanical terms and 2) the assertion that we must comprehend them teleologically, through the concept of the "end" or "natural end". The justification of both theses refers to the "peculiar constitution of our understanding" (CPJ, AA, 5:397f.) but by this must be understood not only the discursive nature of our understanding, but also its limits. The limits of our understanding justify the first thesis, the impossibility of providing a mechanical explanation for organisms; its discursive character, justifies the second one, the need for a teleological account. Finally, given that there is a strong connection between a discursive understanding and a mechanical explanation,[2] I indicate briefly at the end of the paper what specific characteristics of a discursive understanding must be emphasized to clarify the teleological comprehension.

1   The objective perspective

In the last paragraph of §65 of the CPJ, Kant indicates one of the core arguments for the objective perspective of teleology. He affirms:

---

1   For a definition of the concept of "end" as "natural end", see: CPJ, AA, 5:373.
2   This is something that I will show in section 2 of the paper.

Organized beings are thus the only ones in nature which, even if considered in themselves and without a relation to other things, must nevertheless be thought of as possible only as its ends, and which thus first *provide objective reality for the concept of an end that is not a practical end but an end of nature*, and there by provide natural science with the basis for a teleology, i. e., a way of judging its objects in accordance with a particular principle the likes of which one would otherwise be absolutely unjustified in introducing at all (since one cannot at all understand the possibility of such a kind of causality a priori). (CPJ, AA, 5:376. Italics NL)[3]

Here it is stated clearly that one reason why we are allowed to introduce teleology into the natural sciences is the fact that there exist organized beings. Actually, these beings would give objective reality to the concept of an "end" that is not practical. This assertion seems to imply that organized beings would show the concept of a "natural end" and that they would, therefore, express "in themselves and without a relation to other things" a teleological or at least a special form or generation (or production). Does this mean that we must think of organic beings teleologically as ends on the grounds that they would be "teleological objects"? There is a strong temptation to give a positive answer to this question. Nevertheless, there are several problems which speak against this solution.

First, we must avoid falling into the trap of a circular argument. That is what would happen if we were to try to prove that we must judge teleologically by saying (not showing or proving) that this is required for comprehending teleological phenomena. The question is: how can we know that there are teleological phenomena? If we say that we know that there are, since there exist objects that must be judged teleologically, we would be closing the circle.[4] To break out of it, it could be argued that we should give an independent argument that proves whether there are teleological phenomena or at least objective criteria to recognize objects (in themselves not necessarily teleological ones) that should be judged teleologically.

---

3   Some scholars have said that Kant offers here a "transcendental deduction" of the concept of the "natural end" (*Naturzweck*). See: Schrader (1953/4, pp. 218-222); Lebrun (1970, p. 451); Peter (1992, p. 191); Rivera de Rosales (1998, p. 70); Pauen (1999, p. 204). From my perspective, however, Kant neither can, nor tries to, offer a "transcendental deduction" of this concept. I have studied this discussion in a previous text (Lerussi, 2011) where I have proposed some rudimentary versions of some of the arguments developed in the present paper.

4   Schrader (1954, p. 225) has shown that "to say that purposive beings (*Naturzweck*) can be judged only by use of the notion of purposiveness is to make a baldly analytic assertion (…) It is no resolution of the problem to say that we require teleology in judging teleological phenomena". There is also an "ordinary subjective position" version of this argument which I will outline below.

The first alternative seeks to prove that there are teleological phenomena, that there exist some beings that "provide objective reality for the concept of an [natural] end" (CPJ, AA 5:376. Square brackets NL). However, it is just this "strong objective viewpoint" in Kant's teleology, as I call it,[5] that is denied by Kant himself in the Dialectic of the Second Part of CPJ.

Kant affirms in the *Critique of Pure Reason* (CPR) that a concept has objective reality if it "is related with an object". Without this reference, "concepts are empty" (CPR, A155/ B194), even if through them (the empty concepts) "one has, to be sure, thought (…) not cognized anything through this thinking, but rather merely played with representations" (CPR, A155/ B195). So, if a concept refers to an object, if it has objective reality, then we can cognize it through the concept; if it refers to nothing, we cannot. However, we can still think, that is, operate with representations of merely possible or problematic objects. Kant says in the paragraph above (corresponding to CPJ § 65 of the Analytic) that the concept of a "natural end" has objective reality through the existence of organized beings. This seems to imply that we can cognize the latter through the former (the concept of the "natural end") and, finally, that this defines one of the theoretical grounds for the critical use of teleology in the natural sciences. But although Kant points this out explicitly, he never proves it. On the contrary, he merely shows that we do not in fact have enough reasons to deny that the concept is empty. In section CPJ § 74 of the Dialectic of this part of the book Kant affirms:

> It [the concept of a thing as a natural end] cannot be understood […] as in accordance with such a principle of its objective reality (i. e., that an object is possible in accordance with such a principle); and we do not know whether it is merely a rationalistic and objectively empty concept (*conceptus ratiocinans*) or a concept of reason that grounds cognition and is confirmed by reason (*conceptus ratiocinatus*). (CPJ, AA, 5:396. Square brackets NL)

The concept of the "natural end" could easily be a mere theoretical construction, through which we think, but that has no connection with reality. Kant concludes:

---

5   The strong objective position can be assigned, for instance, to Hans Driesch, who has argued that "the concept of teleology could be called, strictly speaking, a condition of the possibility of experience, at least in relationship to certain parts of nature" (translation NL). From there the scholar openly asks himself: "Why, then, has the decisive step not been taken, in first place, towards a true vitalism and, secondly, towards the assertion that teleology is a category and that the table of categories of the first Critique deserves to be reformed?" see Driesch (1924, p. 374). I believe that Fugate (2014, p. 106) defends a similar position, when he argues that "Kant himself deduces the structure of organisms from […] the concept of teleology […]".

> The concept of a causality of nature in accordance with the rules of ends [...] can of course be thought without contradiction, but [...] since it cannot be drawn from experience and is not requisite for the possibility of experience its objective reality cannot be guarantee by anything. (CPJ, AA, 5:396)[6]

Thus, the objective reality of the concept can neither be justified *a priori*, like the categories or pure concepts of the understanding, nor *a posteriori*, like empirical concepts. Apparently, we are faced with an empty concept without any relationship to experience. It would be a mere "problematic concept" (CPJ, AA, 5:397), related to a possible, not to a real object. But then the question about the justification for judging organized beings through the concept of the "natural end" remains open. Why are organized beings "the only ones in nature which (...) provide natural science with the basis for a teleology" (CPJ, AA, 5:376)?

In the context of the "objective perspective" there remains another solution – which I call a "soft objective viewpoint". This has gained some popularity in the last two decades. It accepts the preceding conclusion, that is to say, that the concept of the natural end has no objective reality, but still argues that there are some characteristics in organisms, that is, objective criteria, that justify its use. According to this group of scholars, organisms (their form or generation) have a kind of unity, regularity or order, or contain a peculiar relationship between their parts and the whole (the whole being the thing as a product) that cannot be explained by mechanical principles. Because of this impossibility,[7] they argue that they must be

---

6   Kant denies the possibility of providing objective reality to the concept of the "natural end" four times in CPJ § 74 and once again in CPJ §75 (AA, 5:399). It is probably his real position (although it is the converse of the one he defends at the end of CPJ § 65).

7   For instance, Ginsborg (2001, p. 242-4) affirms that the bird shows an "apparent *order* and *regularity* that are entirely lacking in the case of the stone fragment [...] More extended observation and experimentation reveal further regularities in its internal structure and in the behavior of its parts [...]. It is so because of regularities such as these that organisms seem to call for an [teleological] explanation: an explanation that mechanical laws alone do not provide" (addition NL). Zuckert (2007, p. 98), who tries explicitly to avoid the circular argument that I referred to above, points out: "Kant identifies a characteristic that is *special* or *particular* to organisms, which need not (circularly) be identified as designed or as purposive: their *unity of diverse* (heterogeneous) parts as diverse. This type of unity, moreover, cannot be characterized mechanically, but can be characterized teleologically. Thus, teleological explanation is necessary if we are to understand such objects". Furthermore, see Zuckert (2007, p. 98/9/100, note 18) for criticisms of Ginsborg's criterion to identify organisms. I believe Goy (2017, p. 220, 222) also defends this position, for instance when she says (my translation, my italics) that "Physical teleological laws explain *the unity* of mechanical forces and laws in the end-directed (*zweckmäßigen*) form of organized beings." and she adds that those laws

comprehended in teleological terms. Notice that this viewpoint does not argue at all, unlike the strong objective perspective, that those characteristics are teleological or end-directed in themselves. On the contrary, it only affirms that, due to some (objective) characteristics, organisms cannot be explained mechanically. Although objective criteria are offered to identify things that make a mechanical explanation impossible, the perspective is consistent with a heuristic, subjective defense of Kant's concept of the "natural end".[8] Teleological thought would be for this group of researchers a mere subjective tool to approach non-mechanical phenomena.

Paying attention to CPJ §§75-77, in the next section I will show why this last solution is also misleading: there cannot be objective characteristics in organisms that make a mechanical explanation impossible simply because Kant never denies (nor affirms) that they could be mechanical objects or mechanisms. On the contrary, he introduces the idea of an understanding, different to the one we have, by means of which organisms could be mechanically understood.

The plausibility of giving organisms a mechanical explanation

In the last few years there has been an interesting discussion of the meaning of Kant's understanding of "mechanical" explanation or principle, "mechanism", "mechanical production", etc. The polysemy of this concept, or even its ambiguity throughout Kant's work, has been pointed out.[9] Since the topic of the present paper is not the meaning of a "mechanical explanation or production" (nor even the meaning of teleology), but specifically the justification of the teleological reference to organized beings in the context of Kant's CPJ, I want to take up a contribution made by Peter McLaughlin (1989, p. 138). This is his economical suggestion that a mechanical account (he speaks in fact in terms of "Mechanismus") should be understood as one in which the parts are considered to condition or to determine the whole. The whole is considered as being unable to condition or to determine

---

also explain nature, in general, as "a supraindividual, natural organized unity of ends", that is, as a "system of ends", etc. It is possible, however, that she (p. 227) also defends a strong objective position when she ascribes those characteristics of organisms that men understand (on a subjective level) teleologically, objectively to them as far as they are understood by God's productive intuition.

8   For instance, see: Ginsborg (2001, p. 235); Zuckert (2007, p. 89); Goy (2017, pp. 223).

9   For example, Ginsborg (2001, pp. 237-243; 2004), Zuckert (2007, pp. 101-103) and Goy (2017, pp. 197-214) distinguish different meanings of the concept of mechanical explanation or principle, mechanism, etc.

the parts.[10] A mechanical explanation is an account of the form or generation of a thing in terms of a dependence of the whole on the parts.[11]

Kant points out in the famous paragraph in CPJ §75 that the organized being cannot be explained by us in mechanical terms. That is:

> For it is quite certain that we can never adequately come to know the organized beings and their internal possibility in accordance with merely mechanical principles of nature, let alone explain them; and indeed this is so certain that we can boldly say that it would be absurd for humans even to make such an attempt or to hope that there may yet arise a Newton who could make comprehensible (*begreiflich*) even the generation of a blade of grass according to natural laws that no intention has ordered; rather, we must absolutely deny this insight (*diese Einsicht*) to human beings. (CPJ, AA, 5:400; german addition NL).

Now, according to my view, if we cannot explain the form and production of organisms in accordance with mechanical principles, this is not because of any objective characteristic. I propose that we cannot explain organisms in mechanical terms because of "the limits" of our cognitive faculties. This statement does not deny that, although we are not capable of knowing it, from the perspective of another understanding, different to ours, organized beings are mechanical objects, that is, products solely of their parts. On the contrary, it explicitly leaves this possibility open. Kant first affirms:

> But for us to judge in turn that even if we could penetrate to the principle of nature in the specification of its universal laws known to us there could lie hidden no ground sufficient for the possibility of organized beings without the assumption of an intention underlying their generation (*this is, in the mere mechanism*) would be presumptuous: for how could we know that? Probabilities count for nothing here, where judgments of pure reason are at stake. (CPJ, AA, 5:400. Italics are mine)[12]

---

10 This proposal is confirmed by Kant himself when he succinctly affirms in CPJ § 77 that "if we consider a material whole [...] as a product of the parts and of their forces and their capacity to combine by themselves [...], we represent a mechanical kind of generation". (CPJ, AA, 5:408)

11 For a detailed account, see McLaughlin (1989, 138–141), especially his important defense of the *differentia specifica* between the "Mechanismus" and natural causality. See also the work to which he refers: Ewing (1924).

12 The English edition that I use (see Bibliography) omits the phrase in brackets that I have translated here. The original version is, however, clear (Kant says: "also im bloβen Mechanism derselben").

He then points out the possibility that another understanding, higher than ours, can explain organized beings in accordance with mechanical laws. In CPJ §77 he repeats this hypothesis twice. Thus:

> [...] certain products of nature, as far as their possibility is concerned, must, given the particular constitution of our understanding, be considered by us as intentional and generated as ends, yet without thereby demanding that there actually is a particular cause that has the representation of an end as its determining ground, and thus *without denying that another (higher) understanding than the human one might be able to find the ground of the possibility of such products of nature even in the mechanism of nature, i.e., in a causal connection for which an understanding does not have to be exclusively assumed as a cause.* (CPJ, AA, 5:405/6. Italics NL.)

And, also:

> But from this [...] it *does not follow that the mechanical generation of such a body is impossible*; for that would be to say the same as that it is impossible (i.e., self-contradictory) to represent such a unity in the connection of the manifold *for every understanding* without the idea of that connection being at the same time its generating cause, i.e., without intentional production. (CPJ, AA, 5:408. Italics NL)

Therefore, although we can never know it, organized beings could be mechanisms when viewed from the perspective of another understanding. Consequently, it seems misleading to look in them for objective characteristics that make a mechanical explanation impossible. There is no objective reason why we cannot explain organisms mechanically. This is a simple *faktum*[13] that alludes, as I suggest, to the "the limits (*Schranken*) of [the] domain (*Umfang*)" (CPJ, AA, 5:398) of our understanding, that is, to the grade or magnitude of intelligence assigned to it in comparison with that which could be ascribed to a higher understanding than ours.[14] This hypothetical understanding would be, at least in some sense, infinite: quantitatively infinite, that

---

13 I take the term from Düsing, (1968, p. 89). He thinks that the *faktum* deserves a "justi-fication" that refers to the special character of our understanding studied by Kant in CPJ §77.

14 Taking these paragraphs into account, P. McLaughlin points out that the impossibility of explaining organized beings in accordance with mechanical principles is not theo-retical but merely practical. See McLaughlin (1989, p. 143). He does not, however, clarify what he understands by a "practical impossibility". (For instance, as far as I can see, he does not connect it with what he calls the "quantitative limits" or "limitations" of our understanding.) I believe that the impossibility is theoretical (although only for our understanding): from an epistemological point of view, a mechanical explanation of organisms is for us always impossible, although from an ontological perspective Kant remains skeptical.

is, in magnitude or grade, since it would be provided with an infinitely profound capacity of mechanical explanation. Given that it understands mechanically, on the other hand, it must be considered equal to ours in nature or character.[15] I will return to this point later.

Now, it is not any objective characteristic in organisms, but rather the limits of our understanding, that make it impossible for us to give a mechanical explanation of the organism. But if that is the case, then we cannot explain them at all. Since reason cannot, however, accept the absolute contingency of a thing, its inexplicability, it must look for a concept, principle or rule to comprehend it from another perspective: that is the concept of the "natural end".

---

15 Although this is not entirely relevant to the specific topic under consideration, it is very controversial, and so it is important to notice briefly the difference between this understanding, our understanding and the "intuitive understanding" (*ein anschaunder Verstand*) mentioned by Kant in CPJ §77. It is clear from the source that this understanding, in contrast to an intuitive understanding (see CPJ, AA, 5:407 and below), understands mechanically, from the parts to the whole. But in so far as this way of understanding defines one characteristic of the "special character" or "essential conditions" of our understanding as discursive (see CPJ, AA, 5:407 and below), it should be considered as essentially equal to ours. In contrast to our understanding, however, it should be taken, at least in some sense, as infinite. That this understanding is not only higher than ours but infinite can be inferred from the final paragraph of CPJ §77 (I must thank Prof. Marilina Pisani for drawing my attention to this point): "… and absolutely no human reason (or even *any finite reason* that is similar to ours in quality, no matter how much it exceeds it in degree) can ever hope to understand the generation of even a little blade of grass from merely mechanical causes". (CPJ, AA, 5:410) Given that this understanding understands mechanically the generation of organisms, but since no finite understanding could do that, then this understanding should be considered as *infinite,* at least in some sense. I suggest that it must be about a quantitative infinity (not a qualitative or an essential one) so as to distinguish it from another way of understanding the difference between finite and infinite understanding. Although this point would require a profound explanation that I cannot offer here, let us notice that in §76 Kant seems to use a very specific criterion -clearly a qualitative, not quantitative one- to distinguish a finite from an infinite understanding: our human discursive understanding (CPJ, AA, 5:383) would, in this case, be finite (essentially, not only in magnitude) since for it there is a sharp distinction between understanding and intuition (and therefore there is, for knowing, dependence on being affected by an object to be given in intuition). It is to presume that an infinite understanding, from a qualitative (not merely a quantitative) perspective would recognize no difference between understanding and intuition (and therefore would not suffer any dependence on an external source in order to know its object).

2   The subjective point of view

Many scholars are committed to the idea that we cannot explain organisms mechanically and that we need to introduce the concept of the "natural end" into science solely on the ground of the special character of our cognitive faculties, defined by them by one characteristic: the discursivity of our understanding. I refer to this position as the "ordinary subjective perspective"[16] on Kant's teleological thought.

This position is problematic, in the first place, for one simple reason. If there were no independent criterion for deciding when we are faced with a natural being that cannot be explained mechanically, but which can only be thought of through the concept of an "end", we would fall again into the trap of a version of the circular argument criticized by Schrader and mentioned above: given the special character of our understanding, we should comprehend teleologically those beings that can only be judged in that way.

Let's pay attention to Kant's distinction between an objective perspective on teleology and a subjective one, one that grounds the need for a teleological account in science in terms of the singular or peculiar constitution of our faculties. This appears at the beginning of CPJ § 75:

> To say that the generation of certain things in nature or even of nature as a whole is possible only through a cause that is determined to act in accordance with intentions is quite different from saying that because of *the peculiar constitution of my cognitive faculties* I cannot judge about the possibility of those things and their generation except by thinking of a cause for these that acts in accordance with intentions, and thus by thinking of a being that is productive in accordance with the analogy with the causality of an understanding. In the first case I would determine something about the object, and I am obliged to demonstrate the objective reality of a concept that has been assumed; in the second case, reason merely determines the use of my cognitive faculties in accordance with their *special character and with the essential conditions as well as the limits of their domain.* The first principle is thus an objective fundamental principle for the determining, the second a subjective fundamental principle merely for the reflecting power of judgment, hence a *maxim that reason* prescribes to it. (CPJ, AA, 5:397/8. Italics NL)

In the paragraph that follows immediately afterwards, Kant explicitly defends the subjective solution to the problem. To ascribe intention to nature (that is, to organized beings) depends merely on an "absolutely necessary maxim of the use

---

16   This is a very widely held position, for instance, see: Ungerer (1922, pp. 64-68); Düsing (1968, p. 90); Lebrun (1970, p. 451); McLaughlin (1989, p. 152); Förster (2008, pp. 265-277; 2012, pp. 142ss).

of our reason" (CPJ, AA, 5:398), that is, as we know from the quotation above, on a "subjective fundamental principle" (and not, on the objective reality of the concept):

> It is in fact indispensable for us to subject nature to the concept of an intention if we would even merely conduct research among its organized products by means of continued observation; and *this concept is thus already an absolutely necessary maxim for the use of our reason in experience.* (CPJ, AA, 5:398. Italics NL)

Thus, Kant seems to think – as the ordinary subjective perspective believes – that the use of teleology has a subjective ground in the "peculiar constitution of [our] cognitive faculties" (CPJ, AA, 5:397f.). But it must be emphasized that in the quotation this peculiarity alludes, on the one hand, to the "special character" and "essential conditions" of our understanding and, on the other, to the "limits of their domain".[17] Thanks to this distinction, we are now in a position to avoid the subjective version of the circular argument without appealing to the objective solutions that are, as far as I can see, rejected by Kant. As I proposed in the previous section of the paper, the limits of the domain of our faculties must account for why we cannot come to know, let alone explain, organized beings and their internal possibility in accordance with mechanical laws. Their special character or the essential conditions of our understanding must clarify only why we must make comprehensible the organized being through the concept of an "end" (or "natural end").[18] We have at this point an independent criterion for recognizing objects

---

17 See also: CPJ, AA, 5:400.

18 It is worth mentioning that this distinction has a parallel with the one between "limits" and "boundaries". The "limits" (*Schranken*) of our understanding would refer to the magnitude or grade of intelligence of our power of understanding. By contrast, its "boundaries" (*Grenzen*) would define the essential conditions or special character of our understanding. Thus, for instance, in the *Prolegomena to any Future Metaphysics* (*Prolegomena*, 1783), Kant points out that the limits of our understanding are "mere negations that affect a magnitude" (Prol, AA, 4:352). Also See: (Prol, AA, 4:354). By contrast, in boundaries "there is something positive" (Prol, AA, 4:354). In CPR, Kant affirms that the limits (*Einschränkungen*) of our understanding can be cognized *a posteriori* "through that which always remains to be known" in opposition to the determination of the boundaries (*Grenzbestimmung*) that "can only take place in accordance with *a priori* grounds". (CPR, A 758/ B786; See also: CPR, A758-761). McLaughlin has proposed a similar distinction between that what he calls the "quantitative limitations" (*quantitative Grenze*) or "limits" (*Schranken*) of our faculties of cognition (specifically the understanding), on the one hand, and, on the other, their "quality" (*Qualität; Beschaffenheit*). According to this scholar, the distinction is equivalent to that between the impossibility of determining the universal from the particular (which would correspond to the quantitative limitations or limits of our understanding) and the impossibility of

which require to be judged teleologically: they are those that cannot, because of the limits of the domain of our faculties, be understood mechanically.[19] I call this a refined subjective viewpoint on Kant's teleological thought.

Now, according to the general thesis of the subjective viewpoint (both the ordinary subjective position and the refined one), the special character of our understanding, that is, its discursive nature, explains why we must comprehend organisms in teleological terms. This assertion alone, however, requires a further explanation.

In CPJ § 77 Kant defines the special character of our understanding as discursive. Thus:

> Our understanding is a faculty of concepts, i. e., a discursive understanding, for which it must of course be contingent what and how different might be the particular that can be given to it in nature and brought under its concepts. (CPJ, AA, 5:406)

Putting it in a negative way, our understanding is discursive because it does not know the object intuitively, because the particular is not given to it except through an external source.[20]

Although an extended clarification of Kant's meaning of a discursive understanding is not possible in the context of the present paper, in what follows I show briefly why the general thesis of the subjective position (that is, "discursivity clarifies why we must comprehend organisms in teleological terms") still faces a major problem. This affects both the ordinary and the refined subjective positions and I will try to offer some clues, taken directly from different sources, to help us arrive at some answers.

In a very important passage in CPR, Kant says that the concept, that is, the element of a discursive understanding, in contrast to intuition, has two characteristics. It is, on the one hand, "mediate, [and, on the other, understood] by means of a mark, which can be common to several things" (CPR, A320/B377). Thus, beginning with

---

determining the parts from the whole (which would correspond to the quality of our understanding). (See McLaughlin 1989, p. 147ss). As far as I can see, however, both characteristics would be a result of the quality or nature (special character or essential conditions) of our faculties, that is, their discursivity.

19 Here I have a clear disagreement with McLaughlin: for him (my translation) "the impossibility of a mechanical judgment [of organized beings] must be referred to the peculiar character of our understanding" and by this peculiarity he understands its quality, that is, its discursive nature. (McLaughlin 1989, p. 152).

20 Note that from the perspective of what I said at the end of footnote 15 (above), this implies that our understanding is essentially finite (that is, not only limited in magnitude, quantitatively, but intrinsically finite, in its special character). This is not the place to further clarify this important issue.

the second characteristic, concepts are universal representations, cognitions through marks. In the *Logic* (*Lecture on Logic* by *Jäsche*), it is indicated:

> From the side of the understanding, human cognition is discursive, i. e., it takes place through representations which take as the ground of cognition that which is common to many things, hence through marks' as such. Thus, we cognize things through marks and that is called cognizing. A mark is that in a thing which constitutes a part of the cognition of it, or – what is the same – a partial representation, insofar as it is considered as ground of cognition of the whole representation. All our concepts are marks, accordingly, and all thought is nothing other than a representing through marks. (Log, AA, 9:58)

To understand through universal representations or concepts is to do so through marks, something which implies cognizing from a partial representation of a thing that is "common to many things" and "insofar as it is considered as ground of cognition of the whole representation" (Log, AA, 9: 58). A partial representation is an aspect of a thing or an ensemble of aspects that it shares with other things and that grounds the cognition of each. That is why to understand is for us to cognize a thing from its parts to the whole and not backwards (see CPJ, AA, 5:406.) The whole, what a thing is, is defined by (some) of its parts, the ones which it has in common with other things.[21]

Now it has to be noticed that this description of understanding through universal marks or representations is coherent with CPJ § 77 where Kant says that "our understanding [...] must progress from the *parts*, as *universally* conceived grounds, to the different possible forms, as consequences [...]" and "[i]n accordance with the constitution of our understanding [that is, a discursive understanding] [...] a real whole of nature is to be regarded only as the effect of the concurrent moving forces of the parts". (CJP, AA, 5:407)[22] But if that is the case, the special character of our understanding as discursive is profoundly connected with the definition of what a "mechanical explanation" is:[23] since to operate through universal representation is to understand a thing from its parts to the whole, understanding is to offer a mechanical account.

---

21 See Kant's clarification of the productions of the concept of a tree (Log, AA, 9:94/5)

22 Immediately after, Kant says: "Thus if we would not represent the possibility of the whole as depending upon the parts, as is appropriate for our discursive understanding [...]" (CJP, AA, 5:407)

23 As we analyzed above: "if we consider a material whole [...] as a product of the parts and of their forces and their capacity to combine by themselves [...], we represent a mechanical kind of generation".

This is why appealing to our understanding's discursivity, defined by its universal way of representing, to justify the use of the concept of "natural end" for the comprehension of organisms, seems to be highly problematic. According to the first characteristic of our understanding's discursivity, universality, we understand mechanically; this can, then, hardly be the reason to justify the requirement of teleology.[24] If the discursivity of our understanding grounds the need for a teleological account, this cannot be due to the universal character of its representations. As we will see briefly below, to deal with the problem we need to appeal to the first characteristic of the concept: its mediate character.

Why must organisms be judged teleologically? The assertion of the impossibility of explaining organisms mechanically is only one premise or condition, since it does not prove by itself that we must comprehend them teleologically, that is, that we are authorized to refer to organisms the concept of the "natural end". To prove this, as I have already pointed out, we need an independent argument.

If we must account for the form and generation of organized beings, given the limits of our understanding, we need to appeal to another kind of comprehension, a non-mechanical comprehension. That is why Kant introduces in CPJ §77, once again, a second concept of another understanding which is different to ours, but now not merely in magnitude, like the one analyzed above, but in essence, in its special character.[25] Kant says:

---

24 This point adds a further counter-argument against the ordinary subjective position and a new consideration in favor of my refined subjective perspective: for the ordinary subjective position, not only does the discursive character of our understanding account for the need for teleology (something that my viewpoint also defends), but it also accounts for why we cannot explain the organism mechanically (as we saw above, the simultaneous defense of both theses leads to circularity). But a discursive understanding so defined, not only can hardly be the reason why we understand teleologically (I will face this problematic immediately), but also be the reason why we cannot understand organisms in mechanical terms: from my perspective, as I have already said, it is not our understanding's discursivity but only its limits that can clarify why we cannot explain organisms mechanically.

25 Förster (2012, pp. 141, 144, 145) has emphasized that the "intuitive understanding" (mentioned in CPJ §77) must not be confused with a divine or causative understanding which, as far as he sees it, is developed by Kant in CPJ §76. Förster defends this point by means of several arguments, of which the following is, for us, the most relevant: that an intuitive understanding could understand "mechanically". For further clarifications of Förster's comprehension of an "intuitive understanding" see: Förster (2012, p. 152). From my perspective, however, whether an intuitive understanding is creative or not (equal or not equal to that concept of the understanding described in §76), it must be sharply distinguished from an infinite discursive understanding that, like ours, understands mechanically. I hope to have shown by the end of this paper that, thanks to

> Nevertheless, in order for us to be able at least to conceive of the possibility of such an agreement of the things of nature with the power of judgment [...], we must at the same time conceive of another understanding, in relation to which, and indeed prior to any end attributed to it, we can represent that agreement of natural laws with our power of judgment [...]. (CPJ, AA, 5:407)

The contingency of organized beings in relation to a mechanical explanation could be overcome through the concept of an essentially different understanding, that is, a non-discursive understanding or an "intuitive understanding" (*ein anschauender Verstand*):

> Now, however, we can also conceive of an understanding which, since it is not discursive like ours but is intuitive, goes from the synthetically universal (of the intuition of a whole as such) to the particular, i. e., from the whole to the parts, in which, therefore, and in whose representation of the whole, there is no contingency in the combination of the parts, in order to make possible a determinate form of the whole, which is needed by our understanding, which must progress from the parts, as universally conceived grounds, to the different possible forms, as consequences, that can be subsumed under it. In accordance with the constitution of our understanding, by contrast, a real whole of nature is to be regarded only as the effect of the concurrent moving forces of the parts. (CPJ, AA, 5:407)

Given that, for this understanding, the parts of a thing are not thought of as prior explanatory elements of the whole (that is mechanically) but are rather united in a primary intuition of the whole, from this perspective, organized beings could be considered as if their parts were determined by the whole. Thus, we could think of the form or generation of organized beings – contingent for us – as being subject to a necessary law, although not ours. The main point is that, for this understanding, the starting point is not, as it is for us, the "analytical universal", the concept from which it goes towards the particular (of the given empirical intuition). It is, rather, the "synthetically universal", the intuition of a whole as such.

However, we have a problem connected to the previously mentioned first characteristic of a discursive or conceptual understanding: its mediate character or its indirect relationship to the object. Given that our understanding knows its object always by means of a mediate representation, it is not possible for it to conceive a ground of determination starting from an intuition, that is, from the intuition of the whole.[26] That is why Kant says straight away that although an intuition of the

---

this distinction, we can resolve very important problems of logic and hermeneutics in Kant's justification of the reference of the concept of an "(natural) end" to organisms.

26 See for example: "Thus if we would not represent the possibility of the whole as depending upon the parts, as is appropriate for our discursive understanding, but would rather,

whole cannot be considered by us as the ground of the possibility of the parts, it could be conceived as an idea, as the "idea of the whole". Our understanding would translate the "intuition of the whole as such" (CPJ, AA, 5:407) (only attainable for a hypothetical intuitive understanding) into a "conception or idea of the whole". Even if for a discursive understanding it is not conceivable that an intuition of the whole could determine its parts, it could be argued that "the *representation* of a whole containing the ground of the possibility of its form and of the connection of parts that belongs to that" (CPJ, AA, 5:407f. Italics NL).

Now, the next step of the argument is crucial: if we comprehend organisms as if the representation of the whole determined their parts, then we are required to introduce the concept of an "end". Kant defines an "end" as "the product of a cause whose determining ground is merely the *representation of its effect*". But since here the whole "would in that case be an effect (product) the representation of which would be regarded as the cause of its possibility" (CPJ, AA, 5:408)[27], it is then only owing to the discursive character of our understanding, specifically its mediate relation to the object, that we need the concept of an end. Thus:

> It follows that it is merely a consequence of the particular constitution of our un-
> derstanding that we represent products of nature as possible only in accordance
> with another kind of causality than that of the natural laws of matter, namely only
> in accordance with that of ends and final causes, and that this principle does not
> pertain to the possibility of such things themselves (even considered as phenomena)
> in accordance with this sort of generation, but pertains only to the judging of them
> that is possible for our understanding. (CPJ, AA, 5:408)

The particular constitution of our understanding, besides going from the parts to the whole (so besides understanding mechanically), involves understanding simply through mediate representations, in contrast to an intuitive understanding, which does so through intuitions. Now by means of a "translation" of the way the intuitive understanding understands, we arrive at the "concept of the whole" that is taken as

---

after the model of the intuitive (*archetypical*) a understanding, represent the possibility of the parts (as far as both their constitution and their combination is concerned) as depending upon the whole, then, given the very same special characteristic of our understanding, this cannot come about by the whole being the ground of the possibility of the connection of the parts (which would be a contradiction in the discursive kind of cognition)". (CPJ, AA, 5:407).

27 See also: CPJ, AA, 5:426. An economical and accurate explanation of the relationship between a mechanical explanation (or causation) and a teleological comprehension (or causation) can be found in Goy (2017, 74f.).

the cause of what a thing is. Consequently, by means of this procedure, we arrive at the concept of the "end".

We must judge those things (organisms) that cannot, given the limits of our understanding, be explained mechanically, by means of the way an intuitive understanding understands. This, given the discursive, or specifically, the mediate character of our understanding, is represented by us as a teleological or final cause. This obviously does not imply either that an intuitive understanding understands teleologically (this way of understanding depends on a discursive, mediate understanding) or that things so considered are intrinsically determined by ends (our way of comprehending organisms has nothing to do with the way they are in fact). It only means that due to the "peculiar constitution" of our understanding, its limits and its special character or nature, we are subjectively compelled to introduce the concept of "end" if organisms must be judged. It is for that reason that organized beings must be judged teleologically.

Bibliography

Driesch, Hans (1924). "Kant und das Ganze". *Kantstudien*. 29 B, II, pp. 365-376.

Düsing, Klaus (1968). *Die Teleologie in Kants Weltbegriff. Kantstudien*. Bonn: H. Bouvier u. Co. Verlag.

Ewing, Alfred Cyril (1924). *Kant's Treatment of Causality*. London: Routledge & Kegan Paul.

Förster, Eckart (2008). "Von der Eigentümlichkeit unseres Verstandes in Ansehung der Urteilskraft (§§ 74–78)". In *Immanuel Kant. Kritik der Urteilskraft*. hrsg. Otfried Höffe: 259–274. Berlin: Akademie Verlag.

Förster, Eckart (2012). *The Twenty-Five Years of Philosophy. A Systematic Reconstruction*. Trans. by B. Bowman. Cambridge/London: The Harvard University Press.

Fugate, Courney D. (2014). *The Teleology of Reason. A study of the Structure of Kant's Critical Philosophy*. Berlin/Boston: De Gruyter.

Ginsborg, Hannah (2001). "Kant on Understanding Organisms as Natural Purposes". In *Kant and the Sciences* hrsg. Watkins, Eric. New York: Oxford University Press.

Ginsborg, Hannah (2004). "Two Kinds of Mechanical Inexplicability in Kant and Aristotle". *Journal of the History of Philosophy*. 42. 33–65.

Goy, Ina (2017). *Kants Theorie der Biologie. Ein Kommentar. Eine Lesart. Eine historische Einordnung*. Berlin/Boston: De Gruyter.

Kant, Immanuel (1902ss). *Gesammelte Schriften*. Berlin et alia: Hrsg. von der Königlich/Preussischen Akademie der Wissenschaften.

[I have used the following translations into English: *Critique of Pure Reason* (2000 [1998]). Trans. and Ed. by Paul Guyer and Allen Wood. New York: Cambridge University Press; *Prolegomena to any Future Metaphysics* (2004 [1997]). Ed. and Trans. by Gary Hatfield. New York: Cambridge University Press; *Critique of the Power of Judgment* (2002). Ed. by

Paul Guyer, Trans. by Paul Guyer and Eric Matthews. New York: Cambridge University Press; *Lectures on Logic* (1992). Ed. and Trans. by Michael Young. New York: Cambridge University Press].

Lebrun, Gérard (1970). *Kant et la fin de la métaphysique. Essai sur la Critique de la faculté de jugar.* Paris: Armand Colin.

Lerussi, Natalia (2011). "Sobre la justificación para introducir el concepto de ‚fin natural' (*Naturzweck*) en la investigación de la naturaleza según la *Kritik der Urteilskraft*". *Kant e-Print. International Journal.* 6, 1, pp. 62-92.

McLaughlin, Peter (1989). *Kants Kritik der teleologischen Urteilskraft.* Bonn: Bouvier Verlag.

Pauen, Michael (1999). "Teleologie und Geschichte in der *Kritik der Urteilskraft*". In *Aufklärung und Interpretation* hrsg. Heiner Klemme, Bernd Ludwig und andere. Würzburg: Königshausen & Neumann.

Peter, Joachim (1992). *Das transzendentale Prinzip der Urteilskraft. Eine Untersuchung zur Funktion und Struktur der reflektierenden Urteilskraft bei Kant.* Berlin/New York: Walter de Gruyter.

Rivera de Rosales, Jacinto (1998). *Kant: La "Crítica del juicio teleológico" y la corporeidad del sujeto.* Madrid: Universidad Nacional de Educación a Distancia.

Schrader, George (1953/1954). "The Status of Teleological Judgment in the Critical Philosophy". *Kantstudien.* 45, pp. 204-235.

Ungerer, Emil (1922). *Die Teleologie Kants und ihre Bedeutung für die Logik der Biologie.* Berlin: Verlag von Gebrüder Borntraeger.

Zuckert, Rachel (2007). *Kant on Beauty and Biology. An Interpretation of the Critique of Judgment.* New York: Cambridge University Press.

Kants Teleologie heute

Georg Toepfer

Zusammenfassung

Kant diskutiert sehr unterschiedliche Themen unter dem Titel der Teleologie. Einige von diesen, wie die Frage nach der Einheit der besonderen empirischen Gesetze in einem System, werden gegenwärtig meist nicht mehr unter dem Begriff der Teleologie gefasst. Vier Themen, die auch heute noch mit Gewinn auf der Grundlage von Kants Position behandelt werden können, diskutiere ich in dem Beitrag: erstens die Auszeichnung und Eigenart von Organismen als besondere Klasse von Gegenständen im Bereich der Natur, zweitens die Beurteilung auch überindividueller Gefüge der Natur als ganzheitliche Einheiten, drittens die Besonderheit des Menschen als einzigem zwecksetzenden Wesen der Natur und viertens die Geschichtsschreibung, insofern sie die Ereignisse mithilfe eines aus einer Theorie der Kultur entwickelten Leitfadens als zielgerichtet beschreibt. Die Unterschiede und Korrespondenzen der vier Themen analysiere ich, indem ich zwischen zyklischen und linearen Modellen der Teleologie unterscheide, die sich auf individuelle oder kollektive Gegenstände beziehen.

Unter dem Titel der Teleologie diskutiert Kant unterschiedliche Themen (vgl. Bommersheim 1927; Tonelli 1957–58; Goy 2017, S. 231ff.). Vier davon möchte ich in diesem Beitrag im Zusammenhang betrachten: erstens die Auszeichnung und Eigenart von Organismen als einer besonderen Klasse von Gegenständen im Bereich der Natur, zweitens die Beurteilung auch überindividueller Gefüge in der Natur als ganzheitliche Einheiten, drittens die Besonderheit des Menschen als einzigem zwecksetzenden Wesen und viertens die Geschichtsschreibung, insofern sie Ereignisse der menschlichen Geschichte mithilfe eines Leitfadens als zielgerichtet beschreibt. Neben diesen vier Themen hängen in der kantischen Philosophie weitere mit Kants Teleologie zusammen, etwa die Frage nach der Einheit der besonderen empirischen Gesetze in einem System. Diese weiteren Themen sollen hier aber weitgehend vernachlässigt werden, weil bei ihnen weniger deutlich ist, wie Kants Position zu ihnen in der Gegenwart verteidigt werden kann. Problematisch erscheint mit Paul Guyer beispielsweise Kants Forderung nach einem System der empirischen Gesetze der Natur, aus dem deren Notwendigkeit folgen soll (vgl. Guyer 2004, S. 391). Denn es ist durchaus möglich, und wurde vielfach vertreten, die Naturgesetze nicht als notwendig, sondern als kontingent anzusehen. Dieses Thema soll daher hier nicht weiter behandelt werden.

Ich möchte dafür argumentieren, dass Kants Beiträge zu den vier hier behandelten Themenkomplexen – die den heutigen Disziplinen der Biologie, Ökologie, Anthropologie und Geschichtsphilosophie zugeordnet werden können – weiterhin von Relevanz sind. Ich werde versuchen herauszuarbeiten, worin ihre Aktualität liegt. Weil es mir um diese Aktualität geht, werde ich nicht Kants Gedankengang im Detail rekonstruieren, sondern vielmehr aus der heutigen Perspektive auf ihn zurückblicken. Dabei werde ich die Dinge so darstellen, wie sie meiner Ansicht nach sinnvoll und produktiv zu rekonstruieren sind. Die Einbettung der Teleologie in die Architektonik von Kants Philosophie werde ich daher nur in Ansätzen darstellen können.

I Kants Wissenschaftstheorie der Biologie: Die Auszeichnung von Organismen als einer besonderen Klasse von Gegenständen

Ich beginne mit Kants Wissenschaftstheorie der Biologie. Deren wesentlicher Gegenstand ist die Auszeichnung einer besonderen Klasse von Gegenständen der Natur (vgl. Toepfer 2004; Quarfood 2006). Geleistet wird diese Auszeichnung nach Kant durch die Teleologie. Über das Vermögen der teleologischen Reflexion identifizieren wir bestimmte Gegenstände der Natur, die Kant als „Naturzwecke" oder „organisierte Wesen der Natur" bezeichnet und die wir heute – ebenso wie Kant vereinzelt im *Opus postumum* (z. B. OP, AA 22: 547) – ‚Organismen' nennen.

Worin besteht also der Zusammenhang zwischen Zweckmäßigkeit, d. h. der Teleologie, und dem Begriff des Organismus bei Kant? Festzuhalten ist zunächst, dass sich ‚Zweckmäßigkeit' bei Kant ebenso wie die reinen Verstandesbegriffe auf ein Vermögen der Einheit bezieht. Bereits in der *Kritik der reinen Vernunft* erscheint der Begriff in dieser Funktion: „aus dem Gesichtspunkte der Zwecke" betrachtet Kant dort einerseits „die Organisation im Gewächs- und Thierreiche" und andererseits die als Idee vorgestellte „systematische Einheit der Natur" (KrV B 719). Hier stellt Kant eine Verbindung her zwischen der Teleologie und dem Aspekt der Organisation von Systemen. Ähnliche Formulierungen finden sich in der 1789 verfassten *Ersten Einleitung* in die *Kritik der Urteilskraft*: Die teleologische Urteilskraft ermöglicht es, wie Kant hier schreibt, „eine Zweckmäßigkeit zu denken, ohne deren Voraussetzung die systematische Einheit in der durchgängigen Classification besonderer Formen nach empirischen Gesetzen nicht möglich seyn würde" (EEKU, AA 20, S. 219). Auch hier betont Kant den Zusammenhang von Zweckmäßigkeit und systematischer Einheit.

Dieser Zusammenhang ist alles andere als selbstverständlich, weil die Teleologie traditionell viel eher in der Beschreibung und Analyse von intentionalen Handlungen im Sinne einer Zwecksetzung verortet wurde als in der „systematischen Einheit in der durchgängigen Classification besonderer Formen" (ebd.). Die Verbindung zwischen intentionaler Zwecksetzung durch den Willen eines Subjekts und der Zweckmäßigkeit von einzelnen Naturgegenständen und der Natur insgesamt wird im 18. Jahrhundert durch das Lehrgebäude der Physikotheologie hergestellt: Die zweckmäßige Einrichtung der Natur ist danach Ausdruck und Beleg für den planenden Entwurf eines schöpferischen Gottes.

Die Physikotheologie ist auch für Kant ein wichtiger ideengeschichtlicher Hintergrund. Seine teleologische Analyse von einzelnen Naturgegenständen, den Organismen, kann aber ebenso an die Physiologie seiner Zeit angeschlossen werden – und zwar insbesondere die mechanistische Physiologie in der Nachfolge des Leidener Physiologen Herman Boerhaave (vgl. Toepfer 2011). Denn Boerhaave analysiert in der ersten Hälfte des 18. Jahrhunderts einen organischen Körper auf der Grundlage der Beziehung seiner Teile zueinander und verwendet dafür die später für Kant zentralen Konzepte der kausalen Wechselseitigkeit und Kreisläufigkeit. Wörtlich heißt es 1708 in Boerhaaves *Institutiones medicae*, alle Teile eines lebendigen Körpers hingen auf eine solche Weise miteinander zusammen, dass zwischen ihnen eine Wechselseitigkeit von Ursache und Wirkung bestehe, so als ob sie in einem Kreislauf gingen: („cohærent, ut, circulo quasi, mutuas causæ vices & effectuum gerant"; Boerhaave 1708, S. 11). In einer anderen Schrift, seiner Pflanzenkunde von 1727, stellt Boerhaave allgemein fest, dass die Tätigkeiten der Teile in einem organischen Körper wechselseitig voneinander abhängen („partium actiones ab invicem dependent"; Boerhaave 1727, S. 3). Der grundlegende Status dieser Aussagen wird bei Boerhaave daran deutlich, dass sie ganz am Anfang seiner Schriften stehen und damit das Gegenstandsfeld abstecken und allgemein bestimmen. Durch zwei seiner Schüler waren die Lehren Boerhaaves in Königsberg zu Zeiten Kants sehr präsent, und Kant hatte zu einem von ihnen, Johann Christoph Bohlius, einem Freund seines Vaters, auch persönlichen Kontakt; er widmete ihm sogar sein erstes Buch, die *Gedanken von der wahren Schätzung der lebendigen Kräfte*, das 1747 erschien (AA 01).

Kant weist dem Begriff der „Zweckmäßigkeit der Natur" einen definierten Ort in seinem System der Erkenntnisvermögen zu. Er habe seinen Ursprung als „besonderer Begriff a priori" in der reflektierenden Urteilskraft (KU, AA 5:181). Die Zweckmäßigkeit ist damit bei Kant ein Begriff, der nicht im Kontext der gegenstandskonstitutiven Prinzipien des Verstandes steht, sondern vielmehr eine bloß reflektierende Einstellung gegenüber bereits kategorial konstituierten Gegenständen betrifft. Der Begriff konstituiert nicht Gegenstände, sondern reguliert unsere Erkenntnis von einer besonderen Klasse von Gegenständen.

In der zentralen Formulierung, in der Kant seinen Begriff eines organisierten Wesens der Natur einführt, heißt es im § 65 der *Kritik der Urteilskraft*:

> Zu einem Dinge als Naturzwecke wird [...] erfordert: daß die Theile desselben sich dadurch zur Einheit eines Ganzen verbinden, daß sie von einander wechselseitig Ursache und Wirkung ihrer Form sind. [...] Zu einem Körper also, der an sich und seiner innern Möglichkeit nach als Naturzweck beurtheilt werden soll, wird erfordert, daß die Theile desselben einander insgesammt ihrer Form sowohl als Verbindung nach wechselseitig und so ein Ganzes aus eigener Causalität hervorbringen. (KU, AA 5:373)

Kant stellt also eine Verbindung zwischen den Begriffen des Naturzwecks, des organisierten Wesens, und der Wechselseitigkeit des Verhältnisses von Teilen eines Ganzen her. Kurz gesagt: Die teleologische Reflexion ermöglicht uns, Organismen als Einheiten aus wechselseitig voneinander abhängigen Teilen zu beurteilen.

Es stellt sich hier die Frage, inwiefern die enge Verbindung von Teleologie, also den Funktions- und Zweckbegriffen, und dem Konzept des Organismus besteht. Was macht die besondere Struktur eines Organismus aus, dass seine Analyse eine teleologische Begrifflichkeit notwendig macht? Oder anders herum, in der Fragerichtung Kants formuliert: Inwiefern macht erst die teleologische Beurteilung die Erkenntnis eines Gegenstandes als Organismus möglich?

Eine Antwort auf diese Frage kann an einer näheren Bestimmung von ‚Teleologie' ansetzen: Teleologisches Denken ist ein epistemischer Vorgang, in dem Strukturen oder Zustände ausgehend von der Perspektive der Wirkungen der an ihnen beteiligten Prozesse erfolgt. Indem die Seite der Wirkungen in einer teleologischen Betrachtung fixiert wird, werden Äquivalenzklassen von kausalen Prozessen etabliert (vgl. Luhmann 1962, S. 623). In einem biologischen Beispiel: In den funktionalen Kategorien der Lokomotion, der Ernährung, des Schutzes oder der Fortpflanzung werden sehr unterschiedliche Formen der Muskelkontraktion zu einer einheitlichen Klasse zusammengefasst, einfach weil sie ein funktional analoges Ergebnis für einen Organismus nach sich ziehen. Ein Ernährungs- oder

Fortpflanzungsverhalten ist über seine spezifische Wirkung auf den Organismus bestimmt. Viele Begriffe der Biologie sind in diesem Sinne teleologisch: Sie sind auf einen Zielzustand bezogen. Schon bei Aristoteles heißt es, die Zweckursache „gibt den Begriff [λόγος] her" (Aristoteles *De partibus animalium* 639b15; in neueren Übersetzungen ist statt ‚Begriff' von „Plan" oder „Programm" die Rede).

Kant verbindet diese Wirkungsorientierung der Teleologie mit der Idee von Organismen als Systemen aus interdependenten Teilen, um seinen Begriff eines Naturzwecks zu entwickeln: Zu einem Naturzweck werden die Organismen, weil das interdependente Verhältnis ihrer Teile und damit die Einheit des Ganzen nur durch eine teleologische Reflexion verständlich werden. Die Teile des Organismus müssen teleologisch beurteilt werden, weil sie in dieses System so integriert sind – genauer: insofern sie von uns als so in das System integriert beurteilt werden –, dass das System von ihren Wirkungen abhängt und sie umgekehrt von den Wirkungen des Systems abhängen.

Die teleologische Beurteilung leistet hier zweierlei: Einerseits leistet sie eine Schematisierung der Kausalprozesse, indem sie diese von ihrem Ende her systematisiert – in dieser Konzipierung eines Prozesses von seinem Ende, d. h. von seiner Wirkung her, liegt ja allgemein das Wesen einer teleologischen Beurteilung. Das zweite, was durch die teleologische Beurteilung geleistet wird, besteht in der Zusammenfassung verschiedener kausaler Prozesse zu einer Einheit, im Sinne der wechselseitigen Abhängigkeit der einzelnen Prozesse in einem organisierten System, in dem „Naturzweck" nach Kant – für den ein Kreislauf ein Modell sein kann.

Die teleologische Perspektive im Sinne der Exponierung der Wirkung eines Prozesses hängt unmittelbar mit der Ausgliederung eines solchen organisierten und sich selbst organisierenden Systems zusammen. Denn die Rechtfertigung der Konzipierung eines Prozesses von seinem Ende her, d. h. die teleologische Perspektive, ergibt sich aus dem Zusammenhang der Prozesse in dem organisierten System: Das Ende des einen Prozesses ist hier unmittelbar wirksam für den Beginn eines folgenden Prozesses und dieser wirkt vermittelt über andere wieder auf den ersten zurück, sodass es letztlich die eigene Wirkung ist, die einen Prozess aufrechterhält.

Diese exponierte Bedeutung der Wirkung rechtfertigt die Konzipierung und Bezeichnung eines Prozesses ausgehend von seiner Wirkung. Die teleologische Beurteilung jedes Teils hängt daran, dass er als Element eines Gefüges von sich wechselseitig bedingenden Teilen, also als Glied, als Organ eines organisierten Systems identifiziert wird. Mit der teleologischen Beurteilung werden die Teile einerseits in das System integriert und andererseits ist das organisierte System als Einheit allein in der teleologischen Beurteilung gegeben. Zweckbegriff und Organismusbegriff korrespondieren damit einander: Das Verständnis von Organismen als Systemen aus interdependenten Teilen liefert die Grundlage dafür, diese Teile teleologisch zu individuieren.

Für Kant ist dabei die besondere epistemische Position der Teleologie von Bedeutung: Bei der Zweckmäßigkeit, die die Urteilskraft aus eigener Spontaneität entwickelt, handelt es sich um eine bloße Annahme, eine Unterstellung oder Voraussetzung gegenüber der Natur. Denn die Zweckmäßigkeit ist für Kant nicht im Objekt, sondern bloß im Reflexionsvermögen des Subjekts gesetzt. Die Urteilskraft bringt damit keine Erkenntnis hervor: Der Begriff der Zweckmäßigkeit legt, in Kants Worten „gar nichts dem Objecte (der Natur) bei" (KU, AA 5:184). In der *Logik* heißt es: Die reflektierende Urteilskraft „hat nur subjective Gültigkeit" (Log, AA 9:131f.). Die Schlüsse der reflektierenden Urteilskraft bestimmen „nicht das Object, sondern nur die Art der Reflexion über dasselbe, um zu seiner Kenntniß zu gelangen" (ebd.). Die Natur und einzelne Dinge in ihr werden nur so betrachtet, *als ob* sie ein geordnetes System ausmachen würden. Gleichwohl handelt es sich nach Kant dabei um eine subjektiv notwendige Annahme – notwendig ist sie für die Erkenntnis einer bestimmten Klasse von Gegenständen, der organisierten Wesen der Natur, die über die teleologische Reflexion jeweils als Einheiten erkannt werden und zusammen eine besondere Klasse ausmachen.

Eigentliche Naturerkenntnis folgt für Kant immer der mechanistischen Verstandeskausalität. Daher bezeichnet Kant den Begriff des Naturzwecks als einen „Fremdling in der Naturwissenschaft" (KU, AA 5:390). Die Notwendigkeit der teleologischen Reflexion zur Erkenntnis bestimmter Naturobjekte macht die Teleologie aber auf der anderen Seite doch zu einem, wie Kant auch schreibt, „inneren Princip der Naturwissenschaft" (KU, AA 5:381). Einige Gegenstände der Natur sind nach Kant also nur vollständig begriffen, wenn sie doppelt konzipiert werden: als Naturkörper, die in mechanisch zu bestimmende Kausalketten zerlegt werden können, und als in reflektierender Einstellung gewonnene Einheiten, die sich aus der wechselseitigen Abhängigkeit ihrer Teile ergeben. Eine begriffliche Formel, die diese doppelte Konzeption zum Ausdruck bringen kann, ist die der *Ausgliederung*: Über die teleologische Reflexion kommt es zur Ausgliederung einer bestimmten Klasse von Gegenständen aus dem Bereich der Natur (vgl. Toepfer 2004, S. 401). Diese Gegenstände sind damit weiterhin begriffen als kausale (und nach Kant auch mechanische) Systeme; ihre Einheit und Abgeschlossenheit ist aber erst in der teleologischen Reflexion gegeben. Bei Kant heißt es, dass es „nicht allein erlaubt, sondern auch unvermeidlich ist, die teleologische Beurteilungsart zum Princip der Naturlehre in Ansehung einer eigenen Classe ihrer Gegenstände zu gebrauchen" (KU, AA 5;382). Diese eigene Klasse von Gegenständen, für deren Erkenntnis die teleologische Beurteilung unvermeidlich ist, sind die Organismen.

Von Relevanz ist die Teleologie damit nicht nur auf der Ebene der Teile, die funktional beschrieben oder identifiziert werden, sondern auch auf der Ebene des ganzen Systems. Denn die Identitätsbedingungen des Systems werden erst durch die teleologische Perspektive spezifiziert. Ein organisiertes System wie ein Organismus existiert nicht als bestimmter physischer Körper mit einer definierten Materie und Form, sondern als Gefüge von aufeinander bezogenen funktionalen Prozesstypen, das auch über den Wechsel der Stoffe des Systems und über einen Wechsel seiner Form bestehen bleiben kann. Anfang und Ende, Einheit und Geschlossenheit des organisierten Systems ergeben sich nicht aus einer materiellen Spezifizierung, sondern aus dem Prozessmuster der kausalen Beziehung seiner funktionalen Teile. Erst in der teleologischen Beurteilung wird also die Einheit des organisierten Systems begründet.

Ohne diese Art der Beurteilung würde es die betreffenden Gegenstände als Einheiten der Erkenntnis gar nicht geben. Die teleologische Beurteilung beinhaltet insofern eine synthetische Leistung der Gegenstandsausgliederung oder -individuierung, und nicht primär eine analytische Leistung der Gegenstandszerlegung oder Erklärung des Vorhandenseins eines Teils in einem System – wie es in den vielen Debatten um die Teleologie im 20. Jahrhundert meist behauptet wurde (vgl. Hempel 1959, S. 310; Wright 1973, S. 161; dagegen argumentierend: Toepfer 2004, S. 392f.; Quarfood 2006).

Die Unverzichtbarkeit der Teleologie zur Ausgliederung der Gegenstände, die wir Organismen nennen, bedeutet auch, dass sie nicht in dem Moment überflüssig wird, in dem eine vollständige mechanistische Theorie des Organismus formuliert ist. Die Notwendigkeit der teleologischen Beurteilung beruht nicht auf einer lediglich praktischen Hoffnungslosigkeit, den Organismus mechanisch erklären zu können, wie es viele Kantinterpreten und auch noch McLaughlin (vgl. 1989, S. 143; 1994, S. 110) nahe legen. Es stimmt nicht, dass die teleologische Beurteilung „entfällt", wenn die mechanische Erklärung greift (vgl. McLaughlin 1989, S. 160). Sie ist in keiner Weise forschungsstandsrelativ. Auch angesichts einer möglicherweise einmal erreichten vollständigen biochemischen Beschreibung eines Organismus bliebe die teleologische Beurteilung unverzichtbar für dieses biochemische System als Organismus.

Anschlussfähig an Kants Philosophie des Organischen sind Ansätze der letzten Jahre, die eine genauere Beschreibung der materiellen Verankerung der Teleologie in Organismen liefern. Diese Ansätze gehen davon aus, Organismen als verkörperte Systeme zu beschreiben und ihre Teleologie aus nichts anderem als kausale Faktoren in der Hervorbringung ihres Körpers sind und dass andererseits nichts als dieser Körper die Spezifität der organismischen Aktivitäten determiniert. Aufgrund seiner determinierenden Wirkung fungiert der Körper eines Organismus als ein zu den physikalischen Prinzipien hinzukommender Bedingungsfaktor, als ein *constraint*, wie es in der neueren Literatur heißt. Nicht zusätzliche Kräfte oder physikalisch unbekannte Energiequellen, die in der Biologiegeschichte immer wieder postuliert wurden, sondern allein die spezifische Konstellation der Teile des organischen Körpers selbst begründet nach dieser Sicht die Eigengesetzlichkeit und Autonomie der Organismen (vgl. Mossio und Moreno 2010, S. 269).

Das kausale Regime der Organismen geht von der spezifischen Form der organischen Körper aus und führt zu einer zwar physikalisch möglichen, aber unwahrscheinlichen, weil geordneten und funktional geschlossenen, Organisation. Die Form eines Vogels beispielsweise ist das wesentliche kausale Regime für sein Vermögen zu fliegen. Die Form des Vogels spannt die Naturgesetze „von oben" her, von der gesamten Organisation des Systems, ein und richtet sie auf diese Funktion aus. Mit dem theoretischen Biologen Stuart Kauffman können diese Verhältnisse als ein *Arbeits-constraints-Kreislauf* beschrieben werden (vgl. Kauffman 2000, S. 4; vgl. auch Ruiz-Mirazo und Moreno 2000, S. 213f.): Durch ihre eigene Form sind Organismen in der Lage, die Naturgesetze zur Verrichtung bestimmter Arbeit zu nutzen, nämlich zu genau der Arbeit, die darauf gerichtet ist, ihre Form, also ihre spezifischen *constraints*, zu erhalten. Die *constraints* ermöglichen die spezifische Arbeit, und die Arbeit erhält die *constraints*. Diese Erhaltung erfolgt entweder im Körper eines bestimmten individuellen Organismus, durch dessen Selbsterhaltung, oder – durch Fortpflanzung – im Körper anderer, ihm ähnlicher Organismen, seiner Nachkommen. Viele Definitionen des biologischen Lebensbegriffs beruhen auf dieser Selbstbezüglichkeit der organischen Formen.

Das spezifisch Kantische an diesem Gedanken liegt zunächst darin, dass Organismen als besondere Gegenstände anerkannt sind und ihre Eigenart und Autonomie ausgehend von ihrer inneren Organisation erschlossen wird, einer selbstbezüglichen Organisation oder zyklischen Kausalität, die unterschieden ist von der im Bereich des Anorganischen dominanten linearen Ursache-Wirkungs-Verknüpfung. Kantisch ist außerdem der Ansatz, das Besondere des Organischen nicht durch einen zusätzlichen Kausalfaktor zu begründen, sondern durch die Berücksichtigung spezifischer, durch das System selbst generierter Randbedingungen für die Wirksamkeit der Naturgesetze. Kennzeichnend für Kant ist es schließlich, diese Besonderheit von Organismen, die sie zu einer auszuzeichnenden Gegenstandsklasse machen, über ein eigenes Erkenntnisvermögen zu begründen und zu rechtfertigen. Kant bezeichnet dieses als „reflektierende Urteilskraft" und bringt es mit der Teleologie in Verbindung, wofür er, wie ich zu zeigen versucht habe, gute Gründe hat.

Die aktuelle Relevanz von Kants Teleologie in Bezug auf Organismen liegt also darin, dass er sie in Modelle der Organisation und Selbstorganisation von Naturdingen einbettet und sie damit befreit aus den zeitgenössisch dominanten metaphysischen Modellen, die eine intentionale Zwecksetzung in der geordneten Einrichtung von Lebewesen durch einen Schöpfergott voraussetzten. Bei Kant verliert die Teleologie auch die Eigenständigkeit als selbständiger Teil der Naturlehre, die sie noch im physikotheologischen Entwurf Christian Wolffs hatte (vgl. van den Berg 2013, S. 731). Richtungsweisend war Kants Konzeption der Teleologie, insofern sie nicht mehr auf die Intentionen Gottes bei der zweckmäßigen Einrichtung einzelner Naturgegenstände verweist und nicht die Dinge in ihrer Ontologie betrifft, sondern an eine Theorie der kausalen Interdependenz und Organisation gebunden wird. In ihrer Verbindung zu Modellen der Selbstorganisation ermöglicht es die Teleologie seit Kant, einen Weg aufzuzeigen, wie Organismen zugleich naturalistisch und doch vom Anorganischen unterschieden in ihrer Besonderheit als spezifische kausale Muster bestimmt werden können.

II Kants Philosophie der Ökologie: Überindividuelle Gefüge der Natur als ganzheitliche Einheiten

Wird die teleologische Reflexion als eine Methode verstanden, mittels derer Systeme von interdependenten Prozessen identifiziert werden, dann ist es naheliegend, diese Methode nicht allein auf Organismen anzuwenden, sondern auch auf umfangreichere Systeme aus Teilen, die wechselseitig voneinander Ursache und Wirkung sind. Diesen Weg zu einer ökologischen Perspektive schlägt auch Kant ein (vgl. Toepfer 2016). Im 18. Jahrhundert formierten sich Ansätze eines ökologischen Denkens unter dem Titel der *Ökonomie der Natur*. Carl von Linné formulierte in diesem Rahmen 1749 die Vorstellung einer wechselseitigen Verknüpfung der Lebewesen verschiedener Arten. Er hält es aufgrund göttlicher Vorsehung für gegeben, „daß alles in der Natur einander die Hände bietet, um jede Gattung von Geschöpfen zu erhalten, daß endlich der Untergang und die Auflösung des Einen allezeit zur Herstellung des Andern diene" (Linné 1749, S. 1f.).

Kant schließt einige Jahre vor seinem Tod, im Sommer 1799, an Vorstellungen dieser Art an. Er formuliert das Grundprinzip eines Ökosystems, wenn er die wechselseitige Abhängigkeit von Organismen verschiedener Arten mit dem Konzept einer überindividuellen Organisation erläutert, also einer Organisation zweiter Ordnung. In Kants Worten ist dies eine Form der „Eintheilung des Natursystems organischer Körper", nämlich „das Natursystem in dem zweckmäßigen Verhältnis verschiedener Arten deren eine um der anderen Willen da ist". Knapp gesagt, ist dies nach Kant eine „Organisirung der Systeme von organisirten Körpern" (OP, AA 21:566).

Kant findet im Sommer 1799 viele Varianten für die Formulierung dieser überorganismischen Organisationen der Natur: Er spricht von einer „Organisation eines
Ganzen aus verschiedenen Species für einander und zu ihrer Erhaltung dienenden
organischen Wesen" (OP, AA 22:300) oder von einer „Organisation eines Systems
organisirten Wesens z. B. der Rehe für den Wolf, der Moose für den Baum der
Dammerde für das Getrayde" (ebd. 505). Er konstatiert: „Die Natur organisirt die
Materie nicht blos zu Körpern sondern auch diese wiederum zu Corporationen die
nun auch ihrerseits ihre wechselseitige[n] Zweckverhältnisse haben (Eines um des
Anderen willen da ist)" (ebd. 506). Er behauptet schließlich, es bestehe in der Natur
ein „System der lebenden Körper, in so fern einer zum Leben des andern als Glied
gehört (z. B. Rennthier und Moos oder Schaaf u. Wolf)" (ebd. 534).

Kant weitet diese systemtheoretische Perspektive schließlich auch auf das Ganze
der Natur aus:

> die organisirende Kraft desselben [d. i. des Erdglobs] hat auch das Ganze der für
> einander geschaffenen Pflanzen- und Thierarten so organisirt daß sie einander als
> Glieder einer Kette den Menschen nicht ausgenommen einen Kreis bilden nicht blos
> nach ihrem Nominalcharacter (der Ähnlichkeit) sondern dem Realcharacter (der
> Causalität) einander zum Daseyn zu bedürfen welches auf eine Weltorganisation (zu
> unbekannten Zwecken) selbst des Sternsystems hinweiset (OP, AA 21:570).

Auch die anorganischen Teile der Erde sind nach Kant in diese Organisation
einbezogen. Nach seiner Auffassung können also nicht nur die Organismen und
auch nicht nur einzelne Systeme auf der Erde, sondern vielmehr der gesamte
„Erdglob" selbst als ein „organischer Körper" konzipiert werden (ebd. 196; 215).
Kant spricht im *Opus postumum* von einem „organisirten Weltkörper selbst in
Ansehung seiner unorganischen Theile oder auch organischer für einander zum
Verbrauch bestimmter organischen Körper" (OP, AA 22:504). Formuliert ist damit
die Vorstellung einer Organisation der Mannigfaltigkeit der Arten von Organismen
und anorganischen Körpern zu einem Kreislauf der kausalen Interaktion – und
das kommt den späteren Ökosystemmodellen sehr nahe. Kants Teleologie liefert
also auch begriffliche Grundlagen zur Abgrenzung von Einheiten der Ökologie.

Offen bleibt bei Kant, wie sich das zyklische Verhältnis zwischen den Teilen
ökologischer Systeme zur Position des Menschen als Endzweck der Natur (s. u.)
verhält. Eine enge Verbindung, wie von einigen Autoren behauptet (vgl. van den
Berg 2014, S. 257), ist wenig plausibel, weil Kant doch in mehreren Passagen die
Organisation organisierter Wesen in der Natur behauptet, ohne dabei den Menschen als Endzweck anzuführen. Dies deutet darauf hin, dass er die ökologische
Perspektive als eigenständige naturphilosophische Position einnimmt.

Dieser systemtheoretische Blick auf funktional geschlossene kausale Systeme der Natur wird von Kant explizit in wissenschaftssystematischer Absicht eingeführt. Er erscheint wiederholt in Einteilungen biologischer Fragestellungen, biologischer Teildisziplinen oder der Kräfte, die für die Hervorbringung der spezifischen Mannigfaltigkeit von natürlichen Körpern verantwortlich sind (vgl. Toepfer 2016, S. 212f.). Ausdrücklich beschreibt Kant in diesen Passagen – im Gegensatz zu seinen Ausführungen in der Kritik der Urteilskraft – das Ganze zwar als ein Ergebnis der wechselseitigen Abhängigkeit der Teile; er bezieht das Ganze aber insofern nicht in die teleologische Beurteilung ein, als von den Teilen nicht gesagt wird, sie seien um des Ganzen willen da (vgl. Tanaka 2004, S. 291). Dieser Ausschluss ist für die Beurteilung ökologischer Systeme besonders angemessen, weil die Erhaltung der ökologischen Einheiten (im Gegensatz zur Erhaltung der Einheit eines Organismus) nicht als der Zweck der Aktivität der Organismen angesehen werden muss, um dessen willen sie da sind.

Weniger explizit als in der *Kritik der Urteilskraft* macht Kant im *Opus postumum* deutlich, dass die Einheit von Organismen und überorganismischen Systemen aus interdependenten Teilen lediglich in reflektierender Beurteilung gegeben ist (der Begriff der reflektierenden Urteilskraft kommt im *Opus postumum* nicht einmal mehr vor; vgl. Tanaka 2004, S. 277). Er stellt aber doch heraus, dass eine organische Ganzheit als eine „Idee" anzusehen sei, deren Realität nicht a priori gesichert werden könne (vgl. OP, AA 21, S. 210). Mit Heinz Heimsoeth lässt sich daher die Sicht verteidigen, dass es sich bei den Gedanken Kants im *Opus postumum* nicht um „‚dogmatische' Konstruktionen" handelt, sondern immer noch um Ideen der reflektierenden Urteilskraft (vgl. Heimsoeth 1940–41, S. 108). Als Unterstützung für diese Sicht kann es auch gelten, dass Kant in Bezug auf die Endursachen lediglich von einem „Leitfaden für die Naturforschung" spricht (OP, AA 21:184). Dieser Leitfaden greift nicht als Wirkursache in das Geschehen ein, sondern liegt lediglich unserer Darstellung des Mannigfaltigen als einer Einheit zugrunde.

Die wesentliche Parallele zwischen Organismen und ökologischen Systemen ist ihre Existenzweise als Gefüge von Prozessen, die wechselseitig voneinander abhängen. In diesen Systemen wirken die Komponenten zugleich als Ursache und Wirkung voneinander und verhalten sich wechselseitig wie Mittel und Zweck – auch dann, wenn sie nicht zu einem kohärenten Körper verbunden sind wie im Falle von ökologischen Systemen. In ihrer jeweiligen Einheit und Ganzheit können diese Prozessmuster nicht in einer atomistischen, auf die Teilprozesse gerichteten Perspektive erfasst werden, sondern nur in einer teleologischen Reflexion auf das wechselseitige Verhältnis der Teile und das Ganze des Systems, einer Reflexion, die Kant einem spezifischen Erkenntnisvermögen zuschreibt.

III   Kants Anthropologie: Menschen als die einzigen zwecksetzenden Wesen

Einen gegenüber den zyklischen Modellen der Biologie und Ökologie gänzlich verschiedenen Gebrauch von der Teleologie macht Kant in seiner Anthropologie und Geschichtsphilosophie. Der Zweckbegriff spielt auch in diesen Bereichen eine prominente Rolle für Kant. Wiederholt und in verschiedenen Werken charakterisiert er den Menschen über seine exklusive Fähigkeit, sich selbst autonom gewonnene Zwecke zu setzen. So heißt es in der *Kritik der Urteilskraft*: „[Der Mensch ist] das einzige Wesen auf Erden, welches Verstand, mithin ein Vermögen hat, sich selbst willkührlich Zwecke zu setzen" (KU, AA 5:431; Ergänzung GT). Ähnlich lautend formuliert Kant in der *Metaphysik der Sitten*: „Das Vermögen sich überhaupt irgend einen Zweck zu setzen ist das Charakteristische der Menschheit (zum Unterschiede von der Thierheit)" (MS, AA 6:391). Und in der *Anthropologie in pragmatischer Hinsicht*, schreibt Kant, dass der Mensch dadurch ausgezeichnet sei, dass er einen Charakter habe, den er sich selbst schaffe, „indem er vermögend ist, sich nach seinen von ihm selbst genommenen Zwecken zu perfectioniren" (Anth, AA 6:321).

Die Zwecksetzungskapazität bildet für Kant also ein Alleinstellungsmerkmal des Menschen. Als Naturzwecke verfolgen auch die Tiere nach Kant natürlich Zwecke, aber diese sind nicht autonom gesetzt, sondern biologisch determiniert. Es sind nach Kant die immer gleichen Zwecke der Erhaltung und Fortpflanzung. „Die Bestimmung der Thierheit ist Fortpflanzung und Ausbreitung", heißt es in den *Entwürfen zum Colleg über Anthropologie* aus den 1770er Jahren (HN, AA 15:782). Das zentrale, exklusive Merkmal des Menschen ist es demgegenüber, eine Zweckkreativität entfalten zu können, die darin besteht, neben den biologischen Zwecken des Überlebens und Fortpflanzens andere Zwecke setzen und systematisch verfolgen zu können. Gegenüber dieser *Zweckkreativität* ist die Kreativität der Tiere eine bloße *Mittelkreativität* und bleibt bezogen auf die für die Definition von ›Tier‹ essenzielle funktionale Ausrichtung auf Überleben und Fortpflanzung. Der Mensch ist nach Kant insofern einzigartig, als die sozial und kulturell etablierten Zwecke für die Determination seines Verhaltens einflussreicher werden können als die biologischen. Im menschlichen *Handeln* liegt – im Gegensatz zum *Verhalten* der Tiere – die Möglichkeit, die organische Erhaltungsteleologie zu durchbrechen und systematisch und nachhaltig andere als selbstreferentielle Zwecke zu verfolgen, Zwecke, die nicht an der Selbsterhaltung und damit nicht an biologischen Funktionsbezügen orientiert sind.

Im 20. Jahrhundert sind diese teleologischen Verhältnisse auf verschiedene Begriffe gebracht worden. Georg Simmel fasst es so, dass in der Kulturentwicklung des Menschen eine „große Axendrehung des Lebens" vorliege (Simmel 1917, S.

253). Die Achsendrehung betrifft die teleologische Orientierung des menschlichen Handelns: Worauf die Tiere funktional durchgängig als Zwecke ihres Verhaltens ausgerichtet sind, ihre Selbsterhaltung und Fortpflanzung, kann für den Menschen den Status eines bloßen Mittels erhalten; und was umgekehrt den Tieren Mittel für ihre biologischen Zwecke ist, wie die Farben und Laute zur Anlockung der Partner, kann für den Menschen zum Selbstzweck werden. In dieser Hinsicht ist der Mensch also das *zweckesetzende* Wesen *Homo fines-ponens* statt *Homo sapiens*. Die Festlegung des biologischen Bereichs auf die Selbsterhaltung könnte dabei definitorisch verstanden werden, im Sinne von Eduard Spranger, der für sich festhält: „Biologisch nenne ich [...] jede Struktur, die nur auf Selbsterhaltung des Individuums und der Gattung angelegt ist" (Spranger 1921, S. 14). Ob nur der Mensch oder auch einige Tiere den auf diese Weise bestimmten Bereich der Biologie verlassen können und eine „Zwecksetzungsautonomie" (vgl. Janich 2001, S. 63) entwickeln, ist dann eine empirische Frage.

Die Teleologie ermöglicht es damit nicht nur, das Allgemein-Organische auf den Begriff zu bringen – bei Kant über den Begriff des Naturzwecks –, sondern auch das spezifisch Menschliche – bei Kant die Fähigkeit des Zwecksetzens. Ebenso wie das Organische im Kontrast zum Anorganischen kann mit Kant auch das spezifisch Menschliche im Kontrast zum Tierischen in teleologischer Begrifflichkeit bestimmt werden: Die Geschlossenheit der Teleologie im Sinne der Festlegung auf die Erhaltungsteleologie und zyklische Kausalität ist ebenso theoretische Grundlage der Biologie wie sie die Grenze der biologischen Perspektive markiert: Die Biologie kommt dort an ein Ende, wo Organismen systematisch und nachhaltig andere Zwecke als die ihrer Selbsterhaltung (als Individuen oder über die Fortpflanzung als Typen) verfolgen können und Handlungsmuster jenseits biologischer Funktionsbezüge stabilisiert und tradiert werden und wo es darum geht, diese Handlungsorientierungen jenseits der rigiden Teleologie des Organischen zu beschreiben und zu verstehen.

IV   Kants Geschichtsphilosophie: Geschichtsschreibung am Leitfaden von Vernunftideen

Nur kurz eingehen kann ich auf den vierten hier zu diskutierenden Bereich der Teleologie bei Kant: die Geschichtsphilosophie. Kants Geschichtsphilosophie liegt zwar nur in Ansätzen vor, insbesondere in den *Ideen zu einer allgemeinen Geschichte in weltbürgerlicher Absicht* von 1784. Sie kann aber trotzdem als grundlegende

Methodologie der Geschichtswissenschaft interpretiert werden (vgl. Flach 2005). Aufschlussreich ist insbesondere die folgende Passage:

> Es ist zwar ein befremdlicher und dem Anscheine nach ungereimter Anschlag, nach einer Idee, wie der Weltlauf gehen müßte, wenn er gewissen vernünftigen Zwecken angemessen sein sollte, eine Geschichte abfassen zu wollen; es scheint, in einer solchen Absicht könne nur ein Roman zu Stande kommen. Wenn man indessen annehmen darf: daß die Natur selbst im Spiele der menschlichen Freiheit nicht ohne Plan und Endabsicht verfahre, so könnte diese Idee doch wohl brauchbar werden; und ob wir gleich zu kurzsichtig sind, den geheimen Mechanism ihrer Veranstaltung durchzuschauen, so dürfte diese Idee uns doch zum Leitfaden dienen, ein sonst planloses Aggregat menschlicher Handlungen wenigstens im Großen als ein System darzustellen. (IAG, AA 8:29)

Die Lehre vom „weltbürgerlichen Zustand", der, in Kants Worten, „dereinst einmal zu Stande kommen werde" (ebd. 28), dient Kant als ein „Leitfaden" für die Darstellung der Geschichte – nicht unbedingt der Geschichte selbst, die, durch Zufälligkeit und Umwege geprägt ist, sondern eben ihrer *Darstellung*, der *Geschichtsschreibung*. Ein Leitfaden kann diese Idee des weltbürgerlichen Zustandes sein, insofern sie dazu eingesetzt wird, der Geschichtsschreibung eine Ordnung und Orientierung zu geben. Geschichtsschreibung ist für Kant damit keine bloße Narration von geschehenen Ereignissen, sondern methodisch in einer Theorie der Kultur fundiert; als Leitfaden der Darstellung fungieren für sie die Momente der Kultivierung, Zivilisierung und Moralisierung (vgl. ebd. 26).

Der „weltbürgerliche Zustand" dient hier als teleologischer Fluchtpunkt historiografischer Argumentationen, als ein externer Referent, auf den hin die konkreten, immer auch zufälligen Verläufe des Geschehens als mehr oder weniger konvergierend beschrieben werden. Das Grundmuster dieser Form der Teleologie ist somit ein ähnlich lineares wie das der anthropologischen Zwecksetzungsautonomie. Ein als Idee der Vernunft bestimmter Zustand wird antizipiert und dient zur Ordnung der Darstellung eines langfristigen Geschehens.

Auch hier ist die Rolle der Teleologie nicht die einer Erklärung, sondern der Beschreibung. Es ist keine materiale Geschichtsphilosophie, die Kant formuliert, sondern er gibt lediglich einen Leitfaden für die Geschichts*schreibung*. Die teleologische Beurteilung besteht daher auch hier darin, ein besonderes Muster der Verknüpfung von Ereignissen darzustellen. Kants Teleologie antwortet auch in diesem Kontext nicht auf eine Warum-Frage, sie stellt keine begründende Verbindung zu anderen Aussagen her, sondern besteht in der Identifizierung eines komplexen Gefüges von Prozessen – hier nicht in einer zyklischen Ordnung, sondern einer zielgerichteten, linearen Orientierung an einer Vernunftidee.

V   Funktionen und Einheit von Kants Teleologie

Zwischen den vier von mir unterschiedenen Feldern der Teleologie bestehen gewisse Korrespondenzen:

Kreuzklassifikation von vier Typen der Teleologie in Kants Philosophie

		Bereich	
		Natur (Zyklizität, Gegenstandsausgliederung)	Kultur (Linearität, Handlungsorientierung)
Gegenstand	Individuum (Einzelding)	**Naturzweck** (Biologie)	**Zwecksetzendes Wesen** (Anthropologie)
	Kollektiv (Gemeinschaft)	**Organisation organisierter Wesen** (Ökologie)	**Darstellung am Leitfaden einer Idee** (Historiografie)

Die Teleologie im Bereich der Natur bezieht sich auf die Zyklizität eines Prozessmusters, der wechselseitigen Abhängigkeit der Teile eines Systems. Die teleologische Reflexion erörtert den Beitrag jedes Teils zum Gesamtgeschehen und sie beurteilt die Komponenten in ihren Interaktionen und Interdependenzen als eine funktionale Einheit. Auf diese Weise leistet die teleologische Reflexion eine Gegenstandsausgliederung für die besondere Klasse von Naturgegenständen, die wir heute Organismen nennen. Diese Ausgliederung kann sich entweder auf einzelne individuelle Organismen oder auf Kollektive von Organismen in interdependenten Systemen wie Ökosystemen beziehen.

Analog dazu kann im Bereich der Kultur nach einem linearen Modell der Teleologie, das spezifisch menschliche Handeln auf der Ebene von Individuen als Zwecksetzung bestimmt werden. Ausgeweitet auf das Kollektiv kann die langfristige Entwicklung, die Geschichte, anhand eines antizipierten Leitfadens beschrieben werden. Dieser geht aus von einem fiktiven Punkt in der Zukunft, der Vernunftidee des weltbürgerlichen Zustandes.

Offensichtlich sind das zunächst zwei Teleologiemodelle, die sehr unterschiedliche Verhältnisse betreffen. Der Unterschied besteht in einem zyklisch-schematisierten Muster von Kausalprozessen auf der einen Seite und der Ordnung von Handlungen nach außernaturalen, abstrakt-sprachlichen Kategorien auf der anderen Seite. Im Gegensatz zur Beschreibung der organischen Teleologie, die auf kausale Verhältnisse beschränkt bleiben kann, erfolgt in der Handlungsteleologie eine doppelte Beschreibung des Prozesses, einerseits auf der Ebene des mental oder begrifflich Bestimmten, als vorgestellter Zweck einer Handlung oder vernünftige Idee eines gesellschaftlichen Zustandes, andererseits auf der kausalen Ebene der Ausführung der Handlung (vgl. Hartmann 1951, S. 69). Diese doppelte Beschreibung des Prozesses in der Teleologie der Handlung und Geschichtsschreibung ermöglicht den direktionalen, einseitig gerichteten Aspekt, der in dem zyklischen Charakter der organischen Naturteleologie gerade nicht vorliegt.

Das natural-zyklische und das kulturell-lineare Teleologiemodell haben also zunächst nicht viel miteinander gemein. Bemerkenswerterweise gelingt es aber, nicht nur die Auszeichnung des Organismus gegenüber dem Anorganischen, sondern auch den Übergang des allgemein Biologischen zur spezifisch humanen Handlungskompetenz in Begriffen der Teleologie zu fassen: So wie die Einheit des Organismus als zyklisches Interdependenzsystem, das aus dem kausalen Nexus allen Geschehens ausgegliedert werden kann, erst in teleologischer Reflexion erscheint, so erfolgt auch das Aufbrechen der teleologischen Selbstbezüglichkeit des Organismus auf teleologischer Grundlage: durch das Setzen von Zwecken in mentaler Antizipation eines Individuums bzw. durch eine Geschichtsschreibung am Leitfaden einer Idee, die das Geschehen linear ordnet und auf eine Vernunftidee ausrichtet. Die konsequente Darstellung in teleologischen Begriffen ermöglicht es also, im Anschluss an Kant die epistemische Perspektivwechsel im Übergang von verschiedenen Disziplinen symmetrisch zu beschreiben.

Literatur

Aristoteles, *De partibus animalium*, dt. *Über die Teile der Lebewesen*, übers. W. Kullmann. Berlin: Akademie Verlag 2007.

Boerhaave, H. 1708. *Institutiones medicae*. Lugduni Batavorum: Linden.

Boerhaave, H. 1727. *Historia plantarum*. Romæ: Gonzaga.

Bommersheim, P. 1927. Der vierfache Sinn der Zweckmäßigkeit in Kants Philosophie des Organischen. *Kant Studien* 32: 290–309.

Flach, W. 2005. Zu Kants geschichtsphilosophischem ,Chiliasmus'. In *Phänomenologische Forschungen*, hrsg. K.-H. Lembeck, K. Mertens und E. W. Orth, 167–174. Hamburg: Meiner.

Goy, I. 2017. *Kants Theorie der Biologie*. Berlin: de Gruyter.

Guyer, P. 2004. Zweck in der Natur. Was ist lebendig und was ist tot in Kants Teleologie ? In *Warum Kant heute? Systematische Bedeutung und Rezeption seiner Philosophie in der Gegenwart*, hrsg. D. h. Heidemann und K. Engelhard, 383–413. Berlin: de Gruyter.

Heimsoeth, H. 1940–41. Kants Philosophie des Organischen in den letzten Systementwürfen. *Blätter für deutsche Philosophie* 14: 81–108.

Hempel, C. G. 1959. The logic of functional analysis. In *Aspects of Scientific Explanation*, 297–330. New York: Free Press 1965.

Janich, P. 2001. *Logisch-pragmatische Propädeutik. Ein Grundkurs im philosophischen Reflektieren.* Weilerswist: Velbrück Wissenschaft.

Kant, I. *Gesammelte Schriften.* Hrsg.: Bd. 1–22 Preussische Akademie der Wissenschaften, Bd. 23 Deutsche Akademie der Wissenschaften zu Berlin, ab Bd. 24 Akademie der Wissenschaften zu Göttingen. Berlin 1900ff.

Kauffman, S. 2000. *Investigations.* New York: Oxford University Press.

Linné, C. von 1749. *Oeconomia naturae*, dt. Die Oeconomie der Natur. In *Des Ritters Carl von Linné Auserlesene Abhandlungen aus der Naturgeschichte, Physik und Arzneywissenschaft*, hrsg. E. J.T. Hoepfner, Bd. 2, 1–56. Leipzig: Böhme 1777.

Luhmann, N. 1962. Funktion und Kausalität. *Kölner Zeitschrift für Soziologie und Sozialpsychologie* 14: 617–644.

McLaughlin, P. 1989. *Kants Kritik der teleologischen Urteilskraft.* Bonn: Bouvier.

McLaughlin, P. 1994. Kants Organismusbegriff in der *Kritik der Urteilskraft*. In *Philosophie des Organischen in der Goethezeit. Studien zu Werk und Wirkung des Naturforschers Carl Friedrich Kielmeyer (1765-1844)*, hrsg. K. T. Kanz, 100–110. Stuttgart: Steiner.

Mossio, M. und Moreno, A. 2010. Organisational closure in biological organisms. *History and Philosophy of the Life Sciences* 32: 269–288.

Hartmann, N. 1951. *Teleologisches Denken*, Berlin: de Gruyter.

Quarfood, M. 2006. Kant on biological teleology: towards a two-level interpretation. *Studies in History and Philosophy of Biological and Biomedical Sciences* 37: 735–747.

Ruiz-Mirazo. K. und Moreno, A. 2000. Searching for the roots of autonomy: The natural and artificial paradigms revisited. *Comunication and Cognition—Artificial Intelligence* 17: 209–228.

Simmel, G. 1917. Vorformen der Idee. Aus den Studien zu einer Metaphysik. In *Gesamtausgabe*, Bd. 13, 252–298. Frankfurt am Main: Suhrkamp 2000.

Spranger, E. 1921. *Lebensformen. Geisteswissenschaftliche Psychologie und Ethik der Persönlichkeit.* Halle/Saale: Niemeyer.

Tanaka, M. 2004. *Kants Kritik der Urteilskraft und das Opus postumum. Probleme der Deduktion und ihre Folgen.* Phil. Diss., Universität Marburg.

Toepfer, G. 2004. *Zweckbegriff und Organismus. Über die teleologische Beurteilung biologischer Systeme.* Würzburg: Königshausen & Neumann.

Toepfer, G. 2011. Kant's teleology, the concept of the organism, and the context of contemporary biology. In *Final Causes and Teleological Explanations* (= Logical Analysis and History of Philosophy 14), hrsg. D. Perler und S. Schmid, 107–124. Paderborn: Mentis.

Toepfer, G. 2016. Kants Grundlegung der Ökologie als systemtheoretisch-organismischer Rahmen für Theorien organischer Vielfalt. In *Wünschenswerte Vielheit. Diversität als Kategorie, Befund und Norm*, hrsg. T. Kirchhoff und K. Köchy, 185–215. Freiburg im Breisgau: Karl Alber.

Tonelli, G. 1957-58. Von den verschiedenen Bedeutungen des Wortes Zweckmäßigkeit in der Kritik der Urteilskraft. *Kant Studien* 49: 154–166.

van den Berg, H. 2013. The Wolffian roots of Kant's teleology. *Studies in History and Philosophy of Biological and Biomedical Sciences* 44: 724–734.

van den Berg, H. 2014. *Kant on Proper Science. Biology in the Critical Philosophy and the Opus postumum.* Springer: Dordrecht.

Wright, L. 1973. Functions. *Philosophical Review* 82: 139–168.

Teil II
Teleologische Urteilskraft

Kapitel 6
Finalismus versus Mechanismus

Versuch einer Auslegung der Kantischen teleologischen Dialektik

Jacinto Rivera de Rosales

Zusammenfassung

Die *Kritik der Urteilskraft* übernimmt die Aufgabe, die bereits in vorausgegangenen Kritiken untersuchte Freiheit und Natur miteinander in Verbindung zu setzen, weil die Freiheit sich und ihre Zwecke in der Natur verwirklichen sollen, aber ohne den jeweiligen Gesetzen Abbruch zu tun. Das Problem stellt sich aus der Perspektive der reflexiven Subjektivität, aus der der Mensch philosophiert und mittels Begriffen denkt und handeln will, und die sich gegenüber der Natur setzt. Die Lösung findet sich im vorreflexiven synthetischen Akt, wo die Subjektivität selbst und ihre Zweckmäßigkeit als Objekt und zwar als ein organischer lebendiger Gegenstand oder Leib erscheinen. Aber eben wegen dieser Dualität entsteht die Dialektik der teleologischen Urteilskraft, weil es scheint, dass diese lebendigen Wesen durch zwei verschiedene Prinzipien beurteilt werden könnten: durch den Mechanismus der Natur und durch die Zweckmäßigkeit der Subjektivität. Diese Antinomie wird in diesem Artikel in drei Stufen der Auslegung erklärt, die am Ende zeigen, wie das mechanische Prinzip sogar den Bereich der Erscheinungen nicht ganz erklären kann, sondern unterdeterminiert, aber die Zweckmäßigkeit als solche geht für den methodologischen Standpunkt der Wissenschaft zu weit, so dass nur die philosophische Reflexion sie übernehmen kann.

1   Der Vereinigungspunkt zwischen Natur und Freiheit

Die *Kritik der Urteilskraft* übernimmt vor allem die Aufgabe, die bereits in den vorausgehenden Kritiken untersuchte Freiheit und Natur miteinander in Verbindung zu setzen, ohne den jeweiligen Gesetzen Abbruch zu tun. Die Natur wirkt

© Springer Fachmedien Wiesbaden GmbH, ein Teil von Springer Nature 2019   253
P. Órdenes und A. Pickhan (Hrsg.), *Teleologische Reflexion in Kants Philosophie*,
https://doi.org/10.1007/978-3-658-23694-6_14

aber nach mechanischen Ursachen, die Freiheit handelt nach ideellen Zwecken. Wie kann demnach ein Zusammenbestehen beider Gesetzgebungen möglich sein? Die Natur kann keinen Einfluss auf die Freiheit ausüben, ohne sie als Freiheit, Spontaneität und ursprüngliche Realität oder selbständige Tätigkeit zu zerstören und in etwas Produziertes zu verwandeln. Die Freiheit ihrerseits muss sich jedoch in der Natur verwirklichen, da sie keine transzendente Substanz ist, die ohne Welt sein kann, sondern eine transzendentale Handlung, die ihre durch den kategorischen Imperativ auferlegten Zwecke in der wirklichen Welt umsetzen muss. „Die Natur muß folglich auch so gedacht werden können, daß die Gesetzmäßigkeit ihrer Form wenigstens zur Möglichkeit der in ihr zu bewirkenden Zwecke nach Freiheitgesetzen zusammenstimme" (KU, AA 5:176). Die Natur muss deshalb die Zweckmäßigkeit in sich selbst ermöglichen, sich einverleiben und tätig zulassen, durch sie auch gebildet zu werden, denn nur durch die Zweckmäßigkeit in der Natur selbst „wird die Möglichkeit des Endzwecks [der Freiheit; Ergänzung JRdR], der allein in der Natur und mit Einstimmung ihrer Gesetze wirklich werden kann, erkannt" (KU, AA 5:196). Es ist also an uns, den Philosophen, einen Punkt zu finden, an dem Zweck und Mechanismus, frei handelnde Subjektivität und Objektivität eine wirkliche Einheit bilden, wenn die moralische Aufgabe der Freiheit verwirklicht werden kann und *soll*. Dieser Versuch führt uns aber gemäß Kant zur Dialektik der teleologischen Urteilskraft. Darin besteht das Thema dieses Aufsatzes.

Ich meine, es ist wichtig zu bemerken, dass das Problem sich dann aus der Perspektive der reflexiven Subjektivität stellt, das heißt, aus der, die philosophiert und mittels Begriffen denkt und handeln will. Dieses reflexive Bewusstsein entsteht gerade dank des Unterschiedes zwischen dem Subjektiven und dem Objektiven, zwischen Begriff und Objekt, Möglichkeit und Wirklichkeit (als Modalkategorien), z. B. im Urteil „das ist ein Tisch" verweist das „das" auf ein wirkliches Objekt (Anschauung, Wirklichkeit), das Wort „Tisch" übernimmt dagegen die Rolle eines Begriffes, der auf unendlich viele weitere Objekt-Tische angewendet werden kann (Begriff, Möglichkeit) und die Kopula „ist" verbindet beide, indem sie diese zwei Elemente (Begriff und Objekt, die subjektive auslegende Regel und den realen Fall) gleichzeitig trennt und explizit als verschieden unterscheidet. Das Urteil ist Ausdruck des reflexiven Bewusstseins. In gleicher Weise unterscheidet das reflexive Bewusstsein zwischen der Freiheit (Zweckbegriff) und der Natur (Objekt) und versteht beides in dieser Unterscheidung. Diese impliziert und setzt aber nichtsdestoweniger ihre notwendige Vereinigung transzendental voraus; sie ist jedoch nach der Trennung Freiheit-Natur und nachdem ihre Begriffe aus ihrem Unterschied konstruiert wurden, nur schwer auszumachen. Deshalb verlangt die Vereinigung eine neue Art zu denken.

Kant analysierte zunächst in seiner *Kritik der reinen Vernunft* die Natur, das Objektive, und danach die Freiheit in der *Kritik der praktischen Vernunft* – und zwar voneinander getrennt. Dieses reflexive Bewusstsein kann somit keinen Vereinigungspunkt *in sich*, in seiner Sphäre, finden, weil es seine Begriffe durch den Gegensatz beider gebildet hat und stellt deshalb die Frage nach ihm. Ich denke, die gesuchte Einheit muss unter dem Boden dieses reflexiven Bewusstseins liegen. Wir sollten uns daran erinnern, dass die Synthesis oder die synthetische Einheit der erste Akt des Subjekts ist, und die Trennung oder die „Analysis, die ihr Gegenteil zu sein scheint, sie doch jederzeit voraussetze" (KrV, B 130)[1]. Diese Aussage Kants über die Erkenntnis lässt sich auf die ganze Subjektivität ausdehnen, da wir nicht erst nur Natur und später bloß Freiheit und Subjektivität, sondern immer beides gleichzeitig sind und vor dieser reflexiven Trennung beider müsste es eine synthetische Einheit derselben geben, sonst wären wir unheilbar zerrissen und somit zerstört. Subjektivität in all ihren Aspekten ist in Wahrheit eine Aufgabe der Synthesis verschiedener Elemente und Instanzen. Deswegen sollte ein synthetischer Punkt gegeben sein, an dem Objekt und Subjekt vereinigt sind, ein real-ideales Element, das weder lediglich mechanische Natur noch reine Subjektivität, oder mit Kants Worten, „weder theoretisch noch praktisch" (KU, AA 5:176) wäre.

Weil an dieser Stelle der Vereinigung die Subjektivität untrennbar mit der Natur verbunden ist, erhebt sie sich nicht bis zum Begriff und reflexiven Bewusstsein, bis zur Trennung und die Subjektivität bleibt in einem vorreflexiven Bewusstsein. Man könnte sagen, dass sie auf der Ebene der Einbildungskraft bleibt, da die erste Synthesis überhaupt die reine Wirkung der „blinden" Einbildungskraft ist und es der Verstand ist, der sie zum Begriff führt (KrV A 78/ B 103), also zum reflexiven Bewusstsein erhebt. Kant benutzt den Begriff „vorreflexives Bewusstsein" nicht, denn er geht wahrscheinlich davon aus, dass es eigentlich nur mit dem Begriff, d.h. im reflexiven Bewusstsein, Erkenntnis und Subjektivität gibt, obwohl die Einbildungskraft, eine blinde Funktion der Seele, ein unentbehrliches Element der Erkenntnis ist (KrV A78/ B 103). Die Einbildungskraft oder Inspiration des künstlerischen Genies, die der Kunst die Regel verleiht, ohne dass diese Regel in Begriffen formuliert und damit nie durch das reflexive Bewusstsein beherrscht werden kann,

---

1   „Vor aller Analysis unserer Vorstellungen müssen diese zuvor gegeben sein, und es können keine Begriffe dem Inhalt nach analytisch entspringen. Die Synthesis eines Mannigfaltigen aber (es sei empirisch oder a priori gegeben) bringt zuerst eine Erkenntniß hervor, die zwar anfänglich noch roh und verworren sein kann und also der Analysis bedarf; allein die Synthesis ist doch dasjenige, was eigentlich die Elemente zu Erkenntnissen sammlet und zu einem gewissen Inhalte vereinigt; sie ist also das erste, worauf wir Acht zu geben haben, wenn wir über den ersten Ursprung unserer Erkenntniß urteilen wollen" (KrV, A 77–8/ B 103).

wird von Kant als Naturgabe interpretiert (vgl. KU § 47, AA 5:309), weil dort kein
Begriff vorhanden ist. Die Kunst aber ist kein Produkt der Natur (vgl. KU § 43, AA
5:303) und deswegen muss unter diesem Naturbegriff eigentlich die Einbildungskraft des Künstlers verstanden werden, die von selbst eine Form hervorbringt,
die durch keinen Begriff aber reflexiv dominiert und geleitet werden kann. Dieses
geistige Vermögen wird uns daher als ein vorreflexiver Typus des Bewusstseins
oder des Geistes erscheinen, der berücksichtigt werden muss. Man könnte somit
auf die Idee kommen, einige Subjektivitäten, z. B. die der Tiere, gelangen nur bis
zur Einbildungskraft, da ihnen die Sprache fehlt, durch die Begriffe und reflexive
Subjektivität Materie und Gestalt annehmen. Dieser Vorschlag ergibt sich jedoch
nicht rein theoretisch, sondern nur praktisch, i. e. durch die moralische Aufforde-
rung, die subjektive Freiheit solle sich in der Welt objektivieren und verwirklichen.

Der Vereinigungspunkt kann also als vor-reflexive Subjektivität verstanden
werden, als eine, die selbst als Objekt, als in ein Objekt einverleibt, erscheint; dieses
wird von Kant als materialer innerer Naturzeck benannt (vgl. KU § 63). Unsere
Suche gilt also einem synthetischen Akt, der vor der Trennung von Subjektivität
und Natur stattfindet, ein Objekt der Natur, das von sich selbst weiß und insoweit
auch durch sich selbst handeln kann, ein Subjekt-Objekt, auf das das freie Subjekt
zurückgreifen und womit es sich durch Gefühl und Handlung identifizieren muss,
wenn es seine Zweckbegriffe (nicht nur die moralischen Zwecke) verwirklichen
möchte. Das wäre wie eine Brücke zwischen reflexiver Freiheit und mechanischer
Natur. In Abschnitt IX der Einleitung verweist Kant darauf, dass der Vereinigungspunkt „in der Natur (des Subjekts als Sinnenwesen, nämlich als Mensch)" (KU, AA
5:196) stattfindet. In einer Fußnote steht geschrieben: „die Kausalität der Freiheit
(der reinen und praktischen Vernunft) ist die Kausalität einer jener untergeordneten
Naturursache (des Subjekts, als Mensch, folglich als Erscheinung betrachtet)" (ebd.).
Und wie äußert sich diese Naturursache als Mensch, d. i. das Subjekt, wenn es selbst
eine Erscheinung ist und als ein Objekt erscheint? Als organischer und lebendiger
Körper, und zwar so, dass sich der Schluss ziehen lässt (Kant tut es nicht[2]), unser
Leib und seine vor-reflexive Subjektivität sind der Vereinigungspunkt von Freiheit
und Natur. So lautet meine These – wir könnten uns nicht mit unserem Leib identifizieren und ihn fühlen, wäre er eine reine objektive Maschine.

Dieser letzte Umstand wird in der Analytik der teleologischen Urteilskraft erläutert, indem dort gesagt wird, dass, wenn die Zweckmäßigkeit bzw. die Subjektivität

---

2   Ein leitendes hermeneutisches Prinzip in diesem Artikel ist es, nicht bei dem zu bleiben
     und sich nicht damit zufriedenzugeben, was Kant tatsächlich und dem Wortlaut nach-
     sagte, sondern auch auf das hinzuweisen, was er hätte denken sollen, denn auch das ist
     notwendig, um das Thema sowie das Gesagte zu verstehen.

– denn nur sie kann Zwecke besitzen – der Grund des Objekts im Objekt selbst wäre und sich in innerlicher unmittelbarer Vereinigung mit ihm befinden würde, dann würde ein Ding als objektiver Naturzweck vorliegen. Dieser zeigt sich, da die Zweckmäßigkeit selbst Objekt geworden ist, in Form eines organischen Lebewesens. Hier (KU §§ 64–66) wird von Kant ein anderes Schema oder Verständnis der Natur als das mechanische der KrV konstruiert. Dieses Verständnis wird auf transzendentale Weise und im Gegensatz zum Verfahren der Naturwissenschaft konstruiert, in welcher ein Objekt durch andere Objekte oder Erscheinungen erklärt werden muss. Die Sichtweise oder der Ausgangpunkt ist hier aber die Subjektivität, die Form der Zweckmäßigkeit, und die Forderung, dass die Freiheit ihre Zwecke, ihre Idealität objektivieren soll. Nur so, aus dieser philosophischen und nicht aus der naturwissenschaftlichen Perspektive, lassen sich die Lebewesen als der gesuchte Vereinigungspunkt verstehen. Das wird deutlich in der Dialektik der teleologischen Urteilskraft betrachtet und sich aus ihr ergeben.

„Ein Ding existiert als Naturzweck, wenn es von sich selbst (obgleich in zwiefachem Sinne) Ursache und Wirkung ist" (KU § 64, AA 5:369). In der mechanischen Beziehung wird eine Erscheinung durch andere heteronom verursacht. Diese Ursache muss aber wiederum auf dieselbe Weise erklärt werden, und zwar so, dass sich die Kausalität auch in der Wechselwirkung (dritte Kategorie der Relation) auf die ganze Natur immer weiter und ohne Ende verbreitet und niemals zur Totalität gelangt, wie in der dritten Antinomie der theoretischen Vernunft erörtert wird. Aus dem teleologischen Standpunkt findet sich aber eine endliche objektive Totalität, die als solche fungiert; eine Katze beispielsweise ist ein abgegrenztes, endliches Objekt, das dennoch als eine organische Totalität fungiert, sicher als eine zur Welt offene Ganzheit, weil sie endlich ist, wie es die subjektive Freiheit und ihre Zwecke erfordern. Diese organische Totalität ist Ursache und Wirkung ihrer selbst aber nur in der Form, nicht in ihrer Materialität, d. i., sie schafft sich nicht *ex nihilo*, da sie sonst kein Naturding und kein endliches Wesen wäre. Eine unendliche und ihre Materialität schaffende Totalität wird von uns aber weder gebraucht noch verstanden, da auch unsere Freiheit endlich ist und ihre Welt gleichermaßen nicht *ex nihilo* erschaffen, sondern nur formal umgestalten kann und soll.

Die Form der mechanischen Kausalverbindung verläuft unidirektional, nur abwärts, von der Ursache zur Wirkung; die der Endursachen erfolgt bidirektional, und ist deswegen in der Lage, eine wechselseitig wirkende endliche Totalität, d. i. ein organisches Individuum zu bilden. Diese Totalität ist nicht vom Objekt getrennt (wir suchen den Vereinigungspunkt), ganz im Gegensatz dazu, was in der reflexiven Zweckmäßigkeit geschieht. Dort bleibt die leitende Idealität des Zweckbegriffs im Verstand des Menschen und außerhalb des Objekts (vgl. KU § 10): Die Vorstellung, die der Tischler vom Tisch, den er zimmern will, hat, bleibt im Denken des Tischlers und bewirkt nicht, dass sich der Tisch selbst herstellt. Das technische Objekt kann organisiert aber nicht selbstorganisierend sein: „In einer Uhr ist ein Theil das Werkzeug der Bewegung der andern; aber nicht ein Rad die wirkende Ursache der Hervorbringung des andern" (KU § 65, AA 5:374)[3]. Beim Naturzweck dagegen bildet das Ganze die Teile in sich, indem es durch die Teile und jeder Teil als Organ die anderen hervorbringt:

> Ein organisiertes Wesen ist also nicht bloß Maschine: denn die hat lediglich bewegende Kraft; sondern es besitzt in sich bildende Kraft und zwar eine solche, die es den Materien mittheilt, welche sie nicht haben (sie organisirt): also eine sich fortpflanzende bildende Kraft, welche durch das Bewegungsvermögen allein (den Mechanism) nicht erklärt werden kann (KU § 65, AA 5:374)[4].

So gestalten die Teile ein Individuum, das als Ganzes aus sich selbst entsteht und wächst, indem es die Materie, die es aus seiner Außenwelt aufnimmt, gemäß der eigenen zweckmäßigen Form verarbeitet und integriert. So wie der reflexive Zweck die ganze Handlung des Subjekts organisiert und alle dazu benötigten Materialien, Elemente und Tätigkeiten bestimmt, so erscheint er auch im Vorgang der eigenen Objektivierung als eine sich bildende Ganzheit, als ein organisiertes und sich selbst organisierendes Individuum, das nicht nur mit bewegender, sondern auch mit bildender Kraft ausgestattet ist, in der die Spontaneität und das Für-sich-Sein des Subjekts und seiner Freiheit widergespiegelt wird. Organisierte Wesen sind demnach die einzigen in der Natur, welche der Naturzweckmäßigkeit eine gewisse objektive Realität gewähren (vgl. KU § 65, AA 5:375-376). Wenn die Zweckmäßigkeit sich objektiviert – und das soll sie, damit die Freiheit sich verwirklicht –, erscheint sie als die Handlung eines organischen Lebewesens, also eines Leibes, unseres Leibes[5]. Das muss als wichtiges systematisches Element erachtet werden.

---

3   Zukünftige Computer oder Roboter werden andere Computer oder Roboter organisieren und produzieren können, aber immer nur mechanisch und von außen.

4   Hier besteht eine gewisse Analogie zum Staat, sagt Kant. „Denn jedes Glied soll freilich in einem solchen Ganzen nicht bloß Mittel, sondern zugleich auch Zweck, und, indem es zu der Möglichkeit des Ganzen mitwirkt, durch die Idee des Ganzen wiederum, seiner Stelle und Funktion nach, bestimmt sein" (KU § 65, AA 5:375 Anm.).

5   Aus der Zweckmäßigkeit lässt sich noch ein drittes von Kant gezeigtes Merkmal des Naturzweckes ableiten, und zwar, dass die bildende Kraft des Lebewesens mit der Fähigkeit zur Fortpflanzung ausgestattet ist, sodass ein Lebewesen aus einem anderen entsteht. Die organisch bildende Kraft besitzt auch den Charakter der Gattung, so wie die Freiheit und die reflexive Subjektivität nur in einer Gemeinschaft, in einem Reich der Zwecke, möglich sind. Das Projekt des Lebens kann sogar als ein, alle Gattungen und organische Individuen umfassendes verstanden werden – eine für Kant gewagte

2 Die Entstehung der Kantischen Dialektik der teleologischen Urteilskraft

Bis jetzt habe ich versucht, die praktische Perspektive der Naturzweckmäßigkeit darzustellen, die von der Freiheit und ihrer moralischen Notwendigkeit, sich in der Welt zu verwirklichen, ausgeht. Obwohl sie in den Texten Kants nicht entwickelt und in den Kantischen Studien kaum, wenn überhaupt, erwähnt wird[6], wird sie nicht völlig ausgespart. Vor allem in den Punkten I, II und IX der Einleitung – sozusagen im Ansatz des Werkes – und etwa in der Analytik der teleologischen Urteilskraft wird auf dieses Thema eingegangen[7]. Kant verweist darauf, wenn die

---

Hypothese der Vernunft – die aber nicht „ungereimt" ist (vgl. KU § 80, AA 5:419). Der Zweckbegriff bedeutet in der Tat, sich des Mangels bewusst zu sein; Bedürfnis, Sorge, Streben – also Endlichkeit. Der Naturzweck soll also auch räumlich und zeitlich als endliches Lebewesen erscheinen, und das birgt auch die Vergänglichkeit in sich. Die Zweckmäßigkeit wird aber nicht mit dem Individuum aufgehoben, da sie das Bewusstsein der eigenen Ursprünglichkeit bedeutet; in der Natur bedeutet sie kein Projekt, das sich durch das Individuum ausprägt, sondern im Gegenteil eins, mittels dessen die Individuen zur eigenen Gestalt finden. Das äußert und objektiviert sich in einer sich fortpflanzenden bildenden Kraft, die von einzelnen Individuen zum anderen und in verschiedene Materien ausgesiedelt wird, um sich zu behaupten. Jedes Individuum wird aus anderen hervorgebracht, aber in einer Weise, in der jedes aus sich selbst entsteht. Die Naturzweckmäßigkeit bildet demnach auch eine Art Gemeinschaft aus verschiedenen Individuen und nur dadurch bleibt sie lebendig; sie hat in ihrem Wesen auch einen supraindividualen Charakter. Das tritt in der Sexualität explizit in Erscheinung, denn dort fühlt jeder Einzelne eine über ihn hinausreichende und seinen Tod ankündigende Zweckmäßigkeit als das Innerste und Stärkste. Diese sich fortpflanzende, bildende Kraft ist gleich einer Einbildungskraft, deren Schemata sich in Individuen-Bildern konkretisiert und veranschaulicht und nie zum Begriffe erhoben wird, weil sie immer in der Vereinigung verbleibt. Der größte Schmetterling der Welt, der Atlasspinner, lebt für den einzigen Zweck des Zeugens. Nach dem Kopulieren und dem Schlüpfen seiner Eier stirbt er. Er lebt nur ungefähr fünfzehn oder zwanzig Tage und besitzt nicht einmal einen Mund zum Essen.

6 z. B. im kollektiven Kommentar *Immanuel Kant. Kritik der Urteilskraft* (Akademie Verlag, Berlin 2008) kommt diese eher praktische Perspektive nicht vor. Auch nicht im Artikel über die Ästhetik und die Kantische Teleologie: „Kant's Aesthetics and Teleology", also über die KU, der *Stanford Encyclopedia of Philosophy* in der Fassung von Hannah Ginsborg (https://plato.stanford.edu/entries/kant-aesthetics/), trotz all seiner umfangreichen bibliographischen Verweise. Es wird weder in dem mit Recht hoch geschätzten Buch von Peter McLaughlin (1989) *Kants Kritik der teleologischen Urteilskraft*, noch in der Darstellung der KU von Paul Guyer (2006, S. 335–359) in seinem Buch *Kant* erwähnt.

7 „Der Begriff eines Dinges, als an sich Naturzweckes [...] kann aber doch ein regulativer Begriff für die reflectirende Urteilskraft sein, nach einer entfernten Analogie mit unserer Causalität nach Zwecken überhaupt die Nachforschung über Gegenstände dieser Art

Zweckmäßigkeit zur Natur wird, tritt sie als sich selbst organisierende Lebewesen in Erscheinung. Gleichwohl ist der beherrschende Gegenstand des Kantischen Textes die theoretische Fragestellung nach der Methodologie der Wissenschaft in Beziehung zu den Lebewesen, die „objektive Realität" der Zweckmäßigkeit „für die Naturwissenschaft" (KU § 65, AA 5:376), eine Naturwissenschaft, die die Subjektivität eigentlich nicht erreichen und die Zweckmäßigkeit nicht berücksichtigen kann, da sie sich ausschließlich auf objektive Abhängigkeitsbeziehungen konzentrieren muss. Kant selbst siedelt die teleologische Urteilskraft im Bereich der Theorie an (KU E VIII, AA 5:194), obwohl das gesuchte Element „weder theoretisch noch praktisch" (KU E II, AA 5:176) ist. Die theoretische philosophische Formulierung verläuft in umgekehrter Richtung, von unten nach oben, d. i. nicht von der aufgeforderten Freiheit, die die objektive Perspektive nicht erkennen kann, nach unten zur Natur, sondern von empirischen Objekten nach oben zu den transzendentalen Prinzipien, unter denen sie beurteilt werden müssen. Die theoretische philosophische Fragestellung lautet: Mit welchem Recht können oder müssen wir sogar die empirisch schon vorhandenen organischen Erscheinungen durch die Zweckmäßigkeit verstehen, sie auf diese besonderen Objekte anwenden? Die Dialektik ergibt sich aus der wissenschaftsmethodologischen Ebene, also aus der theoretischen Perspektive, weil dieselben Objekte scheinbar durch zwei verschiedene, ja sogar entgegengesetzte Prinzipien – Mechanismus und Zweckmäßigkeit – beurteilt werden müssen. Beide Perspektiven, die praktische und die theoretische, müssen aber für ein angemessenes Verständnis dieser Dialektik und ihrer begrenzten Sphäre in Betracht gezogen werden.

Es wurde gezeigt, dass die Zweckmäßigkeit, wenn sie sich als solche objektiviert, die Gestalt organischer Wesen annimmt. Aber wir dürfen der Versuchung nicht nachgeben, die objektive Gültigkeit der umgekehrten Richtung daraus zu ziehen

---

zu leiten und über ihren obersten Grund nachzudenken; das letztere zwar nicht zum Behuf der Kenntniß der Natur, oder jenes Urgrundes derselben, sondern vielmehr eben desselben praktischen Vernunftvermögens in uns" (KU § 65, AA 5:375). Dies wird jedoch in allgemeiner Bedeutung angenommen, in dem Sinne, dass die praktische Vernunft die Natur als ihrem Reich der Zwecke angemessen betrachten kann. Was ich „praktische Fragestellung" nenne, erscheint vor allem in Einleitung I, II und IX. Unter den Kantforschern herrscht jedoch keine Einigkeit darüber, inwieweit die Einleitung tatsächlich den Inhalt der KU reflektiert oder Konflikte und Inkonsistenzen zwischen Einleitung und Haupttext bestehen. Ich denke, dass die Einleitung eine zweite Reflexion über den zurückgelegten Weg ist. Die eigentliche Frage ist jedoch, ob die praktische Fragestellung, die von den Forderungen der moralischen Freiheit, sich in der Welt zu verwirklichen, ausgeht, für das System von Kant angemessen und relevant ist oder nicht, d. h., ob dieser Ansatz, obwohl er bei Kant nur angedeutet und nicht entwickelt wurde, systematisch durch eine transzendentale Denkweise angegangen werden muss.

und anzunehmen, dass es aufgrund der Existenz dieser Lebewesen behauptet werden kann, die Zweckmäßigkeit objektiviere sich wirklich in der Natur, denn es könnte der Fall sein, dass diese Organismen ihre Existenz tatsächlich anderen Ursachen schulden, d. h., dass sie ihr Dasein nur mechanischen Ursachen verdanken, die uns nicht oder bisher noch nicht bekannt sind. Zuerst müsste der objektive Beweis erbracht werden, dass diese empirischen Organismen dank der Zweckmäßigkeit in der Tat erläutert werden müssen, gerade das aber erzeugt den dialektischen Konflikt – und das aus zwei Gründen. Erstens, weil lebende Organismen als Naturprodukte oder Erscheinungen auch notwendigerweise durch mechanische Ursachen zu erklären sind, d. i. durch die in der KrV analysierten Prinzipien, da aufgrund dieser Prinzipien etwas als Naturprodukt erscheinen kann[8]. Zweitens verwirklicht sich die Zweckmäßigkeit *vermittels* der mechanischen Prinzipien als ihre notwendigen objektiven Mittel, weil die Subjektivität endlich ist; deswegen kann sie nicht Objekt einer unmittelbaren Erfahrung sein – sie wird nur daraus gefolgert, weil die mechanischen Prinzipien für uns nicht ausreichen, um die besondere Form und Einheit organischer Wesen zu begründen. Wäre das aber nicht einfach nur aufgrund unserer noch bestehenden Unkenntnis bezüglich der reellen Ursachen gegeben? Die mechanische Kausalität, wie die Analogien der Erfahrung, ist in der Tat keine intuitive, sondern eine regulative Kategorie (der Relation), die uns nur die Regel für das Suchen, aber nicht direkt die wirkliche Ursache bereitstellt, sodass sie nur mit Mühe und Forschungsarbeit herausgefunden werden kann (KrV A 180/ B 222–223; A 236/ B 296) – dies misslingt jedoch nicht selten[9].

---

8   „Das Prinzip: alles, was wir als zu dieser Natur (*phaenomenen*) gehörig und als Produkt derselben annehmen, auch nach mechanischen Gesetzen mit ihr verknüpft denken zu müssen, bleibt nicht desto weniger in seiner Kraft; weil, ohne diese Art von Kausalität, organisierte Wesen, als Zwecke der Natur, doch keine Naturprodukte sein würden" (KU § 81, AA 5:422).

9   Wäre diese Naturzweckmäßigkeit nicht vielmehr unsere Projektion? Bekannt sind uns nur unsere reflexiven Zwecke, die aus Begriffen bestehen. Die Natur aber erhebt sich nicht bis zum Begriff und von Kant wird die Möglichkeit einer vor-reflexiven Subjektivität nicht berücksichtigt (KU § 10, AA 5:219-220). „Genau zu reden hat also die Organisation der Natur nichts Analogisches mit irgend einer Kausalität, die wir kennen. [... Ihre] innere Naturvollkommenheit [...] ist nach keiner Analogie irgend eines uns bekannten physischen, d. i. Naturvermögens, ja, da wir selbst zur Natur im weitesten Verstande gehören, selbst nicht einmal durch eine genau angemessene Analogie mit menschlicher Kunst denkbar und erklärlich" (KU § 65, AA 5:375). Meiner Ansicht nach weisen die Organisation der Natur und ihre innere Bildungskraft eine gewisse Analogie zur ästhetischen Einbildungskraft des Genies auf, eine Kraft, die auch gefühlte Formen bildet und sich nicht unter einen spezifischen Begriff unterordnen lässt, so dass Wissen und Tun dieselbe Handlung sind. Deswegen kann sie nicht vom reflexiven Bewusstsein manipuliert werden und erscheint ihm als ein Geschenk der Natur.

3   Die erste Darstellung der Antinomie

Dann lässt sich jetzt die Kantische Fragestellung über die Antinomie der teleologischen Urteilskraft darstellen. Einerseits muss versucht werden, jede Erscheinung
objektiv zu erklären, da sie nur so als Naturprodukt verstanden werden kann. Aus
dieser Perspektive sind Subjektivität und subjektive Idealität oder ideelle Ursache,
z. B. Zwecke, ausgeschlossen; lediglich objektive Ursachen sind als Erklärung erlaubt,
seit die Aristotelische *causa finalis* in die moderne Wissenschaft gehoben wurden.
Nur so ist eine objektive Erkenntnis zu erreichen, dank derer die Erscheinungen
durch ihre objektiven Ursachen von außen oder heteronom und im Sinne unserer
Zwecke kontrollierbar und für die Technik brauchbar sind. Daher lautet die Thesis:
„Alle Erzeugung materieller Dinge ist nach bloß mechanischen Gesetzen möglich"
(KU § 70, AA 5:387).

Andererseits existieren jedoch Objekte, die durch reine mechanische Prinzipien
für uns nicht vollständig verständlich sind, da die organischen Lebewesen ein inneres
kreisförmiges Funktionieren in einer geschlossenen und nach dem Ganzen organisierenden Wechselwirkung der Teile zueinander zeigen, d. h. dort, wo das Ganze
und die Teile und die Teile untereinander Ursache und Wirkung voneinander sind,
wo das Individuum Ursache und Wirkung seiner selbst ist. Dieses Funktionieren
übertrifft die mechanischen Ursachen, weil diese nur linear wirken können, und
insofern erscheint es als zufällig. Kant geht davon aus, die Lebewesen könnten niemals mit bloßen mechanischen Ursachen oder Naturgesetzen ausreichend gefasst
werden, nicht einmal „die Erzeugung eines Grashalms" (KU § 75, AA 5:400)[10]. In
der Tat werden auch von Biologen die Zielursachen zum Verständnis der Organe
und ihrer *Funktionen* verwendet und sie fragen sich, wofür jedes Organ oder
Körperteil da ist. Noch schwieriger gestaltete sich der Versuch, das Verhalten von
höheren Tieren aufgrund rein mechanischer Ursachen erläutern zu wollen. In der
Ethologie werden die Zielursachen oft mit verschiedenen Worten und Ausdrücken
belegt, um das Objekt der wissenschaftlichen Untersuchung, das Verhalten dieser
Tiere und ihrer Handlungen, zu beschreiben und auszulegen. Mit Recht oder aus
Unwissenheit bezüglich ihrer neuronalen Komplexität? Sogar bei einer völligen
Beherrschung dieser Komplexität, wäre die Kenntnis der Ziele nicht entbehrlich,
um das Geschehnis zu *verstehen*, z. B. die Handlungen einer Katze, warum sie dies
und jenes tut. Deswegen wird in der Antithesis die Behauptung aufgestellt: „Einige
Erscheinungen sind nach rein mechanischen Gesetzen nicht zu verstehen."

Die teleologische Perspektive kann jedoch mit dem Mechanismus in Übereinstimmung gebracht werden, umso mehr, da wir es mit einer endlichen Subjektivität

---

10   «die Erzeugung auch nur eines Gräschens» (KU § 77, AA 5:409).

zu tun haben, die die Welt und ihre objektiven Gesetze und Ordnung als gegebenes Mittel zur Umsetzung ihrer Zwecke braucht. Gäbe es keine natürlichen Gesetzmäßigkeiten auf der Welt, wäre ein Erreichen der Freiheitsziele nicht möglich, weil sich das Subjekt nicht orientieren könnte und nicht wissen würde, wie es handeln und die Mittel für seine Zwecke einsetzen muss, welche Wirkung seine objektiven Handlungen haben werden. Die endliche Subjektivität, die einzig mögliche, wäre unausführbar. Daher braucht die Freiheit einen Raum des Determinismus für ihre eigene Möglichkeit. Die eigentliche Dialektik beginnt mit der Verabsolutierung der mechanischen Perspektive, die deshalb der teleologischen kein Raum lässt. In diesem Fall aber scheint sich die Lösung bereits aus der KrV hervorholen lassen, und zwar aus der Erklärung der dritten Antinomie, die zwischen Determinismus und Freiheit erfolgt, indem verstanden wird, dass weder die reale, von der Thesis des Determinismus verlangte Totalität noch die Idealität der Zweckmäßigkeit, die hier die Antithesis zeigt, wirkliche Objekte der Erfahrung sind, d. i. sie treten nicht in Erscheinung und sind deswegen eine Idee ohne objektive Gültigkeit. Zu erkennen ist kein Ding an sich, und somit sollten beide Prinzipien als regulativ und nicht als konstitutiv genommen werden. Auf diese Art wird die Antinomie der teleologischen Urteilskraft (vgl. *Wissenschaft der Logik* II, 2, 3; W VI, 442.). beispielsweise von Hegel interpretiert und Kant selbst lässt das in den §§ 70 und 71 durchblicken, indem die Lösung für ihn darin liege, die dogmatische Formulierung der Grundsätze in Maximen umzuwandeln, in der ähnlichen Weise wie die Ideen der theoretischen Vernunft als regulativ zu begreifen seien (vgl. KrV A 643/ B 671 ff.). „«Wir können die Unmöglichkeit der Erzeugung der organisierten Naturprodukte durch den bloßen Mechanism der Natur keinesweges beweisen" (KU § 71, AA 5:388), genauso wenig aber auch ihre Möglichkeit; bis dahin gelangen wir nicht. Mit der mechanischen Maxime sollen also die Lebewesen und ihre empirischen Gesetze immer weiter erforscht werden, da uns nur durch sie die Naturerkenntnis verliehen wird, aber um ihre besondere Form und Einheit verstehen zu können, ist das Zurückgreifen auf die teleologische Maxime unerlässlich. Schon in der KrV wurde die Zuhilfenahme der zweckmäßigen Kausalität bei organischen Körpern als regulativ angenommen (vgl. A 686–688/ B 714–716).

4 Die zweite Auslegung

Meiner Ansicht nach ist diese erste Auslegung der Antinomie der Urteilskraft unbefriedigend. Diese Antinomie würde dann nichts Neues bringen, lediglich eine Wiederholung der dritten Antinomie der KrV – wir hätten daraus nichts gelernt. Es besteht jedoch ein wesentlicher Unterschied zwischen der unbedingten Totalität, die von der theoretischen Vernunft in der KrV verlangt wird, und der funktionalen Totalität eines bestimmten Objekts, die die Urteilskraft vor sich sieht. Das von der Vernunft verlangte Unbedingte ist transzendent, es liegt außerhalb der objektiven Erfahrung, während das organische Wesen immanent ist – d. i. ein Objekt der empirischen Erfahrung – in der sich eine gewisse *endliche und bedingte* Totalität verdinglicht hat; wir befinden uns folglich vor einer ganz anderen Totalität, mit einem differenzierten Denkhorizont konfrontiert. Mit welchen Prinzipien muss diese *neue* Totalität ausgelegt werden? Das ist die Frage, die theoretische Fragestellung. In der KU wird der Übergang von der Erfahrung im Allgemeinen, deren apriorische Formen in der KrV analysiert wurden, zur besonderen empirischen Erfahrung und die Systematisierung ihrer gewaltigen Mannigfaltigkeit und Heterogenität an empirischen Objekten anhand von besonderen empirischen Begriffen und Gesetzen untersucht (vgl. KU Einleitung IV und V sowie § 61). Unter diesen *schon objektiv konstituierten* Gegenständen befinden sich auch die organisierten Lebewesen, die mit den objektiven Formen der Erkenntnis der ersten Kritik nicht ausreichend verstanden würden – darin besteht das eigentlich Neue. Die Dialektik der teleologischen Urteilskraft spielt sich innerhalb der empirischen Erfahrung ab, die schon in der KrV kritisch beleuchtet wurde[11], und es scheint, als würde das mechanische Prinzip sogar die objektive Erfahrung in ihrer Besonderheit unterdeterminieren, so als sei es nicht ausreichend, sie *ganz* zu bestimmen. Es wird gesagt, dass die Zweckmäßigkeit eine gewisse Ordnung und Verstehen in einige Erscheinungen, die nach dem mechanischen Prinzip zufällig bleiben, bringen will. Aber wie lässt sich dem mechanischen Prinzip in seinem eigenen Gebiet Grenzen setzen?

Ein Hinweis für die Erfassung dessen, was hier gedacht werden muss, befindet sich in den §§ 76 und 77 der KU. Dort wird die Eigenschaft unseres Verstandes von Kant als diskursiv im Gegensatz zum Intuitiven bezeichnet. Dank dieser Andeutung erhält man einen Zugang zum Wesen des mechanischen Prinzips und seiner begrenzten erklärenden Kraft auf dem Gebiet der Erscheinungen selbst[12]. Die mechanische Erklärung verfährt von den Einzelteilen zum Ganzen des Gegenstandes und betrachtet ihn «als ein Produkt der Teile und ihrer Kräfte» (KU §

---

11   Deswegen, weil wir schon beim Empirischen sind, lautet Kants Behauptung, haben wir keinen apriorischen Grund, um einen Naturzweck anzunehmen (vgl. KU, Einleitung VIII und §§ 61 und 65 AA 5:194, 359–360, 376). Ich denke, dass das aus praktischer Perspektive nicht der Fall ist: 1. Die Freiheit soll sich in der Welt so verwirklichen, dass die Zweckmäßigkeit Natur werden und von innen wirken soll, und 2. jede Trennung (Freiheit und Natur) setzt einen Vereinigungspunkt voraus.

12   Über diesen Punkt fand ich Anregungen im Buch von Peter MacLaughlin, *Kants Kritik der teleologischen Urteilskraft* (1989, Kapitel 3).

77, AA 5:408). Nur so, aus einer äußeren und heteronomen Perspektive, können wir ihn beherrschen, ihn sogar real herstellen (KU § 68, AA 5:384), ihn auch vorhersagen, d. h. eine Technik entwickeln und so unsere Erkenntnis als wahr und objektiv beweisen. Das wäre nicht möglich, würde das Objekt sich selbst und als Ganzes erzeugen und verwirklichen[13]. Aus diesem Grund verfährt die objektive Erkenntnis unseres Verstandes analytisch. Der Verstand reduziert das Ganze auf seine Einzelteile, zerstückelt und zerlegt es in Elemente, die viele andere Teile bilden können, tötet seine Individualität als Ganzes, und bringt es erneut von außen durch die Zusammensetzung der Teile hervor.

In ähnlicher Weise verfährt unser diskursiver Verstand mit Begriffen, d. i. mit gemeinsamen Merkmalen, die auf unendliche Objekte anwendbar sind, so, dass sich die Singularität des Ganzen nicht fassen lässt, sondern in vielfachen Beziehungen zu anderen Dingen aufgelöst wird.

> Unser Verstand nämlich hat die Eigenschaft, daß er in seinem Erkenntnisse, z. B. der Ursache eines Produkts, vom Analytisch-Allgemeinen (von Begriffen) zum Besondern (der gegebenen empirischen Anschauung) gehen muß; wobei er also in Ansehung der Mannigfaltigkeit des letztern nichts bestimmt, sondern diese Bestimmung für die Urteilskraft von der Subsumtion der empirischen Anschauung (wenn der Gegenstand ein Naturprodukt ist) unter dem Begriff erwarten muß (KU § 77, AA 5:407).

Diese beiden Momente der objektiven Erkenntnis werden in zwei verschiedenen Kategorien der Modalität erfasst, den bloßen Begriff durch die Möglichkeit und den Begriff plus Anschauung durch die Wirklichkeit. Die Wirklichkeit ist reichhaltiger als die Begriffe, mit viel mehr empirischen Einzelheiten und Qualitäten. Darüber hinaus soll und will im „Ding an sich" der KrV unter anderem gedacht werden, dass die Natur durch das Subjekt nicht *ex nihilo* erschaffen werden kann, sondern sie zeigt ein gewisses An-sich-Sein gegenüber der Subjektivität, vor dem ein rezeptives (sinnliches oder empirisches) Verhalten des Subjekts gefordert wird[14]. Die Natur passt sich den apriorischen Formen der mechanischen Erkenntnis tatsächlich an, aber aufgrund ihrer „Spontaneität", ihrer positiven Antwort aus sich selbst heraus auf dieses subjektive Verlangen (KrV, B XIII-XIV).

---

13 „denn nur so viel sieht man vollständig ein, als man nach Begriffen selbst machen und zu Stande bringen kann. Organisation aber, als innerer Zweck der Natur, übersteigt unendlich alles Vermögen einer ähnlichen Darstellung durch Kunst" (KU § 68, AA 5:384).

14 Siehe meinen Artikel „Die vierfache Wurzel des Dings an sich", im Buch *Kant und die Philosophie in weltbürgerlicher Absicht*, Berlin, Band 2, pp. 743-754.

Es könnte jedoch auch sein, dass dieses An-sich-Sein oder das „Intelligible" –
wie die Bezeichnung Kants lautet[15.]– der Natur sich auch etwas anders, in anderer
Form, verhält und zeigt, und zwar im von der Zweckmäßigkeit verlangten Sinne.
Das ist möglich, weil (a) die apriorischen Formen der objektiven Erkenntnis die
materielle Welt nicht erschaffen, sondern sie lediglich auslegen, ideell synthetisieren
und buchstabieren (*Prolegomena* § 30, AA 4:312), und (b) weil wir keinen Grund
nennen können, warum es nur diese und nicht andere apriorische Formen gibt
(Faktizität der apriorischen Formen)[16]. Kant (c) vertritt eine dynamische Auffas-
sung der Materie. Sie besteht für ihn nicht aus unauflösbaren Atomen, sondern aus
ursprünglichen elastischen und dynamischen Kräften (vgl. MAN, 2. Hauptstück.
AA 4:496-535.). Ferner, soll (d), wie bereits besprochen, die freie Subjektivität sich
selbst und ihre Zwecke verkörpern. Das kann jedoch nur im Rahmen mechanischer
Gesetze geschehen und dafür ist ein Vereinigungspunkt beider erforderlich, eine
Synthesis der Subjektivität mit diesem dynamischen An-sich-Sein der Natur, eine
Synthesis, die vor der Trennung des reflexiven Bewusstseins stattfinden soll, und
als organische Lebewesen in Erscheinung tritt.

Schließlich (e) kann nicht behauptet werden, wie oft geschehen, dass Kant mit
diesen mechanischen Gesetzen einen geschlossenen Determinismus vertritt, der
für dieses Anders-Sein der Natur in ihrer Form keinen Raum geben würde. Ein
solcher totaler Determinismus wird in der Antithesis der dritten Antinomie verteidigt: „alles in der Welt geschieht lediglich nach Gesetzen der Natur" (KrV A 445/
B 473). Diese Idee oder Forderung der Vernunft, wie die anderen, besitzt aber für
Kant keinen konstitutiven, sondern nur einen regulativen Gebrauch (vgl. KrV A
642 ff. / B 670 ff.), weil sie als Ganzes in keiner wirklichen empirischen Erfahrung
bestätigt und festgestellt werden kann. Die objektive Erkenntnis bleibt also immer *in
fieri*, im Gange, wegen des Kontinuum-Charakters von Raum, Zeit und Kausalität.
Ein Kontinuum, das kein Ende kennt, weil es weder eine abgeschlossene Totalität
erlaubt, da es immer über jeden erreichten Punkt hinausgeht, noch auf seinem
Weg irgendein unbedingtes Ding finden kann, das den Prozess aufhalten könnte.
Vielmehr wird alles in seinen Händen bedingt und ist erklärungsbedürftig. Eine
Totalität der Erscheinungswelt ist niemals gegeben und darum können wir nicht
von einer solchen Totalität als etwas Objektivem sprechen, da sich die erkannte
Erscheinungswelt auch in ständiger Verbreitung befindet.

---

15 Dieses An-sich-Sein der Natur kann aber nur intelligibel genannt werden, wenn es als
    ein Geschöpf Gottes oder eines intuitiven Verstandes angesehen wird.
16 Vgl. KrV A 19, B 33; A 26–27, B 42–43; A 35, B 51; A 37, B 54; A 42, B 59; B 72, 145–146,
    150; A 557, B 585; A 613–4, B 641–2. *Entdeckung*, Ak. 8:249.

Diese kritische Anmerkung bleibt bei der Verteidigung des Determinismus oft unberücksichtigt, aber mehr noch in der Auffassung, Kant sei auf der Erscheinungsebene vollkommen Determinist, denn ebenso wenig darf behauptet werden, ein empirischer Gegenstand sei von mechanischen Gesetzen ganz determiniert, da auch dieses Ganze niemals Objekt einer wirklichen empirischen Erfahrung wird. Wie kann man das denn wissen? Denken wir an die subatomare Ebene und an die Quantenphysik. Ohne tatsächliche Erfahrung bleibt nur eine Idealität, die ideale kategoriale Forderung der Kausalität und der Wechselwirkung, die nicht ausreicht, um allein eine objektive Erkenntnis zu liefern und zu bewahren, da wir dafür einer sinnlichen Erfahrung bedürfen – Begriffe oder Gedanken ohne Anschauung sind leer (vgl. KrV A 51/ B 75), „denn alles ist wirklich, was mit einer Wahrnehmung nach Gesetzen des empirischen Fortgangs in einem Kontext stehet" (KrV A 493/ B 521). Von jedem empirischen Gegenstand sind in der Tat nur einige Bestimmungen bekannt, die, die für unsere Zwecke ausreichen könnten, und an denen wir interessiert sind, und nur insofern kennen wir ihn objektiv. Auch von den einzelnen Objekten besitzen wir nur eine partielle wirkliche Erfahrung. Ihre vollständige Bestimmung wird immer eine Aufgabe bleiben, der wir uns asymptotisch nähern können, sofern wir daran interessiert sind. Wir sind nicht nur nicht in der Lage die von der theoretischen Vernunft geforderte bedingungslose Ganzheit objektiv zu kennen, sondern auch nicht die Gesamtheit eines konkreten Gegenstandes. Genau darin liegt die Dialektik der reflexiven Urteilskraft, und dass das mechanische Prinzip selbst, das alles aus der heteronomen Kausalität erklären will, auch ein regulatives Prinzip und eine endlose Aufgabe im Bereich der Erscheinungen selbst wird. Immer wenn von „ganz" oder „total" gesprochen wird, bewegt man sich nicht nur im Bereich des Verstandes und seiner konstitutiven Prinzipien, sondern auch in der Sphäre der Vernunft mit ihrer regulativen Leistung, d. i. wird eine Forderung eingeführt, die eigentlich von der Vernunft stammt[17]. Es lässt sich nicht sagen, die Erscheinung oder die Erscheinungswelt sei total determiniert; vielmehr muss dieser Satz umgekehrt formuliert werden: Nur insoweit die erklärenden mechani-

---

17 Der Verstand beschäftigt sich eigentlich mit konkreten Gegenständen und Verbindungen, mit dem faktisch Gegebenen. Seine Kategorie der Totalität bezieht sich zunächst auf eine endliche Menge von Objekten, z. B. alle Stühle dieses Saals oder alle Häuser dieser Stadt. Sogar Raum und Zeit als Formen der Sinnlichkeit, die kein Ende kennen und erlauben, sollten nicht als bereits unendlich angenommen werden, sondern als „endlos", d. i. als subjektive Fähigkeit, immer weiter und über jeden konkreten zeitlichen und räumlichen Punkt hinaus zu gehen, „ins" Unendliche, als Fortschreiten, das niemals eine schon durchlaufene Unendlichkeit als Resultat erhält. Im Verlangen, jenseits alles möglich Vorhandenen zu schreiten, besteht für Kant die Forderung der Vernunft.

schen Ursachen der Gegenstände gefunden sind, haben wir das Recht, von diesem *partiellen* Determinismus zu sprechen, weil das Finden immer partiell sein wird.

Unser Verstand geht also von den Teilen zum Ganzen vor, aber die Lebewesen verhalten sich anders. Durch sie sehen wir uns gezwungen, auch die entgegengesetzte Richtung zu berücksichtigen, an der Stelle, an der das Ganze wesentlich und bestimmend im Objekt selbst liegt. Diese Wesen zeigen als Ganzes oder als Individuen eine innere organisierende Autonomie, die sich nicht mechanisch oder technisch von außen konstruieren lässt und höchstens durch äußere Mittel gefördert werden kann, „da es nun ganz wider die Natur physisch-mechanischer Ursache ist, daß das Ganze die Ursache der Möglichkeit der Causalität der Theile sey, vielmehr diese vorher gegeben werden müssen, um die Möglichkeit eines Ganzen daraus zu begreifen" (Erste Einleitung KU, AA 20236); nur so ist der Gegenstand manipulierbar und von außen beherrschbar. Ein intuitiver Verstand oder *intellectus archetypus*, sagt Kant in den §§ 76 und 77 der KU, würde im Gegenteil vom bestimmenden Ganzen zu den eingerichteten Teilen, vom Individuum zu seinen Gliedern, durch eine reale Herstellung des Gegenstandes verfahren. Aber wir können dieses Ganze nur *ideell* erreichen, als unproduktiven Begriff bzw. reine Möglichkeit, die sich von der gegebenen Wirklichkeit der Erscheinung unterscheidet. Der intuitive Verstand würde dagegen Möglichkeit und Wirklichkeit, Begriff oder Zweckmäßigkeit und Mechanismus vereinen, da er Verstand *und* realer Erzeuger der Natur wäre; er wäre fähig, meint Kant, die realen Teile durch die Zweckmäßigkeit des Ganzen zu verstehen und aufzubauen. Das sei für Kant eine Lösung der Antinomie, ein Schlüssel zur Erklärung der Naturzweckmäßigkeit, da er keine Zweckmäßigkeit ohne Verstand und Begriff begreift (vgl. KU § 10): Der intuitive Verstand kann beides, Zweckmäßigkeit und Mechanismus, in ihrer Einheit erfassen, aber unser endlicher und deswegen diskursiver, durch Begriffe handelnde Verstand kann Mechanismus und Zweckmäßigkeit nur getrennt und im Gegensatz zu einander erhalten; und zwar den Mechanismus als *reale* Erklärung und die Zweckmäßigkeit als *ideale* Erklärung. Daraus ergibt sich die Dialektik der teleologischen Urteilskraft. Da jedoch ein *intellectus archetypus* ein transzendenter Begriff ist, der niemals in unserer Welt vorkommt, lässt er sich nur als regulatives Prinzip benutzen... oder vielleicht besser als Grenzbegriff.

Meiner Einschätzung nach wirft dieser Begriff des *intellectus archetypus* weitere Probleme auf. Zunächst, sollte dieser Verstand nicht zwischen Möglichkeit und Wirklichkeit unterscheiden können, dann kann er sich selbst nicht als Verstand im Gegensatz zu der durch ihn geschaffenen Welt verstehen und somit auch kein Verstand sein. Nur durch den Gegensatz verstehen wir etwas *als* etwas, als verschieden von anderen Dingen. Zweitens, als Erschaffender bleibt er aber transzendent der Natur gegenüber, d. h. außerhalb des Geschaffenen, sodass die Natur zur Kunst würde (vgl. KU § 43, AA 5:303); der Vereinigungspunkt bliebe wieder im schaffenden Verstand (wäre das möglich), jedoch nicht in der Natur selbst; es gäbe somit keine eigentliche innere Naturzweckmäßigkeit. Es ist nicht die Natur, die sich selbst organisiert, sie wird vielmehr von Gott erschaffen. Drittens, für die Umsetzung der Freiheitszwecke in der Welt läge demzufolge eine Art prästabilierte Harmonie als Erklärung vor, d. h. einerseits gäbe es Freiheit für den Menschen und andererseits den schaffenden Verstand und die durch ihn geschaffenen und modifizierten Objekte, einschließlich u. a. sogar unseres Leibes. Es bietet sich besser die Annahme einer mit dem An-sich-Sein der Natur synthetisch vereinigten, vor-reflexiven, intuitiven Subjektivität an, die die Materie nicht schafft, sondern nur modifiziert, weil sie endlich ist, gleich der freien Subjektivität, die der Ausgangs-punkt dieser Untersuchung war. Dieser Gedanke war Kant jedoch fremd und von der Naturwissenschaft kann außerdem keine Subjektivität als Erklärungsgrund methodologisch genutzt werden. Kant schlägt infolgedessen für die Untersuchung der Lebewesen (die Biologie) vor, einfach eine nicht erklärbare ursprüngliche, sich durch alle Lebewesen entwickelnde und fortpflanzende Organisation anzunehmen, da der Begriff von einem intuitiven schaffenden Verstand transzendent ist und eine Ableitung des Lebens aus der trägen Materie eine *generatio aequivoca* wäre[18]. Das ist sicherlich ein verzweifelter Ausweg.

Die Lösung dieser spezifischen Dialektik besteht darin, dass wir uns über die Grenzen sowohl des Prinzips des Mechanismus als auch über das der Zweckmäßig-keit eben im Bereich der Erscheinung klarwerden und beide nach Bedarf nutzen, den Mechanismus als objektive Erklärung der Naturgegenstände, die Zweckmä-ßigkeit als Verstehen des Ganzen und des Sinns der Teile, d. i. um herauszufinden, welche Funktion mit dem Mechanismus erklärt werden muss. Die Augen dienen beispielsweise dem Sehen, aber mit welchem Mechanismus tun sie das? Der Fuchs dagegen verhält sich auf bestimmte Weise, um zu jagen und zu fressen, aber welcher Mechanismus ist dafür verantwortlich? Wir müssen das mechanistische Prinzip so weit wie möglich führen, um die Welt und die Lebewesen zu erfassen, da nur dieses eine wirkliche objektive Erklärung anbietet, die sie als natürliche Wesen zeigt. Tatsächlich gibt es aber Gegenstände, bei denen die Anwendung der Zweckmäßigkeit notwendig wird, weil für uns nur durch diese Idealität oder dieses transzendentale Prinzip verständlich wird, wie es für ein Ganzes möglich

---

18 *KU* § 80, AA 5:419: „Der erstere Anblick einer zahllosen Weltenmenge vernichtet gleichsam meine Wichtigkeit, als eines thierischen Geschöpfs, das die Materie, daraus es ward, dem Planeten (einem bloßen Punkt im Weltall) wieder zurückgeben muß, nachdem es eine kurze Zeit (*man weiß nicht wie*) mit Lebenskraft versehen gewesen" (KpV, Beschluß, AA 5:162, Hervorhebung hinzugefügt).

ist, die Teile zu bestimmen und ihren Prozess zu lenken[19]. Das gilt vor allem für das Verhalten der Tiere, besonders der höheren.

5   Eine weitere dritte Sicht der Dialektik

Die Dialektik der teleologischen Urteilskraft findet beim theoretischen Verstehen der Erfahrung in ihrer Besonderheit statt und kann uns deswegen etwas Neues über die Objektivität selbst lehren, das in der KrV unberücksichtigt geblieben ist. Es handelt sich dabei um eine Antinomie, die sich innerhalb der schon kritisch verstandenen Erfahrung abspielt und eine neue transzendentale Reflexion fordert. Das wird in der KU nicht vollständig erklärt, denkt man sich jedoch beide Kritiken zusammen, lässt sich unter Umständen die Gültigkeit des konstitutiven mechanischen Prinzips sogar in der objektiven Erscheinung begrenzen und es kann für andere Formen, und zwar für die Möglichkeit aus der entgegengesetzten Richtung, vom Ganzen zu den Teilen, ein Platz gefunden werden. Diese Begrenzung fehlt in der eben dargestellten zweiten Auslegung und wird in ihr so gut wie nicht durchdacht. Das wird jetzt mit einer neuen Anmerkung versucht. Diese dritte Auslegung der teleologischen Dialektik kann auch als eine Ergänzung der zweiten Deutung, aber als eine ungewöhnliche Weise erachtet werden, denn es geht darum, die KrV auch durch die KU zu verstehen.

In der KrV wird die Behauptung aufgestellt, die Form der Erscheinung enthielte reine Relationen in Raum und Zeit (vgl. KrV, B 66–68.), kein Einfaches oder Absolutes[20], und so „sind die innern Bestimmungen einer *substantia phaenomenon* im Raume nichts als Verhältnisse, und sie selbst ganz und gar ein Inbegriff von lauter

---

19 „Hierauf gründet sich nun die Befugniß und wegen der Wichtigkeit, welche das Naturstudium nach dem Princip des Mechanismus für unsern theoretischen Vernunftgebracht hat, auch der Beruf: alle Producte und Ereignisse der Natur, selbst die zweckmäßigsten so weit mechanisch zu erklären, als es immer in unserm Vermögen (dessen Schranken wir innerhalb dieser Untersuchungsart nicht angeben können) steht, dabei aber niemals aus den Augen zu verlieren, daß wir die, welche wir allein untern dem Begriffe von Zwecke der Vernunft zur Untersuchung selbst auch nur ausstellen können, der wesentlichen Beschaffenheit unserer Vernunft gemäß, jene mechanischen Ursachen ungeachtet, doch zuletzt der Causalität nach Zwecken unterordnen müssen" (KU § 79, AA 5:415; siehe auch 387–388, 417–418, 429).

20 Nachträge zur KrV, AA 23:37. Brief von Kant an Kiesewetter vom 9.2.1790.

Relationen" (KrV A 265/ B 321)[21]. Demzufolge existieren in den Erscheinungen weder absolute Teile (wie in der zweiten Antinomie der theoretischen Vernunft diskutiert wird) noch eine absolute Totalität (erste Antinomie), wovon bei ihrer Erklärung unbedingt ausgegangen werden müsste. Beide Strategien bleiben demnach offen[22]. Bei der mechanischen Erklärung und den technischen Handlungen wenden wir uns von den Teilen zum Ganzen, wie bereits erläutert wurde. Im Wesen der Erscheinung selbst ist aber ebenso das Auftauchen von Objekten dort möglich, wo ein empirisches endliches Ganzes Vorrang vor seinen Teilen hätte. Damit würde eine holistische Betrachtung erforderlich werden; es würde sich hier um non-lineare und autoorganisierende Erscheinungen handeln. Ihre Existenz kann als gesichert gelten, wenn diese transzendentale Möglichkeit der Objektivität im Bewusstsein vorkommt, weil dies ohne empirische Realität nicht geschehen kann. Infolgedessen wird die objektive Sphäre selbst durch das mechanische Prinzip unterbestimmt; es ist reduktiv, berücksichtigt nur eine von zwei möglichen Richtungen. Bei den organischen Lebewesen sind aber beide Richtungen vorhanden, dank derer Raum, Zeit (der unumkehrbare Zeitpfeil) und kausale Wechselwirkung vollkommen bestimmt werden.

Dank dieser Betrachtung konnte vielleicht ein besseres Verständnis der eigentlichen Antinomie der teleologischen Urteilskraft bei der Erklärung des Lebewesens erreicht werden, eine Antinomie die in den beiden ersten Kritiken nicht vorhanden war.

A Die Subjektivität ist daran interessiert, die Welt als Mittel für ihre Zwecke zu beherrschen und in diesem Sinne richtet sie auch ihre Erkenntnis nach dem mechanischen Prinzip aus, dank dessen die Welt der Gegenstände beherrscht und sie zu Mitteln für ihre Zwecke gemacht werden kann, „weil alles Interesse zuletzt praktisch ist2 (KpV, AA 5:121). Deswegen unternimmt sie ständig von Neuem den Versuch der mechanischen Erklärung und soweit sie kann, als eine transzendentale Forderung, als eine Forschungsmaxime für die Urteilskraft, d. i. um die besondere Erfahrung systematisch zu ordnen und in der Lage zu sein, sich darin zu orientieren. Bei einigen Gegenständen, z. B. bei den Lebewesen jedoch, geht das mechanische Prinzip nicht weit genug, weil sie beide mögliche Richtungen in der Erscheinung selbst aufweisen, und dieses Prinzip kann nur

---

21 Siehe auch KrV A 274–278/ B 330–334; A 283–286/ B 339–342; A 413/ B 440; Refl. 3921 (AA 17:345-6) und 5982 (AA 18:415).

22 In der Tat verfahren die Axiome der Anschauung bei den extensiven Größen von den Teilen zum Ganzen und die Antizipationen der Wahrnehmung gehen bei den intensiven Größen direkt zum Ganzen (vgl. KrV A 162/ B 202 ff.).

die lineare Richtung erklären, und nicht die holistische. In diesem Fall wird das
Empirische selbst *unterbestimmt* und damit verwandelt sich das mechanische
Prinzip in ein regulatives, zu einer Maxime der wissenschaftlichen Forschung.
Darin besteht hier das Neue.

B   Den Weg vom Ganzen zu den Teilen können wir durch den Zweckbegriff
verstehen, aber die Zweckmäßigkeit *führt* bei der objektiven Bestimmung der
Lebewesen *zu weit*, da die Natur sich nicht bis zum Begriff erheben kann. Das
Gleiche geschieht auch beim Vorschlag einer vor-reflexiven Subjektivität auf
theoretischem Gebiet: Von den modernen Wissenschaften wurde mit Recht jede
Subjektivität methodologisch aus der Erklärung abgeschafft. Wird zum Beispiel
in der populären Erläuterung der Quantentheorie die Behauptung aufgestellt, ein
Atomteilchen scheine im Voraus das Verhalten des anderen zu „kennen", handelt
es sich dabei lediglich um eine Metapher, ein „Als-ob", um den Sachverhalt zu
veranschaulichen. Die in der Natur vorhandene Subjektivität kann als solche
nur eine philosophische Reflexion, beispielsweise eine solche wie unter Punkt 1
dieses Artikels, entdecken, und so dem gewöhnlichen Bewusstsein, das immer
an die Klugheit der Tiere geglaubt hat, gegenüber der naturwissenschaftlichen
Reflexion Recht geben. Die Naturwissenschaft möchte sogar beim Menschen
jede handelnde Subjektivität abschaffen, alle Tätigkeit den objektiv wirkenden
Neuronen zuschreiben und das Freiheitsgefühl als Illusion bloßstellen[23]. Gegen
diese Verabsolutierung des Determinismus warnte uns schon aber die KrV in
der dritten Antinomie.

Durch das mechanische Prinzip lassen sich einige Naturerscheinungen nicht
ausreichend erklären, aber die Zweckmäßigkeit geht darüber hinaus, was von
der Naturwissenschaft als Erklärungsprinzip zugelassen werden kann. Nun wird
jedoch noch hinzugefügt, dass sogar die selbstorganisierenden Prozesse, die vom
Ganzen zu den Teilen zu verlaufen scheinen, auch im Bereich des Empirischen
möglich sind und objektiv erklärt werden müssen, ohne auf die Zweckmäßigkeit
zurückzugreifen, die auf diese Weise einen Schritt weiter zurücktritt. Dieses Letztgenannte wird in der dritten Erklärung der teleologischen Dialektik hinzugefügt.
Die Wissenschaft ist also verpflichtet, sogar holistische Erscheinungen, die von uns
jetzt im empirischen Bereich angenommen werden, ganz objektiv zu beschreiben,
so wie entfernte physische und chemische Einflüsse, beispielsweise die katalytische
Funktion von Enzymen oder die Anziehung durch die Schwerkraft ohne vermittelnde
Partikel, obwohl uns bei solchen Erscheinungen der Vorgang an sich nicht ganz

---

23   Siehe meinen Artikel „Cuerpo y libertad. El experimento neurológico de Libet", in der
     Zeitschrift *Pensamiento* 273 (2016), S. 1019–1041.

verständlich wird, als würde gleichsam eine gewisse Magie darin liegen[24]. Das ist so, weil unser Verstehen des Objektiven vom Mechanischen und im Grunde vom Technischen bzw. vom technisch Manipulierbaren ausgeht, was einen physischen Kontakt erfordert, seit sich die modernen Wissenschaften vom Mythischen und Subjektivem und den verborgenen Kräften mit Recht entfernten. Wir verstehen die Kausalität durch Kontakt, und alle Ferneinflüsse (z. B. in der Quantentheorie, da die Materie auf der Atomteilchenebene fast leer ist, obwohl sie eine Ladung aus elektromagnetischen Energiefeldern besitzt) und Selbstorganisierung bringt uns Schwierigkeit. Wir sind jedoch in der Lage, sie objektiv zu erfassen, d. i. ihrer Regelmäßigkeit festzustellen und mathematisch oder statistisch zu messen, und das genügt theoretisch und technisch. In der heutigen Biologie wird das Leben ständig tiefgehender und besser in seinen Teilen, seinen Proteinen, Enzymen, Genen, Chromosomen, Neuronen, etc., erklärt.

Die Zweckmäßigkeit in der Natur ist im Grunde ein philosophisches Problem, was hier zu beweisen versucht wurde, während sie von der modernen Wissenschaft methodisch aus ihren Erklärungen entfernt wurde. Die Philosophie besitzt aber ihre eigene Stimme auch bezüglich der Seinsweise der Natur und sie ist auf diesem Terrain nicht einfach eine *ancilla scientiae*, wie oft angenommen wird. Sie kann vielmehr über die Subjektivität in der Natur, in unserem Leib und in den Tieren, sprechen. Trotzdem scheint der Gebrauch von Zwecken sogar wissenschaftlich unentbehrlich zu sein – wie dies von Kant selbst in der Methodologie geklärt wurde – als begreifliche Hilfe, wenn wir die Beschaffenheit von Lebewesen und mehr noch das Verhalten von (höheren) Tieren *verstehen* wollen, sicher ohne die Zugrundelegung eines Begriffs oder intuitiven Verstands. Wir müssen die Funktionen (das Wofür und das Wozu) der Organe herausfinden, um eben ihre erklärenden Mechanismen zu erforschen und zu erfassen, oder das Ziel der Verhaltensweise der Tiere, um ihren Handlungen einen Sinn zu verleihen[25]. Letzteres wäre sogar eine ausreichende Erklärung für einen Ethnologen, für die eine intentionale Erklärung des Benehmens ausreicht. Aber nicht für einen Biologen, auch nicht beim Menschen.

---

24 Die Relativitätstheorie erklärt die Anziehung durch die Krümmung des Raumes.

25 In der Reflexion über die Lebewesen sind zwei Stufen gegeben. Die erste und grundlegende ist ihre interne Verfassung als Organismus und die Frage, ob sie rein mechanisch oder auch teleologisch zu verstehen ist. Das ist die Stufe, auf der sich Kant bewegt, und deshalb auch die Überlegungen dieses Aufsatzes. Die zweite von Kant nicht behandelte Ebene besteht im Verhalten der Lebewesen zu ihrer Außen- bzw. Umwelt, zu den anderen Wesen und die Fragestellung, ob dieser Habitus eine Art Subjektivität und Zwecke zeigt, die dem gewöhnlichen Bewusstsein, zumindest der höheren Tiere selbstverständlich erscheint. Nach Kant handelt nur der Mensch zweckgebunden, denn Zwecke sind Begriffe, über die nur er verfügt.

Denn dort muss er versuchen, das Verhalten durch Neuronen und Gene oder durch andere physische oder chemische Elemente zu deuten. Beide Prinzipien sollten bei Lebewesen gemeinsam angelegt werden, das mechanische als objektive Erklärung, das teleologische – aber ohne der Natur einen Begriff zugrunde zu legen – als Indikator dafür, was objektiv zu erklären ist. Die Subjektivität unseres Leibes und der Lebewesen ist aber eine rein philosophische Angelegenheit.

Literatur

Ginsborg, Hannah. 2013. Kant's Aesthetics and Teleology. *Stanford Encyclopedia of Philosophy*. https://plato.stanford.edu/entries/kant-aesthetics/.

Guyer, Paul. 2006. *Kant*. New York: Routledge.

Hegel, G. W.F. 1999. *Wissenschaft der Logik* II. Frankfurt: Suhrkamp.

Höffe, Otfried (hrsg). 2008. *Immanuel Kant. Kritik der Urteilskraft*. Berlin: Akademie Verlag.

Kant, Immanuel. 1900 ff. *Kants gesammelte Schriften*, Berlin: die Preußische bzw. Deutsche Akademie der Wissenschaften.

McLaughlin, Peter. 1989. *Kants Kritik der teleologischen Urteilskraft*. Bonn: Bouvier.

Rivera de Rosales, Jacinto. 2002. *Kant: la «Critica del Juicio teleológico» y la corporalidad del sujeto*, Madrid: UNED.

2005. El a priori de la corporalidad en el *Opus postumum*. In *Kant. Razón y experiencia*, hrsg. A. Andaluz, 295–318. Salamanca: Publicaciones Universidad Pontificia.

2011. La finalidad en la naturaleza y la biología. Releyendo a Kant. In *Kant y las ciencias*, hrsg P. J. Teruel, 138–164. Madrid: Biblioteca Nueva.

2013. Die vierfache Wurzel des Dings an sich. In *Kant und die Philosophie in weltbürgerlicher Absicht*, hrsg S. Stefano, A. Ferrarin, C. La Rocca und M. Ruffing, 743–754. Berlin: Walter de Gruyter.

2016. Cuerpo y libertad. El experimento neurológico de Libet. *Pensamiento* 273: 1019–1041.

Der Hang zur Bestimmung

Ein Versuch zur Interpretation der *Dialektik der teleologischen Urteilskraft*

Daniel Schwab

Zusammenfassung

Kant kündigt im § 69 eine Antinomie zwischen zwei „nothwendigen Maximen"
(KU, AA 5:386.4) an, von denen er aber gleich darauf, § 70, behauptet, dass
zwischen ihnen „in der That gar kein[...] Widerspruch" (ebd.: 387.26) bestehe.
Anders als so gut wie alle anderen Interpreten sehe ich in dieser Diagnose kein
Problem. Selbstverständlich besteht nicht wirklich eine Antinomie zwischen
den Maximen, jedoch der tückische *Schein* einer solchen, welcher als in der uns
äußeren Natur gegründet – und unlösbar – anzusehen wäre, müsste die Frage
nach der objektiven Gültigkeit einer neben dem allgemeinen Naturmechanismus wirksamen (Natur-)Zweckkausalität bestimmt entschieden werden. Dann
nämlich müsste entweder der allgemeine Naturmechanismus eingeschränkt oder
jede (Natur-)Teleologie für illegitim befunden, entsprechend je einer der beiden
Maximen ihre Notwendigkeit abgesprochen werden. Nur dann, wenn hierüber
keine bestimmte Entscheidung möglich ist, kann es sich bei dem antinomischen
Schein um eine bloß *uns* „natürliche Dialektik" (ebd.: 386.8) handeln, die einer
kritischen Auflösung zugänglich ist.

© Springer Fachmedien Wiesbaden GmbH, ein Teil von Springer Nature 2019   275
P. Órdenes und A. Pickhan (Hrsg.), *Teleologische Reflexion in Kants Philosophie*,
https://doi.org/10.1007/978-3-658-23694-6_15

Einleitung

Bis zum Erscheinen von Peter McLaughlins in vielerlei Hinsicht wegweisenden Buch *Kants Kritik der teleologischen Urteilskraft (1989)* war die allgemeine interpretatorische Stimmung gegenüber der *Dialektik der teleologischen Urteilskraft*[1] bemerkenswert schief gelagert. Man hätte meinen können, es gäbe keinen anderen Ausweg, als sie schon dem Alterswerk eines senil werdenden Denkers zuzuschreiben, der aus bloßer Gewohnheit – den anmerkenden § 76 inklusive – ganze zehn Paragraphen darauf verwendet, einen antinomischen Schein darzustellen und aufzulösen, der sich in Wahrheit nie ergeben hat, bloß damit seiner *Kritik der teleologischen Urteilskraft*, wie auch an dem aller anderen Kritiken, eine Dialektik steht. Ich werde die einschlägigen Texte im Einzelnen nicht exponieren, sondern bei Gelegenheit nur die Stoßrichtung derselben angeben und kritisieren. McLaughlin (1989, S. 125 ff.) hat sie bereits einer ausführlichen Kritik unterzogen und seiner eigenen ist vor den darin präsentierten Interpretationen schon allein daher der Vorzug zu geben, dass sie sich darum bemüht, dem *ganzen* Text der *Dialektik* interpretatorisch gerecht zu werden. Dass es fast genau 200 Jahre nach dem Erscheinen von Kants *Kritik der Urteilskraft* überhaupt noch möglich war, sich durch den bloßen *Versuch* einer konsistenten Interpretation des Textes in der Wissenschaftsöffentlichkeit zu profilieren, ist freilich verwunderlich. Die Ursache hierfür aber liegt augenscheinlich weniger im Unverständnis oder Unwillen der Interpreten als im Text selbst, genauer gesagt in den §§ 70 und 71. Diese beschäftigen sich ihren Überschriften zufolge zwar nur mit der „*Vorstellung*" (KU, AA 5:385.12; Herv. DS) bzw. der „*Vorbereitung* zur Auflösung" (KU, AA 5:388.21; Herv. DS) der fraglichen Antinomie, scheinen in der Tat aber bereits die Auflösung selbst zu präsentieren, indem sie auf den Unterschied zwischen regulativen und konstitutiven Prinzipien bzw. reflektierender und bestimmender Urteilskraft hinweisen und die Ursache für den antinomischen Schein in der Verwechslung zwischen beiden verorten. Die Auflösung scheint so schlicht die folgende zu sein: *Würde* es sich bei den Maximen der Urteilskraft nicht um bloße Maximen, sondern um konstitutive Prinzipien handeln, dann *hätten* wir eine Antinomie – und damit ein Problem. Weil dem aber nicht so *ist*, können wir erleichtert aufatmen, solange wir nur nicht die Dummheit begehen, die beiden Prinzipienarten miteinander zu verwechseln. Zwischen den Maximen besteht nämlich, wie Kant offenbar selbst sagt, „in der Tat gar kein […] Widerspruch" (KU, AA 5:387.26). Denn wo die durch die erste Maxime überall gebotene Reflexion nach mechanischen Gesetzen an ihre Grenzen stößt, dort „hindert", um mit Kant selbst zu sprechen, „die zweite Maxime […]

---

1   Fortan kurz: *Dialektik*.

nicht[s], [...] nach einem Princip zu spüren und [...] zu reflectiren, welches von der Erklärung nach dem Mechanism der Natur ganz verschieden ist, nämlich dem Princip der Endursachen" (KU, AA 5:387.35-388.3). Überall *soll* auf mechanische Gesetze reflektiert werden, doch wo dies nicht ausreicht, dürfen wir uns gerne nach Alternativen (oder Zusätzen) umsehen.

Dann aber fragt sich, worin Kant zufolge eigentlich das Problem bestehen soll. Durch die *Kritik der reinen Vernunft* belehrt kennen wir bereits den Unterschied zwischen regulativen und konstitutiven Prinzipien und das Ungemach, das uns droht, wenn wir für konstitutiv erachten, was eigentlich bloß regulativ gültig ist. Wieso also schreibt Kant dann noch, um mit McLaughlin zu sprechen, „ein halbes Buch" (McLaughlin 1989, S. 127) zu diesem Thema? Die Antwort der meisten bis McLaughlin in McLaughlins Worten: „weil er spinnt" (ebd., S. 132); McLaughlins Antwort in meinen Worten: Kant geht es um etwas ganz anderes in der *Dialektik*. Warum er dieses Thema an so zentraler Stelle anspricht, weiß man nicht. Ein bisschen spinnt er vielleicht doch.

So scheinen wir uns vor eine ganz eigene, nämlich *interpretatorische* Dialektik gestellt zu sehen, entweder nämlich, Kants Wortlaut in den §§ 70 und 71 ernst zu nehmen, dann aber in der Folge nichts Gehaltvolles mehr zum Thema entdecken und, viel wichtiger noch, die *Dialektik* schon im Ansatz nicht für voll nehmen zu können, oder uns in der Manier McLaughlins in einer kant- und sachfreundliche-ren Strategie zu üben, dann aber den fraglichen Passagen keinen tieferen, für die *Dialektik* systematisch relevanten Sinn abgewinnen zu können.

In der Folge will ich einen Versuch unternehmen, *diesen* Schein zu heben, indem ich einen Interpretationsansatz vorstellen werde, der beide Seiten Lügen straft und die systematische Relevanz sämtlicher Paragraphen für Problem und Auflösung der *Dialektik* darlegen kann, ohne dabei die strittigen Passagen aus den §§ 70 und 71 unter den Tisch zu kehren.[2] Dies zu leisten wird nur möglich sein, wenn wir die von Kant dort angesprochene Verwechslung der Prinzipienarten auf eine Weise deuten, die sowohl McLaughlins Verständnis wie auch dem sei-ner Vorgänger fundamental entgegensteht. Vorab *in nuce*: Die Verwechslung ist, anders als McLaughlin glaubt, wirklich Grund des fraglichen „Anschein[s] einer Antinomie zwischen den Maximen" (KU, AA 5:389.20), dies jedoch nicht in der trivialen Weise, in der die Interpreten von Schopenhauer über Hegel bis Cassirer sie betrachtet haben. Es handelt sich nicht um eine vermeidbare Verwechslung, die sich mit einer aufmerksamen Lektüre der *Kritik der reinen Vernunft* längst erledigt

---

2 Das gilt auch und insbesondere für die §§ 72–75, denen McLaughlin bei allem Wohl-wollen nicht mehr als den Status einer „Abrechnung [Kants] mit seinen Vorgängern" (McLaughlin 1989, S.122) zuzuerkennen vermag.

haben müsste,[3] sondern, allgemein gesprochen, um das Resultat des uns inhärenten Drängens auf Antwort, wo sie billigerweise gefordert werden zu dürfen scheint, in Wahrheit aber nicht möglich ist. Dieses Problem kennen wir in der Tat schon aus der ersten Kritik und den dort behandelten Antinomien der reinen Vernunft. Auf den vorliegendenen, die Urteilskraft betreffenden Fall gemünzt beruht die Verwechslung auf der Forderung nach einer bestimmten Entscheidung in der Frage nach der Objektivität des Begriffs einer Naturzweckkausalität. Doch die *Dialektik* und die ihr spezifischen Charakteristika für den Moment beiseite gelassen: Anstatt mit seinen Interpreten über Kant, sollte man sich wohl eher mit Kant über dessen Interpreten wundern, wenn diese der Ansicht sind, dass sie, einmal über den Unterschied zwischen bestimmenden und regulativen Prinzipien belehrt, fortan nur noch lesen müssen „X ist ein regulatives Prinzip", um von ihrer etwaigen Meinung, bei dem fraglichen Satz handele es sich um ein konstitutives Prinzip, abzukommen. Unser Bestimmungsdrang lässt sich nicht ausschalten, selbst nicht durch kritische Belehrung. Diese kann uns einzig die unbestimmte Denkbarkeit einer Lösung für etwaige Widersprüche an die Hand geben, auf die wir in unserem Drängen stoßen, die Lösung selbst bleibt dabei aber stets im Dunkeln, unser Drang virulent. Und weil dem so ist, kann sich das kritische Lösungsmittel auch weder verbrauchen, noch ist es auf ein bestimmtes Anwendungsgebiet beschränkt, sondern es kann und muss überall dort zur Anwendung gebracht werden, wo unser Denken droht, sich gegen sich selbst zu kehren, und daher ins Leere laufen gelassen werden muss.

Im Anschluss an McLaughlins Arbeit hat sich eine neue, qualifiziertere Debatte um die *Dialektik* entwickelt, in der besonders die Beiträge von Thomas Teufel und Henry Allison hervorzuheben sind. Der nachfolgende Interpretationsvorschlag ist von ersterem weitgehend und von letzterem gänzlich unabhängig entstanden, meine Lektüre beider auch noch recht frisch, daher sie, ihrem Verdienst um die Sache eigentlich kaum gemäß, zumeist nur in Fußnoten Erwähnung finden werden. Insbesondere bei Allison hat mich die Übereinstimmung überrascht, die zwischen seiner Deutung und der meinigen besteht. Andererseits ist das kein Zufall. Allison gehört zu den wenigen Interpreten, die die Kantisch-Kritizistische Grundthese von der transzendentalen Idealität der Erscheinungen mit letzter Konsequenz von jeder noch so kleinen Spur ontologischer Verpflichtungen befreit zu denken versuchen und es in der Folge konsequent vermeiden, die Bestimmungen, die Kant in Rücksicht auf das Intelligible trifft, in irgendeiner anderen als *rein negativen* – von unseren

---

3   Was diesen Gedanken betrifft, folgt McLaughlin seinen Vorgängern, zieht daraus aber den dann hermeneutisch nur billigen Schluss, einen solch, wie er dann meinen muss, vergleichsweise trivialen Umstand nicht als den Grund einer Antinomie der Urteilskraft anzusehen.

eigenen Bedingungen abstrahierten und von denselben also gerade abhängigen und ansonsten schlicht sinnlosen – Weise zu denken.[4] Denn nur dann kann – und muss – man auf eine Interpretation der *Dialektik* kommen, die auf Kants Hinweis auf die Verwechslung zwischen regulativen und konstitutiven Prinzipien bzw. dogmatischem und kritischem Gebrauch unserer Gemütskräfte nicht mit einem müden Gähnen reagiert, sondern in derselben ein echtes Problem zu erkennen vermag, das zu lösen jedes Mal aufs Neue, wie auch hier, des ganzen Arsenals bedarf, das die Kantische Philosophie zu bieten hat, ohne dass das Resultat jemals in unser denkend Fleisch und Blut übergehen könnte.

I Das Problem mit dem Problem der reflektierenden Urteilskraft

Der antinomische Schein, um den es in der *Dialektik* geht, besteht nach Kants eigenem Bekunden zwischen zwei Maximen der reflektierenden Urteilskraft, d. h. zwischen subjektiven Grundsätzen, die darauf abzielen, etwas Allgemeines, Begriffe oder Gesetze, zu finden, unter die wir ein Besonderes, anschaulicher oder begrifflicher Natur, das wir bereits vorliegen haben, bestimmend subsumieren können.[5] Die Maximen lauten wie folgt:

1. „Alle Erzeugung materieller Dinge und ihrer Formen muß als nach *bloß* mechanischen Gesetzen möglich beurtheilt werden." (KU, AA 5:387.3-5; Herv. DS)

und

2. „Einige Producte der materiellen Natur können nicht als nach *bloß* mechanischen Gesetzen möglich beurtheilt werden (ihre Beurtheilung erfordert ein ganz anderes Gesetz der Causalität, nämlich das der Endursachen)." (KU, AA 5:387.6-9; Herv. DS)

---

4 Allison bringt seinen Ansatz schnittig mit den folgenden Worten auf den Punkt: „[T]ranscendental idealism is best viewed as an alternative *to* ontology, rather than, as it usually is, as an alternative ontology" (Allison 2006, S. 123).

5 Vgl. KU AA 5:179.19-26: „Urtheilskraft überhaupt ist das Vermögen, das Besondere als enthalten unter dem Allgemeinen zu denken. Ist das Allgemeine (die Regel, das Prinzip, das Gesetz) gegeben, so ist die Urtheilskraft, welche das Besondere darunter subsumirt, [...] bestimmend. Ist aber nur das Besondere gegeben, wozu sie das Allgemeine finden soll, so ist die Urtheilskraft bloß reflectirend."

An dieser Stelle ist gleich eine wichtige Bemerkung angebracht, nämlich, dass der Widerspruch zwischen den beiden Maximen nicht, wie man mit McLaughlin meinen könnte, „zwischen der generellen Notwendigkeit und der punktuellen Unmöglichkeit der mechanischen Erklärungsart" (McLaughlin 1989, S. 152) besteht, sondern zwischen der Ausschließlichkeit und der Nicht-Ausschließlichkeit derselben (daher meine Hervorhebung des „bloß").[6] Der Unterschied zwischen den beiden Lesarten, obgleich augenscheinlich eine bloße Subtilität, gründet auf einer entscheidenden Differenz im Verständnis dessen, was Kant hier mit dem Ausdruck „mechanische Gesetze" meint: Handelt es sich um Fälle einer im Vergleich zur in Kants *Kritik der reinen Vernunft* begründeten allgemeinen Naturkausalität *spezifischen* Kausalität oder bloß um empirische *Spezifikationen* eben derselben Naturkausalität? (Im ersten Fall könnte es *statt* des Mechanismus auch andere spezifische Kausalitätsformen geben; in letzterem, wegen der erfahrungskonstitutiven Geltung des allgemeinen Kausalitätsprinzips, welche sich auf seine Spezifizierungen, die mechanischen Gesetze, restlos vererben würde, allenfalls solche, die zu ihr *hinzukommen*.) Ersteres, „dass Mechanismus nur eine bestimmte Art der Gattung Naturkausalität ist" (McLaughlin 1989, S. 137), ist McLaughlins Ansicht, der die „differentia specifica", die er dann angeben muss, darin sieht, dass „[i]m Mechanismus [...] die Teile das Ganze [bedingen]" (ebd.) und nicht umgekehrt, eine Bestimmung, die im Begriff der Kausalität als solcher folglich nicht liegen dürfte. Letzteres ist meiner Ansicht nach korrekt. Korrekt ist auch, dass es eine *differentia specifica gibt*, die darin liegt, dass die Teile das Ganze bedingen, nicht korrekt ist aber, dass diese im Begriff des Mechanismus selbst liegt (sondern sie liegt, wie wir sehen werden, in unserem diskursiven Verständnis desselben). Auch gebe ich McLaughlin darin Recht, dass es „kein logischer Widerspruch [wäre] zu behaupten, ein Ganzes bedinge seine Teile" (ebd., S. 138), dieser Gedanke ist sogar ein entscheidender Zug in Kants Auflösung der Dialektik, aber nicht in der Weise, in der McLaughlin ihn veranschlagt. Doch eins nach dem anderen.

Meiner Deutung zufolge bilden die mechanischen Gesetze, von denen Kant hier handelt, *der allgemeinen Form nach* nichts anderes ab als das, was durch das allgemeine Kausalitätsprinzip a priori vorgeschrieben ist, nämlich einseitig gerichtete, kausal-determinierende Bedingungsverhältnisse. *Nur dem Inhalt nach* unterscheiden sie sich in der jeweils fälligen, empirisch-spezifischen Weise, in der die Dinge (Ereignisse, Weltzustände) im Einzelnen wirksam sind, was ihrer Objektivität und Notwendigkeit – und der des Prinzips, auf dem sie beruhen, dem Mechanismusprinzip – aber keinerlei Abbruch tut. Wider diese Interpretation

---

6   Vgl. zu dieser Ansicht auch Teufel (2011), S. 215: „[T]he thing which the first maxim asserts and which the second maxim denies, is the *exclusivity* of the required employment of mechanistic forms of judgment."

und damit für die erstere Lesart scheint der Umstand zu sprechen, dass Kant das Mechanismusprinzip über die obige Maxime allem Anschein nach als ein bloß subjektiv gültiges Prinzip einführt. Falls dies korrekt sein sollte, wäre Ginsborg, die in diesem Punkt (wie die meisten) McLaughlin folgt, in ihrer Diagnose Recht zu geben, dass „[i]f we are to retain the constitutive status of the causal principle, then the principle of mechanism – which in the Critique of Judgment is merely regulative – cannot be identified with that of causality." (Ginsborg 2004, S. 39f.)

Doch dies ist *nicht* korrekt, nicht sind es Mechanismus- und Kausalitätsprinzip, sondern Mechanismusprinzip und Prinzip (Maxime) *zur* mechanischen *Beurteilung*, die, anders als Ginsborg wie selbstverständlich annimmt, nicht miteinander zu identifizieren sind.[7] Ersteres ist objektiv, letztere bloß subjektiv gültig. Kant selbst behauptet im § 74, der bloß subjektiven Gültigkeit der entsprechenden Maxime unbenommen, die „*objective Realität*" des „[Begriffs] einer Causalität nach dem Mechanism der Natur" (KU, AA 5:397.13-15; Herv. DS). Dass Kant diese an derselben Stelle außerdem geradewegs „einer Causalität durch Zwecke" (ebd.) entgegensetzt, erinnert denn wohl auch nicht zufällig so sehr an die für Kants Denken so typische Entgegensetzung von Natur und Freiheit, Sinnenwelt und Übersinnlichem, dass sich schwerlich vorstellen lässt, wovon sonst als eben der allgemeinen Naturkausalität – im schlichten Gegensatz zur Freiheitskausalität – hier die Rede sein soll. Wieso aber bedarf es dann noch einer Maxime? Die Antwort auf diese Frage findet sich, wenn wir einen Blick in die Einleitung werfen, in der Kant folgendes Problem aufwirft:

> Der Verstand ist zwar a priori im Besitze allgemeiner Gesetze der Natur, ohne welche sie gar kein Gegenstand einer Erfahrung sein könnte: aber er bedarf doch auch überdem noch einer gewissen Ordnung der Natur in den besonderen Regeln derselben, die ihm nur empirisch bekannt werden können, und die in Ansehung seiner zufällig sind. Diese Regeln, *ohne welche kein Fortgang von der allgemeinen Analogie einer möglichen Erfahrung überhaupt zur besonderen Statt finden würde*, muß er sich als Gesetze (d. i. als nothwendig) denken: weil sie sonst keine Naturordnung ausmachen würden, ob er gleich ihre Nothwendigkeit nicht erkennt, oder jemals einsehen könnte. (KU AA 5:184.28-37; Herv. DS)

---

7   Diesen Unterschied verkennt offenbar auch Watkins (2008, S. 254), wenn er schreibt: „Ich stimme d[er] Auffassung zu, [daß es einen wichtigen Unterschied zwischen der zweiten Analogie und dem Mechanismus gibt,] denn die zweite Analogie besagt, daß jedes Ereignis gemäß einem Naturgesetz verursacht werden muß, aber nicht, daß dieses Gesetz ein mechanistisches sein muss." – eine Erklärung darüber, was unter einem mechanistischen Gesetz, im Unterschied zu einem allgemein-kausalen solchen, zu verstehen sein soll, bleibt Watkins jedoch schuldig. Teufel (2011, S. 209) hingegen sieht die Dinge klar, wenn er schreibt, dass „[the] subjective maxim of mechanistic judging distinct from but derivative of the objective principle of mechanism" sei.

Die Rede ist freilich von der *zweiten* Analogie der Erfahrung, dem allgemeinen Kausalitätsprinzip. Das Problem ist, dass wir die empirischen Spezifikationen dieses Prinzips – die besonderen Naturgesetze *als solche* – aufgrund unserer begrenzten Einsicht in den Lauf der Dinge nicht erkennen können. Wir können die Notwendigkeit, die wir überall voraussetzen müssen, nicht empirisch *nachvollziehen*. Hier tut sich die prinzipielle Sorge auf, *nicht*, dass es der Natur an gesetzmäßiger Notwendigkeit mangelt, sondern dass die in ihr wirksamen Gesetze zu vielfältig und heterogen sind, um von uns begriffen, d. h. immer auch: in ein einheitliches System aus (weiteren) Begriffen eingebettet werden zu können.[8] *Dieses* Problem löst uns Kant zufolge – vielmehr: hat uns schon immer gelöst – das sogenannte transzendentale Prinzip der Urteilskraft,[9] als „Bedingung der Möglichkeit der Anwendung der Logik auf die Natur" (EEKU, AA 20:212.18-19), oder, wie man auch sagen könnte, als Bedingung eines transzendentalpsychologischen *Urvertrauens* in den Erfolg unserer Begriffsbemühungen. Um dieses Prinzip seiner Gründung und Wirkungsweise nach zu erörtern, gälte es, (mindestens) einen weiteren Aufsatz zu verfassen, hier werden wir jedenfalls nicht näher darauf eingehen können.[10] In diesem Rahmen wichtig ist bloß die Feststellung, dass besagtes Prinzip die epistemische Unsicherheit, in der wir uns im Empirischen befinden, nicht objektiv auflösen, sondern bloß subjektiv überspringen kann und dass das Problem unserer mangelnden Einsicht weiterhin virulent bleibt. Deshalb kann auch die Beurteilung nach mechanischen *Gesetzen* nur per Maxime angeordnet werden. Denn obwohl wir auf der einen Seite durchaus um die Notwendigkeit und Objektivität des allgemeinen Naturmechanismus *in abstracto* wissen, können wir diesen auf der anderen Seite in seiner Notwendigkeit (immer noch) nicht *in concreto* einsehen und müssen es uns also zum bloß subjektiven Prinzip (Maxime) vorsetzen, das Geschehen nach mechanischer Manier zu beurteilen. Dies gilt denn auch für *alles*, nicht nur für manches oder das meiste Geschehen. „Alle Erzeugung materieller Dinge" – *also alle äußere Veränderung* – muss seiner Möglichkeit nach unter Berufung auf mechanische Gesetze beurteilt werden.[11] Fraglich ist dann allein, ob alles nach *bloß*

---

8   Vgl. etwa EEKU, AA 20:208-210.

9   „[D]ie Natur specificirt ihre allgemeine Gesetze zu empirischen, gemäs der Form eines logischen Systems, zum Behuf der Urtheilskraft." (EEKU, AA 20:216.1-3)

10 Sehr empfehlenswert sind Hannah Ginsborgs Auseinandersetzungen mit diesem Thema. An dieser Stelle seien mit Ginsborg (1990) und Ginsborg (1997) stellvertretend nur zwei genannt.

11 Dass Kant von der Erzeugung materieller Produkte spricht, impliziert meiner Ansicht nach keine Einschränkung auf ein bestimmtes Gegenstandsgebiet. Manche Erzeugnisse sind als solche augenfälliger als andere, aber am Ende besteht der kausale Lauf der Dinge in nichts anderem als Veränderung und damit in gewissem Sinne Erzeugung von

mechanischen Gesetzen beurteilt werden kann oder ob es nicht doch bisweilen *auch* anderer, und nicht, ob es *statt* derselben gelegentlich *alternativer* Beurteilungsmuster bedarf. Die beiden entsprechenden Maximen müssten also eigentlich als einander (scheinbar) widersprechende Ergänzungen zu oder Ausgestaltung *einer einzigen* Maxime angesehen werden, nämlich der zur *notwendigen* Beurteilung nach mechanischen Gesetzen, wobei die ersteren sich ‚nur noch‘ darüber uneinig sind, ob dieselbe Beurteilung auch *hinreicht* oder nicht.[12]

Der Formulierung der beiden Maximen lässt Kant im Text sogleich eine hypothetische Verwandlung derselben in konstitutive Prinzipien folgen. Sie würden, meint Kant, lauten:

3. „Alle Erzeugung materieller Dinge ist nach bloß mechanischen Gesetzen möglich." (KU, AA 5:387.13-14)

und

4. „Einige Erzeugung derselben ist nach bloß mechanischen Gesetzen nicht möglich." (KU, AA 5:387.15-16)

Keiner der beiden Sätze, die zusammengenommen, wie Kant gleich darauf bemerkt, eine Antinomie der Vernunft und nicht der Urteilskraft ausmachen würden, kann bewiesen werden, „weil wir von der Möglichkeit der Dinge nach bloß empirischen Gesetzen kein bestimmendes Princip a priori haben können" (KU, AA 5:387.23-24).

Neuem. Oder sagen wir es umgekehrt: Alles, was wir gemeinhin „Erzeugung" nennen, ist in Wahrheit auch immer nur eine Veränderung von bereits Vorhandenem. Es gilt eben, dass, wie Kant im § 70 bemerkt, es, „ohne [den Mechanismus der Natur] zum Grunde der Nachforschung zu legen, es *gar* keine eigentliche Naturerkenntnis geben kann" (KU, AA 5:387.33-35) – und nicht bloß keine einer von anderen Phänomenen distinkt gedachten Erzeugung materieller Produkte. Ungeachtet der Frage nach der Extension des Begriffs der Erzeugung materieller Produkte mag man, Teufel (2011, S. 209–210) regt diesen Gedanken an, die Notwendigkeit der Maxime zur mechanischen Beurteilung wiederum auf die bloße *Nachforschung* beschränken wollen. Hier würde ich ähnlich deflationär reagieren und fragen, worin hier die Einschränkung bestehen, was denn sonst als Nachforschung unser alltäglich erkennender Blick auf den Lauf der Dinge sein soll. Wir können mit unterschiedlicher Mühe und Intensität forschen, doch letztlich gilt: *Wir können nicht nicht forschen.* (Teufel sieht einen tieferen systematischen Grund dafür, diese letztere Einschränkung vornehmen zu müssen, den ich allerdings nicht sehe (vgl. Fn 298.)

12 Die Einsicht, dass es sich um zwei Ausgestaltungen derselben Maxime handelt, habe ich Teufel zu verdanken (2011, S. 206f.).

Dass alles empirische Geschehen durch einseitige Kausalmechanismen möglich sein muss, steht zwar einerseits objektiv und a priori fest. Weil wir diese andererseits jedoch nie im Einzelnen werden *einsehen* können, muss die Beurteilung der besonderen Phänomene im Geiste dieses Prinzips, wie wir gesehen haben, als bloß subjektiver Grundsatz vorgeschrieben werden. Erst recht kann daher auch die Antwort auf die Frage, ob diese Beurteilungsweise zum Verständnis der Naturphänomene *hinreicht* oder nicht, nicht objektiver Natur sein. Könnten wir, vermöge einer allumfassenden Weltkenntnis, alle wirksamen Mechanismen einsehen, ließe sich auch entscheiden, ob durch sie und nur durch sie alles Materielle bewirkt wird. Entweder nämlich bliebe dann noch ein Rest an Unverstandenem – und wie wir dann schließen dürften, auch Unverständlichem – zurück oder nicht (und wäre entsprechend einer der beiden auf konstitutive Geltung Anspruch erhebenden Sätze erkennbar wahr und der andere falsch). Weil wir hierzu aber prinzipiell nicht in der Lage sind, muss *diese* Frage notwendig unentschieden bleiben. (Und sie *kann* auch unentschieden bleiben. McLaughlin legt nahe, dass man, würde man „die beiden Begriffe Mechanismus und Kausalität" (McLaughlin 1989, S. 130) *nicht* unterscheiden, Kant einen Widerspruch unterstellen müsste, wenn er einerseits behauptet, der konstitutive Satz, dass alle Erzeugung materieller Produkte nach bloß mechanischen Gesetzen möglich sei, sei *nicht beweisbar*, andererseits aber, wie man annehmen darf, nicht von seinem in der *Kritik der reinen Vernunft* erhobenen Anspruch zurückgetreten ist, das Kausalitätsprinzip sehr wohl *bewiesen zu haben* (vgl. ebd.). Bewiesen hat Kant mit dem allgemeinen Kausalitätsprinzip aber nur, dass es nichts geben kann, das sich der naturkausalen – der mechanischen –[13] Wirkungsweise entzieht (andernfalls könnte es sich nicht um einen Erfahrungsgegenstand handeln), jedoch nicht, dass alles *ausschließlich* nach derselben erfolgen muss. Das wissen wir nicht und können wir auch gar nicht wissen. Nur: Es scheint so, als müssten wir es, in die eine oder andere Richtung, wissen *müssen*, um ent-

---

13 Genau gesprochen müsste man sagen, dass – Teufel (2011, S. 410 ff.) weist auf diesen Umstand hin – der Mechanismus nicht die allgemeine Naturkausalität schlechthin sei, sondern dieselbe *unter der Bedingung der Materialität der Körper* (d. h. das metaphysischen Prinzip, dass alle „Veränderung [...] eine ä u ß e r e Ursache haben [müsse]" (KU, AA 5:181.24; Herv. DS; gesperrt Kant). Der Begriff der *Materie überhaupt* konnte in der *Kritik der reinen Vernunft* noch nicht, sondern erst in den *Anfangsgründen* eingeführt werden, um die *allgemeinen Bewegungsgesetze* zu begründen. Der Form nach ergibt sich jedoch kein Unterschied. Nun, in der *Kritik der Urteilskraft*, kommen auch die *spezifischen Materien* und deren Wirkungsgesetze ins Spiel – welche wiederum in den *Anfangsgründen* noch nicht behandelt werden konnten –, die *besonderen Bewegungsgesetze*. Bei allen Schwierigkeiten, die sich bei ihrer Erkenntnis ergeben, wiederum gilt: der Form nach bleibt alles beim Alten.

scheiden zu können, wie wir zu urteilen haben und hierbei kommt es, wie ich im nächsten Kapitel erläutern werde, zum Konflikt (vgl. Kapitel II).

„Was dagegen die zuerst vorgetragene Maxime einer reflectirenden Urtheilskraft betrifft", fährt Kant, nachdem er die Unbeweisbarkeit der konstitutiven (Möchtegern-) Sätze konstatiert hat, fort, „so enthält sie in der That gar keinen Widerspruch" (KU AA 5:387.25-26) – „zu der zweiten", wie ich hinzufügen würde, weil die Behauptung, dass die erste Maxime in sich widerspruchsfrei sei, zwar offenbar korrekt, aber nicht sonderlich informativ wäre, und Kant in der erklärenden Folge das Verhältnis *beider* Maximen *zueinander* behandelt. McLaughlin (1989, S. 135–136) weist auf die Formulierung im Singular hin und zieht es vor, diese auch – und ohne Zusatz – ernstzunehmen.[14] Denn nimmt man sie nicht ernst und liest die Passage als Erklärung darüber, dass und warum die beiden Maximen sich nicht widersprechen, so scheint es, als hätte Kant die Antinomie gleichsam in einem Atemzug mit ihrer Formulierung aufgelöst; dazu noch unter Verweis auf eine Selbstverständlichkeit, nämlich, dass es sich um Beurteilungsmaximen und nicht um bestimmende Seinsprinzipien handelt.[15] Dass Kant genau dies, so absurd es scheinen mag, getan hat, war lange interpretatorischer Standard,[16] und weil es so absurd scheint, hat etwa Adickes, wie McLaughlin (1989, S. 132 ff.) sehr anschaulich beschrieben, sich mehr mit Vermutungen über eine mögliche architektonische Neurose bei Kant auseinandergesetzt als mit dem Inhalt der *Dialektik*, der dann aber ohnehin nicht

---

14 Eine dritte, von Teufel (2011, S. 207) vertretene Lesart ergibt sich aus der obigen Annahme, dass die beiden einander gegenüberstehenden Maximen eigentlich nur verschiedene Ausgestaltungen *einer* einzigen Maxime sind. Somit könnte Kant sich – auch ohne gedachten Zusatz – durch den Singular auf beide (Teil-)Maximen beziehen. Der Sache nach sehe ich mit diesem Vorschlag keine Probleme. Da Kant zuvor aber immer von Maxim*en* gesprochen hat und dies auch in der Folge tut, scheint es mir nur etwas künstlich, den Wortlaut an dieser Stelle auf diese Weise auszulegen, anstatt sich einfach ein „zu der zweiten [Maxime]" hinzuzudenken. Aber das ist dann Geschmackssache.

15 Watkins (2008, S. 247–248) wiederum spricht sich für die Lesart aus, dass Kant mit seiner Formulierung meint, dass die erste Maxime, als solche, keinen Widerspruch zu der *konstitutiven* These darstelle. Denn „[w]ir können sicherlich nach Erklärungen von Ereignissen durch mechanische Gesetze *suchen*, egal, ob sie in der Tat aufgrund solcher Gesetze *geschehen*". Mir erschließt sich jedoch weder, wo Watkins dies in der Folge herauslesen will, noch, warum Kant einen Nicht-Widerspruch der Maxime zu einem Satz herausstellen sollte, der sich gar nicht beweisen lässt.

16 Vgl. zu dieser Interpretation etwa Cassirer (1921, S. 369): „Die Antinomie zwischen Zweckbegriff und Kausalbegriff schwindet also, sobald wir beide als zwei verschiedene Ordnungsweisen denken, durch die wir versuchen, Einheit in die Mannigfaltigkeit der Phänomene zu bringen. An die Stelle des Widerstreits zwischen zwei metaphysischen Grundfaktoren des Geschehens tritt dann der Einklang zwischen zwei einander ergänzenden „Maximen" und Vernunftforderungen."

weiter relevant scheint. Der Schein einer Antinomie besteht – oder bestünde –, so die lange gängige Interpretation, zwischen den konstitutiven Sätzen, und wird von Kant aufgelöst durch den Hinweis darauf, dass es sich eigentlich gar nicht um solche handelt, sondern eben bloß um Maximen. Eben dies war ja aber gerade der Ausgangspunkt der *Dialektik* und somit wäre unerklärlich, wieso diese überhaupt eine solche genannt zu werden verdient – wenn nicht aufgrund eines unwiderstehlichen Systemtriebs in Kants senilem Kopf. Einerseits kommt diese Deutung nicht von ungefähr, sondern speist sich aus Kants Bemerkung zum Abschluss des § 71, dass „[a]ller Anschein einer Antinomie zwischen den Maximen der eigentlich physischen (mechanischen) und der teleologischen (technischen) Erklärungsart [...] darauf" beruhe, „daß man einen Grundsatz der reflectirenden Urtheilskraft mit dem der bestimmenden [...] verwechselt" (KU AA 5:389.20-27). Andererseits sind die beiden Maximen, wie McLaughlin (1989, S. 127) treffend bemerkt, „in die die Antinomie [nach der rezipierten Deutung; DS] aufgelöst worden sein soll, überhaupt nicht in ‚Einklang' miteinander[, sondern] werden als direkter Widerspruch formuliert." Zwar sieht McLaughlin, wie wir gesehen haben, den (Schein-)Widerspruch an der falschen Stelle, nämlich zwischen der generellen Notwendigkeit und punktuellen Unmöglichkeit der Beurteilung nach mechanischen Gesetzen anstatt zwischen der Ausschließlichkeit und Nicht-Ausschließlichkeit derselben. Ein Widerspruch aber bleibt es, jedenfalls dem Anschein nach, und ist es in beiden Fällen auch dann, wenn die jeweilige Beurteilung ‚nur' per Maxime zur Reflexion durch die Urteilskraft aufgetragen und nicht verstandesgesetzlich verordnet wird.[17]

McLaughlin meint nun, sehr zu Recht, dass diese Interpretationen nicht der gebotenen hermeneutischen Billigkeit verpflichtet ist oder wenigstens so lange vermieden werden sollte, wie andere, geeignetere Ansätze zu finden sind. Ein solcher Ansatz müsste aber, so scheint es, die oben zitierten Passagen aus den §§ 70 und 71 so deuten, dass sie – entgegen allem Anschein – die eigentliche Auflösung noch *nicht* kundtun, sondern etwas anderes, schwerlich Bestreitbares, wie die Behauptung, dass die erste Maxime in sich widerspruchsfrei sei, oder recht Sinnfreies, wie die Information, dass der Schein eines Scheins einer Antinomie auf der Verwechslung zwischen den Prinzipienarten beruhe.[18] Wir stehen also, so scheint es, vor folgen-

---

17 Vgl. hierzu auch Watkins (2008, S. 254), der dort in Hinblick auf die ‚alte' Deutung bemerkt: „[E]ine solche Interpretation [kann] kaum auf konsequente Weise verteidigt werden, da sie dem Hauptpunkt von § 69 widerspricht [dass es sich um eine Antinomie zwischen *Maximen* handeln soll; ds]. Sie würde auch den Titel von § 71 („Vorbereitung auf eine [sic!] Auflösung") unsinnig machen. Drittens wäre der Rest der „Dialektik" überflüssig [...]."

18 Auch diese, vermeintlich wortwörtliche Interpretation des letzten Absatzes von § 71, stammt von McLaughlin (1989, S. 135). Was genau uns Kant damit hätte sagen wollen,

der interpretatorischen Disjunktion: Entweder die Antinomie ist mit dem bloßen Hinweis auf den Unterschied zwischen den Prinzipienarten schon aufgelöst, und Kant spinnt, dies eine „natürliche Dialektik" zu nennen. Oder es besteht doch eine Antinomie, Kant spinnt nicht oder nur ein bisschen, das eigentliche Problem – wie auch dessen Auflösung – muss dann aber in etwas ganz anderem als dem zu suchen sein, was Kant selbst sagt bzw. zu sagen scheint.[19]

II   Das Problem der reflektierenden Urteilskraft

Nachdem ich mich selbst einige Zeit in die letztere Richtung geschlagen habe, glaube ich mittlerweile, dass diese geneigte Vermeidungsstrategie des augenscheinlich Absurden zwar gut gemeint, aber falsch – und vor allem unnötig – ist. Es besteht nämlich selbstverständlich kein echter Widerspruch zwischen den Maximen der Urteilskraft, wie auch etwa zwischen den Thesen und Antithesen der reinen (theoretischen) Vernunft nie ein echter Widerspruch bestanden hat, sonst wäre die Dialektik schlicht nicht aufzulösen. Dass Kant im § 70 meint, es bestünde kein Widerspruch zwischen den Maximen, sagt für sich genommen also noch reichlich wenig, außer vielleicht, zur vorläufigen Beruhigung, dass es sich, anders als im hypothetischen Fall einer Antinomie zwischen den konstitutiven Verwandlungen, um gar keine echte Antinomie handelt. Dennoch gilt: Der *Schein* der Antinomie bleibt, auch für Kant selbst, gleichgültig, wo, wie oft und wie ausführlich er ihn theoretisch auflöst, so wie der Stock, den wir ins Wasser halten, gekrümmt scheint, selbst wenn wir wissen, dass, warum und wie genau der Schein trügt. Doch durch den bloßen Hinweis auf die Verwechslung der Prinzipienarten wissen wir noch nicht einmal das. Wenn sie eine entscheidende Rolle in der *Dialektik* spielen soll, muss es sich bei dieser Verwechslung um eine uns inhärente, unumgängliche handeln – oder zumindest gilt es, in der Fluchtlinie dieses Gedankens nach einer Deutung für die bereits zitierte und viel diskutierte Passage am Ende des § 71 zu suchen.

---

erklärt McLaughlin jedoch nicht. Hagenström (2013) versucht sich, wie wir am Ende des nächsten Kapitels sehen werden, in einer entsprechenden Deutung und kommt damit dem eigentlichen Problem näher, als er selbst zu erkennen vermag.

19   Man könnte noch meinen, dass Kant das Kausalitätsprinzip über die Jahre zwischen seinen Kritiken zum bloß regulativ gültigen Prinzip herabgestuft hätte, müsste dann jedoch, neben einigem anderen, erklären, wie Kant dazu kommt, noch in der Einleitung zur *Kritik der Urteilskraft* den Satz „Alle Veränderung hat ihre Ursache" mit gewohnter Selbstverständlichkeit als ein „allgemeines Naturgesetz" (KU, AA 5:183.8-10) zu bezeichnen.

Ein geeigneter Anhaltspunkt bei unserer Suche ist auch schnell gefunden. Gleich zu Beginn des § 72 findet sich nämlich folgende Bemerkung Kants:

> Die Richtigkeit des Grundsatzes, daß über gewisse Dinge der Natur (organisirte Wesen) und ihre Möglichkeit nach dem Begriffe von Endursachen geurtheilt werden müsse […], hat noch niemand bezweifelt. *Die Frage kann also nur sein: ob […] der Natur […] außer ihrem Mechanism (nach bloßen Bewegungsgesetzen) noch eine andere Art von Causalität zukomme, nämlich die der Endursachen.* (KU AA 5:389.31.-390.5; Herv. DS)

Eine legitime Frage, möchte man meinen. Denn obwohl immer möglich und nötig, reicht die Beurteilung nach mechanischen Gesetzen – d. h. Fällen einer einseitig gerichteten Kausalität („nexus effectivus" (KU, AA 5:372.24)) – nicht immer dazu hin, die Dinge, die zur Beurteilung anstehen, auch zu *verstehen*, namentlich, wie Kant in der *Analytik der teleologischen Urteilskraft* gezeigt hat, bei Organismen, und es muss eine andere, teleologische Erklärungsart herangezogen werden, durch welche die Dinge (in ihrer Erzeugung) als Fälle einer doppelseitig gerichteten Kausalität („nexus finalis" (KU, AA 5:372.34)) behandelt werden müssen. Nun stellt sich hier die ganz natürliche Frage, ob dieser Behandlung auch ein Sein entspricht oder nicht. In Hinblick auf die Beurteilung nach empirisch-mechanischen Gesetzen ist dem jedenfalls so und so weit die Reflexion zu ihrem Ende, einer Regel, gekommen ist, kann das zu Beurteilende auch unter die gefundene Regel subsumiert, d. h. objektiv bestimmt werden. Im Fall der teleologischen Beurteilung jedoch gestaltet sich die Lage schwieriger – und hier zeigt sich die wahre systematische Relevanz der hypothetischen Verwandlung der Maximen in konstitutive Sätze. Denn wenn die Antwort positiv ausfällt und eine Kausalität nach Endursachen bestimmt behauptet wird, dann würde der Mechanismus bestimmt eingeschränkt werden können müssen, der konstitutive Gegensatz „Einige Erzeugung materieller Dinge ist *nicht* nach bloß mechanischen Gesetzen möglich" also wahr sein. Und wenn die Antwort negativ ausfällt, dann müsste umgekehrt der Mechanismus bestimmt als uneingeschränkt gültig und also der Satz „Alle Erzeugung materieller Dinge *ist* nach bloß mechanischen Gesetzen möglich" behauptet werden. In beiden Fällen würde der scheinbare Widerspruch zwischen den *Maximen* aufgelöst werden können – oder vielmehr immer schon aufgelöst worden sein und zwar nach dogmatischer Manier: Wenn eine naturwirksame Zweckkausalität objektive Realität hat, dann muss die *Maxime* zur mechanischen Beurteilung in ihrer ausschließlichen Allgemeinheit eingeschränkt werden und ist ansonsten schlichtweg *falsch*. Und wenn eine naturwirksame Zweckkausalität bestimmt *keine* objektive Realität hat, dann muss die Maxime zur teleologischen Beurteilung zu einem allenfalls *pragmatisch* notwendigen Grundsatz herabgestuft werden und ist ansonsten falsch. Satz wie Gegensatz sind aber, wie wir gesehen haben, unbeweisbar. Und wie Kant im § 73 zeigt, gibt es – der Unbeweisbarkeit von Satz und Gegensatz über die Ausschließlichkeit und Nichtausschließlichkeit des Mechanismus spiegelbildlich entsprechend – auch keine mögliche Weise, die Realität einer naturwirksamen *Zweckkausalität* zu beweisen oder zu leugnen.[20] Keine der beiden Maximen kann folglich bestimmt abgewiesen oder zu Gunsten der anderen eingeschränkt werden. Solange wir besagte Frage aber für legitim erachten, hängen wir im Schein der Antinomie fest. Wir *können* keine der beiden Maximen abweisen oder einschränken, doch es scheint so, als müssten wir im Zuge unserer Suche nach einer bestimmten Antwort auf unsere Frage genau dies tun. Beweisbar oder nicht, es scheint eben, als wäre der Übergang – der Wechsel – von den Maximen zu je einer der beiden konstitutiven Behauptungen unumgänglich – *hierin* besteht die Verwechslung zwischen den Prinzipienarten. Dies wirkt sich wiederum auf die Maximen aus, indem diese sich aufgrund dieser Verwechslung kontradiktorisch gegenüberzustehen scheinen, ohne dass eine von beiden bestimmt abgewiesen werden kann – und *hierin* besteht die (scheinbare) Antinomie. Daher „[beruht] [a]ller Anschein einer Antinomie zwischen den Maximen […] darauf: daß man einen Grundsatz der reflectirenden Urtheilskraft mit dem der bestimmenden […] verwechselt." (KU, AA 5:389.20-27) Und daher ist dieser Schein auch nicht aufzulösen, allenfalls kritisch zu hintergehen.

Das bedeutet im Übrigen nicht, dass der Widerspruch nun doch zwischen den konstitutiven Sätzen bestünde. Nur, dass der Widerspruch zwischen den Maximen, sofern wir durch unsere Nachfrage nach der Realität des Naturzweckbegriffs auf die konstitutiven Sätze getrieben werden, unauflöslich scheint. Seitdem sich in der Literatur die Erkenntnis breit gemacht hat, dass die Lesart von Cassirer und Gefolge falsch ist, hat man die konstitutiven Sätze und die §§ 72–73 mehr oder weniger unter den Tisch fallen lassen. McLaughlin begründet den Umstand, dass Kant die beiden konstitutiven Sätze „so eng an die förmliche Darstellung der Antinomie angeschlossen [hat]" damit, dass Kant versuchen wollte, „die verschiedenen Positionen über den Begriff des Organismus, die faktisch in der Wissenschaft von seinen Vorgängern vorausgesetzt wurden, in die Konstruktion der Antinomie

---

20 So könnte man doch mit McLaughlin sagen, es handele sich hier um eine „Abrechnung [Kants] mit seinen Vorgängern", die sich in dieser Sache in dogmatischer Manier geübt haben. Doch Kant ist an der Abrechnung nicht um ihrer selbst willen interessiert, sondern um zu zeigen, dass uns wirklich kein bestimmter Weg aus unserem Dilemma offen steht. Noch in einer Fußnote zum Ende des § 72 bemerkt Kant: „*Für uns bleibt nichts übrig, als, wenn es Noth thun sollte, von allen diesen objectiven B e h a u p t u n g e n abzugehen und unser Urtheil bloß in Beziehung auf unsere Erkenntnisvermögen kritisch zu erwägen*, um ihrem Princip eine, wo nicht dogmatische, doch zum sichern Vernunftgebrauch hinreichende Gültigkeit einer Maxime zu verschaffen" (KU, AA 5:392.26-35; Herv. DS; gesperrt Kant) – und es tut Not.

einzubinden – als Vorstufe und Vergleich" (McLaughlin 1989, S. 144) und nicht
mehr. Watkins konstatiert in Hinblick auf die konstitutiven Sätze nur, dass „Kant
argumentiert, daß im zweiten Paar Satz$_k$ und Gegensatz$_k$ keine Antinomie darstellen"
(Watkins 2008, S. 247) und kann den in § 73 kritisierten dogmatischen Behauptungen (entsprechend) ebenfalls keine systematische Relevanz abgewinnen (vgl.
ebd., S. 257–258). Auch Hagenström (2013, S. 58) befindet die „Auseinandersetzung
mit den dogmatischen Systemen" für „irrelevant für die eigentliche Antinomie",
bastelt sich in Bezug auf die konstitutiven Sätze aber mit einiger Kunstfertigkeit eine
Deutung des § 71 zusammen, nach der Kant dafür argumentieren würde, „dass es
neben der tatsächlichen Antinomie scheinbar *noch* eine gebe" (ebd., S. 54), nämlich
die zwischen der Maxime zur ausschließlich mechanischen Beurteilung und dem
konstitutiven Gegensatz. Hagenström erklärt dies interessanterweise wie folgt:

> Die[…] Einsicht [[dass; DS] [Satz$_k$] [die Maxime zur mechanischen Beurteilung; DS]
> aus der zwingenden Anwendung des Kausalitätsprinzips auf die empirische Natur
> [resultiert], um die Naturerscheinungen nach genügenden Vorgaben zu homogenisie-
> ren und zu spezifizieren,] setzt Kant voraus und konfrontiert sie mit der eventuellen
> Auffassung, dass die Zwecke, die man den Naturprodukten bei deren Beurteilung
> unterlegen muss, als objektive, den Dingen inhärent gedacht werden. (ebd., S. 56)

Das ist richtig und spiegelt im Übrigen meine Ansicht über den Zusammenhang
zwischen der Maxime zur mechanischen Beurteilung und dem allgemeinen
Kausalitätsprinzip wider,[21] doch weil Hagenström zu sehr der Erklärung des
McLaughlin'schen Gedankens verhaftet bleibt, dass Kant in der fraglichen Passage
am Ende von § 71 nicht sage, „dass die Antinomie auf einer Verwechslung beruht,
sondern dass der *Anschein* einer Antinomie dies tut" (McLaughlin 1989, S. 135),
bemerkt er offenbar nicht, dass er bereits einen entscheidenden Schritt weiter ist. Es
ist eben die, in Hagenströms Worten, „eventuelle […] Auffassung, dass die Zwecke
[…], als objektive, den Dingen inhärent gedacht werden", die das unheilvolle Pro-
zedere von Vornherein bis zum kritischen Ende durchscheint, und zwar nicht nur
in die eine, die bejahende, sondern auch in die andere, verneinende Richtung der
Behauptung einer objektiven Inhärenz. Hagenström (2013, S. 57) selbst hingegen
kann in seiner Erläuterung nicht mehr erkennen als eine Erklärung für Kants Worte
derart, dass „Kant in einem vorbereitenden Schritt nochmals darauf hingewiesen
haben [möchte], worin die aufzulösende Antinomie *nicht* besteht".

---

21 Interessant im Übrigen auch, dass Hagenström (2013, S. 43) sich für sein Verständnis
   dieses Verhältnisses auf McLaughlin beruft, der aber genau diese Ansicht, wie wir
   gesehen haben, nicht vertritt.

Einzig Allison (2012, S. 207 ff.) sieht das Problem, das in der Frage nach dem ontologischen Status der den Maximen jeweils entsprechenden Kausalitäten besteht und darin denn auch folgerichtig sowohl den Grund für den antinomischen Schein wie auch die Not einer – neuerlichen – transzendentalen Kritik. Entsprechend kann er den §§ 72–73 auch den systematisch relevanten Sinn abgewinnen, der ihnen gebührt. Allerdings erörtert Allison die Frage nach dem genauen Verhältnis der Maximen zu den konstitutiven Grundsätzen und mit ihm das eigentliche Problem nicht weiter, was ein wenig den – sicher trügerischen – Eindruck erweckt, als würde er den antinomischen Schein am Ende doch allein zwischen den konstitutiven Prinzipien vermuten, die Sache aber zumindest ein wenig im Dunkeln lässt. Ich hoffe, diesbezüglich etwas zur Klärung beigetragen zu haben.

III   Ein Weg zur Auflösung des Problems der reflektierenden Urteilskraft

Die Lösung unseres Problems bahnt sich von Ferne an, wenn wir nach dem *Grund* für die Unmöglichkeit einer Beantwortung unserer Frage suchen. Denn dabei stoßen wir, wie Kant im § 74 zeigt, darauf, dass wir mit einem Begriff hantieren, der uns, so wir einen bestimmten, bejahenden oder verneinenden Gebrauch von ihm machen wollen, dazu zwingt, eine nicht-praktische Bestimmung des Übersinnlichen zu versuchen. Der Begriff eines Naturzwecks weist durch die Nachfrage nach der Realität seiner Kausalität über die Natur auf eine zwecksetzende Instanz, einen Urheber des Lebens hinaus, den wir zwar widerspruchsfrei denken, von dem wir uns aber nicht den mindesten bestimmten Begriff machen können. Damit aber erweist sich, dass über die objektive Realität einer naturwirksamen Zweckkausalität nicht nur nicht entschieden, sondern, weil sie uns in die völlige Unbestimmtheit führt, *„es auch nicht einmal darnach gefragt werden [kann]"* (KU, AA 5:396.21; Herv. DS), die Frage also schlichtweg sinnlos ist.

So ergibt sich folgende Lage: Hinsichtlich der Reflexion auf mechanische Gesetze ist die Frage nach der wirksamen Kausalität weder sinnlos noch unbeantwortlich, hinsichtlich der Reflexion auf teleologische Gesetze dagegen *beides*. So wir dennoch zu einer entsprechenden Reflexion genötigt sind, und das sind wir nach Kant, muss der Begriff, auf den wir uns dabei berufen müssen, nämlich der Begriff eines Naturzwecks, in einem ganz anderen Sinne Begriff sein, als es der des Naturmechanismus ist. Diesen Sinn elaboriert Kant im § 75: Es ist dies, wie uns auch schon die Überschrift des Paragraphen verrät, der eines bloß *„kritische[n] Princip[s] der Vernunft für die reflectirende Urtheilskraft"* (KU, AA 5:397.29; Herv.

DS), von dem die Urteilskraft in ihrer Not Gebrauch machen muss – und kann –, um gewisse Produkte der materiellen Natur in loser Analogie zu unserer praktischen Fähigkeit, uns Zwecke zu setzen, zu beurteilen. Dass sie es kann, hat mit einer „Eigenthümlichkeit des menschlichen Verstandes" (KU, AA 5:405.2) zu tun, der Kant sich in § 77 eingehend widmet.

Das Problem ist nach wie vor, dass wir von Objekten in der empirisch *gegebenen* Natur sprechen. Das Objekt ist da, die Natur hat offenbar kein Problem mit seiner Erzeugung, sondern nur wir mit unserem Verständnis derselben. Die Feststellung, dass es sich bei dem Naturzweckbegriff um ein bloß kritisches Prinzip der Vernunft handelt, ist vor diesem Hintergrund, jedenfalls ohne weitere Erklärung, noch immer wenig befriedigend.[22] Wir dürfen – und können – uns des Naturzweckbegriffs einerseits nicht in bestimmender, sondern bloß in reflektierender Weise bedienen, andererseits liegen uns tatsächlich entsprechende Gegenstände vor, die wir uns in ihrer Gänze nicht anders begreiflich machen können als eben unter Zuhilfenahme des Naturzweckbegriffs. Dass *wir* sie nicht *bestimmt* begreifen können, kann also nicht bedeuten, dass ein solches Begreifen prinzipiell unmöglich ist. Bestimmt begreifen lässt sich aber nur nach mechanischen, nicht nach teleologischen Gesetzen. Der ‚Trick' ist nun folgender: Der Grund für den Umstand, dass wir die Spezifikation der allgemeinen Naturgesetze zu besonderen empirischen solchen nicht mit objektiver, sondern nur mit subjektiver Notwendigkeit voraussetzen können, besteht in der diskursiven, d. h. jede jeweilige Anschauung erst noch unter einen Begriff als deren Regel subsumieren müssenden Natur unseres Verstandes.[23] Diese zwingt uns dazu, uns an den Einzelfällen abzuarbeiten und aus unseren Erkenntnisteilen nach und nach ein Erkenntnisganzes zu entwickeln, das aber stets am transfiniten Ende unserer begrifflichen Bemühungen liegt und also immer bloße Idee bleiben muss. Dass diese Bemühungen jeweils von Erfolg gekrönt sind, ist Zufall[24], kann

---

22 Vgl. KU, AA 5:405.9-16, wo Kant in Hinblick auf den Naturzweckbegriff und im Vergleich zu den transzendentalen Ideen der theoretischen und praktischen Vernunft bemerkt: „Mit dem Begriffe eines Naturzwecks verhält es sich zwar eben so [wie mit den Vernunftideen; DS], was die Ursache der Möglichkeit eines solchen Prädicats betrifft, die nur in der Idee liegen kann; aber die ihr gemäße Folge (das Product selbst) ist doch in der Natur gegeben, und der Begriff einer Causalität der letzteren, als eines nach Zwecken handelnden Wesens, scheint die Idee eines Naturzwecks zu einem constitutiven Princip desselben zu machen: und darin hat sie etwas von allen andern Ideen Unterscheidendes."

23 Vgl. KU, AA 5:407.13-19. Begriffe, so sehr wir sie auch präzisieren, reichen nicht dazu hin, einzelne Gegenstände zu individuieren; hierfür bedarf es der Anschauung in Raum und Zeit, die ihrerseits jedes Mal von Neuem, nach und nach, Teil um Teil, unter einen Begriff subsumiert werden muss.

24 Vgl. auch KU, AA 5:407.3-5.

aber überhaupt nur in Gang kommen, wenn wir die *Möglichkeit* ihres Gelingens in einem subjektiv-*formalen* als-ob-Modus voraussetzen, uns also im Negativ zu unserer Erkenntnisweise eine andere solche vorhalten, welche die empirisch-mechanischen Gesetze, anders als wir, in ihrem *objektiv* notwendigen Zusammenhang einsehen kann. Ein Wesen, das auf solche Weise erkennen könnte, würde das Ganze der Natur in *Einer ausgebreitet überblickenden Schau* begreifen und die miteinander vertäuten und verknüpften Linien entsprechend in Einem nachvollziehen können, hätte also einen *intuitiven* Verstand, im Gegensatz zu dem unsrigen, der sich als diskursiver allererst noch ausbreiten muss (und dabei nie an ein Ende kommen wird). Entsprechend unserer Beurteilungsweise – vom Teil zum Ganzen – denken wir uns aber auch die *materialen* Zusammenhänge, stoßen in der Erfahrung jedoch auf Dinge, Organismen, die sich auf diese Weise zwar, wie alle Erscheinung, durchaus objektivieren, d. h. in den Naturzusammenhang nach mechanischen Gesetzen einbetten,[25] dadurch allein aber nicht verstehen lassen. Legen wir hier nun wiederum unser Negativ an, können wir dies nunmehr nicht nur so tun, dass ein so gedachter Verstand die notwendige *Einheit der Gesetze* vom (Gesetzes-) Ganzen zu den Teilen – den im einzelnen wirksamen Gesetzen – nachvollziehen könnte, sondern gar so, dass er die *Abhängigkeit der realen (materialen) Teile von einem realen Ganzen* her bestimmt erkennen würde. Wir indessen können uns aber eben diesen Gedanken nur – halbwegs – sinnvoll veranschaulichen, wenn wir nicht die Abhängigkeit der Teile vom Ganzen denken – denn das wäre unserer Beurteilungsweise geradewegs widersprechend –, sondern unter Anleihe an und nach loser Analogie zu unserer praktischen Fähigkeit, uns Zwecke zu setzen, als reale Abhängigkeit der Teile von der *Idee* eines Ganzen, also als objektive *Zweckmäßigkeit*.[26]

Somit ist klar, dass und warum die Beurteilung nach teleologischer Manier, obwohl sie auf Objekte geht, notwendig, aber nur subjektiv gültig ist, auf unserer Eigentümlichkeit beruhend, den Mechanismus der Natur nur von den Teilen zum Ganzen hin erschließen zu können. Und so bekommen wir denn schließlich doch eine Antwort auf unsere ursprüngliche Frage bzw. vielmehr auf eine kritisch abgewandelte Fassung derselben. Die ursprüngliche – und von Kant zurückgewiesene – Fassung drängte auf eine Antwort nach Sein oder Nicht-Sein einer endursächlich wirksamen Kausalität. Doch Sein oder Nicht-Sein ist hier *nicht* die Frage. Die kritisch abgewandelte Fassung drängt ihrerseits nunmehr bloß auf die Weise der Beurteilung durch uns. Und die Antwort auf unsere Frage – wie wir angesichts

---

25 Dieser Zusatz ist wichtig. Die Notwendigkeit – und Möglichkeit – der Beurteilung nach mechanischen Gesetzen bleibt unangetastet, es gibt nichts, das sich ihr entziehen könnte. Es gibt nur Dinge, die allein nach dieser Beurteilung keinen Sinn ergeben.

26 Vgl. KU, AA 5:407.30.-408.2.

gewisser Naturprodukte zu *urteilen* haben – lautet: Wir müssen einerseits, nach Maßgabe unserer Erkenntnisbedingungen, so urteilen, als *wäre* eine endursächliche Kausalität am Werk, müssen (und dürfen) andererseits aber auch annehmen, dass abgesehen von unseren subjektiven Bedingungen *objektiv* alles nach mechanischen Gesetzen erklärt werden könnte.

Dieser Interpretation scheint zu widersprechen, dass Kant etwa in der Mitte des § 77 bemerkt, dass wir, „wenn wir [...] ein Ganzes der Materie seiner Form nach als ein Product der Theile [...] betrachten [...][,] wir uns eine mechanische Erzeugungsart desselben vor[stellen]" (KU, AA 5:408.24-27), also Mechanismus und Herleitung des Ganzen aus den Teilen per se gleichzusetzen scheint. Auf diese Passage beruft McLaughlin sich hauptsächlich, um jene Gleichsetzung exegetisch zu belegen und den uns eigentümlichen Verstand entsprechend einen „mechanistische[n]" (McLaughlin 1989, S. 152) zu nennen – womit er das eigentliche Problem und damit auch die Lösung um Haaresbreite verfehlt.[27] Denn der Absatz geht noch weiter: „auf

---

27 Ähnliches gilt für Allison. Auch er übernimmt diese Gleichsetzung und erklärt damit, dass es sich beim Mechanismusprinzip um ein regulatives handle (vgl. Allison 2012, S. 203). Diese Not besteht indes nur, wenn man Mechanismusprinzip und Prinzip (Maxime) zur mechanischen Beurteilung miteinander identifiziert. Andererseits sieht Allison, anders als McLaughlin, dass Kant meint, ein intuitiver Verstand „could cognize ‚mechanistically‘ what we, because of our discursive intellect, can only conceive as the product of an intelligent causality" (ebd., S. 204). Seine ‚Lösung‘ besteht darin, innerhalb der Dialektik zwischen einem engen, uns zukommenden, und einem weiten, durch uns einem intuitiven Verstand zugeschriebenen, Mechanismusbegriff zu unterscheiden. Dabei taugt letzterer Allison zufolge aber nicht dafür, mit dem Begriff des Naturmechanismus aus den ersten beiden Kritiken gleichgesetzt zu werden, da es sich bei diesem, wie bei allen Verstandesbegriffen, um einen solchen unseres diskursiven Verstandes handele, welchen wir einem intuitiven solchen nicht zuschreiben könnten (vgl. ebd.). Einer Gleichsetzung bedarf es aber gar nicht. Es genügt, dass wir einen Mechanismus vom Ganzen zu den Teilen als einseitig gerichtete Kausalität widerspruchsfrei *denken* können, auch wenn es für uns völlig unmöglich ist, sie – und sei es nur per loser Analogie – in Bezug auf Anschauliches begreiflich zu machen (s. u.). Allison identifiziert den Mechanismus – im engen Sinne – in Anschluss an McLaughlin mit der Kausalität von den Teilen zum Ganzen und meint dann in Hinblick auf die zweite Analogie der Erfahrung, dass diese es nicht erfordere, dass alle kausale Erklärung von dieser Art sei (ebd., S. 203). Hiermit sieht er, wie auch McLaughlin, *innerhalb des Einzugsbereichs der zweiten Analogie* Raum geschaffen für mögliche teleologische Erklärungen. Doch es sind nicht ein spezifischer Mechanismus und eine naturwirksame Zweckkausalität, die beide unter dem allgemeinen Kausalitätsprinzip gedacht werden können, sondern unsere spezifische und eine andere, denkbare Weise, den Mechanismus der Natur zu begreifen. Denn ersteres sprengt schon dem Gedanken nach den durchgängigen Zusammenhang der Erfahrung und ist damit zwar nicht logisch, aber transzendentallogisch widersprüchlich, während letzteres den Erfahrungszusammenhang unangetastet lässt.

solche Art [kommt]", so Kant, „kein Begriff von einem Ganzen als Zweck heraus, dessen innere Möglichkeit durchaus die Idee von einem Ganzen" voraussetze, „wie wir uns doch einen organisirten Körper vorstellen müssen", woraus jedoch *nicht* folge, „*daß die mechanische Erzeugung eines solchen Körpers unmöglich sei*", da wir damit behaupten würden, dass „eine solche Einheit" – eine Einheit des Ganzen, aus der sich die Verknüpfung der Teile ergibt und entsprechend ableiten lässt – nicht nur für uns, sondern „für jeden Verstand unmöglich (d. i. widersprechend) sich vorzustellen" sei, „ohne daß die Idee derselben [Einheit] zugleich die erzeugende Ursache derselben sei, d. i. ohne absichtliche Hervorbringung" (KU, AA 5:408.24-36). Nicht die mechanistische Beurteilungsweise ist demnach das Problem, sondern die *uns* nötige Identifizierung derselben mit der Herleitung des Ganzen aus den Teilen. Es gibt keinen mechanistischen Verstand, sondern bloß einen Mechanismus der Natur. Es gibt allerdings einen *diskursiven* Verstand, unseren, der den Mechanismus der Natur nicht anders begreifen kann, als dass er von den Teilen zum Ganzen sukzessive fortschreitet.[28]

In diesem Sinne lässt sich auch die einzige Passage deuten, die dem Wortlaut nach überhaupt nicht mit meinem Ansatz zu vereinen ist. Und zwar schreibt Kant in der *Ersten Einleitung zur Kritik der Urteilskraft*: „[E]s [ist] nun ganz wider die

---

28 Teufel (2011, S. 224) wendet sich ebenfalls gegen McLaughlins Lesart, schlägt aber selbst eine zu schwache solche vor, wenn er meint, Kant würde nur behaupten, eine Kausalität von den Teilen zum Ganzen sei *konsistent* mit dem Naturmechanismus. Letzteres ist zwar korrekt, passt aber ebenfalls nicht zu Kants anschließenden Erläuterungen. Außerdem wendet Teufel (ebd., S. 226) sich gegen den Gedanken, der Grund für die subjektive Notwendigkeit der Maxime zur (notwendigen, sei es ausschließlichen oder nicht-ausschließlichen) mechanischen Beurteilung liege in der diskursiven Natur unseres Verstandes – eine Ansicht, die ich mit McLaughlin und außerdem Allison teile. Wäre dem so, argumentiert Teufel, so wäre nicht erklärlich, wie es sich um eine bloße Maxime handeln kann, deren (Nicht-)Befolgung uns, anders als unsere Erkenntnisbedingungen und deren Folgen, anheimgestellt ist. In der Konsequenz versucht Teufel dann entsprechend, die fragliche Maxime als technisch-*praktischen* Grundsatz zu konzipieren, der immer dann befolgt werden muss, *wenn* wir die kausale Herkunft von Dingen beurteilen *wollen* (vgl. ebd., S. 230 ff.). Abgesehen davon, dass ich nicht der Ansicht bin, uns stünde die Beurteilung kausaler Ursprünge zur Wahl, teile ich Teufels Bedenken nicht, im Gegenteil. Nach meiner Interpretation ist es gerade die Diskursivität unseres Verstandes, die uns dazu zwingt, die Beurteilung nach mechanischen Gesetzen (ausschließlich oder nicht) zur *bloßen* Maxime zu nehmen. Und sei es denn auch so, dass uns die Beurteilung kausaler Ursprünge anheimsteht, sehe ich keine Schwierigkeit, analog zu dem Satz „Wenn Du kausale Ursprünge beurteilen willst, so musst Du dies nach mechanischen Gesetzen tun" folgenden Satz zu formulieren: „Wenn Du usf., so musst Du dies, gemäß Deiner Verstandesnatur, auf diskursive Weise – vom Teil zum Ganzen hin – tun". Die (Nicht-)Befolgung stünde uns dann immer noch anheim und wäre dennoch auf unserem diskursiven Verstand gegründet.

Natur physisch-mechanischer Ursachen [...], daß das Ganze die Ursache der Möglichkeit der Caussalität der Theile sey" (EEKU, AA 20:236.1-3) – hier können wir nun in Gedanken einfügen, dass es der Natur physisch-mechanischer Ursachen nicht *an sich* widerstreitet, die Teile aus dem Ganzen zu erklären, sondern bloß aufgrund der Eigentümlichkeit unseres diskursiven Verstandes, Erklärung nach mechanischen Gesetzen und Erklärung des Ganzen aus den Teilen miteinander zu identifizieren. Die Umkehrung der Folge von „Die Teile bewirken das Ganze" zu „Das Ganze bewirkt die Teile" würde, obwohl der Sache nach außerhalb unseres Vorstellungsvermögens, dem bloßen Begriff einer einseitig gerichteten Kausalität – eines nexus effectivus – jedenfalls nicht widersprechen und ist also insofern denkbar (logisch möglich), wenn auch nicht bestimmt erkenn- bzw. antizipierbar (real möglich). Wie oben (Kapitel I) angedeutet, gebe ich McLaughlin also Recht, wenn er behauptet, es sei „kein logischer Widerspruch zu behaupten, ein Ganzes bedinge seine Teile" (McLaughlin 1989, S. 138), nicht nur für sich genommen, sondern auch in Hinblick auf das allgemeine Kausalitätsprinzip. Jedoch bezieht sich dieser Gedanke, *sofern er unter jenem Prinzip vollzogen wird*, nicht, wie McLaughlin meint, auf eine mögliche Zweckkausalität, sondern nach wie vor auf den Mechanismus. Nur, dass wir letzteren dabei hinsichtlich unserer eigenen Diskursivität entgrenzen und im reinen Negativ zu derselben vor uns halten. Zwar denken wir auch – und vermeintlich zuerst – in teleologischer Manier an die Bedingtheit der Teile durch das Ganze. Doch gerade weil sich der damit für uns verbundene Gedanke einer naturwirksamen Zweckursache *nicht* mit dem Gedanken einer blinden Naturkausalität vereinen lässt, bedürfen wir jenes Negativs, um uns die Möglichkeit, eigentlich vielmehr Nicht-Unmöglichkeit, der Vereinbarkeit der Bedingung der Teile durch das Ganze mit unserem Naturbegriff zu bewahren. Bloß *vermeintlich* (und falls überhaupt, dann, wie sich versteht, (epistemo-)logisch und nicht zeitlich) zuerst kommt uns die teleologische Sicht, weil es zunächst die bare Umkehrung des Verhältnisses zwischen Teil und Ganzem sein dürfte, die sich uns präsentiert, unserem diskursiven Verständnis der Naturbedingungen aber geradewegs widerspricht, und die wir dann in epistemischer Windeseile mit der uns einzigen sonst bekannten Kausalität, der Zweckkausalität, verknüpfen, um sie uns dienstbar machen zu können. Was auch solange kein Problem ist, wie wir weitere Nachfragen über den Grund und die Möglichkeit dieser Indienstnahme, wie auch gewöhnlich, unterlassen. Sobald es jedoch zu derselben kommt, wie zwar nicht gewöhnlich, aber nur billig, kommt es zum beschriebenen Konflikt und hier greift das Negativ als kritisches Gewährleistungsmittel. Hierdurch versichern wir uns einerseits, dass wir aufgrund der Unvorstellbarkeit einer mechanischen Bedingtheit der Teile durch das Ganze auf die Teleologie zurückgreifen dürfen, und andererseits, dass die Vorstellung solcher Bedingungsverhältnisse zwar uns widersprechen muss, aber nicht unbedingt anderen Verstandeswesen (eigentlich bloß negativ-epistemologischen Abziehbildern unserer selbst).

Fest steht nach all dem Gesagten aber nur, dass es sich um eine *uns natürliche* Dialektik handelt, indem (gemäß der Anforderung an eine natürliche Dialektik, die Kant zum Ende des § 69 hin formuliert)[29] nachgewiesen ist, dass unser Problem hausgemacht und nicht der Natur selbst anzulasten ist. Beide Maximen, als solche, beruhen auf ein und derselben Eigentümlichkeit unseres Verstandes. Weil wir den Naturmechanismus nur von den Teilen her zum Ganzen fortschreitend erschließen und ihn darum nie werden *einsehen* können, müssen wir uns die *Beurteilung* nach mechanischen Gesetzen zunächst per bloßer Maxime vorschreiben, was ein anderer, intuitiver Verstand, wie wir uns denken, nicht nötig hätte. Und aus genau demselben Grund müssen wir uns, wo diese Weise der Welterschließung an ihre Grenzen stößt und eine gegenläufige Verursachungsweise – vom Ganzen zu den Teilen – realiter wirksam zu sein scheint, diese Folge in Analogie zum Praktischen als Produkt einer Kausalität nach Zwecken denken – von der *Idee* des Ganzen zu den Teilen. Auch dies ist uns wiederum nicht anders als (und doch immerhin) per Maxime möglich, sodass der Möglichkeit, dass alle Naturerzeugung *an sich* nach mechanischen Gesetzen erklärt werden könnte, kein Abbruch getan wird.

Der widersprüchliche Schein zwischen den Maximen ist nach wie vor virulent, nun aber wenigstens einer kritischen Auflösung zugänglich. Diese selbst, auf die hier nicht mehr weiter eingegangen werden kann, findet im § 78 statt, in dem Kant in erprobter Manier auf das Übersinnliche verweist und konstatiert, dass beide „Principien der Beurtheilung […] auch objectiv in einem Princip vereinbar sein möchten (da sie Erscheinungen betreffen, die einen übersinnlichen Grund voraussetzen)" (KU, AA 5:413.13-15) – obgleich wir auf diese Möglichkeit nur unbestimmt verweisen, ohne sie dadurch erklären zu können; was für die Zwecke einer bloß kritischen, nicht dogmatischen, Auflösung aber auch genügt.[30]

Oder genügen würde, würde sich an dieser Stelle nicht der Verdacht einer heillosen Überfrachtung des Übersinnlichen auftun, und zwar nicht erst in Hinblick auf die bereits vorhandene Fracht aus den ersten beiden Kritiken, sondern schon innerhalb der Dialektik. Dort anzusiedeln sein müssten nach dem Gesagten sowohl ein von unseren Bedingungen entgrenzter, man kann wohl sagen: transzendenter Mechanismus einerseits wie auch ein intelligenter, gleichfalls transzendenter

---

29 Vgl. KU, AA 5:386.4-10.

30 Vgl. hierzu auch Allison (2012, S. 213) und Hagenström (2013, S. 59), die in Hinblick auf die Auflösungsfrage *in nuce* beide eine ganz ähnliche Deutung präsentieren. Beide sehen auch die Verbindung zwischen dem transzendentalen Prinzip der Urteilskraft und den beiden Beurteilungsmaximen, gehen jedoch nicht weiter erläuternd darauf ein.

Gestalter andererseits. Dazu kommt noch die Idee der Vereinigung des immanenten, objektiv feststellbaren Mechanismus mit der immanenten, wenn auch bloß subjektiv beurteilbaren (Natur-)Teleologie. Diesem Problem kann hier nun nicht mehr nachgegangen werden. Es dürfte jedoch auch hier die Unbestimmtheit oder reine Negativität sowohl des Frachters wie auch der Fracht sein, die uns vor der dräuenden Schärfe der Antinomie bewahrt.

Literatur

Allison, Henry. 2006. Kant's Transcendental Idealism. In *A Companion To Kant*. Graham Bird, 111–124. Oxford: Blackwell Publishing.

Allison, Henry. 2012. Kant's Antinomy of Teleological Judgment. Essays on Kant: 201–218. Henry Allison. Oxford: Oxford University Press.

Cassirer, Ernst. 1921. Kants Leben und Lehre. Berlin: Ernst Cassirer Verlag.

Ginsborg, Hannah. 1990. Reflective Judgment and Taste. Nôus 24 (1): 63–78. *On the Bicentary of Immanuel Kant's Critique of Judgment.*

Ginsborg, Hannah. 1997. Lawfulness without a Law: Kant on the Free Play of Imagination and Understanding. *Philosophical Topics 25 (1)*: 37–81. Shahan, Robert W., Hill, Christopher S. Aesthetics.

Ginsborg, Hanna. 2004. Two Kinds of Mechanical Inexplicability in Kant and Aristotle. *Journal of the History of Philosophy 42 (1)*: 33–65.

Hagenström, Felix. 2013. Worin besteht Kants Antinomie der teleologischen Urteilskraft? Anmerkungen zu §§ 69–71 der Kritik der Urteilskraft. *Zeitschrift für Erstpublikationen aus der Philosophie und ihrer Geschichte 1*: 37–61. Peter Adamson et al.

McLaughlin, Peter. 1989. Kants Kritik der teleologischen Urteilskraft. Bonn: Bouvier Verlag.

Kant, Immanuel. 1900 ff. Gesammelte Schriften, Bd. 1–22. Preussische Akademie der Wissenschaften. Berlin: Georg Reimer Verlag.

Teufel, Thomas. 2011. What is the Problem of Teleology in Kant's Critique of the Teleological Power of Judgment? *SATS: Nothern European Journal of Philosophy 12 (2)*:198-236.

Watkins, Eric. 2008. Die Antinomie der teleologischen Urteilskraft und Kants Ablehnung alternativer Teleologien (§§ 69–71 und §§ 72–73). In *Immanuel Kant: Kritik der Urteilskraft*. Otfried Höffe, 241–258. Berlin: Akademie Verlag.

Über die Autoren

Prof. Dr. Dr. **Brigitte Falkenburg** ist promovierte Philosophin und Physikerin. Seit 1997 ist sie Professorin für *Theoretische Philosophie mit Schwerpunkt Philosophie der Wissenschaft und Technik* an der Technischen Universität Dortmund. Ihre Bücher: *Mythos Determinismus. Wem dient die Hirnforschung?* (2012), *Particle Metaphysics. A Critical Account of Subatomic Reality* (2007) und *Kants Kosmologie. Die wissenschaftliche Revolution der Naturphilosophie im 18. Jahrhundert* (2000). Ihre Editionen: *Mechanistic Explanations in Physics and Beyond* (eds.: B. Falkenburg and G. Schiemann) (2018), *Why More is Different. Philosophical Issues in Condensed Matter Physics and Complex Systems* (eds.: B. Falkenburg and M. Morrison) (2015) und *From Ultrarays to Astroparticles. A Historical Introduction to Astroparticle physics* (eds.: B. Falkenburg and W. Rhode) (2012).

Courtney D. Fugate is Associate Professor of Civilization Studies and Philosophy at the American University of Beirut, Lebanon. He is co-editor and translator of both Alexander Gottlieb Baumgarten's *Metaphysics: A Critical Translation* (Bloomsbury, 2014) and Johann August Eberhard's *Preparation for Natural Theology: With Kant's Notes and the Danzig Rational Theology* (Bloomsbury, 2016). He is also author of *The Teleology of Reason: A Study of the Structure of Kant's Critical Philosophy* (de Gruyter, 2014), co-editor of *Baumgarten and Kant on Metaphysics* (Oxford University Press, 2018), and editor of the forthcoming volume *Kant's Lectures on Metaphysics: A Critical Guide* (Cambridge University Press, 2019). His research focuses on Kant, pre-Kantian German philosophy, and the history and philosophy of science.

Johannes Haag (geb. 1971) studierte an der Ludwig-Maximilians-Universität München Philosophie Theoretische Linguistik, Logik & Wissenschaftstheorie; dort promoviert er 1999: *Der Blick nach innen. Wahrnehmung und Introspektion* (2001), und habilitiert 2004: *Erfahrung und Gegenstand. Das Verhältnis von Sinnlichkeit*

© Springer Fachmedien Wiesbaden GmbH, ein Teil von Springer Nature 2019
P. Órdenes und A. Pickhan (Hrsg.), *Teleologische Reflexion in Kants Philosophie*,
https://doi.org/10.1007/978-3-658-23694-6

und Verstand (2007). Von 1999 bis 2005 war er wissenschaftlicher Assistent am Lehrstuhl von Eckart Förster, von 2006 bis 2010 leitete er die Forschungsgruppe „Transformationen des Geistes. Philosophische Psychologie in der Philosophie der frühen Neuzeit" von Dominik Perler an der Humboldt- Universität Berlin. Seit 2010 ist er Professor für Theoretische Philosophie an der Universität Potsdam. Er hat zur Philosophie der frühen Neuzeit, zu Immanuel Kant und Johann Gottlieb Fichte publiziert sowie zur Theorie der Intentionalität, zur Wahrnehmungstheorie, zur Philosophie des Geistes und zur Sprachphilosophie. Sein besonderes Interesse gilt dabei der Philosophie von Wilfrid Sellars und der an ihn anknüpfenden PhilosophInnen.

Anton Friedrich Koch, seit 2009 Professor für Philosophie an der Universität Heidelberg; geboren 1952 in Gießen, Promotion 1980 in Heidelberg, Habilitation 1989 in München, 1993-1996 Professor für Geschichte der Philosophie in Halle, 1996-2009 Professor für Philosophie in Tübingen, 2009 Gastprofessor an der Emory Universität, Atlanta, und 2016 an der Universität Chicago (Committee on Social Thought); seit 2008 Mitglied der Heidelberger Akademie der Wissenschaften (Landesakademie Baden-Württemberg).

Peter König, Studium der Philosophie, Germanistik und Musikwissenschaft in Heidelberg und Pisa, ist außerplanmäßiger Professor für Philosophie an der Universität Heidelberg und Mitarbeiter an der Heidelberger Akademie der Wissenschaft. Zahlreiche Veröffentlichungen u. a. zu Kant, Vico und Benjamin. Zuletzt erschienen: Peter König, Oliver Schlaudt (Hrsg.): *Wilhelm Windelband (1848 – 1915)*. Würzburg 2018.

Natalia Lerussi has obtained the degree of Doctor in Philosophy from the Universidad Nacional de Córdoba (year 2012) with a work about Kant's philosophy of history. Nowadays she is assistant professor of modern philosophy at the Universidad de Buenos Aires (Argentine) and researcher of CONICET, the Research Council of this country (with a project entitled: *Kant, Fichte and the analogy between Reason and Life*). She is counseling member of the staff of the scientific review *Kant e-Print* (Brazil) and member of the editor board of *Ideas. Revista de filosofía moderna y contemporánea* (Argentine). She is one of the managers of the publishing house RAGIF. She has edited some collective books on modern philosophy and published papers in different philosophical reviews like *Revista de Estudios Kantianos* (Spain), *Studia kantiana* (Brazil), *Ideas y valores* (Colombia), *Cadernos de filosofía Alemã* (Brazil), etc.

Peter McLaughlin ist Professor für Philosophie an der Universität Heidelberg. Er studierte Verhaltensforschung in Philadephia und Philosophie in Berlin, wo er 1986 mit einer Arbeit zu „Kants Kritik der teleologischen Urteilskraft" promoviert wurde. Er hat an Universitäten in Berlin, Tel Aviv, Konstanz, Baltimore und Heidelberg gelehrt. Seine Arbeitsschwerpunkte liegen im Bereich der Wissenschaftstheorie und Wissenschaftsgeschichte. Neueste Aufsatzpublikationen: „The Impact of Newton on Eighteenth-century Biology" und „The Balance, the Lever and the Aristotelian Origins of Mechanics".

Fernando Moledo (Buenos Aires, 1976) hat in Philosophie an der Universität Buenos Aires mit einer Dissertation über die transzendentale Deduktion in Kants Duisburg'schem Nachlass promoviert. Zudem ist er Wissenschaftlicher Mitarbeiter an der Fernuniversität Hagen und Forscher in der argentinischen Agentur für Förderung der Wissenschaft „CONICET". Als Promovierender und Post-Doc hat er in Deutschland (Trier, Mainz, Halle) studiert. Seine Schwerpunkte sind die theoretische und die praktische Philosophie Kants und die Philosophie der Neuzeit. Unter anderem hat er Aufsätze über die Philosophie Kants in *Kant Studien, Studi Kantiani, Studia Kantiana* veröffentlicht.

Paula Órdenes Azúa (Santiago de Chile, 1989) ist Lizenziatin in Philosophie von der Universidad de Chile (2013), momentan DAAD-Stipendiatin und Doktorandin im Fach Philosophie an der Universität Heidelberg. Ihr philosophisches Forschungsgebiet ist die kritische Philosophie Kants. Sie organisierte Kongresse über die kantische Philosophie in Santiago de Chile (2014) und Heidelberg (2017). Darüber hinaus veröffentlichte sie Beiträge in fünf verschiedenen Sammelbänden, die der Philosophie Kants gewidmet sind, und gab zwei Bücher mit heraus: *Kant y el Criticismo: Pasado, presente y ¿futuro?* (2015) und *Kant y los retos práctico-morales de la actualidad* (2017). Sie ist Mitbegründerin der Forschungsgruppe „Kant y el Criticismo", Verlegerin der Rezensionsabteilung der Internationalen philosophischen Zeitschrift REK (Revista de Estudios Kantianos) und Mitglied der spanischsprachigen Kant-Gesellschaft SEKLE.

Anna Pickhan (geb. 1988) studierte an der Universität Mannheim, der Ruprecht-Karls-Universität Heidelberg und der Friedrich-Schiller-Universität Jena Philosophie und Germanistik und promoviert in Jena derzeit über Kants Opus postumum. Im Zuge der Dissertation war sie Graduiertenstipendiatin des Landes Thüringen sowie Stipendiatin des DAAD für einen Forschungsaufenthalt an der John's Hopkins Universität in Baltimore. Ihre Arbeitsgebiete liegen u. a. in den Philosophien Kants, Aristoteles und Sartres. Darüber hinaus gilt ihr Interesse der Fachdidaktik Philosophie. Hier ist sie in der „Jenaer Schule der Didaktik" aktiv.

Jacinto Rivera de Rosales ist Professor für Geschichte der modernen Philosophie an der UNED (spanische FernUniversität) in Madrid. Er ist Spezialist für deutsche klassische Philosophie. Sein letztes Buch ist *Fichte* (RBA, Barcelona, 2017) und der letzte Artikel „Attempt to introduce the concept of body into the Critique of Pure Reason" (*Estudos kantianos*, 5.1, 2017, S. 231–251). Er ist Präsident der SEK-LE (Sociedad de Estudios Kantianos en Lengua Española) und Vorsitzender der Internationalen Fichte-Gesellschaft.

Manuel Sánchez-Rodríguez ist Privatdozent für Philosophie der Neuzeit an der Universidad de Granada (España). Er widmet sich der historischen Herkunft und Bildung der kritischen Philosophie, der *Kritik der Urteilskraft* von Kant und der Leibniz-Wolffschen Philosophie. Er publizierte *Sentimiento y reflexión en la filosofía de Kant* (2010) über die Herkunft und Bildung der *Kritik der Urteilskraft*, sowie eine kritische Übersetzung des Anthropologie-Korpus in *Lecciones de Antropología. Fragmentos de estética y antropología* (Comares, 2015). Als Mittglied des Forschungsprojekts „Leibniz en español" (Universidad de Granada) arbeitet er nun an der Übersetzung (ins Spanische) und Herausgabe des dritten Bandes der *Obras Filosóficas y científicas* von Leibniz, über *scientia generalis* und die Enzyklopädie.

Daniel Schwab ist seit April 2009 an der Universität Heidelberg. Im September 2015 schloss er das Masterstudium Philosophie mit einer kritisch weiterdenkenden Studie zu Anton Kochs hermeneutischer Subjektivitäts- und Freiheitsphilosophie ab. Seither ist er Promotionsstudent bei Prof. Koch über den systematischen Ort des in der *Kritik der Urteilskraft* hergeleiteten transzendentalen Prinzips der Urteilskraft in Kants Kritischem Idealismus. Daneben begleitet er aktuell u. a. ein Tutorium zu Quines „Philosophy of Logic".

Georg Toepfer ist seit 2012 Leiter des Forschungsschwerpunkts *Lebenswissen* am *Zentrum für Literatur- und Kulturforschung*. Zurzeit leitet er dort die beiden Forschungsprojekte „Lebenslehre, Lebensweisheit, Lebenskunst" und „Die wandernden Grenzen der Biologie". Im Wintersemester 2016/17 hat er die Professur für Geschichte der Naturwissenschaften an der Universität Jena vertreten. Er studierte Biologie in Würzburg und Buenos Aires, schloss das Biologiestudium mit einem Diplom ab und wurde an der Universität Hamburg im Fach Philosophie promoviert, in dem er sich an der Universität Bamberg auch habilitierte. Seine Arbeitsschwerpunkte sind die Geschichte und Philosophie der Lebenswissenschaften sowie die kulturellen Bezüge und begrifflichen Übertragungen des biologischen Wissens. Wichtigste Publikation: *Historisches Wörterbuch der Biologie. Geschichte und Theorie der biologischen Grundbegriffe* (3 Bde., 2011).

The manufacturer's authorised representative in the EU is Springer
Nature Customer Service Centre GmbH, Europaplatz 3, 69115 Heidelberg,
Germany. If you have any concerns regarding our products, please
contact ProductSafety@springernature.com

Printed and bound by CPI Group (UK) Ltd, Croydon, CR0 4YY
28/04/2026
02098479-0007